"十三五"国家重点研发计划项目资助
河南省科技著作项目资助

小麦品质形成与调优栽培技术

主编　王晨阳　马冬云

河南科学技术出版社
·郑州·

图书在版编目（CIP）数据

小麦品质形成与调优栽培技术/王晨阳，马冬云主编．—郑州：河南科学技术出版社，2021.1
ISBN 978－7－5349－9975－8

Ⅰ．①小…　Ⅱ．①王…　②马…　Ⅲ．①小麦－粮食品质　②小麦－栽培技术　Ⅳ．①S512.1

中国版本图书馆CIP数据核字（2020）第227835号

出版发行：河南科学技术出版社
地址：郑州市郑东新区祥盛街27号　　邮编：450016
电话：（0371）65737028　65788613
网址：www.hnstp.cn
责任编辑：陈淑芹
责任校对：翟慧丽
封面设计：张德琛
版式设计：栾亚平
责任印制：张　巍
印　　刷：河南省环发印务有限公司
经　　销：全国新华书店
开　　本：787 mm×1092 mm　1/16　　印张：19.25　　字数：427千字
版　　次：2021年1月第1版　　2021年1月第1次印刷
定　　价：65.00元

本书编写人员名单

主　编　王晨阳　马冬云

副主编　谢迎新　冯　伟　卢红芳　康国章　贺德先

编　者　(以姓氏笔画为序)

马　耕　王永华　王丽芳　王学峰
朱　伟　朱云集　刘万代　刘卫星
李巧云　李鸽子　张文杰　张立东
张盼盼　张艳菲　张海艳　邵运辉
周国勤　胡俊敏　姜玉梅　贺　利
夏国军　高红云　郭天财　崔黎艳
康　娟　韩巧霞　谢旭东　冀天会

前　言

小麦是我国的三大主要粮食作物之一，年消费总量约 1.2 亿吨，在我国粮食构成中具有重要的地位。河南是中国小麦主产区，全省小麦常年种植面积在 8 000 万亩以上，粮食总产量占全国的 1/4 以上，素有“河南熟，天下足”之称。因此，河南小麦产量的高低和品质的优劣，对是否满足人民的粮食需求、保证社会稳定均具有十分重要的现实意义。随着人民生活水平的逐步提高，社会对小麦产品质量的要求也越来越高。人们不但要吃饱，而且更加重视面食制品安全、营养和健康，要求食品的种类更加丰富多样，这就加大了专用优质小麦需求量，加速了其产量质量的升级。

专用小麦分三类，即强筋、中筋和弱筋小麦，其中强筋小麦适合制作面包，中筋小麦适合生产方便面、水饺和馒头等，弱筋小麦适合制作饼干和糕点等。但目前我国优质小麦发展中存在诸多问题，制约着优质小麦的发展和品质的提高，主要表现在：一是过硬的专用小麦品种少，尤其是综合抗性好、稳产性好的优质强筋品种和弱筋品种少，或品质指标不突出、不协调；二是规模化种植和管理程度低，种植户的种植面积普遍较小，品种插花种植现象突出，规模化种植程度低，不利于统一和规模化栽培管理，也不能保证品质性状的稳定；三是缺乏配套的调优栽培技术，包括品种优区种植、标准化栽培技术等，这方面主要是针对生态条件，如土壤特性、气候条件与小麦品质性状的关系研究较为薄弱，针对品种配套栽培调优技术研究不足。因此，加强优质小麦栽培技术研究，实现优质小麦区域化、标准化、规模化和产业化，是提升小麦品质，满足消费需求，促进农民增收，保障国家粮食安全的必由之路。

基于优质小麦生产中存在的问题，为满足小麦产业的迫切需求，我们课题组以专用小麦品质生理生态及调控技术为研究方向，在小麦籽粒产量和品质形成规律、品质生理生态、品质调优技术规程等方面，开展了深入系统的研究工作，在专用小麦栽培理论与调优技术方面取得了显著的进展，积累了丰富的资料，促进了不同专用小麦生产技术规程的形成，为专用小麦生产的发展提供了较好的理论与技术支撑。本书通过总结和提炼近年来小麦品质生理生态及调优技术方面的研究成果，旨在明确优质专用小麦生长调控与调优栽培的理论基础与关键技术，建立不同类型专用小麦高产、高效、优质、标准化生产技术规程，为优质小麦生产的教学、研究、推广等提供理论与技术储备。希望本书的出版有助于推进不同类型专用小麦品质的理论研究与生产实践，促进优质专用小麦生产的可持续发展。

全书共分10章和附录，第一、二两章阐述了强筋、中筋和弱筋小麦籽粒蛋白质和淀粉品质的形成规律和生理机制，第三至九章探讨了氮肥、磷肥、钾肥、微肥、硫素营养和灌水及水肥互作对不同类型小麦籽粒蛋白质和淀粉品质的调控效应及生理机制，逆境及病虫害对小麦品质的影响，第十章阐述了小麦品质遥感监测与调优管理，附录阐述了不同专用小麦生产技术规程，明确了不同类型专用小麦生长调控与调优栽培的生产技术规程。在编写过程中，力求使整个内容体系完整而充实，理论简洁，技术实用，具备知识性和前沿性，做到理论性和实践性的有机统一。本书主要面向农学类科技、教育、推广、管理人员及研究生和高年级本科生。

由于作者学术水平和实践经验所限，书中错误和不妥之处敬请广大读者批评指正。

编　者

2019年5月

目　录

第一章　小麦品质定义与分类标准

第一节　小麦品质的定义及评价方法

小麦品质是指小麦籽粒对某种特定最终用途的适合性，从小麦收获、加工、食品制作到最终的消费，不同的生产者（或参与者）对小麦品质有不同的要求。小麦种植者注重的是小麦籽粒的饱满度、形态和颜色好坏；面粉加工者要求小麦籽粒出粉率高、加工低能耗；食品加工者希望不同专用面粉能满足不同食品制作的需要；而消费者则更强调食品的适口性和营养性。目前，一般将小麦品质分为物理品质、化学品质、营养品质和加工品质四个方面。

一、物理品质

小麦物理品质参数主要包括籽粒形状、籽粒颜色、籽粒硬度、角质率、籽粒饱满度、容重、不完善粒等指标。它们不仅直接影响籽粒的商品价值，而且与加工品质和营养品质有一定的关系。

1. 籽粒形状　小麦籽粒形状分为长圆形、卵圆形、椭圆形和圆形等。一般圆形和卵圆形小麦籽粒的表面积小，容重高，磨粉容易且出粉率高，但在一定程度上这种粒形往往具有籽粒较小及其他不利性状。腹沟较深的小麦籽粒皮层比例较大，降低出粉率和面粉质量。因此，以近圆形且腹沟较浅的籽粒品质为优。

2. 籽粒颜色　小麦籽粒颜色主要分红色、琥珀色、白色等，与品种遗传有关。籽粒颜色取决于种皮的色素层。一般地，红粒小麦出粉率和面粉白度较白粒品种的低，但其蛋白质含量、沉降值及面筋含量等指标却相对较高。另外，白粒小麦品种一般休眠期短，收获期间遇雨易发生穗发芽，降低加工品质。

3. 籽粒硬度　籽粒硬度是对籽粒胚乳质地软硬程度的评价，也是世界各国区分小麦类别和贸易等级的重要依据之一。硬质小麦籽粒胚乳细胞很硬，淀粉和蛋白质的黏着力强，碾磨时易形成颗粒较大、形状较整齐的粗粉，易于流动和筛理，出粉率也高；软质小麦则相反，在磨粉时易形成极细、无规律的颗粒，很难筛理，且因其淀粉颗粒破损率低，造成吸水性差。2008 年 5 月 1 日实施的国家小麦标准（GB 1351—2008）规定，硬度指数不低于 60 的小麦为硬质小麦，不高于 45 的小麦为软质小麦。

4. 角质率　角质率是指角质籽粒占整批小麦的比例。角质率与籽粒硬度有一定关系，一般硬度大的品种籽粒角质率高，但二者不是一个概念。根据角质胚乳和粉质胚乳在小麦籽粒中所占比例，可将小麦籽粒分为全角质、半角质和粉质三类，也可根据角质籽粒占全部籽粒的百分比来计算。角质率高的品种，籽粒透明，色泽好，且蛋白质含量和面筋含量一般较高，容重和出粉率也高。美国、加拿大、日本、中国等国家都把角质率含量在70%以上的小麦定为硬质小麦。

5. 容重 容重是指单位体积中小麦的质量，以“g/L”表示，它是小麦籽粒大小、形状、整齐度、腹沟深浅、胚乳质地的综合反映。一般籽粒容重越高，出粉率越高，灰分含量就越低。在国家小麦标准中，容重是小麦收购、贮运、加工和贸易中分级的主要依据，也是鉴定磨粉品质的一个综合指标。我国小麦质量标准按容重大小分五个等级，一级冬小麦容重的最低标准是790g/L，一级春小麦容重的最低标准是770g/L，一级以下每差20g/L为一个等级。

6. 不完善粒 受到损伤但尚有食用价值的小麦籽粒，包括虫蚀粒、病斑粒、破损粒、生芽粒和生霉粒。

二、化学品质

小麦的化学品质是指籽粒的化学成分以及表现出的特性，主要包括蛋白质、淀粉(糖类)、核酸、脂类、色素、维生素、酶类和各种无机物质等，其中主要是淀粉和蛋白质。

1. 淀粉 淀粉是小麦籽粒中含量最多的物质和最主要的糖类，也是面粉的主要组成部分。淀粉仅存在于小麦籽粒的胚乳部分，约占籽粒干重的65%，占胚乳重量的70%左右，是面食制品的主要热量来源。小麦淀粉中直链淀粉约占1/4，支链淀粉约占3/4。小麦籽粒中的淀粉含量因品种、气候等生态条件及栽培措施不同而存在差异。

2. 蛋白质 蛋白质的数量和质量对其营养品质和加工品质都有非常重要的影响，也是小麦国际贸易和品质评价中的基本指标。小麦籽粒各部位都含有蛋白质，但分布很不均匀，面粉中的蛋白质主要来自小麦胚乳，靠近表皮部分的胚乳中蛋白质含量较高，越靠近胚乳中心部分蛋白质含量越低。小麦籽粒蛋白质含量因品种、种植区域、生态环境和栽培措施不同而有很大差异。一般地，冬小麦蛋白质含量高于春小麦，晚熟品种高于早熟品种，北方小麦高于南方小麦。蛋白质含量高低与食品品质密切相关，一般而言，含量在15%以上的适于做面包；10%以下适于做饼干；12.5%～13.5%适于做馒头、面条等。

3. 脂类 小麦籽粒中脂肪含量很低，一般为2.94%左右，但脂肪酸组成优，亚油酸所占比重很高，为58%。小麦籽粒各部分脂肪含量以胚中含量最高，为28.5%；其次是糊粉层，为8.0%；果皮最低，为1.0%。

4. 纤维素 纤维素是与淀粉很相似的一种碳水化合物，是由许多葡萄糖分子结合而成的多糖类化合物。纤维素常与半纤维素等伴生，是小麦籽粒细胞壁的主要成分，为籽粒干物质总重的2.3%～3.7%。纤维素和半纤维素对人体无直接营养价值，但有利于胃肠的蠕动，能促进对其他营养成分的消化吸收。

5. 维生素 小麦籽粒和面粉中主要的维生素是复合维生素B、泛酸及维生素E，维生素A的含量很少，几乎不含维生素C和维生素D。水溶性B类维生素主要集中在

胚和糊粉层中，而脂溶性维生素 E 主要集中在胚内。

6. 游离糖　小麦籽粒中碳水化合物除淀粉和纤维素外，还含有 2.8% 的糖。糖在籽粒各部分的分布不均匀。小麦胚的含糖量达 24%，主要为蔗糖和棉籽糖。麸皮的含糖量约为 5%，也主要是蔗糖和棉籽糖。葡果聚糖集中在胚乳中，胚和麸皮中很少。一般硬质冬小麦比软质春小麦的果糖、麦芽糖和棉籽糖含量多，而葡萄糖含量较低。商品小麦面粉中，糖的含量少于 2%，而还原糖约为 0.26%。

7. 矿物质　小麦籽粒中含有多种矿质元素，这些矿质元素在籽粒中以无机盐的形式存在。小麦籽粒中的各种矿质元素中，钙、钾、磷、铁、锌、锰、铂、铝等对人类机体的作用最大。

8. 色素　小麦含有大量黄色类胡萝卜素，主要是叶黄素和它的酯类，以及更少量的 β－胡萝卜素（2% ~12%）。叶黄素、叶黄素酯和胡萝卜素在胚中浓度最高。杜伦小麦胚中含 4μg/g，普通软麦胚中含 11μg/g，不论何种小麦，叶黄素都是主要色素（70% ~88%）。

三、营养品质

小麦的营养品质是指其所含的营养物质对人（畜）营养需要的适合性和满足程度，包括营养成分的多少，各种营养成分是否全面和均衡等。小麦的营养品质与化学成分紧密相关，目前，一般小麦的营养品质主要指蛋白质含量及其氨基酸组成的平衡程度。随着人们生活水平的提高，对小麦其他方面的营养品质的关注也越来越多，主要包括微量矿质元素、抗营养因子等。

1. 蛋白质及氨基酸　蛋白质是生命有机体的物质基础，是人体氮的唯一来源，人体从小麦中获得的能量大部分来源于蛋白质。氨基酸是组成蛋白质的基本单位，小麦籽粒蛋白质是由 20 多种基本氨基酸组成的，其中，人体必需的 8 种氨基酸在小麦籽粒中的含量（mg/g）分别为：缬氨酸 42.2、亮氨酸 71.1、异亮氨酸 35.8、苏氨酸 30.5、苯丙氨酸 + 酪氨酸 45.3、蛋氨酸 + 胱氨酸 41.1、赖氨酸 24.4、色氨酸 11.4。衡量蛋白质营养价值的方法除了测定其氨基酸成分外，主要是通过生物指标，通常用消化率、蛋白质的生理效价、蛋白质的净利用率、氨基酸化学比分、氨基酸标准模式等来表示蛋白质的营养价值。最常用的方法是氨基酸化学比分和氨基酸标准模式。氨基酸化学比分，是指植物蛋白中的必需氨基酸总量或个别成分，与等量鸡卵蛋白中的必需氨基酸总量或各相应成分数量百分比。氨基酸标准模式是将植物蛋白中的氨基酸与联合国粮食及农业组织/世界卫生组织（FAO/WHO）根据人体生理需要暂定的氨基酸标准做比较之百分率。小麦蛋白质中氨基酸最为缺乏的是人体内第一需要的赖氨酸，平均在 0.36% 左右，其含量只能满足人体需要的 45%。因此，提高小麦籽粒中蛋白质的赖氨酸含量至关重要。

2. 矿质元素　小麦籽粒中含有铁、铜、锌、硒等人体必需的矿物质元素，矿物质在人体内需要量虽少，但作用很大，它是构成人体骨骼、体液的主要成分，并能维持人体体液的酸碱平衡。衡量矿物质营养品质时，不仅要考虑其种类与含量高低，而且要考虑这些元素的生物有效性。

3. 戊聚糖 戊聚糖作为一种细胞壁物质，其含量多少、与其他物质之间结合的强弱直接影响小麦硬度、小麦的加工品质、面团的流变学特性、面包的烘焙品质以及淀粉的回生等。同时，从营养品质来看，戊聚糖可增加肠道内有益菌的含量，从而改善肠道内的环境，可使肠道保持一定的充盈度，增加饱腹感，还能形成黏稠的水溶液并具有降低血清胆固醇的作用。

4. 植酸 植酸又名六磷酸肌醇，是植物体内磷和肌醇的主要储存形式。小麦中的植酸主要集中分布在糊粉层，84%～88%的植酸存在于麸皮中，胚芽部分植酸约占10%，而淀粉部分植酸含量很少。植酸对人体的影响存在双重作用。一方面植酸容易与铁、锌等矿质元素结合，影响人体对矿质元素的吸收利用。大量摄食小麦等植酸含量较高的谷物和豆类源食品，被认为是发展中国家人群中普遍存在铁、锌缺乏病症的原因之一。另一方面植酸具有抗氧化和抗癌作用。食用高植酸含量的面粉可以降低前列腺癌的发病率；植酸也是为数不多的可以用于去除铀的一个螯合剂。因此，针对不同环境以及人们生活的不同阶段，对植酸的需求是不同的。儿童、妇女应避免摄入过多的植酸。

5. 抗性淀粉 以前，淀粉一直被认为可以被人体彻底消化吸收。1982年，Englyst等人发现抗性淀粉的存在。目前被普遍接受的抗性淀粉的定义指在健康者小肠中没有被吸收的淀粉及其降解产物。抗性淀粉（RS）也称为功能性膳食纤维，抗性淀粉在小肠中抗消化，在结肠发酵产生大量短链脂肪酸，从而降低结肠pH值，产生的短链脂肪酸对结肠炎具有很好的防治作用。王竹等（2007）研究表明，RS有较低的血糖生成指数，从而可降低人体饭后的血糖值，有利于糖尿病患者的病情控制。另外，RS在控制体重、改善脂质构成、减低血浆胆固醇和甘油三酯、预防脂肪肝等方面也有显著作用，并且，抗性淀粉较传统膳食纤维在食物口感、风味、色泽以及加工特性上更胜一筹。抗性淀粉现已成为近年来关于碳水化合物研究的热点之一。

四、加工品质

将小麦籽粒磨制加工成面粉，再加工成各种面食制品，这个过程中对小麦品质的要求，称其为加工品质。小麦的加工品质包括磨粉品质和食品加工品质。

1. 磨粉品质

（1）小麦的散落性：小麦籽粒在自然形成粮堆时，有向四面流散并形成一圆锥形的性质，称为散落性。小麦的散落性与小麦籽粒表面结构、粒形、水分及含杂情况有关。其中麦粒在不同材料斜面上，开始移动的角度，即籽粒下滑的极限角度，称麦粒在该材料上的自流角。自流角与散落性有直接关系，一般小麦在木材上的自流角为29°～33°，在钢板上为27°～31°。散落性差的小麦，由于自流角较小，在输运过程中不易流散，因此要求溜管和溜筛的斜度应较大；且在运输过程中易堵塞设备等，清理也较困难，输运产量不高，因而散落性与制粉工艺直接相关。

（2）自动分级性：小麦在运动时会产生自动分级现象，使粮堆中较重的、小的和圆的籽粒沉到下面，而较轻的、大的不实粒则浮在上面。

（3）出粉率：出粉率是指单位重量小麦籽粒所磨制的面粉与籽粒重的比值。小麦

籽粒出粉率的高低取决于胚乳占成熟麦粒的比例以及胚乳与其他成分分离的难易程度。理论出粉率在82%～83%，实验磨（Buhler 磨）统粉出粉率在72%～75%。出粉率是面粉企业最为关心的小麦品质指标，也是世界各国制定小麦等级标准的重要评价指标。一般籽粒大、种皮薄、腹沟浅、圆形或近圆形、整齐一致的小麦籽粒的出粉率高。

（4）灰分：灰分是小麦籽粒中各种矿质元素的氧化物，常用来衡量面粉的精度，是评价磨粉品质的一项重要指标。灰分含量主要受品种类型的影响，籽粒的清理程度和出粉率也是影响灰分含量高低的主要因素。出粉率高时，麸皮进入面粉的比例大；籽粒清理不干净时残留的泥沙和其他杂物增多也会提高灰分含量。灰分一般与出粉率呈正相关，与粉色及食品加工品质呈负相关。

（5）颜色：面粉颜色是衡量磨粉品质的又一个重要指标。入磨小麦中杂质、不良小麦的含量（发霉小麦、穗发芽小麦等）、面粉颗粒大小及面粉中水分含量、面粉中的黄色素及氧化酶类等都影响面粉色泽。一般来说，软麦比硬麦的粉色稍浅，白麦比红麦的粉色稍浅。面粉颜色除与品种特性有关外，同一小麦品种的粉色深浅还取决于加工精度。一般出粉率低、麸星少的小麦面粉洁白而有光泽，反之则呈暗灰色。面粉颜色取决于胚乳颜色，据此可判断面粉的新鲜程度。新鲜面粉因含有胡萝卜素而略带微黄，贮藏时间较久的面粉因胡萝卜素被氧化而变白。面粉颜色通常用白度计测定。

2. 食品加工品质

（1）面包品质：面包品质一般指面包烘烤品质，实际指的是面团发酵时形成的二氧化碳气体及保持这些气体的能力，而保持气体能力主要决定于小麦蛋白质、面筋含量、质量及其他品质性状。面包品质优劣主要用面包评价得分来表示。面包评价的内容包括外部评价和内部评价。外部评价包括面包体积、面包形状、表皮色泽，内部评价包括包心色泽、平滑度、纹理结构、弹揉性和口感等。优质面包应具备体积大，面包心空隙小而均匀，壁薄，结构匀称，松软有弹性，洁白美观，面包皮着色深浅适度，无裂缝和气泡，味美适口等特点。

（2）面条品质：根据加工原料和制作工艺不同，可将面条分为两大类：一类是硬粒小麦的面制品，主要包括通心面和意大利实心面条等；另一类是用普通小麦制作的东方面条，主要有日本乌冬面及加盐白面条、中国加碱黄面条、中国白面条、方便面等。中国面条和日本面条的最大区别在于日本面条如乌冬面要求乳白色、表面光滑、质地软且有弹性；而中国面条则要求煮熟后应色泽白亮，结构细密，光滑、适口，硬度适中，有弹性，有咬劲，爽口不粘牙，具有清香味，不易糊汤和断条。

加碱黄面条由面粉、水、盐碱（如碳酸钠或碳酸钾）等混合制作而成。加碱黄面条除要求面条富有弹性，光滑、适口外，还要求面条颜色呈亮黄色；由于食碱影响淀粉膨胀率，故对淀粉品质的要求不严格。对需要以新鲜面条形式出售的面条其色泽的稳定性是非常重要的。

（3）糕点品质：糕点的种类繁多，从风味、制作和来源上总的可分为中式糕点和西式糕点两大类。中式糕点小麦粉用量较大，并以油、糖、蛋等为主要辅料，在风味上以甜味和天然香味为主，熟制方法常有烘烤、蒸制、油炸等。西式糕点侧重以奶、糖、蛋等为主要辅料，在风味上有明显的奶香味，制作则有夹馅、挤花等。

优质蛋糕要求体积大，比容大，表色亮黄，正常隆起，底面平整，不收缩，不塌陷，不溢边，不黏，外形完整，内部颗粒细，孔泡小而均匀，壁薄，柔软，湿润，瓤色白亮略黄，口感绵软，细腻，味正，无粗糙感。

3. 面团流变学特性 小麦面团是小麦粉和水混合后，经过适当揉混而形成的具有黏弹性物质。面粉在揉混过程中，贮藏蛋白吸水膨胀，分子间相互连接，形成几个连续的三维网状结构，从而赋予面团黏弹性，同时具有一定的流动性，总称为面团流变学特性。面团流变学特性是面团的一个重要品质，决定最终的加工品质。测定面团流变学特性的仪器目前主要有粉质仪、拉伸仪、和面仪、吹泡示功仪等。

4. 淀粉糊化特性 淀粉在常温下不溶于水，但当水温至60℃左右时，淀粉的物理性能发生明显变化。淀粉糊化是指淀粉加水加热至60～75℃，淀粉粒急剧大量吸水膨胀，其体积可膨胀到原始体积的50～100倍。温度继续升高，淀粉粒继续吸水膨胀，当其体积膨胀到一定限度后，颗粒便出现破裂现象，颗粒内的淀粉分子向各方向伸展扩散，溶出颗粒体外，淀粉分子间相互联结、缠绕，形成一个网状的含水胶体。测试淀粉糊化特性的仪器主要有快速黏度糊化仪（RVA）、微型黏度糊化仪及差示扫描量热仪等。

第二节 小麦品质分类标准

一、我国小麦分类标准

1. 按播种季节分类 小麦是我国主要的粮食作物之一，其种植遍及全国。小麦的种类很多，按播种季节的不同可分为冬小麦和春小麦。

（1）冬小麦：冬小麦系指当年秋季播种，翌年夏季收获的小麦。一般按产区将其分为北方冬小麦和南方冬小麦两大类。北方冬小麦白麦较多，多系半硬质，皮薄，含杂少，面筋质含量高，品质较好，因而出粉率较高，粉色好，主要产区是河南、河北、山东、山西、陕西以及苏北、皖北等地，占我国小麦总产量的65%以上；南方冬小麦一般为红麦，其质软、皮厚，面筋质的质量和数量都比北方冬小麦差，含杂也较多，特别是含荞子（草籽）多，因此，出粉率比北方冬小麦低，占全国小麦总产量的20%～25%。

（2）春小麦：春小麦系指当年春季播种，秋季收获的小麦，主要产于黑龙江、内蒙古、甘肃、新疆等气候严寒的省区，产量占全国小麦总产量的15%左右。此类小麦含有机杂质较多，一般为红麦，其皮较厚，籽粒大，多系硬质，面筋质含量高，但品质不如北方冬小麦。

2. 根据小麦籽粒胚乳结构分类 小麦分为角质小麦和粉质小麦两种。

胚乳结构紧密，呈半透明状，称为角质。角质占麦粒截面为50%以上的籽粒称为角质粒，角质不足麦粒截面50%的籽粒称为粉质粒。

（1）角质小麦（玻璃质小麦）：胚乳结实，在研磨中麦皮易碎，胚乳不易被研磨成

氨基酸，转运到籽粒中重新合成蛋白质。小麦植株体内游离氨基酸含量与籽粒蛋白质合成呈显著或极显著正相关，提高营养器官游离氨基酸含量，保证籽粒氨基酸供应充足，可以促进籽粒蛋白质的合成，从而提高籽粒蛋白质含量，改善小麦籽粒品质。有研究表明，小麦籽粒发育初期游离氨基酸不断增加，12d 含量最大，然后快速下降，到 24d 减慢，32d 又快速下降，成熟的种子仅含 0.04%。张林生等（1998）认为，在花后 4~12d，游离氨基酸总量显著增加，表明小麦在开花初期，胚和胚乳器官分化以及细胞分裂过程，蛋白质合成需要大量的游离氨基酸提供充足的氮源。小麦籽粒发育过程中，游离氨基酸组分也发生变化。在小麦胚乳内部细胞分裂和各器官原基分化时期（花后 4~12d），游离氨基酸主要组成是 Ala、Pro、Glu 和 Ser，占总量的 60%~79%，其中 Ala 含量最高；在细胞分裂期间，Pro 含量最高。

蛋白质含量在小麦籽粒中积累呈现高—低—高的“V”形变化特征，其中花后 15d 含量最低；不同蛋白组分在小麦籽粒形成过程中表现不同，其中灌浆始期小麦籽粒清蛋白的含量较高，随籽粒发育成熟逐渐下降；球蛋白在籽粒完成组织分化不久开始合成，在整个籽粒发育成熟过程中始终最低。这两种蛋白主要以参与代谢活动的酶类为主，存在于糊粉层中，在灌浆过程中含量呈下降趋势。谷蛋白一般在小麦开花后 7d 左右开始形成，其中低分子量的谷蛋白亚基出现较早，而高相对分子质量的谷蛋白亚基出现较晚。赵文明等（1991）认为，开花后 28d 左右是谷蛋白积累的高峰期，此后下降，成熟时达最大。醇溶蛋白形成得最晚，但合成速率快，直到成熟醇溶蛋白的含量还在增加。籽粒发育过程中，先形成结构蛋白，后期主要形成贮藏蛋白，且随籽粒发育成熟，结构蛋白一部分要转化为贮藏蛋白。杜金哲等（1998）认为，开花后首先出现的是 LMW－GS，15d 左右出现 Glu－1 位点编码的高相对分子质量 x 型亚基，亚基一旦形成便逐渐稳定，不再消失。雷玲等（2008）认为，小麦开花 10d 左右便有 HMW－GS 形成，随着小麦籽粒灌浆成熟，HMW－GS 亚基含量逐渐上升，在 20d 左右开始形成积累高峰。也有研究表明，在蜡熟期各亚基及亚基总量达最大积累，之后稍有下降。积累过程中 x 型亚基的含量高于 y 型亚基的含量。王燕等研究认为，HMW－GS 在花后 13d 开始至 20d 全部形成；其中 Glu－D1x 及 Glu－B1x 位点编码的亚基最早出现，Glu－A1 编码的 1 亚基形成最晚。而 Guptaetal.（1996）认为，HMW－GS 的积累速率要大于 LMW－GS 的积累速率。

三、氮代谢相关酶活性变化

作物吸收的氮素，在体内经一系列代谢合成酰胺、氨基酸、蛋白质及其他含氮化合物。硝酸还原酶（NR）、谷氨酰胺合成酶（GS）、谷氨酸脱氢酶（GDH）、谷氨酸合酶（GOGAT）等在这一系列过程中起重要作用。

小麦叶片中 NR、GS 和 GOGAT 酶活性随着植株衰老整体呈下降趋势，但不同品种其下降速率存在差异；大穗型品种兰考矮早 8 在灌浆后期下降幅度较为平缓，且其酶活性略高于多穗型小麦品种豫麦 49－198。有研究认为，叶片 NR 活性与籽粒产量和蛋白质含量呈正相关，可以用灌浆过程中酶活性来预测成熟籽粒蛋白质含量。而 Dalling（1976）认为，两者的关系不显著。GS 是处于氮代谢中心的多功能酶，参与多种氮代谢的调节。GS 活性降低可使细胞内多种氮代谢酶和部分糖代谢酶受到严重影响，GS 活性的提高，则可带动氮代谢途径运转增强，促进氨基酸的合成和转化。小麦开花后各器官的NR和GS均具有一定的活性，其中旗叶中NR和GS活性最高，开花后旗叶和根系NR和GS活性逐渐降低，颖壳和籽粒中NR和GS活性先升高，达到最大值后再降低。旗叶和籽粒中GS和GOGAT活性与籽粒蛋白质含量呈显著或极显著正相关，氮代谢关键酶活性有利于籽粒蛋白质含量的积累。内肽酶（EP）、氨肽酶（AP）、羧肽酶（CP）是蛋白质水解方向的关键酶。王小燕等研究认为，籽粒谷蛋白大聚合体（GMP）含量受NR、GS和EP、CP、AP等蛋白质代谢过程的酶活性的影响，旗叶中NR、GS等酶活力高，则叶片中无机态氮转化成有机态氮的效率高，直接为籽粒GMP积累提供充足的氮源；旗叶EP、CP、AP等酶活性高，则叶片中的蛋白质降解小肽及氨基酸的效率高，为籽粒中GMP的积累补充有效氮源。

四、氮代谢相关基因表达及调控

高等植物GS蛋白有两类，位于胞质的GS1和位于叶绿体的GS2。一些研究表明，过量表达GS可提高植物的生物量、籽粒产量和蛋白质含量。李新鹏等（2008）在中国春和小偃54基因组DNA中克隆得到3个TaGS2基因的全长序列，TaGS2的表达受氮素调控，硝态氮和铵态氮都可诱导TaGS2表达，但高浓度下硝态氮的诱导效果比铵态氮更强。在中国春和小偃54两个品种中，TaGS2-A1都是TaGS2基因表达的主要成员，占总表达量的绝对多数。TaGS2的表达有品种间差异，在氮浓度较高时，中国春的TaGS2表达量高于小偃54。也有研究认为，在不同的供氮水平下，基因的表达模式也不相同，氮胁迫条件下，氮再活化基因优先表达，开花后氮吸收相关基因优先表达，氮充足时，叶片衰老与源-库转换没有关联。

赵学强等（2004）认为，氮素高效型小麦品种TaNRT基因的表达丰度高于低效型品种，TaNRT基因的表达均受到供氮的负向调控。氮素高效型小麦品种TaGS1和TaGS2基因的表达高于低效型品种。小麦幼苗的根系TaNRT1和TaNRT2表达对外源供氮的响应趋势不同，TaNRT1受到供氮水平的正向调控，而TaNRT2表达受到外源供氮的抑制作用。TaNRT2.1和TaNRT2.3随供氮水平的增加缓慢降低，在高氮水平下也能保持较高的表达量，而TaNRT2.2的表达随着氮素供给迅速降低。

第二节　淀粉形成机理

淀粉是小麦籽粒最主要的内容物，是籽粒产量的决定因素，因此，提高小麦的产量，主要在于增加籽粒内的淀粉积累量。

一、淀粉的类型

淀粉以其分子结构划分，可分为直链淀粉和支链淀粉（图2-1）。直链淀粉是由D-葡萄糖残基以α-1，4-糖苷键相连形成大分子的淀粉长链，多聚化程度较低，分子量多为$10^4 \sim 10^5$，相当于250~300个葡萄糖残基；而支链淀粉除α-1，4-葡萄糖苷键连接外，还包含众多的α-1，6-葡萄糖苷键连接的分支状分子，多聚化程度较

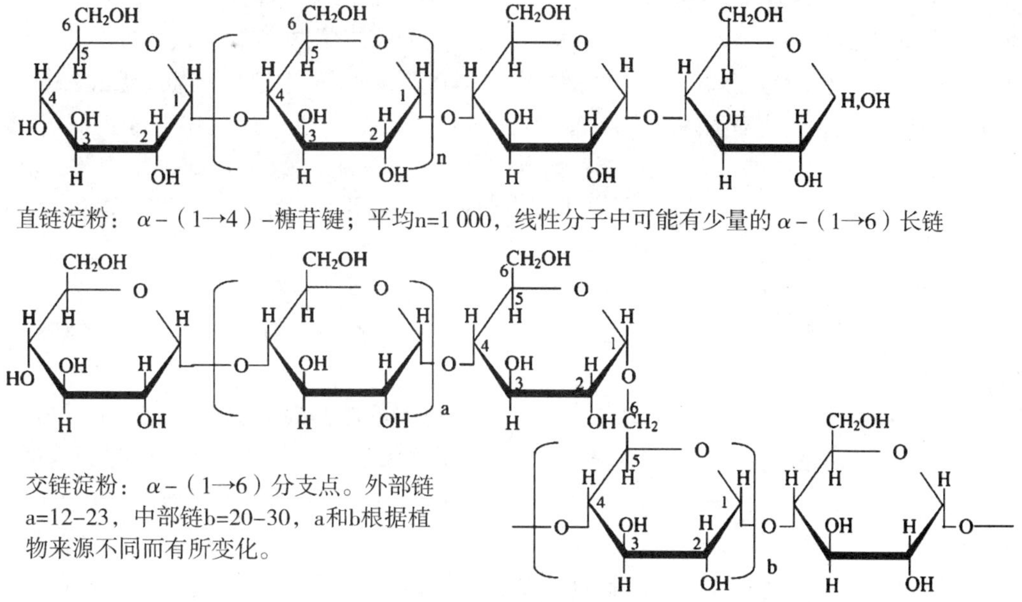

直链淀粉：α-（1→4）-糖苷键；平均n=1 000，线性分子中可能有少量的α-（1→6）长链

交链淀粉：α-（1→6）分支点。外部链a=12-23，中部链b=20-30，a和b根据植物来源不同而有所变化。

图2-1　直链和支链淀粉的分子结构（Tester *et al.* J Cereal Sci，2004，39：151-165）

高，分子量为$10^6 \sim 10^8$，相当于6 000个或更多的葡萄糖残基，多个分支短链的长度平均为10～30个葡萄糖残基。

以淀粉粒的形态划分，分为A、B和C型三种淀粉粒。A型为椭圆双凸透镜状，直径大于16μm；B型淀粉粒呈球状体，直径在5～16μm；C型淀粉粒直径小于5μm，它的主要作用是A和B型淀粉粒的中间体。在小麦籽粒内，A型淀粉粒于花后4～5d开始形成，而B和C型淀粉粒形成较晚，自花后12～14d开始形成。A型淀粉粒内的直链淀粉含量较高，为30%～36%；B型淀粉粒内直链淀粉含量较低，为24%～27%，且含有较高数量的脂类和与淀粉粒结合的蛋白质（Dengate *et al.*，1984）。

二、小麦籽粒内淀粉的积累动态

淀粉自小麦花后开始在籽粒内合成并积累，一直持续到灌浆结束，与籽粒的千粒重积累速率相似，均呈抛物线趋势。淀粉积累量与灌浆持续时间及灌浆速率均呈正相关。灌浆时间越长，灌浆强度越高，籽粒内淀粉积累量越多。但灌浆时间和灌浆强度对淀粉积累的影响作用有所差异。Telow *et al.*（2004）研究结果表明，提高灌浆强度增加淀粉积累量的效果要大于延长灌浆时间。另外，在小麦灌浆后期出现的高温与“干热风”等胁迫常导致植株死亡，也不利于灌浆时间的延长，所以通过延长灌浆时间来提高淀粉的积累量较难实现。因此，提高淀粉的积累量应主要从提高其积累强度着手。

三、调控小麦淀粉合成的一系列酶及其相应的功能

在高等植物细胞内，淀粉的合成主要是在质体内进行，前体为葡萄糖-1-磷酸（G-1-P）。参与作物淀粉合成的酶主要包括腺苷二磷酸葡萄糖焦磷酸化酶（AG-

Pase)、淀粉合酶（Starch synthase，SS）、淀粉分支酶（Starch - branching enzyme，BE）和淀粉去分支酶（Starch debranching enzyme，DBE）等，它们在淀粉合成中发挥着不同作用。AGPase 的作用是把来自光合作用的 G - 1 - P 和 ATP 转变成 ADP 葡萄糖（ADP - Glc）和 ADP，它是由成对的两个大亚基（Large subunit，LSU）和小亚基（Small subunit，SSU）构成的异源四聚体。AGPase 分为胞质型与质体型两种，故在植株细胞中 AGPase 酶存在着胞质型大亚基（LSU Ⅰ）、质体型大亚基（LSU Ⅱ）、胞质型小亚基（SSU Ⅰ）和质体型小亚基（SSU Ⅱ）四种亚基。SS 是以寡聚糖为前体，ADP - Glc 作底物，通过 α - 1，4 键连接，把 ADP - Glc 上的 Glc 连到寡聚糖上，形成直链淀粉或分支淀粉的延伸分支链，它分为颗粒结合淀粉合酶（GBSS）和可溶性淀粉合酶（SSS，它又分为 SSS Ⅰ、SSS Ⅱ和 SSS Ⅲ等种类），前者参与直链淀粉的合成，后者则与支链淀粉的合成有关。BE 具有双重功能，一方面它切开以 α - 1，4 糖苷键连接的葡聚糖形成短链，另一方面它又把切下的短链通过α - 1，6 糖苷键连接于受体上。作物体内 BE 也分为两种：BE Ⅰ 和 BE Ⅱ，BE Ⅰ 与中等长度支链淀粉的合成有关，BE Ⅱ则直接参与支链淀粉中短链的合成。DBE 也有两大类：分别是异淀粉酶（ISA）与极限糊精酶（PUL），它们特异性水解淀粉中 α - 1，6 糖苷键，在淀粉合成中起最后修饰作用（图 2 - 2）（Jeon *et al.*，2010；Zhu *et al.*，2011）。

上述每一类淀粉合成相关酶均有不同的同工酶，由于作物种子内淀粉含量与淀粉特性均有一定差异，因此作物间淀粉合成相关酶的同工酶数量与类型有一定差异。例如，AGPase 的大亚基在水稻和玉米中有 AGPL1、AGPL2、AGPL3 和 AGPL4 四类，但在

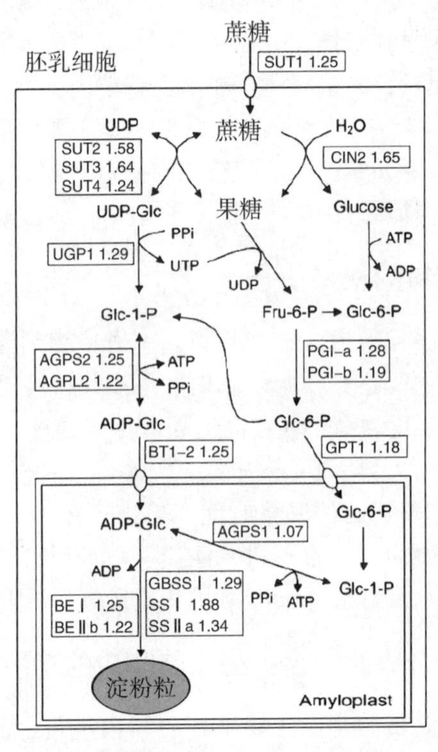

图 2 - 2　高等植物细胞内淀粉的合成途径（Zhu *et al.* J Exp Bot，2011，62：3907 - 3916）

小麦和大麦中只存在有 AGPL1 和 AGPL2 两类，没有发现 AGPL3 和 AGPL4；此外，玉米中存在 SSIIIb - 2 同工酶基因，但在水稻和小麦中没有发现此基因。由于小麦的全基因组序列测序尚未完成，因此，还可能存在一些未发现的淀粉合成相关酶的同工酶。截至目前，在 6 大类淀粉合成相关酶中，大麦、小麦、水稻、玉米分别报道有 24、26、27 和 30 个同工酶（Ohdan *et al.*, 2005；Yan *et al.*, 2009；Kang *et al.*, 2013）（表 2 - 1）。

表 2 - 1 小麦、水稻和玉米细胞内淀粉合成相关酶同工酶基因的数量

基因	水稻			玉米			小麦		
	No.	基因名称	序列号	No.	基因名称	序列号	No.	基因名称	序列号
AGPase	1	OsAGPS1 - a	EF122437	1	ZmAGPS1a - 1	AF330035	1	TaAGPS1 - a	X66080
				2	ZmAGPS1a - 2	DQ118038			
	2	OsAGPS1 - b	AP004459	3	ZmAGPS1b	AF334960	2	TaAGPS1 - b	EU582678
	3	OsAGPS2	AY028315	4	ZmAGPS2	AY032604	3	TaAGPS2	AY727927
	4	OsAGPL1	AY028314	5	ZmAGPL1	BT016868	4	TaAGPL1	Z21969
	5	OsAGPL2	D50317	6	ZmAGPL2	Z38111	5	TaAGPL2	DQ406820
	6	OsAGPL3	NM - 001065811	7	ZmAGPL3	EF694838			
	7	OsAGPL4	NM - 001057719	8	ZmAGPL4	EF694839			
GBSS	8	OsGBSS Ⅰ	AB425323	9	ZmGBSS Ⅰ	AY109531	6	TaGBSS Ⅰ	AF286320
	9	OsGBSS Ⅱ	AY069940	10	ZmGBSS Ⅱ a	EF471312	7	TaGBSS Ⅱ	AF109395
				11	ZmGBSS Ⅱ b	EF472248			
SS	10	OsSS Ⅰ	AY299404	12	ZmSS Ⅰ	AF036891	8	TaSS Ⅰ	AJ292521
	11	OsSS Ⅱ a	AF419099	13	ZmSS Ⅱ a	AF019296	9	TaSS Ⅱ a	AJ269503
	12	OsSS Ⅱ b	AF395537	14	ZmSS Ⅱ b - 2	EF472249	10	TaSS Ⅱ b	EU333947
				15	ZmSS Ⅱ b - 1	AF019297			
	13	OsSS Ⅱ c	AF383878	16	ZmSS Ⅱ c	EU284113	11	TaSS Ⅱ c	EU307274
	14	OsSS Ⅲ a	AY100469	17	ZmSS Ⅲ a	AF023159	12	TaSS Ⅲ a	AF258608
	15	OsSS Ⅲ b	AF432915	18	ZmSS Ⅲ b - 1	EF472250	13	TaSS Ⅲ b	EU333946
				19	ZmSS Ⅲ b - 2	EF472251			
	16	OsSS Ⅳ a	AY373257	20	ZmSS Ⅳ	EU599036	14	TaSS Ⅳ	AY044844
	17	OsSS Ⅳ b	AY373258						
BE	18	OsBE Ⅰ	EF122471	21	ZmBE Ⅰ	AY105679	15	TaBE Ⅰ	Y12320
	19	OsBE Ⅱ a	AB023498	22	ZmBE Ⅱ a	EF433557	16	TaBE Ⅱ a	AF286319
	20	OsBE Ⅱ b	D16201	23	ZmBE Ⅱ b	EU333945	17	TaBE Ⅱ b	AY740401
	21	OsBE Ⅲ	AK066930	24	ZmBE Ⅲ	ZMU18908	18	TaBE Ⅲ	JQ346193
DBE	22	OsISA1	AB015615	25	ZmISA1	ZMU18908	19	TaISA1	AF548380
	23	OsISA2	NM - 001061991	26	ZmISA2	EU976060	20	TaISA2	JX473824
	24	OsISA3	NM - 001069968	27	ZmISA3	AY172634	21	TaISA3	JN412069
	25	OsPUL	D50602	28	ZmPUL	AF080567	22	TaPUL	EF137375
PHO	26	OsPHOL	AF327055	29	ZmPHOL	EU857640	23	TaPHOL	EU595762
	27	OsPHOH	NM - 001051358	30	ZmPHOH	EU971442	24	TaPHOH	AF275551
DPE	28	OsDPE1	AB626975	31	ZmDPE1	BT061520	25	TaDPE1	DQ068045
	29	OsDPE2	AK067082	32	ZmDPE2	BT055804	26	TaDPE2	BQ294920

四、淀粉同工酶在小麦籽粒淀粉合成中的功能

就基因的转录与翻译水平而言，无疑，从翻译水平（蛋白质或酶）上研究更能直接反映品种间淀粉合成积累差异的机制。但从酶水平研究小麦品种间淀粉合成的差异

主要有以下三方面的制约因素：①每一类淀粉合成相关酶都有几类同工酶或几个亚基，在测定酶活性时，难以将这些同工酶活性区分开来，因此，测定其酶活性时，不能准确反映它们各自在淀粉合成中的作用大小（Ohdan *et al.*，2005）。②植物细胞内存在有许多水解酶（如淀粉酶），它们在淀粉合成相关酶提取与活性过程中，易使淀粉合成相关酶发生降解，也干扰了酶的提取与活性的测定（Ohdan *et al.*，2005）。③许多淀粉合成相关酶是在一个酶复合体中起相关作用的。如小麦中 BEⅠ、BEⅡb 和 SSⅡ在一个酶复合体中调控了支链淀粉的合成，而在这些酶复合体中，难以单独对一个酶进行提取，且提取过程中也影响复合体中其他酶的活性，导致测定结果出现较大偏差（Tetlow *et al.*，2004；Hannah and James，2008）。

虽然存在转录后调控和翻译等水平上的调控（Oliver *et al.*，2008），但从转录水平上研究品种间淀粉合成能力的差异，具有以下优点：①可以定量分析单个淀粉同工酶基因在植株不同发育阶段的变化或同一发育阶段不同品种间单个基因转录水平的差异。②在酶复合体中，转录水平能非常方便地研究许多淀粉调控机制，如测定在哪一发育阶段、哪一特定细胞器中及哪些多基因共同发生作用，如 SS、BE、AGPase 三个亚基等（Ohdan *et al.*，2005；Hannah and James，2008）。因此，从转录水平研究作物淀粉积累差异的机理最为适宜。

我们实验室通过对这些同工酶基因在小麦籽粒内的时空表达进行研究，结果发现它们在淀粉中的表达差异较大（图 2－3），将其分为三类：第一类包括 TaAGPS1－b、TaAGPS2、TaAGPL2、TaSSⅢb、TaISA2、TaPHOH2 和 TaDPE2 等，它们在籽粒发育早期表达量较高，在花后 3～5d 表达量达到高峰，而后迅速下降。推测它们在葡聚糖的合成及淀粉粒最初形成过程中发挥重要作用。第二类包括 TaAGPS1－a、TaAGPL1、TaGBSSⅠ、TaSSⅠ、TaSSⅡa、TaSSⅢa、TaSSⅣ、TaBEⅠ、TaBEⅡa、TaBEⅡb、TaPUL、TaPHOL 和 TaDPE1 等，它们在籽粒发育初期表达量较低，而后迅速上升，在花后 15d 左右表达量达到高峰，直到成熟表达量一直维持在较高水平，与籽粒淀粉积累速率趋势一致，且呈显著正相关。推测这类同工酶基因在小麦籽粒胚乳淀粉的合成中发挥着重要作用。第三类包括 TaGBSSⅡ、TaSSⅡb、TaSSⅡc、TaBEⅢ、TaISA1 和 TaISA3 等，它们在籽粒发育过程中表达量一直处于较低水平，推测这类同工酶参与了种皮淀粉的合成（Kang *et al.*，2013）（图 2－3、表 2－2）。

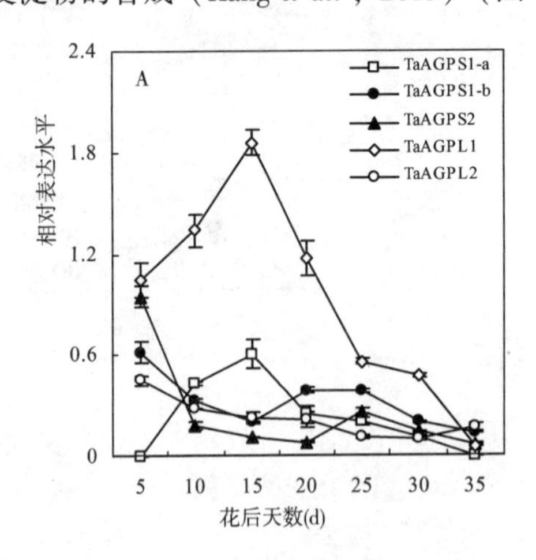

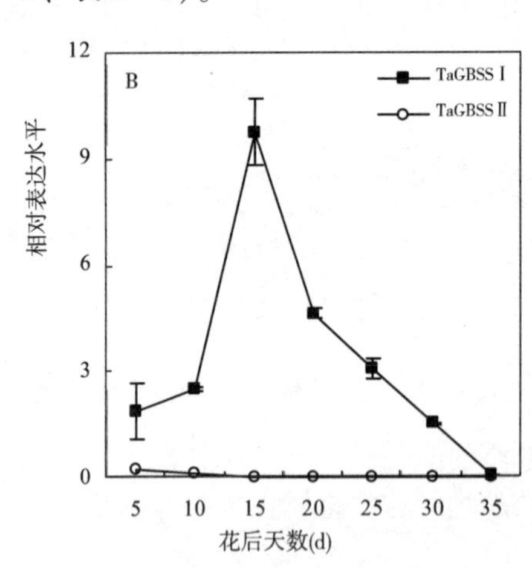

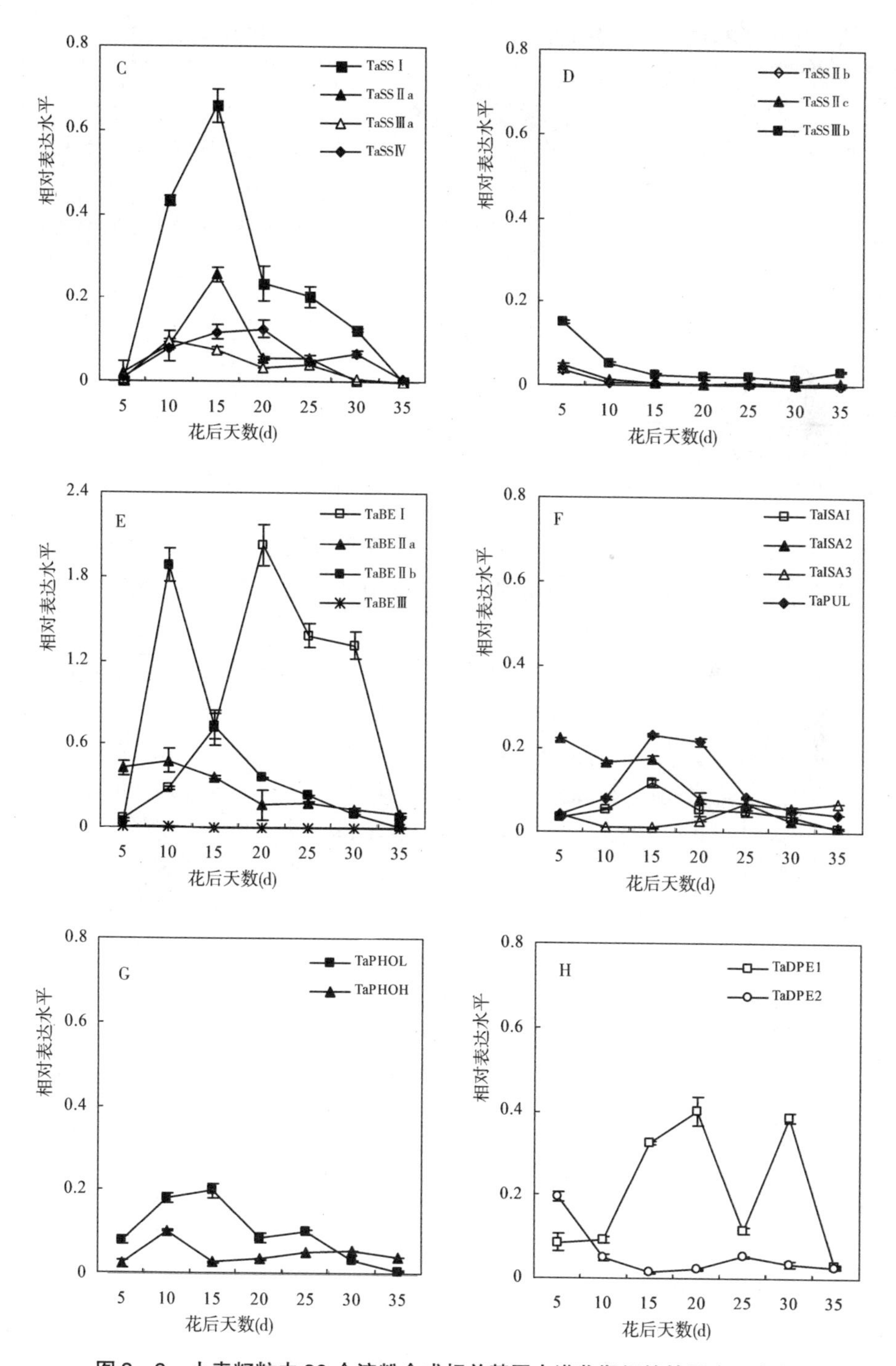

图 2-3　小麦籽粒内 26 个淀粉合成相关基因在灌浆期间的转录水平变化

A. AGPase5 个亚基；B. GBSSs 类基因；C. SSs 类基因（TaSS Ⅰ, TaSS Ⅱ a, TaSS Ⅲ a and TaS Ⅳ）；D. SSs 类基因（TaSS Ⅱ b, TaSS Ⅱ c and TaS Ⅲ b）；E. BEs 类基因；F. DBEs 类基因；G. PHOs 类基因；H. DPEs 类基因。

表2-2 小麦籽粒内26个淀粉合成相关基因的表达模式

基因表达模式与分类	籽粒发育阶段	
	籽粒形成期	籽粒灌浆期
TaAGPS1-b, TaAGPS2, TaAGPL2, TaSSⅢb, TaISA2, TaPHOH2, TaDPE2	High levels	Low levels
TaAGPS1-a, TaAGPL1, TaGBSSⅠ, TaSSⅠ, TaSSⅡa, TaSSⅢa, TaSSⅣ, TaBEⅠ, TaBEⅡa, TaBEⅡb, TaPUL, TaPHOL, TaDPE1	Low levels	High levels
TaGBSSⅡ, TaSSⅡb, TaSSⅡc, TaBEⅢ, TaISA1, TaISA3	Low levels	Low levels

五、调控小麦淀粉合成相关基因表达的转录因子的研究

虽然调控重要作物籽粒淀粉合成的一系列酶基因的表达谱已得到了较清晰的研究，但有关这些基因的上游调控因子报道较少，其分子调控网络系统尚未建立，且在小麦中尚未见报道。Zhu *et al.*（2003）发现水稻 *GBSS*（Waxy）上游启动子的一段31 bp序列（GCAACGTGCCAACG-TACGCACGCTAACGTGA）在其表达发挥重要作用，且这段序列能与核蛋白结合；以此片段为诱饵，通过与水稻cDNA文库进行酵母单杂交，分离了3个cDNA序列，其中一个基因编码了MYC转录因子（*OsBP*-5，长度为335个氨基酸）。电泳阻滞实验（EMSAs）和DNA-蛋白质印迹（Southwestern blotting）法结果显示 *OsBP*-5能特异与上述31 bp序列中的CAACGTG区域结合。进一步发现 *OsBP*-5与一个EREBP转录因子（*OsEBP*-89）结合后，调控水稻 *GBSS*（Waxy）基因的转录。抑制 *OsBP*-5基因的表达能显著降低转基因植株中直链淀粉的含量。

我们实验室最近从小麦中克隆出一个转录因子（*TaRSR*1），它的表达与籽粒淀粉积累速率呈显著负相关，并且与上述第二类淀粉同工酶的表达也呈显著负相关，表明它可能是调控淀粉合成相关基因表达的一个负调控因子（Kang *et al.*，2013）。下一阶段的实验是获得抑制此转录因子表达与提高其表达的两类突变体，通过检测两类突变体内淀粉合成相关基因表达量的变化，来进一步验证上述结果。

六、提高小麦籽粒淀粉积累量的基因工程研究进展

20世纪70年代初建立发展起来的基因工程，经过40多年的不断进步和发展，已在生物学领域中起着举足轻重的作用。自1983年世界上第1例转基因植物问世以来，基因工程越来越受到世界各国的关注并得以飞速发展，育成了一大批耐除草剂、抗病、抗虫、抗病毒、抗寒的高产、优质农作物新品种和植物材料，并开始在农业生产上大面积推广应用。在小麦淀粉方面，Smidansky *et al.*（2002）和Meyer *et al.*（2007）根据玉米AGPase的大亚基（AGPL1）对激活子3-PGA反应敏感，而对抑制子Pi反应迟钝的特点，将此基因导入小麦中，与小麦AGPase小亚基（AGPS1-a）互作后，产生的APGase新酶对Pi敏感性减弱，导致转基因小麦籽粒内AGPase活性提高，单株粒重

提高38%，田间试验结果也表明转基因小麦比对照增产23%。我们实验室将*TaAGPL*1基因在小麦中过表达，转基因小麦植株的AGPase活性、籽粒淀粉含量与千粒重均显著增加（12%～26%）（未发表资料），也显示出了基因工程技术在提高小麦籽粒淀粉中的巨大潜力。

第三节　不同专用小麦品质形成的差异

一、不同专用小麦蛋白质形成的差异

专用小麦是指小麦籽粒对某种特定最终用途的独特适合性。不同小麦品种籽粒灌浆过程中蛋白质积累均表现高—低—高的积累模式，但强筋小麦整个灌浆期合成和积累蛋白质的能力较强，中筋小麦在灌浆中后期蛋白质合成与积累能力高于弱筋小麦；在籽粒形成期，强筋小麦清蛋白、谷蛋白含量相对较高，弱筋小麦醇溶蛋白和球蛋白含量相对较高；成熟期醇溶蛋白、谷蛋白的组分含量和组分比例均表现为强筋小麦>中筋小麦>弱筋小麦。李建敏等（2009）认为，不同蛋白质含量品种籽粒蛋白质积累量呈现为高蛋白含量品种>中蛋白含量品种>低蛋白含量品种。植株中游离氨基酸含量高低对籽粒蛋白质含量有显著影响，不同基因型小麦籽粒灌浆过程中游离氨基酸含量不同，高蛋白品种在花后14d之前籽粒中游离氨基酸含量略有升高，之后急剧下降，而低蛋白品种则在花后7d时就开始降低，不同品种比较，在花后21d之前高蛋白品种显著高于低蛋白品种，花后21d之后品种间差异变小。高文川等（2010）认为，麦谷蛋白亚基表达模式以及谷蛋白聚合体累积动态的差异则可能是导致小麦强筋或弱筋品质形成的关键；强筋小麦籽粒HMW－GS和B区低分子量麦谷蛋白亚基（LMW－GS）从花后9～12d开始表达；而弱筋小麦从花后12～15d开始表达，即强筋小麦麦谷蛋白亚基开始形成时间早于弱筋小麦。强筋小麦品种籽粒灌浆期谷蛋白总聚合体百分含量（TGP%）和谷蛋白大聚合体百分含量（GMP%）在花后12～30d一直持续增加，花后30d至成熟达到最大值并保持稳定水平（图2－4）。弱筋小麦TGP%和GMP%累积动态表现为在花后12～24d（灌浆早中期）形成和持续累积，花后24d至成熟逐渐降低（图2－4、图2－5）。

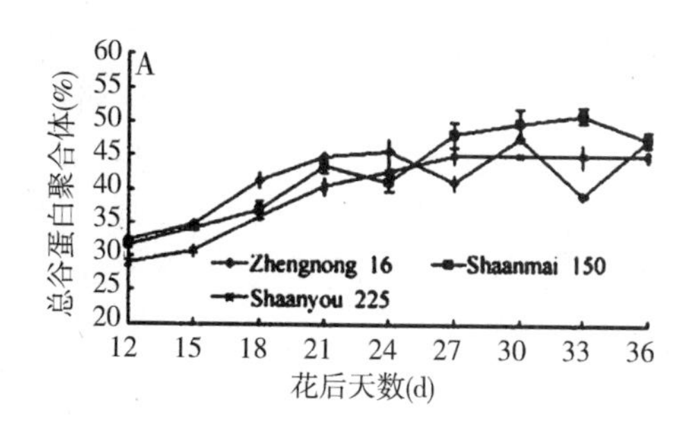

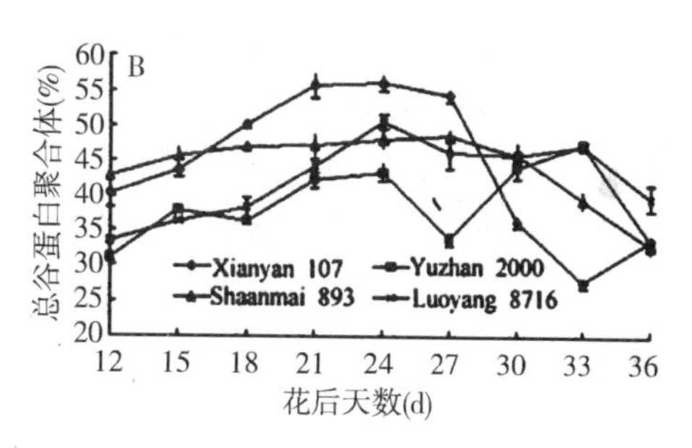

图2－4　强筋小麦品种（A）和弱筋粉小麦品种（B）在籽粒发育过程中TGP%的动态变化

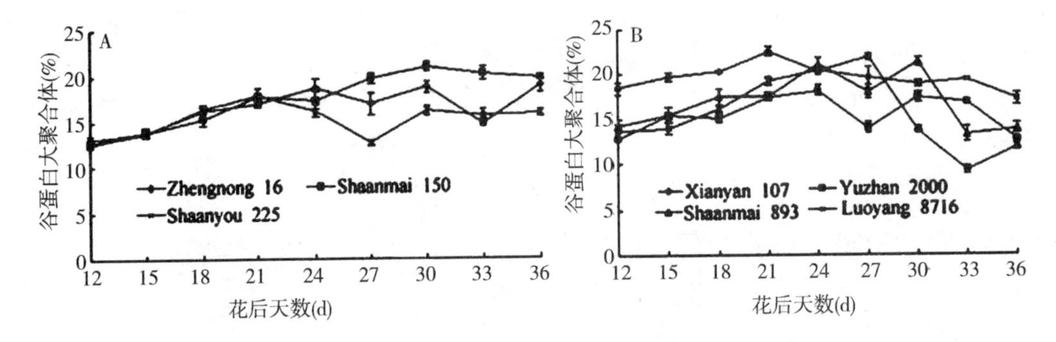

图2-5 强筋小麦品种（A）和弱筋粉小麦品种（B）在籽粒发育过程中 GMP%的动态变化

小麦籽粒中氮素主要来源于花前贮藏氮的转运和花后氮素的吸收，而不同蛋白质含量品种其籽粒吸收与利用氮素效率存在差异。低蛋白品种泰山 021 对肥料氮的吸收量大，利用率高，但灌浆过程中营养器官中贮存的氮素向籽粒的运转效率低，是其最终籽粒蛋白质含量不高的生理基础；而鲁麦 22 对肥料氮的吸收量小，但灌浆过程中营养器官中贮存的氮素向籽粒的运转效率高，其最终籽粒蛋白质含量较高。王小燕等（2006）进一步分析不同品质类型小麦品种全氮吸收、运转特性及其与蛋白质含量的关系后，认为鲁麦 22 等小麦品种开花前吸收氮素的能力较强，在开花后吸氮能力下降，但营养器官中氮素向籽粒运转的效率高，因此，最终籽粒蛋白质含量高。

氮代谢酶活性及表达亦在不同专用小麦品种之间存在差异，旗叶 NR 活性随籽粒成熟而降低，低蛋白品种 NR 活性低于高、中蛋白含量品种，高蛋白含量品种较高的旗叶 NR 活性和较高的籽粒 GS 活性使其氮同化能力高于中、低蛋白含量品种，有利于蛋白质的积累。而不同基因型小麦 GS 同工酶表达差异则主要表现在出苗期和衰老期；在出苗第 3d 时，强筋型小麦豫麦 34 的 GS2 开始表达，普通小麦豫麦 49 和弱筋型小麦豫麦 50 的 GS2 同工酶没有表达；叶片衰老时，不同基因型小麦的 GS2 同工酶活性差异显著，表现为豫麦 50 > 豫麦 49 > 豫麦 34。左毅等（2012）的研究表明，不同筋力类型小麦品种籽粒中 GS 酶活性表现为郑麦 366 > 豫麦 49 - 198 > 郑麦 004，即强筋小麦品种的氮代谢关键酶 GS 活性最高（表 2 - 3），这可能有利于强筋品种蛋白质含量的积累。酶活性在强筋小麦品种郑麦 366 和中筋品种豫麦 49 - 198 的穗位表现为下部穗位显著高于上部和中部穗位；而弱筋品种郑麦 004 表现为中部穗位最大，且与上、下部穗位形成显著差异。对于不同粒位酶活性差异来说，郑麦 366 和郑麦 004 在上、中、下穗位均表现为 G1 > G2 > G3。而豫麦 49 - 198 在中部穗位表现为 G1 粒位酶活性最高，而在下部和上部则表现为 G2 粒位酶活性最高，表明 G1、G2 粒位酶活性较高可能有利于蛋白质含量积累。石玉等（2011）对不同品质类型小麦贮藏蛋白组分与相关酶活性进行分析，认为在籽粒灌浆前中期旗叶谷氨酰胺合成酶活性高，中后期内肽酶活性高，则籽粒谷蛋白、醇溶蛋白含量及 HMW/LMW 比高，醇/谷比低，利于形成一等强筋小麦的蛋白质品质。

表2-3　不同小麦品种籽粒GS酶活性的穗粒位差异

穗粒位		郑麦366	豫麦49-198	郑麦004
上部小穗	G1	1.47bc	1.09cd	1.16b
	G2	1.41bcd	1.32a	1.14bc
	G3	1.30d	1.01d	1.05d
	平均	1.39b	1.14b	1.12b
中部小穗	G1	1.54ab	1.24ab	1.28a
	G2	1.37cd	1.13c	1.16b
	G3	1.01e	1.17bc	1.09cd
	平均	1.31b	1.18b	1.18a
下部小穗	G1	1.66a	1.26ab	1.13bc
	G2	1.40cd	1.27a	1.13bc
	G3	1.31d	1.17bc	1.09cd
	平均	1.46a	1.23a	1.12b

二、不同专用小麦淀粉品质形成的差异

淀粉在小麦籽粒中的积累规律与籽粒灌浆过程相似，呈现出“S”形曲线变化，随着灌浆的进行，籽粒中淀粉含量逐渐增加。石培春等（2012）研究表明，籽粒中总淀粉、直链淀粉、支链淀粉积累量变化均呈“S”形曲线，不同品质类型小麦成熟籽粒中总淀粉、直链淀粉、支链淀粉含量以弱筋小麦最高，中筋小麦次之，强筋小麦最低，积累量顺序则相反。不同品质类型小麦籽粒中直链、支链、总淀粉积累速率均呈单峰曲线变化（图2-6），峰值出现在中期，在花后18~24d，其中中筋小麦品种豫麦49直链、支链及总淀粉积累速率高且持续期长，弱筋小麦洛麦1号次之，强筋小麦藁麦8901稍低；也表明不同品质类型小麦品种籽粒灌浆过程中支链淀粉是与直链淀粉同时合成的，而且灌浆中后期支链淀粉的合成要比直链淀粉的合成快。豫麦49籽粒中直链、支链和总淀粉积累速率均较高，为其较高粒重形成提供基础（王文静等，2005）。而王自步等（2010）研究表明，高淀粉含量的两个品种新春24和E28支链淀粉和总淀粉积累速率在灌浆早期和中期出现了两个小高峰，而低淀粉含量的两个品种呈现出单峰变化趋势，这也表明不同淀粉类型的小麦品种籽粒淀粉的积累特征不尽相同，可能主要取决于籽粒中淀粉组分的差异和淀粉合成关键酶活性的变化。

小麦籽粒中淀粉主要有淀粉粒构成，一般认为强筋小麦大淀粉粒含量高，但体积较小，而弱筋小麦小淀粉粒含量高，大淀粉粒的体积较大。进一步对淀粉粒体积和表面积进行分析，强筋型小麦品种，B型淀粉粒体积占比较高，而弱筋型小麦鲁麦21和滨育535的A型淀粉粒体积占比较高。同体积分布相似，弱筋型小麦鲁麦21和滨育535的B型淀粉粒表面积占比较低，分别为79.0%和79.4%，而强筋型小麦9818和济麦20的B型淀粉粒表面积占比较高，分别为83.8%和82.2%（戴忠民等，2008）。小

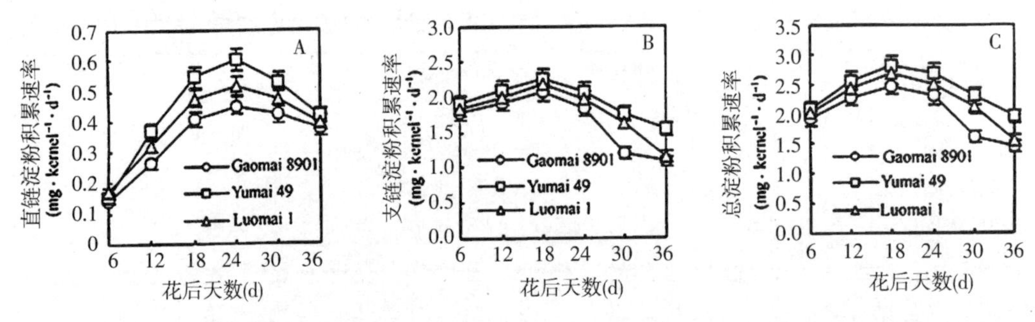

图2-6　不同品质类型冬小麦籽粒中直链（A）、支链（B）和总淀粉（C）积累速率的变化

麦淀粉糊化特性是淀粉主要品质性状之一，在籽粒形成过程中，不同品种淀粉的峰值黏度、低谷黏度、最终黏度均随花后天数的增加而上升（图2-7）。其中黑小麦76的淀粉糊化特性图谱在花后28d和35d的图谱差距较小，而在花后42d即最后成熟时和前期差距较大；豫麦49的淀粉糊化特性图谱在花后35d和花后42d的差距较小，而和前期的差距较大；豫麦34和豫麦50的各个时期的糊化图谱差距比较一致。两个糯小麦的淀粉糊化特性基本一致，均表现为花后35d和花后42d的差距较小，而和前期的差距较大（马冬云等，2005）。籽粒在穗轴上位置的不同影响到淀粉含量及其糊化特性，其中直链淀粉含量均以G3粒位含量最高，而支链淀粉含量在不同品种之间略有差异，豫麦2号和周麦18的支链淀粉含量以G2位最高；而郑育麦9987则以G1位最高。淀粉峰值黏度、稀懈值在不同穗位之间表现为上部>中部>下部，不同粒位均表现为G3位最高，这也表明对于改善淀粉品质可以适当增加G3位籽粒（马冬云等，2009）。

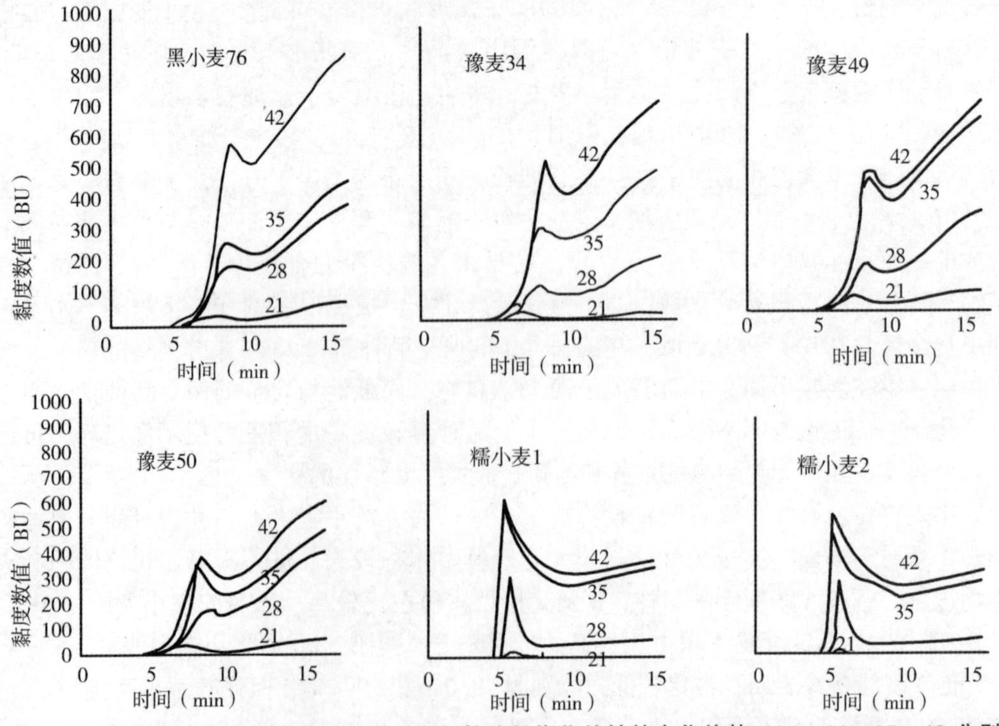

图2-7　不同基因型小麦开花后不同时期籽粒淀粉糊化特性的变化趋势（21、28、35、42分别代表花后天数）

小麦籽粒灌浆期间糖的供应水平在一定程度上影响着籽粒淀粉的积累。王书丽等（2005）对强筋小麦豫麦 34 和弱筋小麦豫麦 50 灌浆期旗叶、籽粒可溶性糖含量及淀粉积累的变化进行分析。小麦旗叶可溶性总糖和蔗糖含量在花后 30d 出现高峰，籽粒可溶性总糖和蔗糖含量在灌浆期呈一致的下降趋势，可溶性糖含量变化与籽粒淀粉积累和粒重关系密切。其中强筋型品种豫麦 34 较弱筋型品种豫麦 50 灌浆期旗叶具有较强的营养物质外运能力，籽粒同样具有很强的转化利用同化物的能力，致使豫麦 34 最终的总淀粉含量较高，支链淀粉含量也明显高于豫麦 50，粒重达到较高水平。在不同穗型小麦的研究中也表明，大穗型品种可在灌浆中后期保持较强的同化物生产能力，为籽粒发育提供较好的物质基础，同时，库端的转化利用同化物的能力较强，因此，中后期具有较高的淀粉积累和灌浆速率（赵会杰等，2003）。李友军等（2005）对灌浆期旗叶、茎、鞘、籽粒糖含量与籽粒中淀粉含量的相关分析表明，花后 18d 至成熟期间，籽粒中淀粉的积累受到叶片光合产物生产、营养器官贮存光合产物的积累与再分配及籽粒中可溶性总糖的利用等多个过程的影响，叶源和籽粒库中较多的可溶性糖含量有利于籽粒淀粉的积累，而营养器官中较多的可溶性糖含量则不利于淀粉含量的提高。进一步对糖转运对籽粒淀粉贡献率进行分析表明，不同类型专用小麦茎鞘可溶性总糖转运量对淀粉产量的贡献率与淀粉产量趋势相反，即弱筋小麦豫麦 50 茎鞘可溶性总糖转运量对籽粒中淀粉含量的贡献率小，而最终豫麦 50 籽粒淀粉产量高；强筋小麦郑麦 9023 茎鞘可溶性总糖转运量对籽粒中淀粉含量的贡献率大，郑麦 9023 淀粉产量反而最低，说明高淀粉产量品种更多地依赖花后光合产物的积累和运转（表 2 -4）。

表 2 -4　小麦叶、茎、鞘可溶性总糖转运量及其对籽粒淀粉的贡献

时间	品种	器官						
		旗叶	叶鞘	倒一节间	倒二、三节间	倒四、五节间	总输出量	对淀粉贡献率
开花前	豫麦 50	3. 35	7. 27	4. 14	30. 95	46. 77	92. 48	11. 55
	郑麦 9023	5. 96	27. 19	22. 48	96. 53	82. 62	234. 78	33. 49
	温麦 4 号	-25. 95	51. 12	10. 27	115. 78	97. 44	248. 65	32. 89
开花后	豫麦 50	34. 18	28. 20	28. 31	35. 60	0. 00	126. 30	15. 77
	郑麦 9023	25. 79	13. 29	28. 83	28. 46	27. 16	123. 52	17. 62
	温麦 4 号	50. 66	25. 89	34. 00	15. 64	5. 55	131. 74	17. 09

籽粒发育过程受多种内源激素的调节，不同发育阶段内源激素高峰不同，起不同的作用。一般认为，细胞分裂素主要参与前期器官建成，并促进细胞分裂，增加库容，提高贮藏能力（Michael 和 Beringer，1986）。GA 和 IAA 主要参与同化物的调运（刘仲齐等，1992；高松洁等，2000），与籽粒的灌浆充实有关；大粒品种中 GA 含量更高（高松洁等，2000），粒重特别高的品种 Kolibri 籽粒中 IAA 水平显著高于籽粒较小的品种中国春（Rademacher，1978）。樊高琼等（2007）分析了籽粒中 GA 峰值与籽粒蛋白含量变化的对应关系，表明高淀粉含量川麦 107 籽粒中 GA 含量峰值正好与籽粒中蛋白质含量的低谷相对应；而高蛋白含量川麦 36 籽粒中 GA 含量的第 2 个峰值也与其蛋白

质含量低谷相对应，而蛋白质含量低谷出现的主要原因可能是此期间籽粒中淀粉积累速率快于蛋白质积累速率。相关分析表明，开花后5～30d籽粒中GA含量与淀粉含量之间呈极显著正相关（$r=0.7096$），由此可见，籽粒中GA含量与淀粉沉积是密切相关的。因此，可以认为籽粒发育前期的高ZR含量和灌浆中期的高IAA峰值可能是川麦36高蛋白质含量的生理基础，而灌浆中后期的高GA含量则可能是川麦107高淀粉含量的生理基础。

淀粉的合成是在一系列淀粉合成酶催化作用下完成的。不同品种间比较，弱筋型小麦品种旗叶的SPS、籽粒SS、UGPase、AGPase、SSS、GBSS和SBE活性均在灌浆后期显著高于强筋型小麦，表明弱筋型小麦品种在籽粒灌浆中后期比强筋型小麦品种具有更强的蔗糖供应和淀粉合成能力。而王文静等（2005）认为，中筋品种豫麦49灌浆期籽粒中AGPP、UGPP、SSS、GBSS和SBE活性均高于其他（强筋和弱筋）两品种，而且大部分被研究的酶类在灌浆中后期仍维持较高活性。可见，与强筋和弱筋品种相比，中筋品种淀粉合成的底物供应充足，具有较强的淀粉合成能力，因而籽粒中淀粉积累快，含量高。以济麦20（低直链淀粉含量）和鲁麦21（高直链淀粉含量）为材料的研究（闫素辉等，2007）表明，SS、AGPase、GBSS、SSS和SBE活性在灌浆过程中均呈单峰曲线变化，其中鲁麦21的上述酶活性均高于济麦20。相关分析也表明，支链淀粉积累速率与SS、AGPP、SSS和SBE呈显著或极显著正相关，直链淀粉积累速率与SS、AGPP和GBSS呈极显著正相关。进一步分析发现，支、直链淀粉最终积累量的高低取决于积累启动时间的早晚和积累速率的高低，而积累持续期的调节作用较小。直链淀粉的积累速率除受GBSS活性影响外，还受SS和AGPase活性的影响；籽粒灌浆后期的GBSS活性对直链淀粉最终积累量的调节作用大于灌浆前期，说明对同时具有3个Waxy蛋白亚基的不同品种，Waxy蛋白亚基表达量（GBSS活性）的差异可能是导致品种间籽粒直链淀粉含量较大差异的一个关键原因。王自步（2010）研究发现，DBE活性与高淀粉品种的GBSS、SSS和SBE呈显著相关，而与低淀粉含量的品种相关性不显著，认为DBE不是淀粉合成中的关键酶，但在高淀粉含量的品种中这四种酶可能存在协同作用（图2－8）。

普通小麦籽粒中存在3个Waxy蛋白亚基，不同Waxy蛋白缺失类型显著影响直链淀粉含量和淀粉糊化特性，对直链淀粉含量的效应依次为：类型8（Wx－A1、Wx－B1

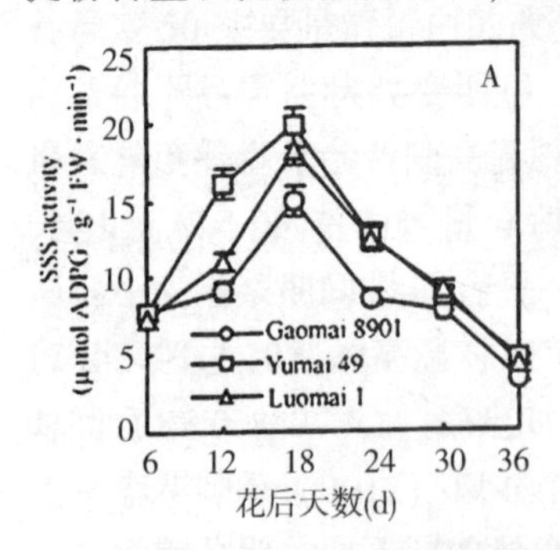

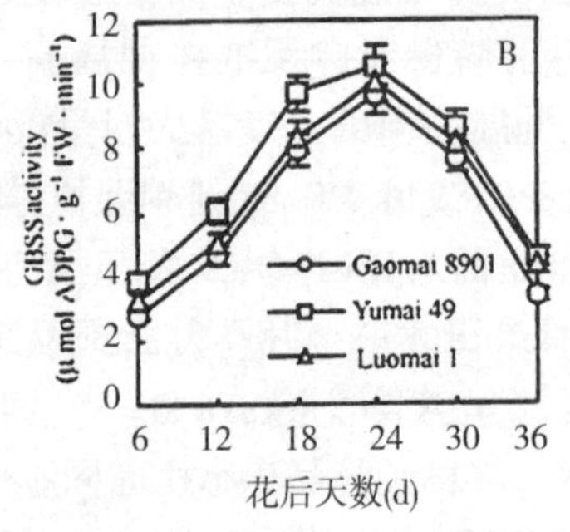

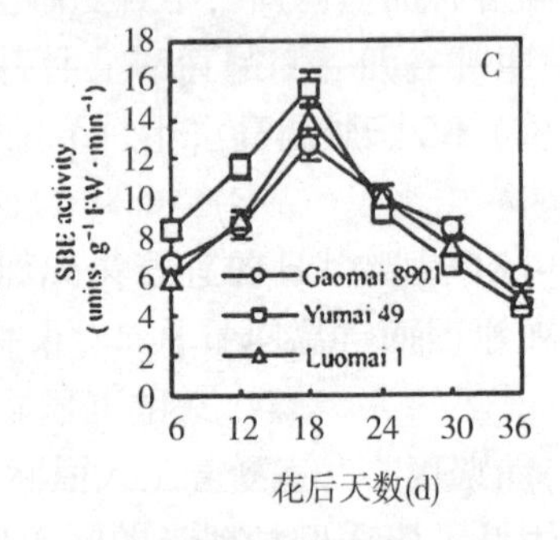

图2－8　不同品质类型冬小麦籽粒中SSS（A）、GBSS（B）和SBE（C）活性变化

和 Wx－D1 全缺失）＞类型 5（Wx－B1 和 Wx－D1）＞类型 7（Wx－A1 和 Wx－B1）＞类型 6（Wx－A1 和 Wx－D1）＞类型 3（Wx－B1）＞类型 4（Wx－D1）＞类型 2（Wx－A1）。不同缺失类型淀粉糊化特性存在显著差异，按峰值黏度大小顺序依次为：类型 8、3、5、4、6、7、2。Wx－B1 缺失和 Wx－D1 缺失类型重组面粉的面条品质最优（陈东升等，2005）。于春花等（2012）进一步以 8 种 Wx 基因纯合基因型的近等基因系（基因分别为 AABBDD、AABBdd、AAbbDD、AAbbdd、aaBBDD、aaBBdd、aabbDD 和 aabbdd）为材料，研究结果表明双缺失型直链淀粉含量均小于 20%，显著低于单缺失型。双缺失型中 AAbbdd 最低，直链淀粉含量比亲本下降 8%～9%，其次为 aabbDD 型、aaBBdd 型，三者差异显著。单缺失型中 AAbbDD 最低，为 21% 左右；单独缺失 Wx－1 或 Wx－D1 含量相近（图 2－9）。表明缺失 Wx－B1 基因对直链淀粉含量的降低效应最大，Wx－A1 或 Wx－D1 在单独缺失时降低效应基本一致。Wx 基因的缺失导致直链淀粉含量显著降低，其中 Wx－B1 缺失降低 3.6%，Wx－A1 或 Wx－D1 缺失降低 2.2%～2.3%。对 SBE 酶活性及 SBE 基因功能分析表明，SBE 与支链淀粉的合成有紧密关系。在对 90 份小麦品种 SBE 同工酶检测时，检测到 SBE Ⅰ 和 SBE Ⅱ 2 基因位点，SBE Ⅰ 位点鉴定出 A、B、D_1、D_{11} 4 个等位基因位点，SBE Ⅱ 型仅具有 SBE Ⅱ a 单一等位基因位点。对 SBE Ⅰ 同种型 4 个基因位点所对应支链淀粉含量分析（表 2－5），A 基因位点所对应的支链淀粉含量最高，表明 A 位点对支链淀粉合成的遗传效应最大；D_{11} 和 B 两个基因位点的支链淀粉含量没有差异，说明二者对支链淀粉合成具有大致相同的遗传效应；而品种数最多带有 D_1 位点的支链淀粉含量较低，与其他基因位点相比差异达显著水平。在组成 SBE 的 6 种基因型中，D_1 是唯一由一个基因位点组成的基因型。D_1 基因型（品种）的支链淀粉含量最低，与其他基因型的差异达到了显著水平。以 D_1 基因型作参照，可以看出（表 2－6），由 3 个基因位点组成的基因型其支链淀粉含量高于由 2 个基因位点组成的基因型，即组成基因型的基因位点越多，对支链淀粉含量的影响越显著。尤其值得注意的是，基因型 D_1B 和 D_1D_{11} 的支链淀粉含量大致相同，其平均值也不是最高，但是当二者与 A 位点组成基因型后，其支链淀粉含量明显提高，表现出高支链淀粉表型，与不含 A 位点的基因型相比差异达到了显著水平。如果将基因型 AD_1D_{11} 和 AD_1B 的支链淀粉含量与同是由 3 个基因位点组成的基因型 $D_1D_{11}B$ 相比较，也是前者明显高于后者，二者在基因型组成上的差别只在于有无 A 基因位点

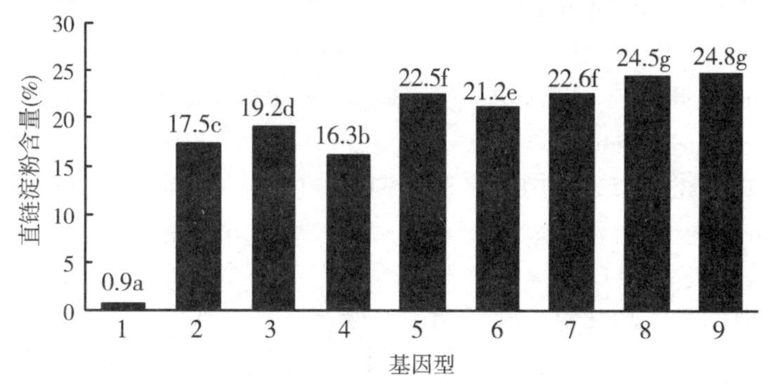

图 2－9　8 种基因型及扬麦 01－2 的直链淀粉含量（1. aabbdd；2. aabbDD；3. aaBBdd；4. AAbbdd；5. aaBBDD；6. AAbbDD；7. AABBdd；8. AABBDD；9. 扬麦 01－2）

的参与（赵法茂等，2010）。

表2－5　SBEⅠ同种型基因位点的支链淀粉含量平均值及差异显著性测验

基因位点	支链淀粉含量（平均值±标准差）
A	57.84±2.09 A
D_1	51.79±2.88 C
D_{11}	55.27±2.75 B
B	55.02±2.12 B

表2－6　SBEⅠ不同基因型的支链淀粉含量平均值及差异显著性测验

基因型	支链淀粉含量（平均值±标准差）
AD_1D_{11}	58.34±2.43 a
AD_1B	57.51±1.83 ab
$D_1D_{11}B$	55.44±1.08 bc
D_1B	53.25±2.19 cd
D_1D_{11}	52.36±2.63d
D_1	48.68±2.46 e

本章参考文献

[1] DENGATE H, MEREDITH P. Variation in size distribution of starch granules from wheat grain [J]. J Cereal Sci, 1984, 2: 83－90.

[2] HANNAH C, JAMES M. The complexities of starch biosynthesis in cereal endosperms [J]. Curr Opin Biotech, 2008, 19: 160－165.

[3] JEON J, RYOO N, HAHN T, et al. Nakamura Y. Starch biosynthesis in cereal endosperm [J]. Plant Physiol Biochem, 2010, 48: 383－392.

[4] KANG G Z, XU W, LIU G Q, et al. Comprehensive analysis on the transcript levels of starch synthesis genes and RSR1 transcript factor in endosperm of wheat (*Triticum aestivum* L.) [J]. Genome, 2013, 56 (2): 115－122.

[5] OHDAN, T, FRANCISCO, P B, SAWADA, J T, et al. Expression profiling of genes involved in starch synthesis in sink and source organs of rice [J]. J. Exp. Bot, 2005, 56: 3229－3244.

[6] SMIDANSKY E D, CLANCY M, MEYER F D, et al. Enhanced ADP－glucose pyrophosphorylase activity in wheat endosperm increase seed yield [J]. Proc Natl Acad Sci USA, 2002, 99: 1724－1729.

[7] Telow I J, Wait R, LU Z, et al. Protein phosphorylation in amyloplasts regulates starch

branching enzyme activity and protein - protein interactions [J]. Plant Cell, 2004, 16: 694 - 708.

[8] TESTER R F, KARKALAS J, QI X. Starch - composition, fine structure and architecture [J]. J Cereal Sci, 2004, 39: 151 - 165.

[9] YAN H B, PAN X X, JIANG H W, et al. Comparison of the starch synthesis genes between maize and rice: copies, chromosome location and expression divergence [J]. Theor Appl Genet, 2009, 119: 815 - 825.

[10] MEYER F D, SMIDANSKY E D, BEECHER B B, et al. The maize Sh2r6hs ADP - glucose pyrophosphorylase (AGP) large subunit confers enhanced AGP properties in transgenic wheat (*Triticum aestivum*) [J]. Plant Sci, 2004, 167: 899 - 911.

[11] ZHU Y, CAI X L, WANG Z Y, et al. An interaction between a MYC protein and an EREBP protein is involved in transcriptional regulation of the rice Wx gene [J]. J Biol Chem, 2003, 278: 47803 - 47811.

[12] 高文川，马猛，王爱娜，等. 不同品质类型小麦籽粒麦谷蛋白亚基及谷蛋白聚合体形成和累积动态 [J]. 作物学报，2010，36 (10)：1769—1776.

[13] 石玉，谷淑波，于振文，等. 不同品质类型小麦籽粒贮藏蛋白组分含量及相关酶活性 [J]. 作物学报，2011，37 (11)：2030—2038.

[14] 王文静，高桂立，罗毅，等. 三个不同品质类型冬小麦品种籽粒淀粉积累动态及其有关酶的活性变化 [J]. 作物学报，2005，3 (10)：1305—1309.

[15] 赵法茂，齐霞，肖军，等. 小麦籽粒淀粉分支酶遗传多样性及对支链淀粉含量的影响 [J]. 西北植物学报，2010，30 (10)：1971—1977.

第三章　小麦品质与生态条件的关系

第一节　小麦品质的变异

小麦品质性状是基因型与环境共同作用的结果。不同的一组小麦品种在同一田块种植且管理措施完全一致，出现的品质性状差异是由品种本身造成的，即是所谓的基因型变异。如果同一品种或同一组品种，在不同地点（不同的生态环境）种植，所产生的品质差异，主要是环境差异造成的，即是所谓的环境变异。在环境变异中，影响品质性状的因素主要包括气候条件（降水量及时空分布、温度、光照等）、土壤条件（养分、质地、理化性状等）和栽培管理措施（耕作、水肥管理等）。有研究表明，同一小麦品种在不同生态环境条件下种植，其品质性状变化很大，籽粒蛋白质含量相差可达10%。

一、品质的基因型、环境变异及其互作效应

有关基因型、环境及其互作（G×E）对小麦品质性状的影响大小，以往研究结果并不一致。多数研究认为，蛋白质含量主要受环境的影响（Graybosch *et al.*，1996；Mikhaylenko *et al.*，2000；Peterson *et al.*，1992/1998；张艳等，1999；马冬云等，2002），但 Zhang *et al.*，（2004）认为基因型效应更大。籽粒硬度、出粉率、沉降值、和面时间及耐揉性主要受基因型的影响（张艳等，1999；Graybosch，1996），Pomeranz *et al.*，（1985）和 Zhang *et al.*，（1999a）也证明基因型对硬度的影响大于环境，但 Peterson *et al.*，（1992）指出其环境效应较大。另有研究认为，小麦粉质和拉伸参数等多数品质性状存在显著的基因型×环境互作效应（Lukow 和 Mcvetty，1991；Baenziger *et al.*，1985；Graybosch *et al.*，1996），但 Fowler 和 Roche（1977）研究认为互作效应不明显。

为了明确基因型和环境对品质不同性状的影响大小，我们设置了2组试验进行比较研究：一组试验是在河南不同纬度点试验中所选的6个品种分别代表强筋、中筋和弱筋类型，相对来说品质性状存在较大的基因型差异；另一组试验是在全国8个不同省份，品种多为中筋类型，其环境差异相对较大。分析结果表明，两组试验中，籽粒硬度、沉降值、吸水率、稳定时间、最大抗延阻力及拉伸面积均一致表现为基因型效应大于环境效应，蛋白质则一致表现为环境效应大于基因型效应；而出粉率、形成时间、耐揉性和弱化度在2组试验中表现出不同的趋势。同时，环境×基因型互作在河南不同纬度点试验中不显著，而在全国生态试验中部分性状互作效应显著（如形成时间、稳定时间、最大抗延阻力、硬度、灰分和吸水率）。表明研究结果明显受环境条件

和品质遗传背景的差异性影响（表3－1、表3－2）。

表3－1　河南不同试验点2年小麦主要品质性状的变异来源（F值）（2000～2002）

品质性状	地点	品种	年份	品种×年份	地点×年份	地点×品种
蛋白质（%）	16.199**	6.476**	6.500*	2.009	13.119**	0.867
硬度	1.097	215.025**	—	—	—	—
湿面筋含量（%）	7.453**	3.691*	—	—	—	—
沉降值（mL）	12.851**	27.639**	—	—	—	—
出粉率（%）	1.603	6.339**	20.181**	1.596	0.327	1.226
吸水率（%）	5.098**	29.293**	0.361	1.673	1.972	0.686
形成时间（min）	0.906	9.457**	19.618**	1.352	1.254	0.945
稳定时间（min）	0.249	8.458**	22.012**	1.169	1.191	1.021
弱化度（FU）	2.306	23.256**	12.476**	0.877	1.962	0.923
延伸性（FU）	4.382*	6.147**	46.378**	2.080	3.540*	0.667
最大抗延阻力（EU）	0.671	27.973**	26.607**	1.484	1.831	1.233
拉伸面积（cm^2）	0.897	16.475**	7.603*	2.702	3.217*	1.642

表3－2　全国生态试验点小麦主要品质性状的变异来源（F值）

品质性状	地点	品种	地点×品种
蛋白质（%）	31.711**	22.092**	1.765
硬度	10.349**	181.177**	7.306**
灰分（%）	27.354**	9.600**	3.086**
沉降值（mL）	5.348**	11.926**	1.718
出粉率（%）	4.354**	0.682	0.273
吸水率（%）	16.958**	61.297**	2.922**
形成时间（min）	25.909**	14.055**	2.377*
稳定时间（min）	13.158**	31.012**	2.602*
耐揉性（FU）	21.581**	17.041**	1.177
弱化度（FU）	48.065**	22.443**	1.769
延伸性（FU）	11.925**	14.026**	0.791
最大抗延阻力（EU）	13.558**	30.340**	2.498*
拉伸面积（cm^2）	7.894**	22.799**	1.817

在第一组的2年试验中，所有品质性状（吸水率除外）在年份间的变异均达到显著水平（表3-1）。如武陟点2001年度面粉的形成时间平均为8.9min，2002年只有3.3min，相差5.6min；稳定时间2001年为9.0min，2002年只有4.0min，相差5min。由于两年间土壤肥力及田间管理变化不大，其差异主要是由气象条件（温度、光照及降水等）引起的。2001年全生育期降水量（5点平均）为147.5mm，其中5月份降水量仅为10.8mm；而2002年全生育期降水量为304.0mm，5月份降水量为119.3mm。进一步分析了5月份降水量、日照时数与品质性状的相关性，表明降水量与形成时间（$r=-0.775^{**}$）、稳定时间（$r=-0.818^{**}$）和最大抗延阻力（$r=-0.680^{*}$）呈显著负相关，与出粉率（$r=0.645^{*}$）、弱化度（$r=0.683^{*}$）和延伸性（$r=0.899^{**}$）显著正相关；总日照时数与形成时间（$r=0.742^{*}$）、稳定时间（$r=0.757$）和抗延阻力（$r=0.928^{*}$）显著正相关，而与吸水率（$r=-0.678^{*}$）、弱化度（$r=-0.704^{*}$）和延伸性（$r=-0.855^{**}$）呈负相关。可见2002年面筋强度下降主要是由降雨过多造成的，小麦品质性状与灌浆期降雨、日照关系密切。

试验1（河南不同纬度点试验）中，所有品质性状的基因型变异均达到了1%的显著水平（除湿面筋含量达到5%显著水平外）；不同地点间，蛋白质含量、湿面筋含量、沉降值和吸水率变异均达到了1%显著水平，延伸性达到5%显著水平，而其他品质性状无显著变异（表3-1）。不同年份间，除蛋白质、拉伸面积变异达到5%显著水平外，其他测定指标的变异均达到1%显著水平。蛋白质含量、延伸性和拉伸面积存在着显著的地点×年份互作效应（$P<5\%$），而所有品质性状在品种×年份或地点×品种间的互作均不显著。

从F值大小可以看出，蛋白质和湿面筋表现为地点效应大于基因型效应，而其他品质性状均表现为基因型效应大于地点效应，表明基因型选择是决定小麦品质性状的关键。出粉率、形成时间、稳定时间和延伸性以年份间变异最大，而蛋白质、最大抗延阻力在年份间的变异与基因型相当。由于年份间的变异主要由气候条件差异引起，这表明气候因素是影响面食加工品质（形成时间和稳定时间）的关键。

从表3-2可以看出，试验2（全国生态试验）中，所有品种性状的地点变异均达到1%显著水平，除出粉率外，所有品质性状的基因型变异亦达到1%显著水平，籽粒硬度、灰分、吸水率、形成时间、稳定时间和最大抗延阻力等品质性状还存在显著或极显著的地点×基因型互作效应。从F值大小可以看出，蛋白质、灰分、出粉率、形成时间、耐揉性和弱化度的地点效应略大于基因型效应，而籽粒硬度、沉降值、吸水率、稳定时间、最大抗延阻力及拉伸面积等品质性状的基因型变异明显大于地点变异。所有品质性状的地点×基因型互作效应均明显小于基因型或地点主效应。

二、地点对不同基因型小麦营养品质和磨粉品质的影响

（一）河南省不同地点及基因型间差异

2年试验结果反映了河南省小麦品质性状的变异情况（表3-3）。5个纬度点籽粒硬度在17.3~81.5，蛋白质变幅在11.4%~17.2%，湿面筋变幅在22.3%~40.6%，沉降值变幅在62.8~75.7mL，出粉率变幅54.9%~75.7%。在同一地点内，以出粉

率、蛋白质和湿面筋的变异较小，而硬度和沉降值变异较大。不同地点间，蛋白质和湿面筋含量以武陟点最高，汤阴点最低，差异显著；沉降值以驻马店和信阳点较大，汤阴最小，差异显著；而籽粒硬度、出粉率在不同点间差异不显著。

6个品种分别代表了生产上的强筋、中筋和弱筋类型。籽粒硬度以强筋藁麦8901最高，平均为78.28（73.1~81.5），弱筋品种豫麦50最低，平均为23.82（17.3~32.7）；蛋白质含量以强筋品种藁麦8901最高，为14.11%（12.6%~17.2%），弱筋品种豫麦50最低，为12.96%（11.8%~14.4%）。出粉率以洛阳8716最高，平均为71.05%（62.7%~75.7%），而藁麦8901最低，平均为63.77%（54.9%~70.9%）。同一品种，籽粒硬度、蛋白质、出粉率的变异均较小，而沉降值和湿面筋含量变幅较大（表3-3）。

表3-3　不同小麦品种在河南不同纬度点的营养品质及磨粉品质变化（2年）

地点	品种	项目	硬度	蛋白质（%）	湿面筋（%）	沉降值（mL）	出粉率（%）
汤阴		Mean ± Std	43.3 ±9.8a	12.6 ±0.2c	24.9 ±0.9b	21.0 ±4.0c	69.6 ±1.3a
		Range	23.3 - 80.8	11.6 - 13.4	22.3 - 28.1	11.3 - 34.7	62.8 - 75.7
武陟		Mean ± Std	39.7 ±8.5a	14.5 ±0.4a	32.6 ±1.8a	28.4 ±2.9b	66.9 ±1.6a
		Range	17.3 - 73.1	12.6 - 17.2	28.6 - 40.6	18.1 - 38.2	54.9 - 75.1
许昌		Mean ± Std	42.7 ±9.1a	12.8 ±0.2c	27.5 ±1.2b	27.8 ±4.7b	68.1 ±0.9a
		Range	24.3 - 78.2	11.4 - 14.3	24.5 - 33.0	15.3 - 45.0	62.7 - 73.6
驻马店		Mean ± Std	43.0 ±8.5a	13.5 ±0.3b	27.0 ±1.5b	37.4 ±5.9a	67.1 ±1.4a
		Range	26.0 - 77.8	12.4 - 16.0	23.5 - 32.2	20.3 - 62.2	57.0 - 75.4
信阳		Mean ± Std	42.5 ±9.9a	13.7 ±0.2b	26.9 ±0.9b	35.6 ±5.2a	67.1 ±0.9a
		Range	18.6 - 81.5	12.6 - 15.0	24.4 - 30.3	19.6 - 49.0	61.7 - 74.0
	藁麦8901	Mean ± Std	78.3 ±1.5a	14.1 ±0.4a	29.4 ±1.9ab	37.6 ±2.9b	63.8 ±1.8c
		Range	73.1 - 81.5	12.6 - 17.2	24.3 - 33.7	31.2 - 47.5	54.9 - 70.9
	豫麦34	Mean ± Std	60.8 ±1.5b	13.5 ±0.3bc	26.9 ±0.8bc	45.8 ±4.8a	66.4 ±1.0bc
		Range	56.2 - 64.9	12.3 - 15.0	24.4 - 28.9	34.7 - 62.2	62.1 - 72.0
	豫麦49	Mean ± Std	36.6 ±0.6c	14.0 ±0.4ab	27.0 ±1.2bc	30.8 ±4.1c	67.8 ±1.0b
		Range	34.8 - 38.2	11.8 - 16.0	23.5 - 30.8	19.1 - 42.6	64.3 - 74.5
	豫麦70	Mean ± Std	26.9 ±0.3d	13.1 ±0.3c	24.7 ±1.1cB	28.6 ±4.1c	68.7 ±0.9ab
		Range	26.0 - 28.0	11.9 - 14.9	22.3 - 28.6	14.7 - 39.2	61.7 - 72.8
	洛阳8716	Mean ± Std	27.0 ±1.2d	13.0 ±0.5c	31.1 ±2.5a	19.3 ±2.5d	71.1 ±1.4a
		Range	23.3 - 30.3	11.4 - 16.8	26.6 - 40.6	11.3 - 26.0	62.7 - 75.7
	豫麦50	Mean ± Std	23.8 ±2.8d	12.9 ±0.2c	27.5 ±1.9bc	18.0 ±1.4d	68.9 ±0.8ab
		Range	17.3 - 32.7	11.8 - 14.4	22.7 - 33.1	14.7 - 21.8	65.7 - 72.6

注：1. Std为标准差；2. 同列中不同字母表示差异达到5%显著水平，下同。

（二）全国生态试验点及基因型间差异

试验2显示不同地点间小麦品质性状存在较大差异：籽粒硬度在49.2（山东）~60.9（四川），蛋白质含量在11.8%（湖北）~15.0%（山西），沉降值在30.4（陕西）~41.3mL（山西），出粉率在61.7%（湖北）~72.62%（河北）。与试验1相比，性状的较大变异是生态条件差异较大的缘故。不同品种间，籽粒硬度在23.7（豫麦70）~73.7（济南17），蛋白质含量在12.2%（豫麦70）~15.0%（河农341），沉降值在25.1（皖麦19）~40.4mL（中优9507），出粉率在66.1%（济南17）~70.9%（川麦36）。从变异系数看，以出粉率的最小，而籽粒硬度（不同品种间）和沉降值（不同地点间）的变异系数最大（表3-4）。

表3-4　不同小麦品种在各省份种植条件下营养品质及磨粉品质变化

地点	品种	项目	硬度	蛋白质（%）	沉降值（mL）	出粉率（%）
山西		Mean ± Std	50.8 ±22.9cd	15.0 ±1.1a	41.3 ±5.7a	69.3 ±2.7ab
		Range	5.1 -73.2	12.0 -16.3	29.9 -50.0	66.4 -73.4
陕西		Mean ± Std	57.4 ±15.7ab	13.9 ±1.3bc	30.4 ±4.8b	67.0 ±2.3b
		Range	24.0 -73.0	12.1 -15.2	21.0 -36.7	63.4 -70.7
河北		Mean ± Std	52.6 ±21.7cd	13.8 ±1.0bc	32.4 ±5.0b	72.6 ±1.6a
		Mean ± Std	14.2 -76.7	12.5 -15.2	24.0 -39.6	69.7 -75.2
山东		Range	49.2 ±18.4d	13.5 ±1.0bc	32.9 ±5.4b	68.7 ±2.6ab
		Mean ± Std	17.2 -71.1	12.0 -14.6	22.0 -39.7	65.5 -72.5
河南		Range	54.3 ±16.5bc	14.0 ±0.9b	32.2 ±5.3b	68.4 ±4.5ab
		Mean ± Std	25.4 -77.2	12.4 -15.6	21.6 -41.2	60.9 -76.9
湖北		Mean ± Std	57.9 ±15.5ab	11.8 ±1.1d	31.8 ±9.6b	61.7 ±2.4c
		Range	37.1 -75.5	10.5 -14.1	20.6 -44.1	58.0 -64.9
四川		Mean ± Std	60.9 ±16.9ab	13.4 ±0.8c	34.6 ±9.8b	65.4 ±2.3bc
		Range	30.6 -85.6	12.2 -14.4	23.8 -51.0	63.2 -69.4
江苏		Mean ± Std	53.2 ±22.1c	12.2 ±1.4d	34.6 ±7.0b	69.1 ±3.4ab
		Range	25.2 -77.6	11.3 -15.6	27.9 -46.0	64.2 -73.8
	中优9507	Mean ± Std	38.9 ±11.9g	14.3 ±1.3b	40.4 ±3.8a	68.5 ±3.5a
		Range	27.0 -67.9	12.2 -16.2	34.2 -46.0	63.3 -73.4
	河农341	Mean ± Std	58.4 ±9.2d	15.0 ±0.7a	35.3 ±5.6bc	68.3 ±3.2a
		Range	33.8 -67.0	14.1 -16.3	27.9 -44.1	62.5 -74.0
	华麦9号	Mean ± Std	44.6 ±12.2f	13.1 ±1.4de	29.4 ±6.6de	68.0 ±3.3a
		Range	27.6 -70.1	10.9 -15.3	20.6 -39.6	64.3 -73.2
	济南17	Mean ± Std	73.7 ±5.8a	12.8 ±1.0e	33.9 ±3.8bc	66.1 ±5.1a
		Range	64.5 -85.6	11.7 -15.2	29.9 -41.7	58.2 -74.2
	皖麦19	Mean ± Std	62.0 ±3.9c	13.6 ±0.7cd	25.1 ±6.5f	66.2 ±5.6a
		Range	55.6 -66.8	12.2 -14.6	21.0 -42.1	58.0 -75.8
	陕65	Mean ± Std	65.4 ±9.50b	13.3 ±1.3cde	34.6 ±6.9bc	67.7 ±4.2a
		Range	41.0 -73.7	11.0 -15.1	27.2 -51.0	62.0 -74.8
	徐州26	Mean ± Std	51.9 ±10.7e	14.4 ±1.4b	33.1 ±5.0cd	67.8 ±3.7a
		Range	25.2 -64.1	11.6 -16.3	24.5 -43.1	60.8 -73.3
	川麦36	Mean ± Std	72.8 ±3.5a	13.8 ±1.2bc	37.9 ±6.1ab	70.9 ±4.8a
		Range	66.0 -76.9	11.7 -15.4	28.9 -50.0	62.2 -76.9
	豫麦70	Mean ± Std	23.7 ±9.2h	12.2 ±0.9f	29.0 ±4.5e	67.5 ±4.0a
		Range	5.1 -37.1	10.5 -13.7	23.0 -40.1	61.9 -73.8

三、不同地点、基因型对加工品质的影响

（一）河南省不同地点及基因型间差异

试验1中面粉吸水率以河南南部地区（驻马店和信阳点）较大，与汤阴、武陟点差异显著；面粉形成时间和稳定时间地点间无显著差异，但以武陟或汤阴最大，驻马店或信阳点最小；弱化度、延伸性和拉伸面积则均以信阳点最大（表3－5）。不同品种粉质及拉伸参数差异均达显著水平，形成时间及稳定时间均表现为：藁麦8901 > 豫麦34 > 豫麦70 > 豫麦49 > 洛阳8716 > 豫麦50。最大抗延阻力和拉伸面积则是豫麦34 > 藁麦8901 > 豫麦70 > 豫麦49 > 洛阳8716 > 豫麦50，弱化度与此相反。从各性状的变异看，吸水率和延伸性的较小，而其他性状的地点或基因型变异均较大。值得注意的是，强筋品种豫麦34的变异范围（range）和标准差（Std）均明显小于另一强筋品种藁麦8901；同样地，弱筋品种豫麦50的变异显著小于洛阳8716等品种，说明豫麦34和豫麦50的品质性状相对稳定。

（二）全国生态试验点及基因型间差异

从试验2可以看出，所有测定性状在地点间和基因型间差异均达到了显著水平（表3－6）。不同地点间，山东点的形成时间、稳定时间最长，弱化度最小（9个品种平均分别为3.7min、4.6min和61.7 FU），江苏点的最大抗延阻力、拉伸面积最大，分别为412EU和94cm^2，而其延伸性最小（169.2mm）。而湖北点在形成时间、稳定时间、最大抗延阻力均获得了最小值（分别为1.6min、1.8min和146 EU），弱化度最大（175 FU），表明该点不适合强筋小麦的生产。另外，陕西点吸水率较高（63.2%），四川点延伸性最大（205mm）。不同品种间，形成时间、稳定时间、最大抗延阻力及拉伸面积等性状以川麦36、中优9507、陕65、济南17、豫麦70等品种的较高，而以华麦9号、皖麦19、徐州26等品种相对较小（表3－6）。从品种性状的变异看，不论是同一地点内（品种引起）或同一品种（地点引起），稳定时间、最大抗延阻力、拉伸面积及弱化度的变异系数均较大，而以吸水率的变异最小。

四、河南省不同地区及年份小麦品质性状的差异

（一）不同地区小麦品质差异

根据2001～2005年连续5年对河南省7个小麦主产市分析结果，不同地区小麦品质差异也较大（图3－1）。新乡、焦作、安阳、鹤壁（豫北地区）、商丘、许昌、周口（豫东、豫中地区）种植的强筋小麦，其降落数值、粗蛋白质、湿面筋含量、稳定时间等品质指标明显高于豫中南地区（驻马店、南阳），其种植的强筋小麦品种豫麦34、藁麦8901、高优503达标率较高；而信阳市全部、驻马店市南部和南阳市则适宜种植优质中筋和弱筋小麦品种。

一般地，高纬度麦区小麦籽粒蛋白质含量较高，在北纬23°～45°范围内，纬度每升高1°，籽粒蛋白质含量增加0.54%。在河南省不同纬度点用6个不同筋力型小麦品种进行2年试验，结果表明随纬度增加品质性状有所改善（表3－7）。

表3－5　不同品种在河南不同纬度点种植加工品质的变化（2年）

地点	品种	项目	吸水率（%）	形成时间（min）	稳定时间（min）	弱化度（FU）	延伸性（mm）	最大抗延阻力（EU）	拉伸面积（cm^2）
汤阴		Mean ± Std	57.2 ±1.3b	5.1 ±1.4a	7.3 ±2.6a	89.6 ±17.5ab	157.5 ±4.3c	374.5 ±75.7a	79.3 ±13.6a
		Range	52.2 –64.5	1.2 –18.0	0.9 –30.0	0 –200	139 –192	83 –872	22 –165
武陟		Mean ± Std	57.8 ±1.1b	6.1 ±1.6a	6.5 ±1.5a	72.9 ±14.4b	164.3 ±4.1bc	443.4 ±76.9a	93.7 ±14.8a
		Range	53.2 –64.8	1.7 –17.5	1.0 –17.8	10 –160	136 –183	80 –845	22 –159
许昌		Mean ± Std	58.9 ±1.3ab	5.2 ±1.1a	7.1 ±1.7a	72.9 ±16.2b	168.5 ±4.8ab	384.8 ±61.6a	93.4 ±18.2a
		Range	53.8 –65.2	1.3 –10.5	1.0 –17.5	10 –170	138 –200	87 –688	27 –248
驻马店		Mean ± Std	60.6 ±1.0a	4.0 ±0.9a	6.2 ±1.3a	87.5 ±16.8ab	161.0 ±6.7bc	380.3 ±72.7a	78.4 ±15.4a
		Range	55.0 –66.5	1.4 –10.0	1.2 –15.0	20 –180	112 –189	89 –705	23 –176
信阳		Mean ± Std	60.1 ±1.2a	4.5 ±1.0a	5.8 ±1.5a	105.8 ±16.4a	176.0 ±6.3a	416.5 ±73.8a	96.0 ±16.9a
		Range	54.0 –67.9	1.5 –12.5	1.1 –17.5	40 –210	136 –209	64 –786	17 –210
	藁麦8901	Mean ± Std	63.9 ±1.0a	8.4 ±1.6a	10.6 ±2.7a	55.5 ±12.8bc	165.2 ±7.8a	599.7 ±64.7a	127.1 ±15.3a
		Range	56.8 –67.9	1.8 –18.0	1.2 –30.0	0 –140	112 –209	170 –872	38 –210
	豫麦34	Mean ± Std	63.1 ±0.5a	7.5 ±0.8a	9.8 ±1.3a	42.0 ±6.9c	172.4 ±5.1a	611.6 ±32.3a	137.5 ±7.4a
		Range	61.0 –65.9	4.5 –10.5	4.5 –16.0	20 –80	152 –207	393 –720	89 –176
	豫麦49	Mean ± Std	58.0 ±1.1b	3.3 ±0.8b	4.6 ±1.2b	77.5 ±10.3b	168.9 ±6.0a	345.9 ±59.6b	75.6 ±10.6bc
		Range	55.0 –64.6	1.4 –10.0	1.3 –15.0	25 –140	142 –192	114 –640	33 –130
	豫麦70	Mean ± Std	54.5 ±0.6c	6.3 ±1.5a	9.8 ±1.4a	51.0 ±6.4bc	147.1 ±5.3b	514.1 ±56.3a	95.0 ±7.9b
		Range	52.2 –57.7	1.7 –17.5	4.0 –17.0	25 –85	126 –182	278 –845	59 –139
	洛阳8716	Mean ± Std	57.8 ±0.9b	2.8 ±0.8b	3.3 ±1.6b	130 ±16.8a	168.9 ±3.5a	197.0 ±52.5c	63.3 ±22.6c
		Range	54.5 –63.1	1.5 –9.5	1.2 –17.5	10 –180	154 –183	64 –610	17 –248
	豫麦50	Mean ± Std	56.1 ±0.6bc	1.6 ±0.1b	1.5 ±0.2b	158.5 ±12.0a	170.2 ±5.2a	131.2 ±19.4c	30.5 ±3.3d
		Range	52.4 –58.7	1.2 –2.0	0.9 –3.5	75 –210	144 –200	80 –292	22 –59

表3-6　不同品种在各省份种植条件下加工品质的变化

地点	品种	项目	吸水率(%)	形成时间(min)	稳定时间(min)	弱化度(FU)	延伸性(mm)	最大抗延阻力(EU)	拉伸面积(cm^2)
山西		Mean ± Std	60.5 ±3.5bc	2.7 ±1.0c	2.9 ±1.4d	148.1 ±33.3b	178.2 ±18.1b	189 ±81d	50.6 ±22.5cd
		Range	53.5 -63.9	2.0 -5.0	1.7 -5.1	100.0 -185.0	153.0 -194.0	87 -286	20.0 -81.0
陕西		Mean ± Std	63.2 ±3.9a	3.3 ±0.7ab	4.0 ±2.0ab	73.9 ±34.7ef	172.2 ±17.9b	255 ±103c	63.6 ±23.4bc
		Range	56.4 -70.1	2.0 -4.0	1.8 -7.4	40.0 -135.0	142.0 -202.0	104 -421	23.0 -101.0
河北		Mean ± Std	59.1 ±3.8e	2.8 ±0.9c	3.3 ±1.4cd	89.4 ±18.8de	169.8 ±21.3b	322 ±229b	77.4 ±50.2ab
		Mean ± Std	53.7 -65.7	1.7 -4.5	2.0 -5.8	60.0 -110.0	140.0 -200.0	144 -866	31.0 -191.0
山东		Range	61.3 ±4.5	3.7 ±1.2a	4.6 ±2.6a	61.7 ±24.9f	173.1 ±20.5b	317 ±146bc	76.9 ±30.4ab
		Mean ± Std	53.8 -69.2	2.1 -5.0	1.9 -10.0	30.0 -100.0	148.0 -211.0	110 -514	26.0 -115.0
河南		Range	62.7 ±3.4ab	3.3 ±0.9ab	3.8 ±1.8bc	85.7 ±34.5de	182.7 ±21.7b	254 ±115c	67.4 ±27.8bc
		Mean ± Std	57.1 -68.3	1.5 -5.0	1.8 -8.5	40.0 -170.0	138.0 -223.0	61 -536	12.0 -136.0
湖北		Mean ± Std	60.3 ±3.5cd	1.6 ±0.3d	1.8 ±1.2e	175.0 ±51.4a	199.3 ±11.7a	146 ±100d	44.6 ±29.4d
		Range	55.1 -64.5	1.0 -2.0	0.7 -4.5	90.0 -240.0	173.0 -212.0	36 -306	10.0 -89.0
四川		Mean ± Std	62.4 ±3.1de	3.2 ±1.1ab	3.2 ±1.3cd	112.8 ±36.8c	205.0 ±22.4a	303 ±141bc	89.8 ±40.9a
		Range	57.9 -67.4	2.0 -5.5	1.3 -5.0	60.0 -170.0	173.0 -245.0	108 -503	30.0 -156.0
江苏		Mean ± Std	60.0 ±3.0a	2.1 ±0.5d	4.2 ±2.0bc	93.1 ±36.9d	169.2 ±13.4b	412 ±152a	94.0 ±28.8a
		Range	56.4 -65.2	1.3 -2.5	1.7 -7.9	55.0 -160.0	149.0 -190.0	209 -615	59.0 -134.0
	中优9507	Mean ± Std	59.7 ±1.7de	3.5 ±1.3ab	4.4 ±1.5b	83.5 ±42.8de	185.9 ±13.4b	382 ±116b	98.0 ±22.6ab
		Range	57.7 -62.7	1.2 -5.0	1.3 -6.5	40.0 -180.0	165.0 -212.0	254 -615	68.0 -134.0

续表

地点	品种	项目	吸水率(%)	形成时间(min)	稳定时间(min)	弱化度(FU)	延伸性(mm)	最大抗延阻力(EU)	拉伸面积(cm^2)
	河农 341	Mean ± Std	62.7 ±1.7b	2.7 ±0.5cd	2.6 ±0.6cd	103.5 ±39.8c	194.2 ±14.8b	221 ±59d	63.8 ±18.9de
		Range	59.1 – 64.9	1.8 – 3.2	1.8 – 3.7	60.0 – 185.0	171.0 – 219.0	152 – 333	45.0 – 107.0
	华麦 9 号	Mean ± Std	58.9 ±1.9e	1.8 ±0.4e	1.9 ±0.6d	143.9 ±46.8a	206.6 ±17.9a	176 ±70de	54.6 ±16.2ef
		Range	55.1 – 61.4	1.0 – 2.5	0.7 – 3.0	95.0 – 240.0	175.0 – 245.0	308 – 327	30.0 – 78.0
	济南 17	Mean ± Std	66.0 ±1.9a	3.1 ±0.7bc	3.1 ±1.0c	84.0 ±40.8de	183.4 ±15.2b	327 ±117bc	84.1 ±24.8bc
		Range	63.1 – 69.2	1.6 – 4.0	1.4 – 4.3	40.0 – 160.0	158.0 – 207.0	166 – 559	48.0 – 123.0
	皖麦 19	Mean ± Std	63.4 ±1.3b	2.3 ±0.3d	2.1 ±0.5d	141.1 ±38.6a	151.3 ±13.5c	98 ±33f	22.6 ±7.6g
		Range	61.5 – 65.7	2.0 – 2.7	1.3 – 2.8	100.0 – 220.0	138.0 – 173.0	144 – 281	10.0 – 31.0
	陕 65	Mean ± Std	60.8 ±2.1cd	3.2 ±0.8b	4.1 ±1.1b	87.0 ±36.5de	187.6 ±23.7b	281 ±112c	76.2 ±34.4cd
		Range	57.0 – 63.3	1.7 – 4.5	2.3 – 5.7	40.0 – 165.0	164.0 – 226.0	101 – 503	32.0 – 156.0
	徐州 26	Mean ± Std	65.8 ±3.0a	2.8 ±0.6cd	2.4 ±0.7cd	129.4 ±52.2b	185.3 ±15.4b	158 ±48de	44.6 ±13.9f
		Range	57.5 – 70.1	1.3 – 3.7	1.3 – 3.8	70.0 – 235.0	159.0 – 206.0	39 – 200	13.0 – 59.0
	川麦 36	Mean ± Std	61.1 ±2.9c	3.9 ±1.4a	5.5 ±1.3a	66.5 ±18.6e	184.9 ±17.7b	455 ±192a	112.4 ±38.5a
		Range	54.8 – 66.2	1.7 – 5.5	4.2 – 7.9	45.0 – 100.0	155.0 – 209.0	306 – 866	76.0 – 191.0
	豫麦 70	Mean ± Std	56.0 ±1.8f	3.2 ±1.3b	5.7 ±2.7a	81.5 ±46.7de	161.8 ±17.2c	325 ±112bc	73.3 ±22.2cd
		Range	53.5 – 58.2	1.2 – 5.0	0.8 – 10.0	30.0 – 185.0	140.0 – 192.0	74 – 498	24.0 – 102.0

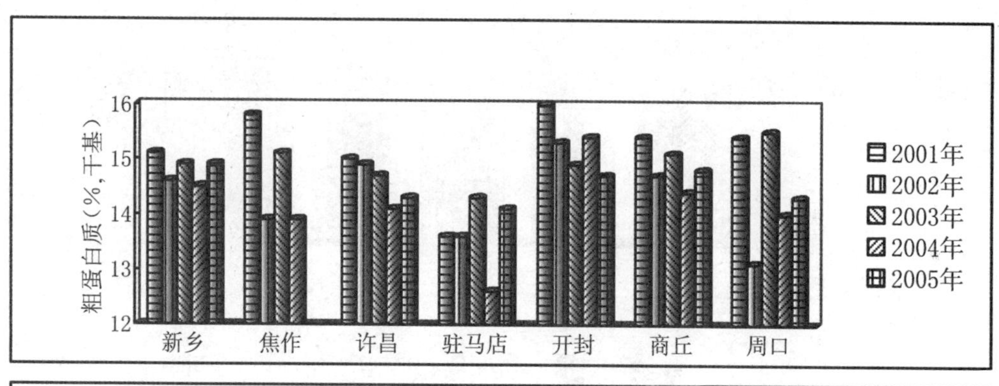

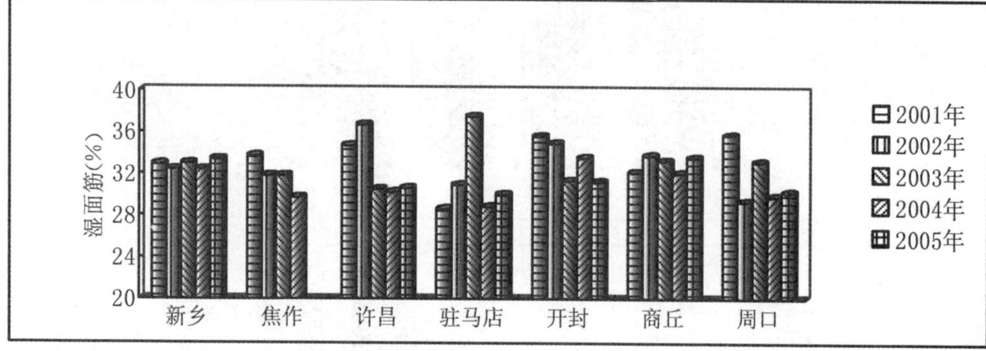

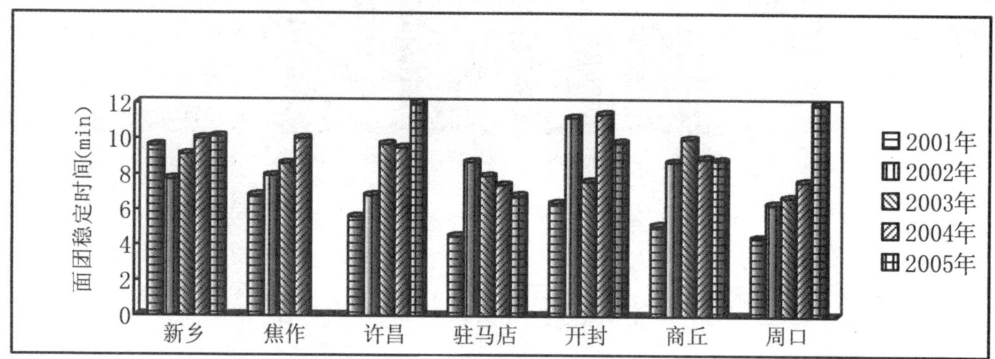

图3－1 不同地区（市）小麦品质在不同年份的变化（河南省）

表3－7 河南省不同纬度6个小麦品种2年的品质表现（2001～2003）

品质性状	信阳（32°N）	驻马店（33°N）	许昌（34°N）	武陟（35°N）	汤阴（36°N）
蛋白质含量（%）	12.5	12.7	12.8	14.5	13.6
形成时间（min）	5.8	6.2	7.1	6.5	7.3
面条评分	82.7	85.0	87.1	87.0	87.6

（二）不同年份间品质的差异

同一品种在不同年份种植，其主要品质指标变幅也较大。如2005年与2002年相比，高优503的面团稳定时间相差7.2min；郑麦9023湿面筋含量2003年与2005年相比平均相差4%。这种差异主要是由于不同年份气象条件不同造成的（图3－2）。

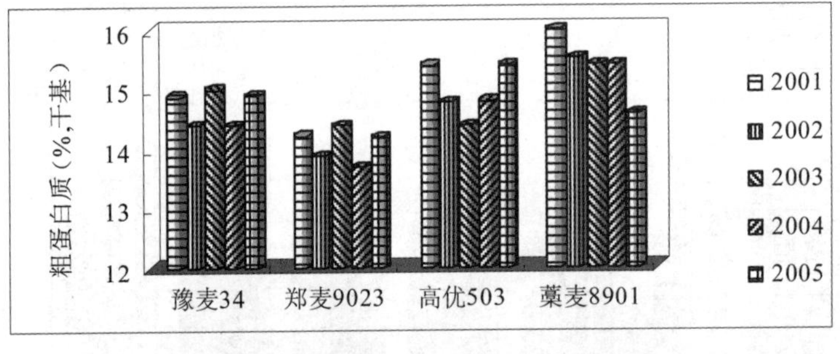

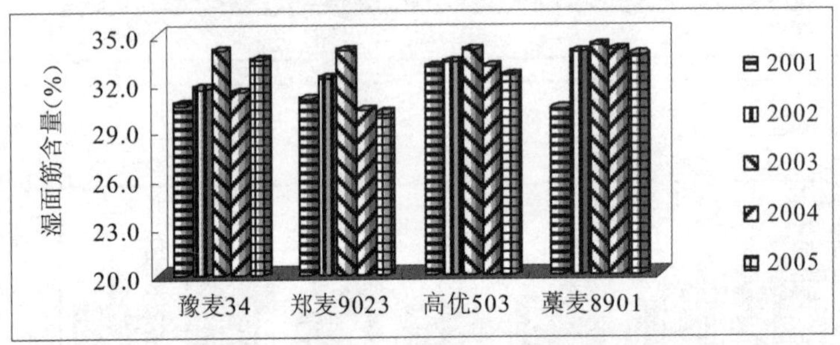

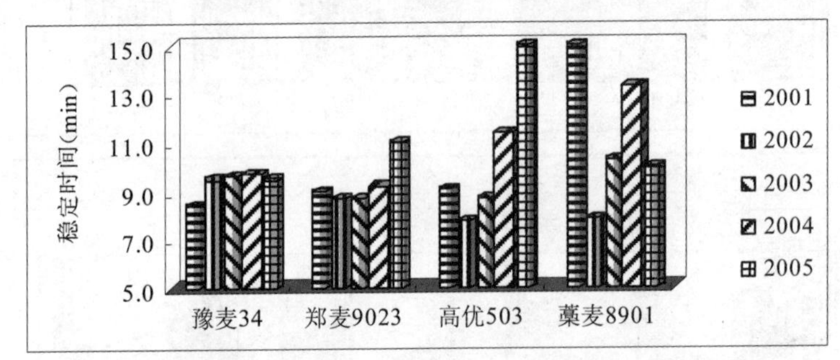

图3-2　不同小麦品种在不同年份下品质性状的变化（河南省）

第二节　生态条件对小麦品质的影响

小麦品质性状除受遗传因素影响外，还受生态环境条件的影响，其中，环境所引起的品质性状变异主要是由于气象条件、土壤类型、土壤肥力、耕作制度及栽培措施不同造成的（王晨阳等，2003）。农业农村部种植业管理司发布的《2006 中国小麦质量报告》曾对全国 13 个小麦主产省（区）征集的 938 份小麦样品进行了品质分析，其中冬小麦品种 177 个、916 份样品，春小麦品种 17 个、22 份样品。测试结果表明，籽粒容重的变幅为 498 ~ 885g/L，平均值为 786.7g/L；籽粒粗蛋白含量的变幅为 9.12% ~ 17.32%，平均值为 13.6%；湿面筋含量的变幅为 15.5% ~ 42.7%，平均值为 29.0%；降落数值的变幅为 126 ~ 580s，平均值为 333.7s；面团稳定时间的变幅为0.6 ~ 46.6min，平均值为 6.3min；面团拉伸面积的变幅为 4 ~ 203cm^2，平均值为 72.6cm^2（表 3-8）。可见，不同生态类型麦区因其生态条件不同，小麦的不同品质性状均存在较大变异。

表 3－8　2006 年中国小麦质量报告

麦区	样品数	容重（g/L）		粗蛋白（%）		湿面筋（%）		降落数值（s）		面团稳定时间（min）		面团拉伸面积（cm^2）	
		变幅	平均值	变幅	平均值	变幅	平均值	变幅	平均值	变幅	平均值	变幅	平均值
华北北部强筋麦区	84	682～824	771	12.71～17.19	14.84	24.9～39.6	32.3	164～449	345	0.6～39.1	8.6	6～203	79
黄淮北部强筋、中筋麦区	305	498～833	789	9.96～17.06	14.35	20.1～38.1	31.5	126～580	363	0.7～46.6	8.6	6～201	80.5
黄淮南部中筋麦区	362	742～885	794	10.83～17.32	13.79	21.3～38.6	29.7	154～481	345	1.0～35.8	5.4	13～152	64
长江中下游中筋、弱筋麦区	106	675～825	777	9.12～15.38	12.3	18.1～35.1	26.0	264～401	338	0.9～16.9	4.3	10～124	62.7
四川盆地和云贵高原麦区	43	751～817	784	10.22～16.26	12.6	17.9～31.1	25.9	199～373	267	0.8～13.1	3.2	4～163	61.4
东北强筋春麦区、北部中筋春麦区和西北强筋、中筋春麦区	38	748～845	805	11.00～16.49	13.43	15.5～42.7	28.6	239～419	344	1.3～32.1	7.8	9.6～176	88.2

一、温度对小麦品质的影响

温度对小麦蛋白质含量的效应主要在于影响根系对氮素的吸收、植株体内蛋白酶活性和蛋白质降解度、光合及碳水化合物的积累，以及组织衰老和籽粒灌浆持续期。温度对小麦品质的影响有气温和土壤温度两个方面。小麦从起身期到蜡熟初期，土壤温度在8~20℃，地温与籽粒蛋白质含量呈高度正相关，温度每升高1℃，平均增加蛋白质含量0.4%。其原因是高温有利于根系对氮素的吸收。许多试验表明，气温比土壤温度对小麦品质的影响作用更大，而且不同时期和不同温度范围的影响程度和效果是不同的，小麦开花至成熟期间是温度影响小麦品质最重要的阶段。根据全国小麦生态协作组的测定结果，在分期播种条件下，开花与成熟期的日平均温度与籽粒蛋白质含量呈正相关，而大多数品种的籽粒蛋白质含量与日平均温度差呈负相关（金善宝，1991）。有研究表明，小麦自开花至成熟期间，气温在15~32℃，随温度升高，籽粒干物质积累和氮、磷的累积速度加快，粒重增高，蛋白质含量随温度的升高而增加；若超过32℃，灌浆持续期明显缩短，粒重降低，蛋白质含量也下降。通常认为，小麦灌浆至成熟期间适度高温（20~32℃），有利于提高籽粒蛋白质含量和烘烤品质；小麦灌浆期间面筋形成的最适宜日均温是15~17℃，此期相对较高的气温有利于蛋白质数量的增加，主要是醇溶蛋白和低分子量麦谷蛋白增加，而因高分子量麦谷蛋白的比例降低则不利于蛋白质质量（面筋强度）的提高（刘建军等，2001）。刘淑贞等（1989）、王燕凌（1990）、张惠叶（1996）等研究结果说明，开花至成熟期间平均气温在18~22℃升降，对蛋白质含量有较大影响。气温适中有利于蛋白质积累；此期平均昼夜温差与籽粒蛋白质含量有负相关趋势。

我国由南到北气温年较差20~40℃条件下，气温的月平均年较差每增加1℃，小麦籽粒蛋白质含量增高0.43%（田纪春，1995）。许多研究表明，昼夜温差小，夜间温度高，呼吸消耗增大，不利于碳水化合物积累，而有利于蛋白质在籽粒中的积累。河南农业大学小麦研究团队曾对高温胁迫下小麦籽粒品质的变化进行了系统的研究，结果表明，短期高温胁迫（38℃高温2~4d，每天4h）条件下，籽粒蛋白质含量呈增加趋势，其增加与蛋白质组分的变化有关，不同筋力品种蛋白质组成的变化存在一定的差异：强筋型小麦品种豫麦34高温胁迫下高分子量麦谷蛋白变化明显，而弱筋型小麦品种豫麦50主要是清蛋白的改变；强筋品种受高温影响变化幅度较小，而弱筋品种在高温条件下品质性状改变明显。高温胁迫亦影响淀粉糊化特性，峰值黏度、低谷黏度、最终黏度等糊化参数随高温胁迫呈增大趋势。相同高温胁迫条件下，高温处理2d（每天4h）和4d的籽粒产量分别较对照降低18.0%和23.9%。

小麦灌浆期间最适宜昼/夜温度为25℃/15℃，面筋形成最适宜的日均温是15~17℃，超过30℃的高温对加工品质性状不利。在大田条件下，5月日均温与面团形成时间（$r=0.847^{**}$）、稳定时间（$r=0.878^{**}$）等均呈极显著正相关。

李花帅等（2012）以6个不同筋力小麦品种为材料，利用人工气候室，在灌浆前、中、后期分别采取不同的温度处理，同时在灌浆全期施以不同的光照时间处理。利用淀粉快速黏度分析仪（RVA）研究灌浆期温度和光照时间对籽粒淀粉糊化特性的影响。

结果表明：小麦淀粉糊化参数受基因型、温度、光照时间及其互作的影响。峰值黏度、谷值黏度、最终黏度、稀懈值和回复值主要受环境因素中温度和光照时间的影响，受基因型的影响相对较小；糊化温度主要受环境因素与基因型互作的影响。灌浆后期经过高温30℃处理可显著提高淀粉的黏度值。灌浆后期不同温度处理下淀粉黏度值变异最大，是淀粉糊化品质形成的关键时期。光照时间14h下的淀粉各黏度值最高，光照时间过长或过短都会降低淀粉黏度值。

二、水分对小麦品质的影响

水既是小麦制造有机物质的原料，又是植株体内物质代谢的最好介质，对小麦生长发育、产量和品质形成都具有极其重要的作用。影响小麦品质的水分包括自然降水和土壤水分。总的说来，小麦生育期间，尤其是灌浆期间，较多的降雨和较高的土壤湿度对籽粒蛋白质含量、硬度和面筋弹性有较大的负影响。多数研究表明，小麦生育期降水量及其分布比温度对蛋白质含量的影响更大，而关键时期降水量及其分布要比总降水量更为重要。马冬云等（2002）研究认为，降水量与多数小麦品质性状（除吸水率外）均呈负相关，其中，与籽粒蛋白质含量、面团形成时间、延伸度负相关达5%显著水平，与稳定时间、出粉率的负相关达1%显著水平。王晨阳等（2008）通过2年多点、多品种试验，发现多数品质性状与全生育期的气象条件相关性不显著，但与5月份降水量、日照时数和日均温呈显著或极显著的相关性，灌浆期间降水量增加、日照时数减少是导致面团形成时间、稳定时间和抗延阻力下降的根本原因。以武陟点为例，2001年面团形成时间多品种平均为8.9min，2002年只有3.3min，相差5.6min，稳定时间两年亦相差5min。从气象条件看，2001年5月降水量（河南小麦灌浆期）仅为10.8mm（5点平均），而2002年为119.3mm，即2002年5月降雨量比2001年多108.5mm；过多的降水还导致了5月日照时数减少71.8 h，日平均温度下降4.0℃。进一步分析指出，5月上旬和中旬降水对品质性状影响最大。全国小麦生态试验研究认为，过多降水容易冲掉小麦根部的硝酸盐，使氮素供应不足，进而影响籽粒蛋白质的形成。而在旱地或小麦灌浆期间缺水，因淀粉合成受干旱的影响大于蛋白质合成，因此表现为籽粒角质率和蛋白质含量提高。豫北安阳小麦灌浆期及全生育期的降水量分别为27.0mm和127.3mm，蛋白质含量为14.7%；豫南息县小麦灌浆期及全生育期的降水量分别为206.7mm和614.1mm，其蛋白质含量只有9.8%，表明随降水量增加蛋白质含量下降。相关分析表明，小麦全生育期降水量与蛋白质含量（$r=-0.287$）、出粉率（$r=-0.692$）、形成时间（$r=-0.740$）、稳定时间（$r=-0.676$）、评价值（$r=-777$）、抗延伸阻力（$r=-0.760$）均呈显著负相关，影响的关键时期在抽穗至乳熟阶段。

于立河等（2007）以强筋型小麦品种龙麦26为材料，研究了收获期遭遇连续阴雨（累计降水量63.0mm）对春小麦品质性状的影响，通过比较降水前与降水后品质的变化，发现收获期降水导致小麦籽粒容重和降落值显著下降，面团流变学特性变差。如面团形成时间和稳定时间分别缩短了6.8min和8.6min；粉质质量指数、面团拉伸曲线面积、拉伸阻力、最大拉伸阻力、拉伸比值、最大拉伸比值均显著降低（表3-9）。

表3－9　收获期降水对小麦品质性状的影响（于立河等，2007）

处理	容重（g/L）	降落值（s）	形成时间（min）	稳定时间（min）	粉质质量指数	拉伸面积（cm^2）	最大拉伸阻力（BU）
降水前	820.4 A	379.7 A	9.7 A	15.0 A	186.7 A	49.8 A	155.6 A
降水后	777.3 B	297.3 B	2.9 B	6.4 B	81.0 B	19.1 B	54.2 B

三、光照对小麦品质的影响

光照是影响小麦品质的一个重要因子。多数研究表明，小麦生长期间较充足的光照有利于提高籽粒蛋白质数量和质量。从我国的情况来看，北方13个省（区）小麦生育期间的平均日照总时数高于南方12个省（区），前者比后者小麦籽粒蛋白质含量高2.05%，说明长日照对小麦籽粒蛋白质的形成和积累是有利的。马冬云等（2002）研究表明，日照时数与籽粒蛋白质含量、湿面筋含量、沉降值、面团形成时间等呈正相关，与面团稳定时间、延伸度和拉伸面积呈显著正相关。另有研究表明，光的辐射强度与小麦籽粒产量呈显著正相关，但与籽粒蛋白质含量呈负相关。在籽粒灌浆阶段，降低光强则籽粒蛋白质含量、湿面筋含量升高，麦谷蛋白和醇溶蛋白含量均增加，麦谷蛋白大聚合体（GMP）含量升高，其中麦谷蛋白的增幅大于醇溶蛋白，同时粉质仪参数也显著提高。从不同时期看，灌浆的前期（花后1～10d）或中期（花后11～20d）的影响较小，而灌浆后期（花后21～30d）影响较大，表明品质形成与灌浆后期的光照条件关系更为密切（李永庚，2005）。张艳（2003）研究认为，开花至成熟阶段降低光照强度，可显著提高小麦籽粒的蛋白质含量、湿面筋含量、沉降值，使粉质仪指标得到改善，面团形成时间、稳定时间和断裂时间变长，公差指数变小，拉伸仪指标也有所改善。关于光照强度对蛋白质含量的影响，其研究结果不尽一致。有人发现在弱光下小麦籽粒碳水化合物和蛋白质成比例下降，因而认为对蛋白质含量影响不大；也有人认为光照强度减弱时，粒重虽下降，但其中氮、磷浓度仍有提高的倾向。光质对小麦籽粒蛋白质及其氨基酸形成也有影响，蓝光有利于蛋白质合成，而红光则有利于碳水化合物的合成（白宝璋等，1992）（表3－10）。

李永庚等（2005）在田间池栽条件下，分别于小麦（品种：‘济南17’和‘鲁麦21’）灌浆的前期（花后1～10d）、中期（花后11～20d）和后期（花后21～30d）进行了遮去50%光合有效辐射的试验，研究了产量和品质的变化及其生理原因。主要结论如下：

1）弱光条件下，光合物质生产均受到严重抑制，产量下降，容重降低；植株的氮素积累量减少、向籽粒分配的比例低，但籽粒蛋白质含量、湿面筋含量升高，其中，籽粒灌浆前期遮光升高的幅度最大。

2）遮光后小麦籽粒麦谷蛋白和醇溶蛋白含量均升高，但麦谷蛋白升高的幅度大于醇溶蛋白，使麦谷蛋白与醇溶蛋白的比例升高，麦谷蛋白大聚合体（GMP）含量也升高，粉质仪参数也显著提高；籽粒灌浆前期或中期遮光对上述指标的影响则较小，籽粒品质的形成与灌浆后期的光照条件关系更为密切。

3）灌浆期相对较弱的光照强度对改善品质有利，但以降低产量为代价，两个品种所表现出的趋势基本一致。

高分子量麦谷蛋白亚基（HMW - GS）和麦谷蛋白大聚合体（GMP）含量是反映小麦籽粒品质的重要性状。伯云等（2009）采用 SDS - PAGE 电泳和切胶比色的方法对 2 个含相同 HMW - GS 亚基类型（7 + 8、2 + 12）小麦品种拔节到成熟期进行遮阴处理，研究了胚乳 HMW - GS 积累动态和 GMP 含量的变化。结果表明，遮阴使 HMW - GS 的起始形成时间提早，18% 和 25% 重度遮阴处理缩短各亚基和总亚基快速积累期，并降低灌浆后期积累速度，成熟期单粒总 HMW - GS 积累量低于对照，但籽粒 HMW - GS 和 GMP 含量高于对照。轻度遮阴（10%）延长了籽粒 HMW - GS 快速积累期，亚基积累量和含量均高于对照。上述结果表明，遮阴处理影响小麦籽粒 HMW - GS 积累，但其效应与遮阴强度有关。

石玉等（2011）选用强筋小麦济麦 20、中筋小麦泰山 23 和弱筋小麦宁麦 9 号 3 个小麦品种，设置了灌浆期不同阶段遮光处理——开花后不遮光（S_0）、0 ~ 11d 遮光（灌浆前期，S1）、12 ~ 23d 遮光（灌浆中期，S2）、24 ~ 35d 遮光（灌浆后期，S3），研究了其对不同小麦品种籽粒蛋白质组分含量和加工品质的影响。结果表明：3 个小麦品种的籽粒清蛋白 + 球蛋白含量在遮光处理间无显著差异；遮光均显著提高了济麦 20 和泰山 23 的高分子量谷蛋白亚基、低分子量谷蛋白亚基、谷蛋白、醇溶蛋白和总蛋白含量，其中 S2 处理提高幅度高于其他处理；S2 和 S3 遮光处理显著提高了宁麦 9 号各蛋白质组分含量。遮光显著降低了小麦籽粒产量，但提高了籽粒面团形成时间、面团稳定时间和沉降值，其中灌浆中期遮光处理更为显著，表明籽粒品质的形成与灌浆中期的光照条件更为密切。总体上看灌浆期遮光对 3 个小麦品种籽粒产量、蛋白质组分含量及加工品质指标的调节幅度为济麦 20 > 泰山 23 > 宁麦 9 号。

郭翠花等（2010）在大田生产条件下（2008 ~ 2009 年度），于小麦开花后设置不同程度的遮阴处理，分析了对旗叶光合参数及籽粒产量和主要品质性状的影响。结果表明，遮阴使不育小穗增加，穗粒重和千粒重降低，导致明显减产。其中，遮阴 20%、50% 和 80% 处理分别比对照产量降低 27.6%、49.0% 和 60.2%。遮阴后小麦旗叶的叶绿素 a 和叶绿素 b 的含量均增加，但叶绿素 a/b 的比值降低；遮阴使旗叶净光合速率、气孔导度和蒸腾速率显著降低，但胞间 CO_2 浓度有所增加。净光合速率受影响程度的时间排序为灌浆初期 > 灌浆中期 > 灌浆后期。遮阴使小麦籽粒蛋白质含量、湿面筋含量、谷蛋白和醇溶蛋白含量以及谷蛋白/醇溶蛋白的比值都显著提高（$P < 0.05$），其中谷蛋白/醇溶蛋白比值增加说明小麦开花后遮阴对谷蛋白的影响强度大于对醇溶蛋白的影响。遮阴虽然导致产量明显降低，但提高了面团延展性、形成时间、稳定时间和面团吸水率等面团流变学特性，由此可见小麦籽粒形成期光照强弱的巨大差异，导致在淀粉与蛋白合成过程中量比关系发生变化，进而引起不同光照下小麦产量和品质的显著不同。

李文阳等（2012）选用强筋小麦品种济麦 20 和弱筋小麦品种山农 1391，分别于籽粒灌浆前期（花后 6 ~ 9d）、中期（花后 16 ~ 19d）和后期（花后 26 ~ 29d）对小麦进行弱光照处理。结果发现，灌浆前期、中期和后期弱光处理后两年平均济麦 20 籽粒重较对照下降10.4%、18.1%和13.8%，山农1391分别下降4.0%、14.5%和18.5%，表明灌浆中期弱光对济麦20产量影响大，而灌浆后期弱光对山农1391的产量降幅最大。弱光处理后，籽粒氮素积累量及氮素收获指数减少，但使籽粒总蛋白质含量显著升高，其中以灌浆中期弱光处理升幅最大，分析认为可能是由于弱光对淀粉影响大，造成粒重显著降低所致。弱光对可溶性谷蛋白无显著影响，但增加不溶性谷蛋白含量，使谷蛋白聚合指数显著升高，面团形成时间和稳定时间亦升高，籽粒灌浆中、后期弱光对上述指标的影响较前期大。上述结果表明，灌浆期短暂的弱光照对改善强筋小麦粉质仪参数有利，但使弱筋小麦品质变劣，但不论是强筋小麦或弱筋小麦，均伴随籽粒产量显著降低这一不利影响（表3-10）。

表3-10　弱光处理对小麦品质的影响

品种	遮光处理	湿面筋含量（%）	吸水率（%）	形成时间（%）	稳定时间（%）
济麦20	对照（CK）	33.6	63.4b	7.5b	12.6d
	灌浆前期（S1）	37.5	64.0a	7.7b	13.2c
	灌浆中期（S2）	41.5	64.4a	8.9a	18.7a
	灌浆后期（S3）	40.3	64.2a	8.6a	16.4b
山东1391	对照（CK）	25.3	58.8b	1.9b	0.9b
	灌浆前期（S1）	26.9	59.2ab	2.0b	1.1b
	灌浆中期（S2）	27.9	60.5a	2.4a	1.6a
	灌浆后期（S3）	27.1	60.2a	2.3a	1.6a

牟会荣（2011）以耐阴品种扬麦158和不耐阴品种扬麦11两个小麦品种为材料，设不遮光（S0）、从拔节至成熟期遮去小麦冠层自然光强的22%（S1）和遮去小麦冠层自然光强的33%（S2）3个处理，测定了小麦籽粒淀粉及其组分含量、蛋白质及其组分含量、降落值、湿面筋含量、沉淀值以及淀粉糊化特性和粉质参数。结果发现，小麦支链淀粉含量在遮阴条件下显著降低，而直链淀粉含量变化不明显，因此小麦籽粒总淀粉含量和淀粉支/直显著下降；遮阴降低了2个品种的峰值黏度和扬麦11的低谷黏度，提高了2个品种的降落值和扬麦11的糊化温度，但对耐阴品种扬麦158的低谷黏度和糊化温度无显著影响；在长期弱光条件下，小麦籽粒蛋白质含量提高，醇溶蛋白、麦谷蛋白、麦谷蛋白大聚合体和高分子量谷蛋白亚基含量显著增加，引起湿面筋含量、沉淀值、面团形成时间和稳定时间的提高，面团弱化度的降低。以上结果表明，拔节到成熟期的弱光处理对小麦蒸煮品质不利，却提高了小麦的烘焙品质。

在籽粒灌浆阶段（花后1~30d）对小麦进行光强为自然光照45%的弱光处理，研究小麦籽粒淀粉粒度分布和组分含量的变化。结果表明，小麦花后弱光显著降低2.8~9.9μm淀粉粒体积百分比，增加22.8~42.8μm淀粉粒体积百分比。同时花后弱光显著降低<0.8μm和2.8~9.8μm淀粉粒表面积百分比，增加0.8~2.8μm和>9.9μm淀粉粒表面积百分比。可见灌浆期弱光显著降低籽粒B型（<9.9μm）淀粉粒体积和表面

积百分比，而 A 型（>9.9μm）淀粉粒比例相对增加。与 A 型淀粉粒相比，B 型淀粉粒对弱光的反应更敏感。小麦弱光处理籽粒淀粉及其组分含量显著低于对照，但淀粉直/支比增加。相关分析表明，籽粒淀粉直/支比与 2.8～9.9μm 淀粉粒体积百分比呈显著负相关，而与 22.8～42.8μm 淀粉粒体积百分比呈显著正相关。花后不同阶段弱光显著增加 A 型淀粉粒体积百分比、降低 B 型淀粉粒体积百分比，其中灌浆中、后期弱光影响程度较前期大。表明弱光条件下小麦籽粒淀粉合成底物优先供应淀粉粒的生长，而非形成更多的淀粉粒。

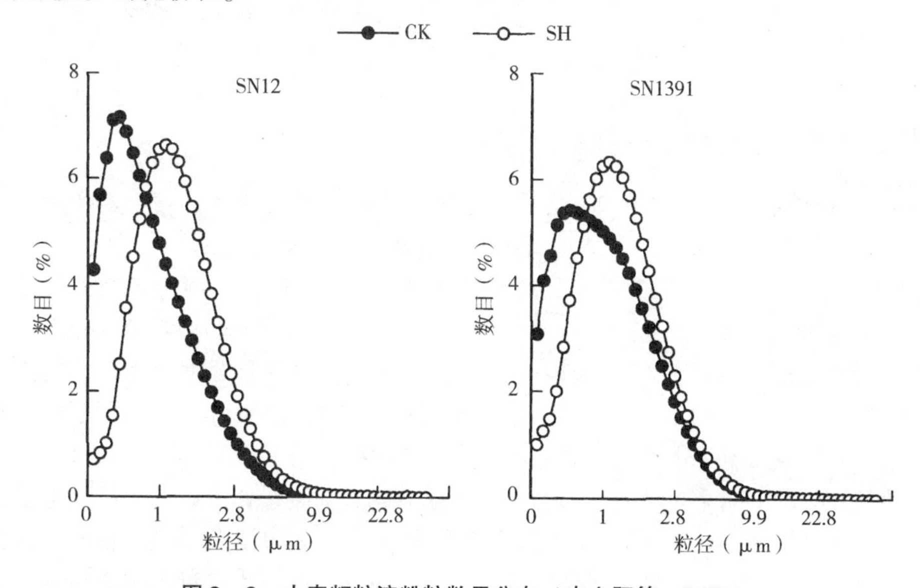

图 3－3　小麦籽粒淀粉粒数目分布（李文阳等，2009）

花后弱光使两小麦品种籽粒 B 型淀粉粒数目百分比较对照略有降低，A 型淀粉粒数目百分比略有提高。在 B 型淀粉粒中，弱光对 <2.8μm 淀粉粒数目分布影响较大，即弱光显著降低 <0.8μm 淀粉粒数目百分比，而增加了 0.8～2.8μm 淀粉粒数目百分比（图 3－3）。

李文阳的试验结果还表明，对照、S1、S2、S3 处理 A 型淀粉粒数目分别为 56%、61.76%、71.1%、66.61%（济麦 20）和 63.3%、63.7%、69.79%、73.46%（山农 1391），B 型淀粉粒数目分别为 44%、38.24%、28.9%、33.39%（济麦 20）和 36.7%、36.3%、30.21%、26.54%（山农 1391），即弱光提高了小麦 A 型淀粉粒比例，降低了小麦 B 型淀粉粒比例，这与弱光显著降低了小麦成熟期籽粒支链淀粉及总淀粉含量，提高籽粒直链淀粉含量相一致。籽粒淀粉含量的降低或是由于弱光不利于小麦植株（如旗叶）蔗糖和可溶性总糖的合成与积累，或不利于旗叶糖类向贮存器官的运转。花后 6～9d（S1）弱光处理后，旗叶蔗糖和可溶性总糖含量显著高于对照，这可能是灌浆前期弱光不利于小麦旗叶蔗糖和可溶性总糖的转运，进而造成旗叶糖的积累。花后 16～19d（S2）、26～29d（S3）处理及胁迫解除后，旗叶蔗糖和可溶性总糖含量显著低于对照，说明弱光不利于小麦蔗糖和可溶性总糖的合成。花后 35d 测定，S1、S2 弱光处理茎鞘蔗糖及可溶性总糖含量均显著高于对照，说明弱光严重抑制了贮存器官中糖的积累，亦不利于灌浆后期小麦贮存器官的糖向籽粒的转运。进一步分析表明，花后弱光显著降低小麦旗叶 SPS 活性和籽粒 SS 活性、AGPase 活性，说明弱光不利于小麦旗叶蔗糖的合成及籽粒蔗糖的降解，显著降低籽粒 ADPG 的供应水平，不利于淀粉的合成。总之，弱光不仅降低了源（叶片）光合生产能力，也限制了库（籽粒）的活性及源库间流的运输能力。

第三节　小麦品质与土壤条件的关系

一、土壤质地与小麦品质

土壤是小麦生长发育所需水、肥、气、热等诸多因素的载体，对小麦产量和品质形成具有重要作用，土壤类型和质地对小麦产量和品质影响很大。

一般认为，小麦蛋白质含量随土壤的黏重程度增加而增加。河南省农业科学院王绍中等曾于 1986～1988 年对全省 60 个试验点土壤质地与小麦籽粒蛋白质含量关系进行了统计分析，结果表明，随土壤质地由沙土、沙壤土、中壤土至重壤土，小麦蛋白质含量由 10.40% 上升到 14.91%，土壤质地继续变黏，则蛋白质含量又有所下降。在沿黄沙质土麦区，由于土壤质地多为沙壤到轻壤土，小麦的蛋白质含量多在 12% 以下，沉降值在 30mL 以下，品质较差；而豫西北平原灌溉、丘陵旱作麦区的土壤质地多为重壤土，质地黏重，籽粒蛋白质含量、沉降值和干面筋含量均较高，品质较好。王浩等（2006）认为不同土壤类型对不同品质指标影响不一致，蛋白质含量表现为河潮土 > 棕壤 > 潮土 > 砂姜黑土 > 褐土；湿面筋含量和沉淀值表现为河潮土 > 棕壤 > 砂姜黑土 > 潮土 > 褐土；容重、硬度、面团形成时间、断裂时间、公差指数和评价值表现为砂姜黑土最优，褐土、棕壤土次之，河潮土最差。山东农业大学（2000）的研究结果也表明，面粉沉降值、吸水率、面团稳定时间和评价值指标均以棕壤土较高，砂姜黑土次之，潮土较低。但赵淑章等（2004）认为在同一自然气候条件下，小麦籽粒产量和品质与土壤类型本身属性关系不大，土壤基础肥力和全氮含量对小麦籽粒产量影响较大，速效氮和全氮含量与小麦品质呈显著的正相关。此外，土壤 pH 值和盐分含量等也与小麦品质有一定关系。

二、土壤肥力与小麦品质

小麦从土壤中吸收各种营养元素，土壤的营养状况和肥力水平对小麦品质有直接影响。麦田土壤肥力，特别是土壤速效氮含量和土壤有机质含量对小麦产量和品质影响很大。一般情况下，当土壤速效氮含量在 100mg/kg 以下时，小麦籽粒蛋白质含量随土壤速效氮含量提高而显著增加；超过 100mg/kg，这种增加效应明显变小。相关分析表明，面团稳定时间与土壤速效氮含量（$r=0.8032^{**}$）呈极显著正相关，与速效磷（$r=0.7949^{*}$）和速效钾含量（$r=0.6342^{*}$）呈显著正相关。当土壤有机质含量在 1.3% 以下时，小麦籽粒蛋白质含量随有机质含量提高而增加明显，有机质含量超过

1.5%，这种增加现象趋缓。王光瑞等（1984）曾对我国北方小麦品种区试3片的品质测试结果进行了分析，在气候与地点相似的高肥组和中肥组的成对比较中，3片平均高肥组比中肥组产量每公顷高570kg，品质性状除容重和软化度稍有下降外，出粉率、蛋白质、湿面筋、沉降值、形成时间、稳定时间、总评价值等均有所提高（表3－11），说明较高的土壤肥力有利于改善品质，适合发展优质强筋小麦；改变深层土壤条件，特别是增加有机质和钾含量，可提高小麦品质。因此，土壤速效氮在100mg/kg左右、有效磷含量在22～30mg/kg、有效钾在100mg/kg左右、有效硫含量16mg/kg以上的土壤肥力条件，有利于高产优质。

表3－11　肥力水平对冬小麦产量和品质的影响（中国农业科学院作物研究所，1984）

区试组	品质分析								粉质仪测定					
	品种数	地点数	亩产(kg)	容重(g/L)	出粉率(%)	粗蛋白(%)	湿面筋(%)	沉降值(mL)	品种数	地点数	形成时间(min)	稳定时间(min)	软化度(BU)	总评价值(*n*)
北方水地高肥	9	7	325	780	67.8	14.5	35.1	30.9	8	6	4.28	4.68	79.9	47.7
北方水地中肥	11	9	289	794	66.8	13.8	34.8	31.5	8	9	3.07	3.73	109.4	44.3
黄淮北片水地高肥	9	5	411	788	67.7	14.0	32.5	26.1	3	6	3.05	3.73	111.0	42.5
黄淮北片水地中肥	10	5	358	789	68.2	13.2	30.8	25.9	8	5	2.93	3.14	110.3	41.8
黄淮南片水地高肥	8	8	421	770	67.8	11.1	26.8	22.4	2	8	2.62	3.67	106.4	42.5
黄淮南片水地中肥	7	6	371	789	69.2	12.1	26.2	20.8	5	6	2.37	3.53	108.2	40.4
三片差值平均			48	－11.3	2.7	0.16	0.87	1.4			0.53	0.56	－10.2	2.07

三、土壤营养元素与小麦品质

土壤营养元素包括作物需要的大量元素和微量元素。大量元素中，氮素占小麦籽粒的2.1%～3.0%，占蛋白质含量的16.0%～17.5%。因此，在诸多营养元素中，氮素对小麦品质的影响最大。当土壤速效氮含量在100mg/kg以下时，蛋白质含量随速效氮含量增加而显著增加，但超过100mg/kg，这种增加效应明显变小。土壤中磷素含量影响小麦品质，但其与小麦品质的关系研究结果表现不一，一般认为其与籽粒蛋白质含量呈负相关，这种负相关可能是产量增加所引起的稀释效应所致。赵虹等（2001）研究认为，籽粒容重、蛋白质含量、湿面筋含量、沉降值和面团形成时间与土壤速效磷含量存在负相关关系，且以蛋白质含量的负相关系数最大；而出粉率、吸水率和稳定时间与土壤速效磷含量存在正相关关系，但所有的相关系数均未达显著水平。多数研究认为，维持土壤有效磷含量 22～30mg/kg 对保证小麦优质高产非常必要。土壤钾含量也影响小麦籽粒品质，多数研究认为，土壤有效钾在 100～350mg/kg 之间有利于小麦产量和品质的同步提高，小于 100mg/kg 会造成小麦减产，超过 350mg/kg 蛋白质含量亦将降低。

在微量元素中，硫对小麦品质影响较大。土壤缺硫时小麦籽粒较硬，蛋白质含量下降，出粉率降低，面团抗拉性差，面包烘烤品质下降。此外，缺硫还会影响面粉中氨基酸组成，使必需氨基酸含量降低（田惠兰，1985）。硼、铜、锰、锌等微量元素对小麦品质也有一定影响，但只有在土壤缺乏这些元素，而且多种微量元素配合施用时才能起到作用。

第四节　小麦品质与栽培环境的关系

栽培措施尤其是水、肥管理措施对小麦品质影响很大。但本部分主要介绍小麦因播期、密度差异造成小麦田间生长环境变化而对品质性状的影响情况。

一、播期对小麦品质的影响

从表 3－12 可见，弱筋小麦过早播种，不利于实现优质高产；在保证麦苗安全越冬的适播期内播种，有利于降低籽粒蛋白质含量，增加淀粉含量，改善品质，实现优质高产；迟播则导致籽粒产量下降、蛋白质与湿面筋含量偏高。

表 3－12　播期对弱筋小麦扬麦 13 籽粒产量和品质的影响

（扬州大学，2003～2004）

播期（月/日）	产量（kg/hm^2）	蛋白质含量（%）	湿面筋含量（%，14%水分基）	淀粉含量（%）
10/22	6212.85	11.84	22.17	75.91
10/29	6809.10	10.25	19.76	76.56
11/5	5608.80	11.36	22.91	75.03
11/12	4886.85	11.64	23.02	71.75

二、密度对小麦品质的影响

密度对产量和品质有显著调节效应。弱筋小麦扬麦 9 号和扬麦 13 号密度从 105 万/hm^2 增至 240 万/hm^2 时，产量随基本苗增加而提高，籽粒蛋白质、湿面筋含量下降，有利于产量和品质协调发展；基本苗增至 285 万/hm^2 时，产量下降，籽粒蛋白质、湿面筋含量上升，品质下降；在本试验条件下，以 240 万/hm^2 处理产量最高，蛋白质和湿面筋含量最低（表 3－13）。

表3－13　密度对弱筋小麦籽粒产量与品质的影响（扬州大学，2003～2004）

品种	密度（万/hm²）	产量（kg/hm²）	蛋白质含量（%，干基）	湿面筋含量（%，14%水分基）
扬麦13号	105	7006.38c	12.76a	26.23a
	150	7334.04ab	12.39b	25.80a
	195	7355.39ab	12.04c	23.07b
	240	7512.18a	11.62d	21.91bc
	285	7227.00b	11.83cd	22.68c
扬麦9号	105	7269.42c	11.78	22.36
	150	7444.21bc	11.47	21.10
	195	7720.43a	11.09	18.95
	240	7751.70a	10.55	17.17
	285	7581.88ab	11.05	18.38

注：多重比较在同一品种内进行。

第四章　氮肥对小麦品质的调控

作物产量和品质不仅受自身遗传特性的影响，而且与生态环境和栽培措施密切相关。小麦是喜氮作物，氮肥是影响籽粒产量和品质最活跃的因子，施氮量的多少和氮肥运筹的合理与否，不仅直接决定着小麦的生长发育状况和产量的高低，而且对小麦籽粒品质的形成亦有显著的调节作用。然而，盲目增施氮肥不仅造成了资源的严重浪费，而且对生态环境构成了严重威胁。因此，只有明确氮肥对不同小麦产量和品质的调控效应，才能更好实现小麦栽培"高产、优质、高效、生态、安全"的综合目标，为小麦产业发展提供理论和技术指导。

第一节　氮肥施用量对小麦品质的影响

一、施氮量对蛋白质含量及其品质的影响

小麦是人类重要的蛋白质来源（约占总谷物蛋白质的38.4%），小麦籽粒中蛋白质含量平均为13.4%，其含量的提高主要来自籽粒氮素积累能力的提高或营养器官向籽粒供应的增加。采用传统的蛋白质组分分离方法可将小麦籽粒中的蛋白质分为清蛋白、球蛋白、醇溶蛋白和麦谷蛋白四类。清蛋白和球蛋白主要存在于胚和糊粉层中，这两类蛋白质中赖氨酸含量丰富，营养价值较高；醇溶蛋白和麦谷蛋白主要存在于淀粉体中，为贮藏型蛋白，是面筋的主要成分，与面团流变学特性及加工品质显著相关。强筋小麦的国家标准要求蛋白质含量不小于14%、湿面筋含量不低于32.0%，面筋强度强、延伸性好，是适于生产面包粉以及搭配生产其他专用粉的小麦。

在各种肥料因素中，氮肥对小麦品质影响最大。氮肥施用量、施氮时期、氮肥种类和施用方式对小麦品质均有一定的影响。多数研究证明，随施氮量增加，籽粒蛋白质含量和赖氨酸含量增加，湿面筋含量提高，面团形成时间和稳定时间延长，面包等面食品质改善。山东农业大学（2001）以强筋小麦济南17为材料的研究结果表明，随施氮量增加（0~300kg/hm^2），蛋白质含量和湿面筋含量均呈增加趋势，面团稳定时间亦有所延长，不同地力麦田表现趋势一致。当施氮量由0增加到300kg/hm^2，高肥力条件下蛋白质含量增加2.2%（由13.01%增加到15.21%），面团稳定时间延长2.1min，中肥力条件下蛋白质含量增加3.6%（由10.24%增加到13.84%），面团稳定时间延长1.2min。从产量和氮素生产效率看，每公顷施纯氮180~240kg是高肥力麦田强筋小麦

高产优质高效的适宜施肥指标，而中等肥力条件下每公顷施纯氮量以180kg左右为宜（表4－1）。河南农业大学小麦研究团队研究结果表明，优质强筋小麦品种豫麦34和郑麦9023的主要品质性状随施氮量增加呈增加趋势（表4－2），在7500kg/hm² 左右产量水平下，强筋小麦的适宜施氮范围为210～270kg/hm²。赵广才等（2006）对藁麦8901、豫麦34、烟农19等7个强筋小麦品种的研究结果表明，小麦加工品质和面包体积及评分随施氮量增加而提高，以施氮量300kg/hm² 的烘焙品质为最好（表4－3）。

表4－1　不同地力不同施氮量对小麦品质和产量的影响（山东农业大学，2001）

土壤肥力	施氮量（kg/hm²）	容重（g/L）	蛋白质含量（%）	湿面筋含量（%）	面团稳定时间（min）	籽粒产量（kg/hm²）	蛋白质产量（kg/hm²）	籽粒产量氮素生产效率（kg/kg N）	蛋白质产量氮素生产效率（kg/kg N）
高肥力	0	776.0	13.01	39.89	9.4	6745.5	877.5	—	—
	96	775.0	13.24	41.16	9.5	7366.5	975.0	5.18	0.81
	12	776.0	13.38	41.30	9.5	8041.5	1075.5	7.20	1.10
	180	758.5	14.45	43.30	11.0	9120.0	1318.5	9.89	1.84
	300	755.5	15.21	43.71	11.5	8991.0	1368.0	7.49	1.64
中肥力	0	779.0	10.24	28.32	9.8	4417.5	453.0	—	—
	96	775.0	11.31	34.37	10.5	5106.0	577.5	5.74	1.04
	12	772.0	12.71	35.38	10.5	5680.5	721.5	7.02	1.49
	180	771.0	13.59	37.39	10.7	6109.5	831.0	7.05	1.58
	300	769.5	13.84	38.26	11.0	6189.0	834.0	5.91	1.27

表4－2　氮肥施用量对强筋小麦品质性状的影响（河南农业大学，2004）

品种	施氮量（kg/hm²）	粗蛋白含量（%）	容重（g/L）	沉降值（mL）	湿面筋含量（%）	吸水率（%）	形成时间（min）	稳定时间（min）	弱化度（BU）
豫麦34	CK(0)	14.37	742	65.8	28.6	60.0	4.5	6.0	60
	150	14.75	762	66.2	29.6	60.2	5.0	6.0	50
	225	14.86	766	67.5	30.3	60.6	5.0	7.0	50
	300	14.91	765	69.5	31.6	60.6	5.5	8.0	50
郑麦9023	CK(0)	14.26	778	60.2	31.8	60.2	4.5	6.5	60
	150	14.87	779	61.0	32.0	60.4	4.5	7.0	60
	225	15.12	783	61.2	33.0	60.8	4.5	9.0	60
	300	15.26	782	60.2	32.9	61.0	4.5	8.5	60

表4－3　施氮量对不同加工品质的影响（中国农业科学院作物研究所，2006）

施氮量（kg/hm^2）	CK(0)	N_{120}	N_{225}	N_{300}	CV(%)
湿面筋含量（%）	23.5	28.9	32.4	33.6	15.30
降落值（s）	396.4	416.7	433.0	416.9	3.61
沉降值（mL）	30.8	41.4	44.0	45.5	16.42
吸水率（%）	62.4	63.7	64.1	64.8	1.58
形成时间（min）	2.5	4.0	5.2	5.6	32.23
稳定时间（min）	5.7	7.3	7.5	7.5	12.45
拉伸面积（cm^2）	71.3	87.6	84.6	91.1	10.34
延伸度（cm）	152.7	169.0	175.7	185.6	8.10
最大抗延阻力（EU）	340.3	381.0	344.7	357.9	5.14
面包体积（cm^3）	666	725	759	772	6.48
面包评分	69	80	84	85	9.21

不同肥力麦田增施氮肥的效果不同：在低肥力麦田，施氮的增产效果显著，但对提高蛋白质含量和改善品质作用较小；而在高肥力麦田，施氮则更有利于改善品质。从不同阶段看，如果小麦生育前中期氮素供应充足，抽穗后氮素不足，则籽粒产量较高而蛋白质含量较低，反之则蛋白质含量较高。在适宜氮肥用量范围内，随施氮时期后延，蛋白质含量提高（表4－4）。开花期施氮几乎不增加产量，但对提高蛋白质含量作用明显，因此强筋小麦实施“氮肥后移”有利于改善品质。另外，氮肥种类、施氮方式及施肥深度对小麦品质也有一定的影响。

表4－4　氮肥供应对小麦籽粒蛋白质含量及产量的影响（河南农业大学，2004）

基肥:追肥	蛋白质含量（%）		湿面筋含量（%）		沉降值（mL）		籽粒产量（kg/hm^2）	
	豫麦66	豫麦35	豫麦66	豫麦35	豫麦66	豫麦35	豫麦66	豫麦35
10:0	16.25	15.14	34.6	31.4	37.5	35.8	7201.2c	7892.1c
7:3	16.98	15.96	39.9	34.3	42.7	38.4	7724.1a	8196.7b
5:5	17.14	16.62	39.5	35.6	43.2	43.1	7531.4b	8626.3a
3:7	17.22	16.81	38.7	32.8	38.6	44.9	7488.0b	8506.8a

表4－5　不同施氮量对弱筋小麦品种品质性状的影响（南京农业大学，2006）

品种	氮肥施用量（kg/hm^2）	总蛋白质含量（%）	容重（g/L）	湿面筋含量（%）	沉降值（mL）	降落值（s）	吸水率（%）	形成时间（min）	稳定时间（min）	弱化度（BU）
扬麦9号	N_0	9.33 c	792.3d	16.4d	21.5e	313.8bc	51.5	1.3	2.0	95
	N_{60}	9.46c	790.7d	16.8cd	24.1d	306.3c	51.7	1.5	2.5	120
	N_{120}	9.82c	794.7cd	18.7c	28.0c	312.6bc	52.5	1.5	2.5	105
	N_{180}	10.56b	799.0bc	21.0b	33.5b	328.0a	52.0	1.5	2.7	80
	N_{240}	10.77b	804.7ab	22.5b	38.7a	324.5ab	52.5	1.5	2.2	80
	N_{300}	12.24b	810.5a	24.9a	40.4a	324.8ab	52.3	1.7	3.3	70
宁麦9号	N_0	8.88c	796.5b	16.3c	21.8c	291.5b	53.3	1.3	2.5	115
	N_{60}	9.34de	799.3ab	18.4bc	24.8c	291.0b	54.4	1.5	2.8	110
	N_{120}	9.76cd	807.7ab	20.6ab	29.2b	295.8b	55.4	1.7	3.0	110
	N_{180}	9.96c	808.0ab	21.4ab	32.9b	306.8a	55.0	1.5	3.4	100
	N_{240}	10.59b	810.3ab	23.4a	37.8a	291.1b	55.7	1.7	3.5	110
	N_{300}	11.15a	814.0a	24.2a	41.5a	293.5b	56.5	2.5	3.3	80

注：同列内平均值后有相同小写字母的表示差异不显著，不同字母表示差异显著。

弱筋小麦的国家标准要求蛋白质含量不大于11.5%、湿面筋含量不大于22.0%。弱筋小麦主要用于制作饼干、糕点等食品。随着我国小麦专用化的快速发展，弱筋小麦生产越来越受到人们的重视。有关弱筋专用小麦氮肥管理的研究表明，南方弱筋小麦推荐施氮量变化在180～225kg/hm^2。在一定范围内增加氮肥施用量，籽粒产量提高，超过一定范围后，籽粒产量下降，二者呈二次曲线关系；蛋白质含量随施氮量增加而增加，二者之间呈极显著正相关（表4－5，图4－1）。有研究认为，江苏沿江、沿海地区弱筋小麦实现优质高产的适宜施氮量范围为180～210kg/hm^2。

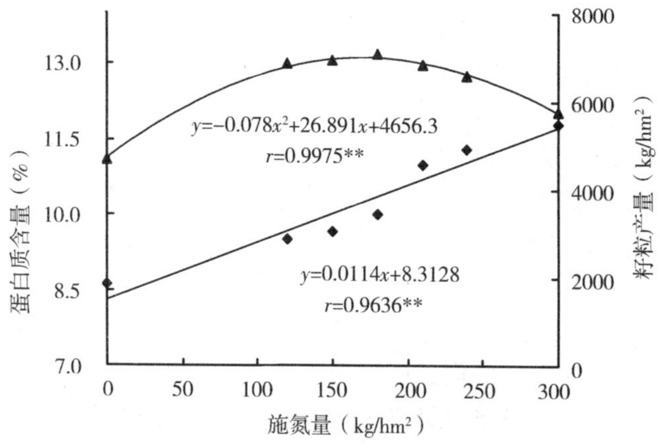

图4－1　弱筋小麦扬辐麦2号施氮量与籽粒产量和蛋白质含量的关系

（扬州大学，2004～2005）

中筋小麦的蛋白质和湿面筋含量要求处于强筋小麦和弱筋小麦之间，其籽粒硬质或半硬质，面筋强度中等、延伸性好，适于制作面条或馒头。扬州大学（2004）研究表明，扬麦10号施氮量低于266.55kg/hm^{2}为"氮素调节区"，在266.55~309.08kg/hm^{2}范围内为"产量品质平衡区"，高于309.08kg/hm^{2}为"过量施氮区"（图4-2）。

孔令聪（2004）对皖麦44的研究结果认为，施氮量在0~300kg/hm^2，氮素与籽粒产量呈二次曲线关系，与蛋白质含量、湿面筋含量、沉淀值、面粉吸水率、面团形成时间、稳定时间和粉质质量数等呈极显著正相关，与弱化度呈极显著负相关，其在淮北地区中等肥力地块的适宜施氮量为150~225kg/hm^2。

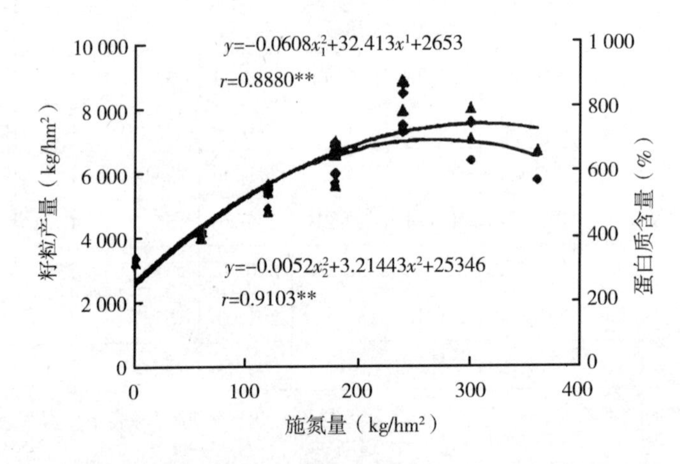

图4-2 施氮量对扬麦10号籽粒产量和蛋白质含量的影响

（扬州大学，2004）

二、施氮量对淀粉含量及其品质的影响

淀粉是小麦籽粒的主要成分，约占籽粒总重量的75%。小麦籽粒的灌浆充实过程主要是胚乳中淀粉的合成与积累过程，淀粉的积累状况与粒重密切相关，淀粉糊化特性是反映面粉品质的重要指标，直接决定面条、馒头等传统东方食品的加工品质。增加施氮量能提高灌浆中后期淀粉合成有关酶的活性，提高淀粉的积累速率；增施氮肥使直链淀粉和直/支比均呈下降趋势，可在一定程度上改善面条加工品质。

山东农业大学（2007）研究表明，低氮处理提高了3个品种籽粒中总淀粉含量，高氮处理降低了强筋品种豫麦47籽粒中总淀粉含量，提高了弱筋品种豫麦50总淀粉含量，而中筋品种山农8355呈一定程度的下降趋势。随施氮量增加，3个品种籽粒中直链淀粉含量呈降低趋势，支链淀粉含量随施氮量的变化因品种而异，其变化趋势与总淀粉含量的变化趋势基本一致（表4-6）。

强筋品种豫麦47表现为：低氮处理，提高糊化温度和反弹值，延长糊化时间，降低了黏度参数；高氮处理后，糊化温度降低，糊化时间缩短，黏度参数、稀懈值和反弹值均提高。中筋品种山农8355表现为：增施氮肥后高峰黏度、低谷黏度、最终黏度和稀懈值呈增大趋势，低氮处理的糊化温度降低，峰值时间提前，而高氮处理的糊化温度升高，峰值时间拖后。弱筋品种豫麦50表现为：增施氮肥后淀粉糊化参数均降

低，且低氮处理降低的幅度较高氮处理大（表4－7）。

表4－6　氮肥水平对小麦淀粉含量的影响（顾峰，2007）

品种	施氮量（kg/hm²）	总淀粉含量（%）	直链淀粉含量（%）	支链淀粉含量（%）
豫麦47（强筋）	CK（0）	55.56	13.88	41.68
	150	56.08*	13.65	42.43*
	300	53.71*	12.92*	40.79*
山农8355（中筋）	CK（0）	58.61	17.35	41.26
	150	63.86*	16.86*	47.00*
	300	58.39	16.80*	41.89
豫麦50（弱筋）	CK（0）	63.17	16.76	46.41
	150	64.05*	16.15*	47.90*
	300	63.94*	16.28*	47.66*

注：* 表示与对照相比差异达5%显著水平。

表4－7　施氮量对小麦淀粉糊化特性的影响（顾峰，2007）

品种	施氮量（kg/hm²）	高峰黏度（RVU）	低谷黏度（RVU）	稀懈值（RVU）	最终黏度（RVU）	反弹值（RVU）	糊化时间（min）	糊化温度（℃）
豫麦47（强筋）	CK（0）	340.9	46.2	294.7	208.2	162.0	5.1	65.5
	150	336.4*	50.4*	286.0*	219.0*	168.7*	5.2	66.3*
	300	348.4*	52.4*	296.0	217.3*	164.9	4.9*	64.7*
山农8355（中筋）	CK（0）	325.5	52.7	272.8	242.1	189.4	5.1	65.5
	150	333.7*	54.4*	279.3*	242.9	188.5	5.0	65.2*
	300	330.1*	54.5*	275.6	262.3*	207.8*	5.2	65.6
豫麦50（弱筋）	CK（0）	324.1	53.5	270.5	258.8	205.3	5.3	65.6
	150	316.7*	52.3*	264.4*	252.1*	199.8*	5.2	65.4*
	300	319.2*	53.5	265.7*	252.3*	198.8*	5.2	65.4*

注：* 表示与对照相比差异达5%显著水平。

山东农业大学（2007）研究表明，氮素水平从120kg/hm² 增加到240kg/hm²，2个品种籽粒支链淀粉含量和总淀粉含量均提高，直链淀粉含量和直/支比均降低，且山农1391的变化幅度较藁麦8901大；当施氮量继续增加至360kg/hm² 时，2个品种籽粒的支链淀粉含量较240kg/hm² 处理均显著降低，直链淀粉含量和直/支比均有提高，且以藁麦8901的变化较大（表4－8）。

强筋品种藁麦8901随氮素水平的提高，其RVA黏度特征参数均呈下降趋势。弱筋品种山农1391则不然，当氮素水平从120kg/hm² 增加到240kg/hm² 时，其高峰黏度、最终黏度和稀懈值均显著提高，低谷黏度、糊化温度和峰值时间未见显著变化；当氮素水平继续增加至360kg/hm²时，其高峰黏度、最终黏度和稀懈值均显著降低，低谷黏度和糊化温度仍未见显著变化，峰值时间则有增加（表4－9）。

表4－8　氮素水平对籽粒淀粉含量及各组分含量的影响（蔡瑞国，2007）

	施氮量（kg/hm²）	总淀粉含量（%）	直链淀粉含量（%）	支链淀粉含量（%）	直/支
藁麦8901（强筋）	120	75.17a	20.74b	54.43b	0.38b
	240	75.34a	20.48c	54.86a	0.37b
	360	69.17b	240.3a	48.14b	0.44a
山农1391（弱筋）	120	70.42b	24.53a	459.0c	0.53a
	240	71.40a	21.69c	497.1a	0.44b
	360	71.36a	22.33b	490.2b	0.46b

注：同一列中不同字母表示差异达到5%显著水平。

表4－9　施氮量对淀粉糊化特性的影响（蔡瑞国，2007）

	施氮量（kg/hm²）	高峰黏度（BU）	低谷黏度（BU）	最终黏度（BU）	稀懈值（BU）	糊化温度（℃）	峰值时间（min）
藁麦8901（强筋）	120	235.3a	162.5a	267.8a	105.3a	84.6a	6.40a
	240	227.4b	146.7b	251.6b	104.9a	84.0b	6.27b
	360	217.5c	140.2c	239.9c	99.8b	83.9b	6.27b
山农1391（弱筋）	120	200.5b	128.6a	218.2b	89.6b	84.0b	6.20b
	240	206.3a	131.1a	225.1a	94.0a	84.9a	6.20b
	360	194.6c	131.1a	215.0b	83.9c	84.8a	6.33a

注：同一列中不同字母表示差异达到5%显著水平。

河南农业大学（2010）对中筋小麦的研究表明，豫麦49－198淀粉各黏度参数随施氮水平增加总体呈增加趋势，说明适宜增加氮肥有利于小麦淀粉品质的改善（表4－10）。

表4－10　不同施氮水平对淀粉糊化特性的影响（马冬云，2010）

施氮量（kg/hm²）	糊化温度（℃）	峰值黏度（BU）	低谷黏度（BU）	最终黏度（BU）
90	66.40b	1251ab	1125ab	1791ab
180	67.30a	1037ab	978b	1566b
360	67.45a	1266ab	1216a	1864a
450	67.00ab	1278a	1200a	1896a

注：同一列中不同字母表示差异达到5%显著水平。

第二节　氮肥施用时期对小麦品质的影响

小麦生育期间氮素的合理运筹关系到高产、优质与高效问题。不同生育时期施氮对小麦籽粒产量和蛋白质含量均具有显著的影响，同时施氮时期对小麦花后衰老期间的代谢变化产生调节作用。

一、对蛋白质含量及其品质的影响

（1）强筋小麦：河南农业大学（2002）、山东农业大学（2000）等曾系统研究了等氮量不同追施时期对小麦品质性状的影响，得出了基本一致的结论，即随施氮时期后移，小麦品质性状改善，且以拔节期、孕穗期（或抽穗期）追施氮肥的增产调优效果较好（表4－11、表4－12）。追施氮时期过晚（至开花期），虽然籽粒蛋白质含量较高，但面团稳定时间变短，产量降低（表4－13）。因此，从改善品质、提高产量综合考虑，拔节期是强筋小麦优质高产高效栽培的最佳追氮时期。

表4－11　氮肥追施时期对强筋小麦豫麦34品质性状的影响

（河南农业大学，2004，张学林，郭天财）

追氮时期	籽粒蛋白质含量（%）	出粉率（%）	形成时间（min）	稳定时间（min）	吸水率（%）	耐揉指数	断裂时间（min）	弱化度（BU）	评价值（n）	延伸性（mm）	拉伸面积（cm^2）	最大抗延阻力（EU）	产量（kg/hm^2）
全部底施	11.9	72.0	4.0	4.2	64.1	45	7.0	65	59	175	103	440	8275.5b
返青期追肥	12.4	71.2	4.0	4.2	63.1	50	6.5	80	57	181	90	358	8467.5b
拔节期追肥	12.3	72.0	4.5	4.5	63.9	50	7.5	70	60	164	89	393	9028.5a
孕穗期追肥	13.2	71.8	4.0	4.5	63.9	50	6.0	80	58	158	88	405	8956.5a
灌浆期追肥	13.5	71.2	4.0	5.0	63.8	40	7.0	65	59	163	89	397	8713.5b

注：设5个处理，对照全部底施，其他基追比例为6∶4。

表4－12　追氮时期对小麦品质和产量的影响（山东农业大学，2000）

品种	追氮时期	容重（g/L）	出粉率（%）	湿面筋含量（%）	面团稳定时间（min）	穗数（$\times10^4/hm^2$）	穗粒数	千粒重（g）	籽粒产量（kg/hm^2）
鲁麦22	起身	735.66	83.5	34.2	1.9	481.5	45.3	47.0	8434.5
	拔节	741.78	84.6	36.7	2.9	477.0	45.8	52.6	9535.5
	挑旗	743.59	84.3	37.8	3.0	465.0	45.2	51.6	9016.5
	开花	727.14	82.2	35.5	2.6	460.5	44.1	46.1	7867.5
烟农15	起身	808.96	85.6	40.2	6.9	835.5	36.0	28.5	8173.5
	拔节	814.38	86.3	42.3	8.0	831.0	37.1	30.4	8791.5
	挑旗	816.36	86.9	44.4	8.6	828.0	36.7	30.6	8661.0
	开花	799.39	87.4	41.4	7.4	825.0	34.3	27.3	7743.0

表 4－13　氮肥追施时期对强筋小麦皖麦 38 品质性状的影响（扬州大学，2005）

处理	籽粒产量（kg/hm^2）	蛋白质产量（kg/hm^2）	蛋白质含量（%）	湿面筋含量（%）	沉降值（mL）	降落值（s）	形成时间（min）	稳定时间（min）	弱化度（BU）	评价值（n）
对照	6629.0bc	780.2e	11.77f	30.3e	49.2e	581c	3.4	4.1	73	58
四叶期	6883.4ab	843.2c	12.25e	31.6d	53.8c	574d	3.4	5.1	65	68
越冬期	6353.9c	810.1d	12.75d	33.1bc	55.6c	598bc	3.2	5.1	67	70
返青期	6467.0cd	875.0b	13.53c	33.7b	58.5c	627ab	4.4	6.6	63	83
拔节期	7043.6a	934.0a	13.26c	32.5c	54.6d	637a	4.0	6.0	67	80
抽穗期	6213.5e	889.1b	14.31b	33.7b	66.1b	567d	4.7	6.4	54	93
开花期	5852.3e	897.0b	15.02a	41.2a	78.5a	564d	5.2	8.0	48	123

注：对照全部底施，其他按基施∶追施为 5∶5。同列内数值后有相同小写字母的表示差异未达到 5% 显著水平。

中国农业大学（2008）以强筋小麦品种济麦 20 为材料，研究结果认为，籽粒产量和蛋白质产量随追氮时期的后移有所增加；籽粒总蛋白含量随着追氮时期的后移而增加，并于开花期达到最大值。籽粒蛋白组分随追氮时期的后移而增加；为实现高产和优质的统一，强筋小麦在开花期追氮肥较为合适（表 4－14）。

表 4－14　济麦 20 籽粒产量和蛋白质产量在不同追氮时期的变化
（中国农业大学，2008，李姗姗，赵广才）

处理	籽粒产量（kg/hm^2）	蛋白质产量（kg/hm^2）	总蛋白质（%）	清蛋白（%）	球蛋白（%）	醇溶蛋白（%）	麦谷蛋白（%）
春 2 叶追氮	5037.8c	758.1c	15.26c	2.85a	1.65b	3.76c	5.27c
春 3 叶追氮	5381.2b	823.6a	15.41bc	2.77a	1.62b	3.73c	5.35bc
春 4 叶追氮	5530.4a	838.8a	15.44c	2.82a	1.56b	3.72c	5.66ab
春 5 叶追氮	5097.5c	791.9b	15.75ab	2.82a	1.86a	3.82c	5.62abc
春 6 叶追氮	5246.8b	818.4ab	15.81ab	2.89a	1.81a	4.07b	5.82a
开花期追氮	5320.0b	842.2a	16.05a	2.9a	1.81a	4.47a	5.39bc

注：总施氮量 $270kg/hm^2$，按基施∶追施为 5∶5。同列内数值后有相同小写字母的表示差异未达到 5% 显著水平。

（2）弱筋小麦：河南农业大学（2004，张学林，郭天财）对弱筋小麦豫麦 50 的研究表明，随施肥时期后移，蛋白质含量提高，而加工品质较稳定（表 4－15）。

表4－15　豫麦50籽粒品质性状在不同追氮时期的变化
（河南农业大学，2004，张学林，郭天财）

追氮时期	籽粒蛋白质含量（%）	出粉率（%）	形成时间（min）	稳定时间（min）	吸水率（%）	耐揉指数	断裂时间（min）	弱化度（BU）	评价值（n）	延伸性（mm）	拉伸面积（cm^2）	最大抗延阻力（EU）
全部底施（CK）	11.9	74.9	1.0	1.0	54.2	150	1.6	190	35	175	103	440
返青期追肥	12.3	77.9	1.4	0.8	55.9	180	1.7	220	35	181	90	358
拔节期追肥	12.3	72.6	1.2	0.9	52.4	160	1.6	200	34	164	89	393
孕穗期追肥	12.9	77.6	1.3	0.8	56.0	170	1.8	190	36	158	88	405
灌浆期追肥	12.9	75.2	1.2	1.0	55.7	165	1.7	195	36	163	89	397

注：总施氮量225kg/hm^2，按基施∶追施为6∶4。

扬州大学（2004，张军，许柯）以弱筋小麦宁麦9号为材料，研究结果表明，氮肥施用时期对籽粒蛋白质含量及其加工品质均有显著的调节作用。越冬期及越冬前期施氮肥可使宁麦9号达到弱筋小麦品质标准，以四叶期追施氮肥处理的产量和品质较为协调（表4－16）。

表4－16　氮肥施用时期对弱筋小麦品种宁麦9号籽粒品质的影响

处理	籽粒产量（kg/hm^2）	蛋白质含量（%）	湿面筋含量（%）	沉降值（mL）	降落值（s）	形成时间（min）	稳定时间（min）	弱化度（BU）	评价值（n）
全部底施（CK）	6537.3d	10.35a	20.1	16.2	372	1.5	3.2	91	41
四叶期	7058.7b	10.80d	22.1	25.5	379	1.7	3.6	82	44
越冬期	6798.2c	10.63d	21.9	24.1	363	1.2	3.3	92	42
返青期	6893.4c	11.11c	22.8	26.4	363	2.8	4.7	77	60
拔节期	7441.8a	11.11c	22.9	28.1	379	1.5	3.8	90	47
抽穗期	6162.3e	12.82b	24.3	33.0	389	1.9	4.1	62	53
开花期	5972.0f	13.15a	27.0	44.4	381	3.5	3.7	68	49

注：总施氮量225kg/hm^2，基追比例为5∶5。同列内数值后有相同小写字母的表示差异未达到5%显著水平。

（3）中筋小麦：张军等（扬州大学，2003）对中筋小麦扬麦10号的研究认为，在四叶期、越冬期、返青期和拔节期追施氮肥均可使扬麦10号达到中筋小麦品质标准，且追氮时期适度后移有利于品质的提高，拔节期是实现产量和品质协同提高的最适追氮时期（表4－17）。

表 4－17　不同追氮时期对籽粒品质的影响

处理	籽粒产量（kg/hm^2）	蛋白质含量（%）	湿面筋含量（%）	沉降值（mL）	降落值（s）	面条评价值
对照	6390BC	10.73C	26.30D	36.75C	422.5B	80.0AB
四叶期	6920B	12.09B	33.65BC	42.60C	418.5CD	79.5AB
越冬期	6510BC	12.25B	30.90C	31.20C	421.0BC	80.0AB
返青期	6800B	12.72B	33.95ABC	46.40BC	417.5D	79.5AB
拔节期	7383A	12.43B	32.15C	43.05C	439.0A	82.0A
抽穗期	5862CD	14.10A	36.45AB	59.45AB	405.5E	79.0B
开花期	5570D	14.53A	37.75A	63.55A	399.5F	78.5B

注：总施氮量 225kg/hm^2，基追比例 5∶5。同列内数值后有相同大写字母的表示差异未达到 1% 显著水平。

杜世州（安徽省农业科学院，2010）对中筋小麦皖麦 50 的两年试验结果表明，皖麦 50 籽粒产量以拔节期追氮最高，始花期追氮最低；蛋白质含量、湿面筋含量、沉降值、面团形成时间和稳定时间随追氮时期推迟而提高；综合 2 年试验结果表明，淮北地区小麦实现优质栽培的追氮时期以拔节期至孕穗期最佳（表 4－18）。

表 4－18　施氮时期对中筋小麦皖麦 50 籽粒品质的影响

	处理	产量（kg/hm^2）	蛋白质含量（%）	湿面筋含量（%）	沉降值（mL）	形成时间（min）	稳定时间（min）	弱化度（FU）
2006～2007	全部基施	8721.75BC	12.68C	32.85D	46.03C	4.2C	3.8D	109A
	返青期	8758.75BC	13.40BC	34.93C	50.73BC	4.5C	4.4D	96B
	拔节期	9857.55A	13.48BC	35.45BC	52.58B	5.2D	5.2D	85B
	孕穗期	8844.01B	14.38B	37.89A	60.73A	5.6D	5.6D	88B
	始花期	8220.60D	14.43B	37.64A	60.13A	6.1D	6.1D	84B
2007～2008	全部基施	8664.00BC	11.97D	32.65D	41.47D	3.7C	4.2D	97B
	返青期	8789.55BC	12.27C	34.34C	42.43D	435C	5.6D	85B
	拔节期	9039.45B	13.47BC	35.86BC	43.26D	6.2B	6.8D	64C
	孕穗期	9051.01B	14.58B	36.47B	47.42C	7.2B	7.8D	55C
	始花期	8898.02B	14.42B	36.21B	46.83C	6.7B	7.1D	60C

注：总施氮量 270kg/km^2，基追比例 5∶5。同列内数值后有相同大写字母的表示差异未达到 1% 显著水平。

二、对淀粉含量及其品质的影响

张军和许轲（扬州大学，2004）对弱筋小麦宁麦 9 号淀粉品质的影响进行研究，

结果表明，淀粉含量随追氮时期的后移逐渐降低，而淀粉各糊化参数则以拔节期追施氮肥效果最优（表4－19、表4－20）。

表4－19　施氮时期对弱筋小麦淀粉品质的影响

处理	总淀粉含量(%)	直链淀粉含量(%)	支链淀粉含量(%)	峰值黏度(BU)	稀懈值(BU)	低谷黏度(BU)	最终黏度(BU)	反弹值(BU)	糊化温度(℃)
全部底施(CK)	75.81	15.26	60.55	194.8c	88.3ab	104.9d	209.7e	104.9d	85.5b
四叶期	73.91	14.98	58.93	192.0d	85.9bc	105.5d	211.9d	106.4c	85.6b
越冬期	74.08	14.96	59.12	194.7c	86.4b	107.4c	217.9b	110.6a	84.7c
返青期	73.12	14.78	58.34	199.4b	89.0a	111.6b	220.8a	109.0b	85.6b
拔节期	73.31	14.65	58.66	204.6a	90.8a	112.2a	221.2a	111.5a	87.2a
抽穗期	71.22	14.25	56.97	197.9b	89.3a	109.3b	214.4c	105.1d	85.7b
开花期	69.04	13.83	55.21	190.9d	83.5c	106.9c	212.4d	103.9e	85.7b

注：总施氮量为225kg/hm^2，基追比例为5:5。同列内数值后有相同小写字母的表示差异未达到5%显著水平。(注：BU为快速黏度单位)

表4－20　不同施氮时期对淀粉含量的影响

处理	直链淀粉含量（%）	支链淀粉含量（%）	总淀粉含量（%）	直/支比
返青期	20.42a	52.06a	72.48a	0.392a
拔节期	20.11a	52.54a	72.65a	0.383ab
抽穗期	18.99b	50.45b	69.44b	0.376b

注：总施氮量为270kg/hm^2，基追比例为5:5。同列内数值后有相同小写字母的表示差异未达到5%显著水平。

河南农业大学（郭天财，2007）对大穗型品种中筋小麦兰考矮早8号进行的研究表明，随施氮时期后移，籽粒直链淀粉含量下降，而支链淀粉、总淀粉含量及淀粉糊化特性则以拔节期追氮处理最高。因此，拔节期是兰考矮早8号最适追氮时期。扬州大学（张军，2003）研究也认为，拔节期追施氮肥可改善淀粉糊化特性（表4－21、图4－3）。

表4－21　不同追氮时期对扬麦10号（中筋）淀粉含量及其糊化特性的影响

处理	总淀粉含量（%）	直链淀粉含量（%）	支链淀粉含量（%）	峰值黏度（BU）	稀懈值（BU）	反弹值（BU）	低谷黏度（BU）	最终黏度（BU）	糊化温度（℃）
全部底施（CK）	74.19	18.45	55.74	202.59a	74.78abc	120.69ab	126.50a	247.35a	87.23a
四叶期	69.96	17.18	52.74	199.09abc	73.78bc	116.37bc	124.06ab	240.56b	85.48c

续表

处理	总淀粉含量（%）	直链淀粉含量（%）	支链淀粉含量（%）	峰值黏度（BU）	稀懈值（BU）	反弹值（BU）	低谷黏度（BU）	最终黏度（BU）	糊化温度（℃）
越冬期	71.67	16.85	54.82	201.66ab	76.83ab	123.90a	123.77ab	247.89a	86.40abc
返青期	69.77	16.76	53.01	199.61abc	73.90bc	119.54bc	124.34ab	244.10ab	86.60bc
拔节期	70.98	15.51	54.75	204.81a	78.47a	119.16bc	125.34a	244.65ab	86.83ab
抽穗期	67.10	15.21	51.79	192.91bc	69.03dc	116.60bc	122.33ab	239.24b	87.23a
开花期	65.91	14.82	51.09	191.04c	67.53e	114.30c	121.88ab	241.01b	86.83ab

注：总施氮量225kg/hm^2，基追比例5:5。同列内数值后有相同小写字母的表示差异未达到5%显著水平。

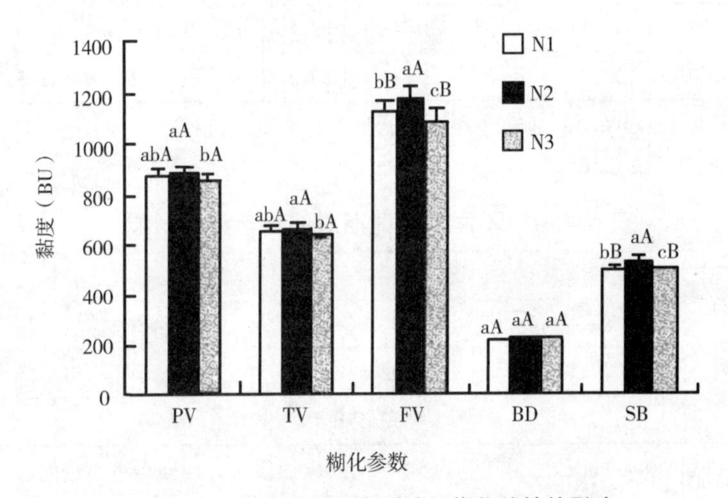

图4-3　不同施氮时期对淀粉糊化特性的影响

注：N1、N2、N3分别表示返青期、拔节期和抽穗期追肥，总施氮量为270kg/hm^2，基追比例为5:5。PV、TV、FV、BD和SB分别代表峰值黏度、低谷黏度、最终黏度、稀懈值和反弹值。

第三节　氮肥基追比例对小麦品质的影响

一、对蛋白质品质的影响

（1）强筋小麦：山东农业大学研究了在高肥力条件下，等氮量不同基追比例对小麦品质性状的影响，结果表明，增加追氮比例（2/3追施）时强筋小麦的籽粒产量、蛋白质产量和湿面筋含量最高，且面团的耐揉性较强，显著改善了籽粒加工品质。但在中等肥力条件下，氮肥应以50%基施和50%追施为宜（表4-22）。河南农业大学的研究结果同样表明，要获得理想的品质和产量指标，氮肥的基追比例应掌握在7:3到5:5之间，追施时期以拔节期至孕穗期为宜（表4-23）。

表 4-22　氮素不同底追比例对小麦籽粒品质的影响（山东农业大学，2000）

品种	氮素处理	容重（g/L）	出粉率（%）	蛋白质含量（%）	湿面筋含量（%）	面团稳定时间（min）	籽粒产量（kg/hm^2）	蛋白质产量（kg/hm^2）
济南 17	1/2 底施、1/2 追施	792.8	64.74	13.58	35.69	8.0	7991.6	1085.3
	1/3 底施、2/3 追施	792.3	65.67	13.67	40.77	8.0	9227.9	1261.5
	全部追施	795.9	67.39	14.18	38.95	10.2	8393.9	1190.3
鲁麦 21	1/2 底施、1/2 追施	803.8	71.86	11.62	31.52	2.8	9944.0	1155.5
	1/3 底施、2/3 追施	811.6	74.96	11.22	33.01	3.5	9966.5	1118.3
	全部追施	823.0	75.33	12.03	33.82	3.8	9522.6	1145.6

表 4-23　等氮量不同基追比例对小麦籽粒蛋白质组分含量的影响（河南农业大学，2000）

处理	粗蛋白（%）	清蛋白（%）	球蛋白（%）	醇溶蛋白（%）	麦谷蛋白（%）	麦谷/醇溶	产量（kg/hm^2）
全部底施	14.66b	1.29a	0.58a	4.69b	5.67b	1.21	8524.5b
底施 70%，追施 30%	14.75a	1.08b	0.56a	5.81a	6.59a	1.13	8850.0a
底施 50%，追施 50%	14.62b	1.09b	0.52b	5.70a	6.10ab	1.07	8827.5a
底施 30%，追施 70%	14.56b	1.31a	0.50b	5.40ab	6.99a	1.29	8623.5ab

注：同列内数值后有相同小写字母的表示差异未达到 5% 显著水平。

（2）弱筋小麦：弱筋小麦应适当降低中后期施氮比例，在 150 万/hm^2 基本苗条件下，生产符合国家弱筋专用小麦标准的优质高产小麦较为困难，在 240 万/hm^2 基本苗条件下，施氮量采用 180kg/hm^2，可生产出筋力较弱的小麦，在施氮量 240kg/hm^2 条件下以基肥: 平衡肥: 拔节肥为 7:1:2 的氮肥运筹方式可以生产出符合国家弱筋专用小麦标准的小麦籽粒产品，实现优质高产（表 4-24）。

表 4-24　氮肥和密度对弱筋专用小麦宁麦 9 号籽粒产量、蛋白质和面筋含量的影响（扬州大学，2001～2002）

密度（万/hm^2）	施氮量（kg/hm^2）	氮肥运筹方式	籽粒产量（kg/hm^2）	蛋白质含量（%，干基）	湿面筋含量（%，14%水分基）	干面筋含量（%）
	180	9:0:1	7770.2d	10.0	22.2	8.7
		7:1:2	8383.4c	10.9	22.4	8.4
		5:1:4	9051.9b	10.7	23.1	9.2
		5:1:2:2	8963.1b	11.3	23.7	9.9
		3:1:3:3	9154.4ab	11.4	26.1	11.5
	240	9:0:1	8161.2cd	10.6	18.8	7.8
150		7:1:2	8941.1b	11.4	26.4	10.5

续表

密度（万/hm^2）	施氮量（kg/hm^2）	氮肥运筹方式	籽粒产量（kg/hm^2）	蛋白质含量（%，干基）	湿面筋含量（%，14%水分基）	干面筋含量（%）
		5∶1∶4	9013.5b	11.3	27.5	10.6
		5∶1∶2∶2	9369.5ab	11.7	27.6	10.8
		3∶1∶3∶3	9523.5a	11.8	28.4	12.2
	标准差		553.78	0.55	3.07	1.42
	变异系数		6.27	4.99	12.46	14.22
	180	9∶0∶1	6225.0f	8.2	18.3	6.4
		7∶1∶2	7294.7d	8.7	19.8	6.9
		5∶1∶4	8285.2c	9.9	22.5	7.9
		5∶1∶2∶2	8151.5c	10.1	22.5	7.9
240		9∶0∶1	7086.8e	9.2	19.5	7.0
		7∶1∶2	8570.3b	10.3	21.5	7.7
		5∶1∶4	9519.2a	12.1	24.8	8.7
		5∶1∶2∶2	9344.2a	11.9	25.0	8.4
	标准差		1133.76	1.40	2.44	0.79
	变异系数		14.07	13.91	11.24	10.33

注：同列内数值后有相同小写字母的表示差异未达到5%显著水平。

刘凤楼（西北农林科技大学，2010）对中筋小麦西农979的研究表明，无论中肥还是高肥条件下，籽粒产量均随氮肥追施比例的增加而增加，同时，籽粒蛋白质含量和湿面筋含量也有逐渐提高的趋势，但是蛋白质含量增幅小，湿面筋含量增幅大。在高施氮量下（270kg/hm^2），氮肥基追比例5∶3∶2（基肥∶拔节肥∶孕穗肥），西农979的籽粒产量、蛋白质含量和湿面筋含量最高，分别达到8573.5kg/hm^2、14.97%和32.12%（表4－25）。

表4－25　不同基追比例下西农979产量和品质性状的比较

处理	籽粒产量 kg/hm^2	蛋白质含量（%）	湿面筋含量（%）	面团稳定时间（min）	最大抗延阻力（EU）
7∶3	8073.88a	14.59a	28.72b	21.8a	699a
6∶4	8108.5a	14.57a	29.40b	11.3b	626b
5∶3∶2	8298.7a	14.95a	31.86a	17.7ab	732a
10∶0	6772.0b	14.49a	28.00b	12.3b	621b

注：一次追肥为拔节期，两次追肥为拔节期和孕穗期。同列内数值后有相同小写字母的表示差异未达到5%显著水平。

二、对淀粉品质的影响

刘永环（山东农业大学，2009）以强筋小麦品种济麦 20、烟农 19 和藁麦 8901 为材料，研究了灌浆期高温胁迫（28.1～40.1℃）条件下不同基追比例对小麦籽粒产量和品质的影响，结果表明，当追氮比例由 50% 增加到 70% 时，3 个品种的淀粉支/直比值显著降低，淀粉峰值黏度、低谷黏度、稀懈值、最终黏度和反弹值相应降低（表 4－26）。

表 4－26　不同基追比例对淀粉品质的影响

品种	基追比例	直链淀粉（%）	支链淀粉（%）	支/直比	峰值黏度（BU）	低谷黏度（BU）	稀懈值（BU）	最终黏度（BU）	反弹值（BU）
济麦 20	5:5	8.6c	42.0a	4.9a	309.7a	209.9a	99.8a	333.3a	123.4a
	5:7	10.0b	36.1d	3.6b	249.9c	162.7d	87.2b	280.1d	117.5b
烟农 19	5:5	8.9c	40.4c	4.5a	264.9b	182.0c	88.9c	309.8c	125.3a
	5:7	10.4b	40.6b	3.9b	231.4d	156.1e	75.3c	274.6d	118.5b
藁麦 8901	5:5	11.1a	41.0b	3.7b	291.0a	195.5b	95.5a	322.6b	127.1a
	5:7	11.5a	35.2d	3.1c	274.5b	186.1bc	88.5b	304.3c	121.3b

注：同列内数值后有相同小写字母的表示差异未达到 5% 显著水平。

陆增根（南京农业大学，2006）对弱筋小麦品种扬麦 9 号的研究表明，提高后期追氮比例可提高直链淀粉含量和直/支比，但降低了支链淀粉含量。同比例追肥，两次追施与一次施用相比，直/支比增加而总淀粉和支链淀粉含量降低。弱筋小麦在施氮量 180kg/hm^2，基肥: 拔节肥: 孕穗肥为 7:2:1 时可实现高产与优质的协调发展（表4－27）。

表 4－27　不同氮肥追施比例对弱筋小麦扬麦 9 号淀粉及其组分含量的影响

处理	总淀粉含量（%）	直链淀粉含量（%）	支链淀粉含量（%）	直/支比
8:2	77.41a	15.70a	61.71a	25.4a
7:3	77.13a	15.92a	61.21a	26.0a
7:3:1	72.59a	16.23a	56.36a	28.8a
6:4	70.80a	16.31a	54.48a	29.9a
5:5	70.11a	16.68a	53.43a	31.2a

注：同列内数值后有相同小写字母的表示差异未达到 5% 显著水平。

扬麦 15 号在 180kg/hm^2、240kg/hm^2 施氮量，基肥: 平衡肥: 拔节肥为 7: 1: 2 和 9: 0: 1 氮肥运筹的 4 个处理品质皆符合国家优质弱筋专用小麦品质标准，240kg/hm^2 施氮量，7: 1: 2、9: 0: 1 氮肥运筹的两个处理产量虽然稍高，但品质不及 180kg/hm^2 施氮量、7: 1: 2 氮肥运筹的处理好，而 180kg/hm^2 施氮量、9: 0: 1 氮肥运筹的处理虽然品质稍优，但产量偏低，因此，以 180kg/hm^2 施氮量、7: 1: 2 氮肥运筹的处理品质、产量协调性较好，经济效益较高。2003～2004 年度，扬麦 13 号只有 9: 0: 1 氮肥运筹的两个处理品质符合国家优质弱筋专用小麦品质标准，而180kg/hm² 施氮量、7∶1∶2 氮肥运筹的处理产量较高，品质接近国标；2002～2003 年度 180kg/hm² 施氮量、7∶1∶2 氮肥运筹的处理产量较高、品质较好（表4－28）。

表4－28　氮肥对弱筋小麦籽粒产量及品质的影响（扬州大学，2002～2004）

年份	品种	施氮量（kg/hm²）	肥料运筹方式	产量（kg/hm²）	蛋白质含量（%）	淀粉含量（%）	湿面筋含量（%，14%水分基）
2003～2004	扬麦15号	180	5∶1∶4	8249. 20ab	11. 56b	70. 07c	22. 02b
			7∶1∶2	7746. 85bc	11. 06cd	74. 74a	20. 20e
			9∶0∶1	7318. 11c	10. 89d	74. 99a	19. 25f
		240	5∶1∶4	8599. 91a	12. 62a	68. 61d	23. 10a
			7∶1∶2	8126. 63ab	11. 48b	73. 39b	21. 52c
			9∶0∶1	7771. 54bc	11. 19c	74. 51ab	20. 35d
	扬麦13号	180	5∶1∶4	7844. 21abc	13. 05b	64. 32d	22. 77b
			7∶1∶2	7512. 18bc	11. 62d	67. 62a	21. 91c
			9∶0∶1	7192. 72c	11. 04f	68. 22a	21. 18d
		240	5∶1∶4	8392. 67a	13. 31a	64. 30d	23. 34a
			7∶1∶2	8059. 84ab	12. 27c	65. 13c	22. 26c
			9∶0∶1	7793. 07abc	11. 42e	65. 92b	21. 90c
2002～2003	扬麦13号	180	5∶1∶4	7041. 32	11. 70	24. 37	70. 28
			7∶1∶2	6742. 69	10. 74	21. 76	74. 14
		240	5∶1∶4	7420. 24	11. 73	27. 90	68. 38
			7∶1∶2	7030. 27	10. 89	23. 38	70. 79

注：同列内数值后有相同小写字母的表示差异未达到5%显著水平。

第四节　氮肥与磷、钾肥互作对小麦品质的调控效应

氮、磷、钾合理配比是平衡施肥的主要内容，也是小麦提高产量和品质的主要措施。赵广才等（1988）研究发现，在不同氮、磷、钾三因素处理组合中，以高氮磷钾处理组合的籽粒蛋白质含量最高，比低氮磷钾处理增加4. 82%，差异极显著；高氮和不同磷、钾组成的处理比低氮和不同磷、钾组成的处理蛋白质含量高（表4－29）。氮、磷、钾配施不仅提高小麦籽粒蛋白质含量，而且改善加工品质。华才宇等（1992）研究表明，以施氮450kg/hm²、三料磷360kg/hm² 处理组合的加工品质改进最大（表4－30）。总之，氮、磷、钾配施对提高小麦产量和品质具有重要作用，但各要素的适宜用

量及其最佳配比，常因环境条件、土壤类型及地力水平而存在差异。因此，各地应结合其具体条件，合理配施，以实现高产优质的目标。

表 4－29　不同水平三因素对籽粒蛋白质含量的影响

处理	蛋白质含量（%）	处理	蛋白质含量（%）
高氮高磷高钾	17.42aA	高氮高磷喷氮	17.77aA
高氮高磷低钾	16.83aA	高氮高磷不喷	16.48bB
高氮低磷高钾	15.14bB	高氮低磷喷氮	15.98bB
高氮低磷低钾	15.25bB	高氮低磷不喷	14.44cC
低氮高磷高钾	12.87cC	低氮高磷喷氮	14.76cC
低氮高磷低钾	12.47cC	低氮高磷不喷	10.72cD
低氮低磷高钾	12.87cC	低氮低磷喷氮	14.08cC
低氮低磷低钾	12.60cC	低氮低磷不喷	11.44dD
高磷高钾喷氮	16.66aA	高氮高钾喷氮	17.01aA
高磷高钾不喷	13.54cC	高氮高钾不喷	15.52bB
高磷低钾喷氮	15.81bB	高氮低钾喷氮	16.71aA
高磷低钾不喷	13.40cC	高氮低钾不喷	15.37bB
低磷高钾喷氮	14.98bB	低氮高钾喷氮	14.66bcBC
低磷高钾不喷	13.01cC	低氮高钾不喷	11.18cC
低磷低钾喷氮	15.04bB	低氮低钾喷氮	14.18cC
低磷低钾不喷	12.80cC	低氮低钾不喷	10.98dD

注：同列内数值后有相同大写和小写字母的分别表示差异未达到1%和5%显著水平，以下同。

表 4－30　氮磷配施对小麦籽粒加工品质的影响

处理	面粉特性			粉质仪测定结果				拉伸仪测定结果			
	出粉率（%）	精粉灰分（%）	湿面筋含量（%）	吸水率（%）	形成时间（min）	稳定时间（min）	评价值（n）	最大强度（EU）	抗拉强度（EU）	延伸性（mm）	沉降值（mL）
N_0P_0	71.9	0.49	29.3	60.7	2.8	4.3	45.5	155.0	132.5	147.5	25.74
N_0P_{240}	72.7	0.46	28.9	59.8	3.0	5.0	47.0	182.5	150.0	152.5	27.87
$N_{150}P_{240}$	73.1	0.45	33.6	61.3	3.0	3.5	46.5	162.5	140.0	145.0	32.52
$N_{300}P_0$	71.0	0.49	35.9	60.8	4.3	6.3	54.0	162.5	150.0	145.0	34.95
$N_{300}P_8$	72.0	0.44	40.3	60.8	4.0	6.5	53.0	165.0	140.0	145.0	35.32
$N_{300}P_{240}$	73.2	0.47	34.7	60.6	3.8	6.0	49.5	175.0	145.0	150.0	34.24
$N_{300}P_{360}$	74.8	0.45	33.1	61.5	3.5	4.5	50.5	165.0	127.5	137.5	33.46
$N_{450}P_{360}$	73.2	0.49	40.8	61.5	3.8	6.0	53.5	185.0	153.0	150.0	35.63
$N_{450}P_{240}$	75.1	0.45	38.0	61.1	3.8	4.0	49.0	172.5	147.5	152.5	31.68

注：N、P下角标为公顷施氮和三料磷肥的千克数。三料磷肥是重过磷酸钙的俗称，含有效磷40%～50%，是普通钙的2～3倍。

第五章　磷肥、钾肥和微肥及不同肥料配施对小麦品质的调控

第一节　磷肥对小麦品质的影响

磷是生物生长的重要限制因子，在植物光合作用、碳水化合物的合成和运输等碳代谢过程中起重要作用，与碳代谢和碳水化合物的形成有关，能促进氮素的吸收，并且是氨基转移酶（磷酸吡哆醛）和硝酸还原酶（黄素蛋白）的组成成分，能促进植物体内的氨基化作用、脱氨基作用、氨基转移作用和硝酸盐的还原等氮代谢。缺磷时植株体内累积硝态氮，蛋白质合成受阻。王旭东等（2003）研究表明，适当增施磷肥可以增加醇溶蛋白和谷蛋白的含量，提高强筋品种清蛋白和球蛋白含量，降低中筋品种清蛋白和球蛋白含量；同时适量增施磷肥延长中筋小麦品种的面团稳定时间，对弱筋品种的面团稳定时间无显著影响，进一步增加磷肥用量缩短了强筋品种的面团稳定时间。多数研究结果表明，在土壤含磷不足的情况下，适量施磷不仅能显著提高小麦产量，而且提高了籽粒蛋白质和湿面筋含量，延长了面团稳定时间，从而改善了小麦加工品质（表5－1）。生产强筋小麦施磷量（P_2O_5）以105kg/hm^{2}为宜。

表5－1　施磷对小麦品质和产量的影响（山东农业大学，2003）

品种	处理（P_2O_5，kg/hm^2）	籽粒蛋白质含量（%）	湿面筋含量（%）	面团稳定时间（min）	籽粒产量（kg/hm^2）
鲁麦22	0	13.94	42.17	1.5	5192.6
	105	15.21	49.71	2.0	6768.9
	210	13.97	43.05	1.6	7548.0
济南17	0	15.40	42.07	6.0	4813.1
	105	16.33	47.40	6.2	6113.0
	210	15.62	43.23	5.3	6846.2

在沿江高沙土地区（土壤低磷，5mg/kg左右）试验研究表明，弱筋小麦以施磷量（P_2O_5）108kg/hm^{2}处理籽粒产量最高，施磷处理籽粒蛋白质含量及湿面筋含量均高于不施磷肥的对照，但各施磷处理的籽粒蛋白质含量及湿面筋含量仍符合国家关于弱筋小麦的品质标准，在此条件下，可主要根据不同施磷量处理间产量表现决定施磷量；施磷量为108kg/hm^{2}时可协调弱筋小麦产量与品质、实现优质高产（表5－2）。

表5-2　施磷量对小麦籽粒产量与品质的影响（扬州大学，2004~2005）

品种	施磷量（kg/hm²）	籽粒产量（kg/hm²）	蛋白质含量（%）	总淀粉含量（%）	湿面筋（%，14%水分基）
扬麦9号	0	5393.36c	10.46d	73.5a	19.09d
	72	6385.37b	10.93c	72.40d	20.41c
	108	6923.79a	11.32a	72.20e	21.88a
	144	6554.82b	11.13b	72.60c	21.71ab
	180	6438.03b	10.77c	72.95b	21.26b
宁麦9号	0	5331.99c	10.24d	74.45a	19.53d
	72	5990.66b	10.89b	73.95b	20.93c
	108	6822.07a	11.15a	73.60c	21.80a
	144	6689.01a	11.05ab	72.95e	21.49ab
	180	6610.30a	10.65c	73.50d	21.24bc
扬麦13号	0	5323.99c	10.34d	73.95a	20.02d
	72	6035.35b	10.67c	73.15b	20.44c
	108	6927.79a	11.19a	73.05b	21.98a
	144	6903.12a	10.98b	72.60c	21.67a
	180	6731.03a	10.59c	73.20b	21.00b

注：同列内数值后有相同小写字母的表示差异未达到5%显著水平。

磷肥的增产效果与土壤速效磷含量密切相关，麦田有效磷含量越低，一般施磷增产率较高。当土壤速效磷含量低于30mg/kg时，施磷肥增产效果明显；而在30mg/kg以上，增产率一般不超过10%。

磷素对小麦品质的影响研究结论不一致，王立秋等（1994）研究认为，籽粒蛋白质含量随施磷量的增加而提高。胡承霖等（1992）研究认为，施磷量与小麦籽粒蛋白质含量呈二次抛物线关系。杨胜利等（2004）研究认为，在土壤速效磷含量为29.3mg/kg的条件下，增施磷肥对强筋小麦的营养品质没有影响，反而使弱筋小麦营养品质下降，但两类小麦的加工品质均明显改善。毛凤梧等（2001）的研究结果指出，在土壤速效磷含量26.7mg/kg的条件下，在施磷量（P_2O_5）0~150kg/hm² 范围，随着施磷量增加，对品质的改善效应增大；当施磷量超过150kg/hm² 时，品质趋于稳定，进一步增加磷肥用量对小麦品质的影响减小。

孙慧敏等研究了不同土壤条件下施磷量对小麦产量和品质的影响，结果表明，施磷提高了中磷地块的籽粒产量，但对高磷地块产量无显著影响。施磷提高了中磷地块的籽粒蛋白质含量、湿面筋含量和面团稳定时间。P_2O_5 75kg/hm² 处理的籽粒营养品质和加工品质均最优；P_2O_5 45kg/hm² 和75kg/hm² 的处理对高磷地块小麦品质无显著影响，施磷量超过75kg/hm² 的处理，小麦籽粒加工品质变劣（表5－3）。

表5－3　不同土壤肥力条件下施磷量对小麦产量、品质和磷肥利用效率的影响（山东农业大学，2002～2003）

地块	施磷量（kg/hm²）	籽粒产量（kg/hm²）	蛋白质含量（%）	面团稳定时间（min）	湿面筋含量（%，14%水分基）
中磷地（0～20cm速效磷含量为15.94mg/kg）	0	8010b	13.13d	17.1b	33.55b
	45	8283ab	14.01sb	17.6b	34.42ab
	75	8610a	14.16a	24.7a	34.03ab
	105	8637a	13.57c	10.6c	34.92a
	135	8777a	13.42cd	12.8cd	34.40ab
高磷地（0～20cm速效磷含量为30.44mg/kg）	0	7847ab	13.64a	26.7a	34.02ab
	45	8000ab	13.79a	25.1ab	34.11ab
	75	8135ab	13.50a	25.3ab	34.50a
	105	8230a	13.50a	23.5b	34.52a
	135	8067ab	13.57a	17.0c	34.14ab

注：同列内数值后有相同小写字母的表示差异未达到5%显著水平。

张铭等（2007）研究了不同地力水平上磷肥施用量对小麦产量与品质的影响。结果表明，在适宜施氮量条件下，低地力田施磷量6kg/亩、中高地力田施磷量4kg/亩时小麦产量较高，且品质的各项指标值较优。在低地力条件下，随施磷量的增加，各处理的峰值黏度、低谷黏度、崩解值、最终黏度及回复值呈增加的趋势，在中、高地力条件下，各处理的峰值黏度、低谷黏度、崩解值、最终黏度随施磷量的增加而降低，回复值随施磷量的增加而增加，不同施磷量对峰值时间和糊化温度的影响较小（表5－4）。

表5－4　施磷量对小麦籽粒产量与品质的影响（扬州大学，2005～2007）

地力	施磷量（kg/亩）	峰值黏度（cP）	低谷黏度（cP）	崩解值（cP）	最终黏度（cP）	回复值（cP）	峰值时间（min）	糊化温度（℃）
低地力	0	2665	1795	870	3217	1422	6.3	87.4
	2	2943	1915	1028	3457	1460	6.4	87.2
	4	2989	1924	1065	3461	1484	6.3	86.4
	6	3023	1954	1069	3478	1515	6.3	85.6
	平均值	2905	1897	1008	3403	1470	6.3	86.7

续表

地力	施磷量(kg/亩)	峰值黏度(cP)	低谷黏度(cP)	崩解值(cP)	最终黏度(cP)	回复值(cP)	峰值时间(min)	糊化温度(℃)
中地力	0	2941	1799	1142	3278	1406	6.2	85.5
	2	2901	1790	1111	3226	1434	6.2	85.5
	4	2885	1776	1109	3200	1471	6.2	85.6
	6	2876	1769	1107	3175	1480	6.2	85.5
	平均值	2901	1784	1117	3220	1448	6.2	85.5
高地力	0	3188	2097	1091	3496	1325	6.5	88.0
	2	3049	1975	1074	3352	1340	6.4	88.0
	4	2995	1936	1069	3292	1345	6.4	87.3
	6	2917	1865	1052	3210	1451	6.4	87.3
	平均值	3037	1968	1069	3338	1365	6.4	87.7

第二节　钾肥对小麦品质的影响

钾是作物生长发育必需的营养元素，长期以来，我国种植业生产以提高农田复种指数和追求作物高产为目标，导致大部分地区土壤供钾量显著降低。同时近年来氮肥用量的增加和作物产量水平的提高，也加速了土壤钾素的输出，钾素已成为提高小麦产量和改善小麦品质的主要限制因子。钾素虽然被称为品质元素，其对小麦品质的影响已有较多报道，但是结论还存在着争议。吴兰云等（2003）研究认为，增施钾肥对小麦蛋白质含量、湿面筋含量和沉降值影响不大。宋建民等（2004）研究认为，钾仅对沉降值有显著影响，对蛋白质含量、湿面筋含量、形成时间和稳定时间均无显著影响。

小麦对钾的需求量较大，施用钾肥能增加氨基酸向籽粒的转移和转化，从而增加蛋白质含量，延长面团形成时间和稳定时间，不仅改善籽粒营养品质和加工品质，而且提高了产量（赵广平，1992；张炜等，1996；李冬花，1997；王旭东等，2000）。大量研究表明，在氮、磷供应较充足时，增施钾肥对籽粒产量和品质都是有益的。山东农业大学（1999）研究发现，增施钾肥后小麦籽粒容重、蛋白质含量、湿面筋含量和沉降值均有明显提高，面团形成时间和稳定时间增加，但各项品质指标并不随施钾水平的提高而提高（表5－5）。土壤有效钾含量维持在100～350mg/kg有利于保证小麦高产优质，小于100mg/kg会导致减产，大于350mg/kg也会降低蛋白质含量（季书琴等，2000）。但另有一些研究报道认为，钾肥对蛋白质作用不太明显（赵广才，1986；张国平，1985）。Widdowson等认为，没有证据说明土壤中的钾水平与品质之间存在着显著相关；冬小麦生育后期喷施钾肥虽然显著提高了产量和容重，但沉降值及蛋白质含量并未受到影响（Kettlewell，1989）。

表 5-5　钾素对冬小麦籽粒品质的影响（山东农业大学，1999）

品种	施钾量 (K_2O，kg/hm^2)	容重 (g/L)	蛋白质含量 (%)	湿面筋含量 (%)	沉降值 (mL)	形成时间 (min)	稳定时间 (min)
鲁麦 22	0	750.19	13.68	37.17	31.65	3.0	2.2
	112.5	769.78	14.48	39.21	64.25	3.9	2.8
	168.75	772.13	14.32	40.34	33.75	4.2	3.2
	225.0	765.47	14.25	38.47	34.01	3.7	3.0
烟农 15	0	790.15	15.42	40.75	38.25	6.0	8.0
	112.5	812.34	16.45	42.56	42.18	6.4	8.5
	168.75	817.16	16.60	42.38	43.65	7.3	9.0
	225.0	808.47	16.12	41.93	41.74	6.3	8.1

增施钾肥能提高强筋小麦籽粒蛋白质含量，并通过改变蛋白质组分改善营养品质（表 5-6）。综合考虑产量、品质及生产效益，强筋小麦适宜的施钾量（K_2O）为 120kg/hm^2 左右。

表 5-6　不同施钾处理对小麦营养品质及加工品质的影响（山东农业大学，1999）

品种	施 K_2O 量 (kg/hm^2)	清蛋白 (%)	球蛋白 (%)	醇溶蛋白 (%)	麦谷蛋白 (%)	总蛋白 (%)	容重 (g/L)	湿面筋 (%)	沉降值 (mL)	形成时间 (min)	稳定时间 (min)
鲁麦 22	0	1.78	0.69	4.25	5.58	13.68	750.19	37.17	31.65	3.0	2.2
	112.5	1.96	0.72	4.79	6.02	14.48	769.78	39.21	34.25	3.9	2.8
	168.75	2.04	0.84	5.23	5.82	14.32	772.13	40.34	33.75	4.2	3.2
	225	1.86	0.79	4.87	5.76	14.25	765.47	38.47	34.01	3.7	3.0
烟农 15	0	2.04	0.90	5.05	6.92	15.42	790.15	40.75	38.25	6.0	8.0
	112.5	2.12	0.98	5.87	7.23	16.45	812.34	42.56	42.18	6.4	8.5
	168.75	2.25	1.13	5.93	7.88	16.60	817.16	42.38	43.65	7.3	9.0
	225	2.15	0.93	5.66	7.25	16.12	808.47	41.93	41.74	6.3	8.1

合理施用钾肥可明显改善不同品质类型小麦主要蛋白质品质特性。吴金芝等（2008）研究了钾肥施用量对 2 种筋型小麦主要品质性状的影响，结果表明提高钾肥施用量可增加强筋小麦干面筋含量、湿面筋含量、面团形成时间、面团稳定时间和评价值，降低沉降值和弱化度；而弱筋小麦表现出相反趋势，降低了小麦干面筋含量、湿面筋含量、面团形成时间、面团稳定时间和评价值，增加了沉降值和弱化度。适宜的钾肥施用量有利于改善 2 种筋型小麦籽粒淀粉糊化特性，施钾降低了强筋小麦籽粒淀粉糊化温度、峰值黏度、低谷黏度、最终黏度和反弹值，提高了稀懈值；对弱筋小麦来说，施钾提高了淀粉峰值黏度、低谷黏度、最终黏度、稀懈值和反弹值，对糊化温度影响不大。研究表明，增施钾肥对改善强筋小麦和弱筋小麦加工品质都是必要的，尤其是施钾量112.5kg/hm^2和 150kg/hm^2 处理的效果最为明显（表 5-7）。

表 5－7　钾肥施用量对小麦面筋值、粉质特性和糊化特性的影响

品种	施钾量（K_2Okg/hm^2）	干面筋含量（%）	湿面筋含量（%）	降落值（s）	形成时间（min）	稳定时间（min）	弱化度（FU）	评价值（n）	糊化温度（℃）	峰值黏度（BU）	低谷黏度（BU）	最终黏度（BU）	稀懈值（BU）	反弹值（BU）
郑麦 9023	0	8. 81a	28. 2a	400b	4. 2a	4. 8a	55b	62a	62. 8a	638b	542b	894b	93a	342a
	75	8. 85a	28. 8a	396ab	4. 8a	5. 0a	40b	68a	62. 7a	624b	537ab	876b	100a	340a
	112. 5	9. 23b	34. 6b	385a	6. 0b	6. 5b	25a	83b	62. 6a	606a	500a	841a	115b	334a
	150	9. 22b	36. 7b	382a	5. 5b	6. 5b	20a	85b	62. 7a	605a	509a	834a	113b	337a
豫麦 50	0	7. 46b	26. 7b	248a	2. 0b	1. 1a	205a	22a	62. 3a	464a	252a	468a	210a	209a
	75	7. 20b	25. 8b	252a	1. 7b	1. 1a	210a	21a	62. 3a	490a	260a	496a	214a	221a
	112. 5	6. 20a	20. 8a	266b	1. 4a	1. 0a	230b	20a	62. 3a	570b	332b	580b	224b	239b
	150	6. 23a	20. 2a	268b	1. 5a	1. 0a	230b	21a	62. 3a	562b	325b	572b	226b	232b

土壤有效钾含量保持在110mg/kg的情况下，施用钾肥对提高小麦籽粒蛋白质含量，17种氨基酸总量及除甘氨酸和精氨酸之外的15种氨基酸含量显著提高，对增进人们健康水平，改善人们膳食结构，提高人们生活水平具有重要意义。钾肥追施时期后移，能够显著提高强筋小麦籽粒的蛋白质含量、湿面筋含量和沉降值。综合考虑产量和品质效应，拔节期为合适的钾肥追施时期。

第三节　氮、磷、钾肥配施对小麦品质的影响

小麦产量和品质的形成，不仅受遗传基因控制，而且存在与生态环境和栽培措施的互作效应，通过肥水等调控措施，可以实现小麦产量和品质的同步提高。增施钾肥能够提高植株根系活力，促进植株对氮、磷的吸收和积累，提高氮素向籽粒的转运比例；促进同化物向穗部器官的转运与分配，增强灌浆期间籽粒中蔗糖的供应，加速淀粉积累速率，利于经济产量的形成。韩燕来等（1998）研究显示，小麦对钾素的吸收存在阶段性差异，高产小麦植株钾素含量在整个生育期内呈双峰曲线，峰值分别出现在分蘖初期和拔节期，钾素吸收的最大速率期出现在返青期到孕穗末期，说明小麦生育中后期需钾量较多。

氮、钾肥配合施用促进了小麦对氮、钾养分吸收及植株氮、钾含量的提高，小麦对氮、钾养分吸收表现出一定的正交互作用。钾、锌、硼肥对小麦氮代谢和品质均有一定的影响。对NR活性的影响以喷施硼肥和锌肥比较明显，对GPT活性以喷施钾肥和锌肥影响较大，对叶绿素含量则以硼肥效果较好。对改善小麦品质，以喷施硼肥的效应最大，可使粗蛋白、沉淀值、湿面筋、吸水量、形成时间、稳定时间提高，其中，以对粗蛋白、湿面筋影响最大。喷施锌肥可提高沉淀值、湿面筋、吸水量和稳定时间，但对蛋白质、形成时间没有影响。喷钾肥可提高蛋白质含量、沉淀值、吸水量、形成时间和稳定时间，以对稳定时间的效果最好。喷硼肥+钾肥可使粗蛋白、沉淀值、湿面筋、吸水量、形成时间、稳定时间提高，其中以对粗蛋白、湿面筋影响最大。喷施锌肥+钾肥可以提高小麦籽粒的沉淀值、湿面筋、吸水量和稳定时间，但对粗蛋白质、形成时间没有影响。综合分析各品质指标，喷施硼肥+钾肥对小麦品质的作用较大。

如表5-8所示，不同钾含量的土壤，不同的氮、钾配施比例对小麦的品质均产生影响。低钾土壤上，钾肥用量相同时，小麦籽粒蛋白质含量、湿面筋含量、沉降值、形成时间和稳定时间均随着氮肥用量的增加而提高，淀粉总量随着氮肥用量的增加而降低。氮肥用量相同时，提高供钾水平，小麦籽粒蛋白质含量、湿面筋含量和沉降值表现出增加的趋势，淀粉总量则表现出降低的趋势，而形成时间和稳定时间在钾肥用量增加到90kg/hm^{2}时达到最高值，钾肥用量150kg/hm^{2}时呈降低的趋势。中钾土壤上，氮肥用量相同时，钾肥用量增加，淀粉总量提高，而蛋白质、湿面筋含量和沉降值均有降低的趋势，形成时间和稳定时间变化则与低钾土壤趋势相同，钾肥用量为90kg/hm^{2}时达到最高值，增加钾肥用量有降低的趋势，但是不同钾肥用量处理间差异均不显著。

表 5－8　氮、钾配施对弱筋小麦品质的影响

土壤	处理	蛋白质含量（%）	湿面筋含量（%）	沉降值（mL）	淀粉含量（%）	形成时间（min）	稳定时间（min）
低钾土壤	N_0K_0	8.9eE	14.3dC	23.9dC	61.9aA	1.0eD	1.0dD
	$N_{120}K_0$	12.0dD	20.5cB	35.1cB	60.2bB	1.6dC	2.4cC
	$N_{120}K_{90}$	12.1cdCD	21.0cB	35.4cB	59.8bB	2.1cC	3.0bB
	$N_{120}K_{150}$	12.4cC	21.8cB	36.1cB	59.5bB	2.1cC	2.7bcBC
	$N_{180}K_0$	14.0bB	25.4bB	44.6bB	57.9cC	3.4bB	3.7aA
	$N_{180}K_{90}$	14.4aAB	26.4abB	47.2abB	57.7cC	3.5aAB	3.8aA
	$N_{180}K_{150}$	14.6aA	27.4aA	48.7aA	57.5cC	2.9aA	3.8aA
中钾土壤	N_0K_0	9.6cC	15.8cC	25.8cC	61.5aA	1.1cD	0.8dC
	$N_{120}K_0$	11.9bB	20.6bB	35.0bB	60.1bA	1.4cCD	1.5cBC
	$N_{120}K_{90}$	11.7bB	19.9bB	34.4bB	60.3bA	1.8bcBCD	2.3bB
	$N_{120}K_{150}$	11.8bB	20.3bB	33.8bB	60.6abA	1.7bcCD	2.0bcB
	$N_{180}K_0$	14.2aA	26.3aA	46.5aA	58.2cB	2.3abABC	3.5aA
	$N_{180}K_{90}$	13.9aA	25.9aA	44.1aA	58.1cB	2.8aA	3.6aA
	$N_{180}K_{150}$	13.8aA	25.2aA	43.4aA	58.3cB	2.6aAB	3.7aA

注：N、K 下角标为公顷施氮和钾的千克数。

单施氮、磷、钾肥可显著提高强筋小麦籽粒蛋白质含量，尤以氮肥与磷、钾肥配施，其中，氮、磷、钾平衡施肥对提高小麦籽粒蛋白质含量影响最大。在两种肥料配施时，有氮的两组合籽粒蛋白质含量大于有钾的两组合，有磷的两组合最小。肥料配施时氮磷钾平衡施肥，其湿面筋含量显著大于任意两种肥料配施和单施一种肥料，氮钾、氮磷配施湿面筋含量显著高于单施一种肥料，所以在生产上提高小麦品质要重视平衡施肥（表 5－9）。

表 5－9　不同肥料处理对强筋小麦主要品质性状的影响

处理	蛋白质含量（%）	湿面筋含量（%）	沉降值（mL）
NPK	15.37aA	38.74aA	46.9aA
NK	14.47bB	38.28bAB	46.1abAB
NP	14.32cC	37.89bcB	45.6bcB
N	14.21dD	37.74cB	45.1cB
PK	13.56eE	35.36dC	45.4bcB
K	13.48fE	35.16dC	44.9cB
P	13.11gF	34.09eD	43.5dC
清水（CK）	12.94hG	33.82eD	42.3dC
CV（%）	5.81	5.39	3.24

第四节　施用微肥对小麦品质的影响

微量元素在植物体内主要参与细胞内的氧化还原反应、电子传递及呼吸作用，是多种酶类的关键组分，对植物体的生长发育及抗逆性具有重要的影响，显著影响作物的高效生产。通过作物施肥管理提高作物的营养品质最为直接和有效，还可能有利于增加作物的经济产量。农业生产中，随着氮、磷、钾化肥用量的增加，农作物从土壤中带走的微量元素越来越多，如果不进行科学补充，会造成作物营养比例失调、产量降低和品质变劣。裴雪霞等（2005）研究表明，科学施用微肥是提高作物产量、改善品质的有效措施之一。

鲁璐等（2010）的研究也表明，小麦对各种元素的吸收会相互影响，锌、铁两种元素的吸收互相促进，锌、铁与硒互相拮抗。张英华等（2008）通过去叶和遮光处理后发现，包含锌和铁在内的 4 种微量元素含量之间及与粒重、蛋白质含量之间存在正向相关，表明籽粒微量元素含量与粒重、蛋白质含量可同步提高。喷施锌肥虽对小麦无显著增产作用，但非常有利于锌本身含量的提高，同时喷锌可提高小麦对包括铁在内的其他微量元素的吸收利用，这与锌在植株体内具有较好的移动性以及其与铁之间存在的协同互助有关。因此，生育中后期叶面喷施锌肥可以有效地提高籽粒锌、铁含量。

刘万代等（2007）的研究也表明，花后喷施微肥对不同筋力小麦品种的产量、籽粒容重、蛋白质含量和湿面筋含量等品质指标均有显著提高。总之，通过拔节期、孕穗期叶面喷施锌、铁和硒肥，极显著地提高了籽粒的锌和硒含量，提高了籽粒的营养品质，尤其对籽粒硒含量的提高最为明显，但对铁含量、产量结构和品质性状无显著影响。

小麦灌浆期叶面喷施微肥的结果表明，各处理对小麦产量及品质均有不同程度的影响，硼酸和硫酸锰增产效果最好，硫酸锌次之；硫酸镁对提高蛋白质和面筋的含量效果最好；硫酸锰有利于提高小麦沉降值；硼酸和硫酸锌可提高冬小麦灌浆期旗叶叶绿素含量，并且持续到小麦灌浆后期，从而延长了旗叶的功能期，延缓了叶片衰老，有利于冬小麦籽粒产量的提高和品质的改善。因此在小麦生产上，应针对不同的麦田进行科学管理，合理施用微肥，保障小麦高产优质高效（表 5－10）。

表 5－10　灌浆期叶面喷施微肥对小麦品质的影响

处理	蛋白质含量（%）	湿面筋含量（%）	沉降值（mL）
清水（CK）	13. 26dD	32. 29dD	34. 47dC
0. 2% 硫酸锌	13. 72bB	32. 85cdCD	36. 54cB
0. 1% 硫酸锰	13. 57cC	34. 40bAB	37. 59aA
0. 2% 硼酸	13. 73bB	33. 75bcBC	37. 26bA
0. 1% 硫酸镁	13. 88aA	35. 66aA	34. 53dC

第五节 磷、钾、硫肥配施对小麦品质的影响

一般生产中，氮肥对小麦产量和品质均有重要影响。戴廷波等（2005）研究认为，在产量水平为4609～6365kg/hm^2 的条件下，增加氮肥施用量明显提高了籽粒产量和蛋白质含量。磷、钾肥料对产量和品质的效应研究比氮肥少。李春喜等（1989）认为，不同施磷处理对产量和蛋白质含量均有较大影响。施磷较对照（不施）显著提高了产量，且使蛋白质含量有所增加。王旭东等（2003）的试验结果认为，增施钾肥可以增加籽粒产量、湿面筋含量、沉降值和面团稳定时间。宋建民等（2004）研究认为，钾仅对沉降值有显著影响，对蛋白质含量、湿面筋含量、形成时间和稳定时间均无显著影响。

张睿等（2006）以优质强筋小麦品种陕253为材料，研究了不同氮、磷、钾配置施肥对小麦籽粒品质指标的影响，结果表明，氮、磷、钾配施对小麦籽粒物理品质性状、磨粉品质性状和蛋白质品质性状影响不大，但对籽粒粉质参数影响明显。不同氮、磷、钾肥配施后强筋小麦籽粒容重［$F=1.01<F_{0.05}(14,7)=2.76$］、硬度［$F=0.720<F_{0.05}(14,7)=2.76$］、出粉率［$F=1.78<F_{0.05}(14,7)=2.76$］、蛋白质含量［$F=1.154<F_{0.05}(14,7)=2.76$］、湿面筋含量［$F=2.117<F_{0.05}(14,7)=2.76$］差异均不显著。处理间容重相差3.5～16.5g/L，且以施$N_{135}P_{225}K_{120}$最高；硬度以施$N_{135}P_{120}K_0$最高，但与其他处理差异不显著；出粉率以处理$N_{225}P_{225}K_{120}$最高，比常规施肥（$N_{135}P_{120}$）提高了3.6%；蛋白质含量在处理间基本上没有变化；湿面筋含量以处理$N_{225}P_{120}K_{120}$的最高，比常规施肥提高1.7%，这表明氮、磷、钾配施对这些指标影响十分有限。从籽粒粉质参数看，不同氮、磷、钾肥配施后沉淀值［$F=2.349<F_{0.05}(14,7)=2.76$］和吸水率［$F=0.19<F_{0.05}(14,7)=2.76$］变化不大，这两个指标均以处理$N_{225}P_{120}K_{120}$的最高，依次比$N_{135}P_{120}K_0$提高7.9mL和2.2%；稳定时间［$F=22.311>F_{0.01}(14,7)=4.28$］变化较大，以氮$N_{135}P_{225}K_{120}$的稳定时间最长，达24.6min。这表明在关中麦区常规生产水平基础上，通过氮、磷、钾肥配施可以显著提高强筋小麦面粉的稳定时间，特别是增施磷钾肥效果最为明显。降落值在处理间差异显著［$F=3.14>F_{0.05}(14,7)=2.76$］。各处理平均降落值为386.2s，比空白对照增加6.2s，比$N_{135}P_{120}K_0$处理低7.8s（表5－11）。

表5－11 陕253在不同施肥处理下的主要品质指标及其比较

处理	吸水率（%）	稳定时间（min）	蛋白质含量（%）	硬度（%）	容重（g/L）	出粉率（%）	湿面筋含量（%）	沉淀值（mL）	沉降值（s）
$N_{135}P_{120}K_0$	58.5a	22.6b	15.8a	60.6a	780.0a	51.0a	28.9a	41.2a	394a
$N_0P_0K_0$	61.8a	27.0c	15.5a	57.9a	768.8a	50.8a	30.1a	43.0a	380b
$N_{135}P_{120}K_{120}$	59.8a	22.7a	15.7a	60.2a	784.0a	52.2a	29.3a	40.4a	392a

续表

处理	吸水率（%）	稳定时间（min）	蛋白质含量（%）	硬度（%）	容重（g/L）	出粉率（%）	湿面筋含量（%）	沉淀值（mL）	沉降值（s）
$N_{135}P_{225}K_{120}$	58.5a	24.4a	15.8a	60.1a	787.5a	50.3a	28.6a	43.4a	369b
$N_{135}P_{225}K_{180}$	58.0a	19.0a	15.8a	58.3a	775.0a	50.8a	28.7a	43.6a	390a
$N_{225}P_{120}K_{120}$	60.7a	20.1b	15.5a	57.5a	771.0a	53.3a	30.6a	49.1a	389b
$N_{225}P_{225}K_{120}$	58.5a	19.2a	15.6a	60.0a	781.0a	54.6a	30.4a	44.2a	389a
$N_{225}P_{225}K_{180}$	59.7a	22.0a	15.7a	59.2a	784.0a	52.4a	30.4a	45.5a	389a

注：$N_0P_0K_0$，空白对照；$N_{135}P_{120}K_0$，常规对照；$N_{135}P_{120}K_{120}$、$N_{135}P_{225}K_{120}$、$N_{135}P_{225}K_{180}$、$N_{225}P_{120}K_{120}$、$N_{225}P_{225}K_{120}$、$N_{225}P_{225}K_{180}$，其中N为纯N，P为P_2O_5，K为K_2O，下角标数字为N、P、K的施用量（单位为kg/hm^2）。

赵首萍等（2004）认为，在N_{60}（折合施氮量27.6kg/hm^2）水平下，随施硫量的增加，供试春小麦各项品质指标与硫基本呈负相关，但未达到显著水平。在N_{128}（折合施氮量58.88kg/hm^2）水平下，施硫对各项品质指标的形成都有利。可见硫对小麦产量和品质的影响比较复杂，可能与土壤肥力、氮磷钾等肥料的配合施用及用量有关。

赵广才等（2005）采用4因素3水平正交设计［A因素为施氮量，其中A1为全生育期施氮素120kg/hm^2，A2为240kg/hm^2，A3为360kg/hm^2。B因素为施磷量，其中B1为不施磷肥，B2为施$P_2O_5$120kg/hm^2，B3为施240kg/hm^2。C因素为施钾量，C1为不施钾肥，C2为施K_2O120kg/hm^2，C3为施240kg/hm^2。D因素为施硫量，D1为不施硫肥，D2为施硫22.5kg/hm^2，D3为施45kg/hm^2］，研究了不同氮、磷、钾硫肥料处理对小麦（强筋小麦中优9844）品质的影响。结果表明，不同品质性状对各处理组合的反应有所差别，其中蛋白质含量以施氮240kg/hm^2、$P_2O_5$120kg/hm^2、K_2O240kg/hm^2、不施硫肥的处理5最高，与施氮120kg/hm^2、不施磷钾硫的处理1差异显著。湿面筋含量以施氮360kg/hm^2、不施磷肥、K_2O240kg/hm^2、有效硫22.5kg/hm^2的处理7最高，显著高于处理1。处理间的沉降值差异不显著，但以处理9最高，处理1最低，极差达到5.9mL。吸水率在各处理间差异不显著，其变异系数最小。形成时间变异系数最大，处理7与处理3差异显著稳定时间的变异系数仅次于形成时间，处理9稳定时间最长，处理间极差为（2.1min），但统计分析差异不显著。面包体积以处理8最大，与处理2差异显著；处理间极差为70.6min。面包评分差异不显著，处理间极差为3.1分。不同因素对主要品质性状的影响不尽相同，其中蛋白质含量、湿面筋含量、形成时间和稳定时间均有随施氮量增加而提高的趋势，但A因素处理间未达到显著差异水平。面包体积以A2处理的最大，A3和A2均比A1显著增加了面包体积。在B因素不同水平处理中，沉降值、稳定时间有随施磷量增加而提高的趋势。形成时间表现为B1和B2显著长于B3。C因素不同水平处理中，蛋白质含量、湿面筋含量和稳定时间有随施钾量增加而提高的趋势。D因素对各品质性状均无显著影响，也未出现有规律的趋

势（表5－12）。

表5－12　不同处理对品质性状的影响

处理代号	蛋白质含量（%）	湿面筋含量（%）	沉降值（mL）	吸水率（%）	形成时间（min）	稳定时间（min）	面包体积（cm^3）	面包评分
1	14.35b	28.6b	54.1a	66.1a	6.1ab	13.9a	743.3ab	81.3a
2	14.77ab	31.0ab	57.0a	66.6a	6.1ab	13.9a	698.7b	78.8a
3	14.62ab	30.2ab	59.3a	65.6b	5.1b	14.5a	746.7a	80.2a
4	14.49ab	31.4ab	57.1a	65.2b	6.1ab	14.2a	763.3a	81.0a
5	15.04a	31.5ab	56.3a	66.0a	6.7a	15.2a	766.0a	81.8a
6	14.56ab	30.8ab	59.0a	66.8a	5.9ab	13.9a	753.0a	81.2a
7	14.93ab	32.0a	57.6a	66.8a	6.8a	14.6a	753.7a	81.2a
8	14.75ab	30.0ab	56.7a	67.8a	6.2a	15.2a	769.3a	81.7a
9	14.71ab	30.7ab	60.0a	66.8a	5.93ab	16.0a	741.0a	78.7a
CV（%）	1.46	3.27	3.12	1.17	8.07	5.03	2.82	1.45

注：处理1为A1B1C1D1，处理2为A1B2C2D2，处理3为A1B3C3D3，处理4为A2B1C2D3，处理5为A2B2C3D1，处理6为A2B3C1D2，处理7为A3B1C3D2，处理8为A3B2C1D3，处理9为A3B3C2D1。

本章参考文献

[1] 戴廷波，孙传范，荆奇，等．不同施氮水平和基追比例对小麦籽粒品质形成的调控［J］．作物学报，2005，31（2）：248—253.

[2] 李春喜，姬生栋，陈天房．磷肥对小麦籽粒产量和品质的影响［J］．河南职业技术师范学院学报，1989，17（3—4）：99—103.

[3] 王旭东，于振文，王东．钾对小麦旗叶蛋白水解酶活性和籽粒品质的影响［J］．作物学报，2003，29（2）：285—289.

[4] 宋建民，刘爱峰，吴祥云，等．氮钾配合施肥对小麦济南17品质的影响［J］．中国农业科学，2004，37（3）：344—350.

[5] 赵首萍，胡尚连，杜金哲，等．硫对不同类型春小麦湿面筋和沉降值及氨基酸的效应［J］．作物学报，2004，30（3）：236—240.

[6] 赵广才，周阳，常旭虹，等．氮磷钾硫对冬小麦产量及加工品质的调节效应［J］．植物遗传资源学报，2005，6（4）：423—426.

[7] 张睿，殷振江，王新中，等．不同生态条件下氮磷钾配施对强筋小麦陕253品质的影响［J］．麦类作物学报，2006，26（1）：74—76.

[8] 李冬花，郭瑞林．钾对小麦产量及营养品质的影响研究［J］．河南农业大学学报，

1997，31（4）：357—361.
[9] 张国平．钾素对小麦氮代谢与产量的影响［J］．浙江农业大学学报，1985，11（4）：463—472.
[10] 张炜．钾对冬小麦生理特性、产量和品质的影响［D］．济南：山东农业大学，1994.
[11] 王旭东，于振文，樊广华，等．钾素对冬小麦品质和产量的影响［J］．山东农业科学，2000，（5）：16—18.
[12] 赵广才．根外追肥对小麦籽粒产量和品质的影响［J］．农业新技术，1986，（6）：17—19.
[13] 王旭东，于振文．施磷对小麦产量和品质的影响［J］．山东农业科学，2003，（6）：35—36.
[14] 张铭，许轲，张洪程，等．不同地力水平施磷量对中筋小麦产量与品质的影响［J］．耕作与栽培，2007，（5）：3—5.
[15] 岳寿松，于振文．磷对冬小麦后期生长及产量的影响［J］．山东农业科学，1994，1：13—15.
[16] 王立秋．冀西北春小麦高产优质高效栽培研究——氮磷肥对春小麦产量和品质的影响［J］．干旱地区农业研究，1994，12（3）：8—13.
[17] 王旭东，于振文．施磷对小麦产量和品质的影响［J］．山东农业科学，2003，6：35—36.
[18] 胡承霖，范荣喜，姚孝友，等．小麦籽粒蛋白质含量动态变化特征及其与产量的关系［J］．南京农业大学学报，1992，15（1）：115—119.
[19] 杨胜利，马玉霞，冯荣成，等．磷肥用量对强筋和弱筋小麦产量及品质的影响［J］．河南农业科学，2004，（7）：54—57.
[20] 毛凤梧，赵会杰，段藏禄．潮土麦田施磷对小麦品质的影响初探［J］．河南农业大学学报，2001，35（4）：400—402.
[21] 孙慧敏，于振文，颜红，等．不同土壤条件下施磷量对小麦产量、品质和磷肥利用率的影响［J］．山东农业科学，2006，（3）：45—47.
[22] SINGH M，SINGH V P，REDDY D D. Potassium balance and releasekinetics under continuous rice - wheat cropping system in Vertisol［J］．Field Crops Research，2002，77：81 - 91.
[23] 吴兰云，徐茂林．优化施肥对小麦产量和品质的效应［J］．土壤肥料，2003，（4）：11—15.
[24] 宋建民，刘爱峰，吴祥云，等．氮钾配合施肥对小麦济南 17 品质的影响［J］．中国农业科学，2004，37（3）：344—350.
[25] 李冬花，郭瑞林．钾对小麦产量及营养品质的影响研究［J］．河南农业大学学报，1997，31（4）：357—361.
[26] 苗艳芳，张会民，史国安，等．不同供钾能力的土壤施用钾素对冬小麦的增产效应［J］．麦类作物学报，1999，19（3）：58—60.

[27] 张会民，刘红霞，王林生，等．钾对旱地冬小麦后期生长及籽粒品质的影响［J］．麦类作物学报，2004，24（3）：73—75.
[28] 吴金芝，吕淑芳，黄明，等．钾肥施用量对2种筋型小麦主要品质性状的影响［J］．河南农业科学，2008，（10）：67—69.
[29] 于振文，张炜，等．钾营养对冬小麦养分吸收分配、产量形成和品质的影响［J］．作物学报，1996，22（4）：442—447.
[30] 齐华，于贵瑞，程一松，等．钾肥对灌浆期冬小麦群体内叶片光合特性的影响［J］．应用生态学报，2003，14：690—694.
[31] 王旭东，于振文，王东．钾对小麦旗叶蔗糖和籽粒淀粉积累的影响［J］．植物生态学报，2003，27（2）：192—201.
[32] 于振文，张炜，岳寿松，等．钾营养对冬小麦光合作用和衰老的影响［J］．作物学报，1996，22（3）：305—312.
[33] 熊明彪，田应兵，熊晓山，等．钾肥对冬小麦根系营养生态的影响［J］．土壤学报，2004，41（2）：285—291.
[34] 韩燕来，介晓磊，谭金芳，等．超高产冬小麦的氮磷钾的吸收、分配与运转规律的研究［J］．作物学报，1998，24（6）：908—915.
[35] 李静宇，张定一．栽培措施和环境因素对强筋小麦品质的影响［J］．山西农业科学，2005，33（1）：26—29.
[36] 郑伟．小麦品质性状及其调优技术研究进展［J］．耕作与栽培，2001，（1）：10—13.
[37] 高宗军，王敏，庞绪贵，等．章丘大葱品质与微量元素的关系［J］．安徽农业科学，2011，（3）：1336—1338.
[38] 黄栋栋，王俞薇，王建波，等．施用沼液对无土栽培小白菜产量及品质的影响［J］．安徽农业科学，2010，（4）：1782—1785.
[39] 倪珍，刘兆顺，李淑杰．吉林西部土壤微量元素与葵花籽品质灰关联分析［J］．安徽农业科学，2010，（19）：10129—10131.
[40] 宣凤琴，韩效钊，王启聪，等．微量元素水溶肥料在油菜上的应用效果［J］．安徽农业科学，2011，（18）：10891—10892.
[41] 徐兆飞，张惠叶，张定一．小麦品质及其改良［M］．北京：气象出版社，1999.
[42] 曹广才，王绍中．小麦品质生态［G］．北京：中国科学技术出版社，1993.
[43] 裴雪霞，王姣爱，党建友，等．后期喷肥对强筋小麦临汾138产量和品质的影响［J］．麦类作物学报，2005，25（6）：148—149
[44] 鲁璐，季英苗，李莉蓉，等．不同地区、不同品种（系）小麦锌、铁和硒含量分析［J］．应用与环境生物学报，2010，16（5）：646—649.
[45] 张英华，周顺利，张凯，等．源库调节对小麦不同品种籽粒微量元素及蛋白质含量的影响［J］．作物学报，2008，34（9）：1629—1636.
[46] 刘万代，陈现勇，尹钧．花后喷肥对不同筋型小麦品种旗叶光合速率、籽粒产量和品质的影响［J］．江西农业学报，2007，19（9）：74—77.

第六章　硫素营养对小麦品质的调控

硫是所有生物必需的营养元素，在生理、生化作用上与氮相似，是酶催化反应活性中心的必需元素，是叶绿素、甾醇、谷胱甘肽（GSH）、辅酶等合成的重要介质，还是铁氧还蛋白、半胱氨酸（Cys）、蛋氨酸（Met）以及所有含半胱氨酸和蛋氨酸的蛋白质的必需组成成分。硫的最重要功能包括其在特殊肽如谷胱甘肽和硫氧还蛋白在氧化还原反应中的作用，以及二硫键的形成对蛋白质结构的稳定性作用。硫是小麦生长必需的矿质营养元素之一，虽然小麦对硫的需求量相对较小，但由于硫素营养除了对小麦的生长和籽粒产量有明显影响外，对小麦品质也有其他营养元素不可替代的作用。

第一节　硫素的吸收同化和分配

一、硫的吸收与同化

植株从土壤中吸收硫素的过程是逆浓度梯度主动吸收，主要以硫酸根的形式（SO_4^{2-}）进入植株体内。硫素的最初吸收与水分吸收同步，进入植株体内的运输与蛋白质合成相联系。研究发现，硫的吸收和运转受一个或多个硫运输蛋白控制，这些蛋白的合成受遗传因素和环境条件共同影响，即使是同种作物，对硫素的需求也不相同，硬粒小麦和软粒小麦对硫素的吸收和利用存在差别。硫素供应充足，细胞质中的浓度高，吸收的速度放慢，硫素在植株体内的积累速度减缓，这是一种由酶控制的反馈调节作用。植株还可以从大气中吸收硫化氢、二氧化硫等供生长发育的需要，通过这种方式吸收的硫素占植株总硫量的10%～20%，但是这种吸收只能部分缓解植物对硫素的需要，不能完全满足生长发育要求。

硫的整个同化途径分为SO_4^{2-}活化阶段、还原阶段和Cys合成阶段。

1. SO_4^{2-}活化阶段　SO_4^{2-}的化学性质很稳定，在还原或与稳定的有机化合物发生酯化作用之前需要活化。硫酸盐进入细胞后，在ATP硫酸化酶（ATPS）催化下，SO_4^{2-}通过酸酐键与ATP上的磷酸残基相连后，硫酸盐活化为腺苷酰硫酸（APS），同时释放焦磷酸（PPi），此反应是硫酸盐代谢的唯一起点。反应式如下：

$$SO_4^{2-} + MgATP \longrightarrow MgPPi + APS$$

APS是ATPS的一个有效抑制剂，所以反应平衡易向ATP和硫酸盐的产生进行，因而反应产物APS和焦磷酸，必须立即为APS还原酶（APR）、APS激酶（APK）或焦磷

酸酶进一步代谢，以推动反应向前进行。

ATPS存在于叶绿体和细胞溶质中。拟南芥的4个ATPS基因都可能编码质体型（APS1、APS2、APS3和APS4）。细胞溶质异形体的产生可能是APS2基因用了不同的启动子。由于APS进一步还原成S^{2-}只发生在质体中，所以细胞溶质ATPS的生理作用还不清楚。

2. 还原阶段 硫酸盐还原在叶绿体内进行，包括以下两步：

第一步，在APR（以前称APS磺基转移酶）催化下，转移2个电子到APS产生亚硫酸盐。反应式如下：

$$APS + 2GSH \longrightarrow SO_3^{2-} + 2H^+ + GSGS + AMP$$

植株体内APR以同源二聚体形式存在，成熟的APR由两个截然不同的结构域组成，N端结构域与3'－磷酸腺苷－5'－磷酰硫酸（PAPS）还原酶相似，C端与硫氧还蛋白表现出同源性，以还原态GSH作为电子供体。

细胞溶质中产生的APS在APS激酶催化下磷酸化为PAPS。PAPS是活化硫酸盐在细胞内积累的形式，也是磺基转移酶作用的底物。细胞溶质产生的APS不直接参与同化，但转化为PAPS后可能参与硫酸盐同化。在某些低等植物中PAPS也可为PAPS还原酶直接还原为亚硫酸盐。

第二步，在亚硫酸盐还原酶（SiR）催化下，从Fd_{red}转移6个电子到亚硫酸盐从而产生硫化物。反应式如下：

$$SO_3^{2-} + 6Fd_{red} \longrightarrow S^{2-} + 6Fd_{ox}$$

植物细胞的亚硫酸还原酶位于光合组织和非光合组织的质体中，由同源低聚体组成，每个亚单位包括1个血红素和1个铁硫簇。光合细胞通过PSI提供电子给Fd，而非光合细胞则由NADPH提供电子给Fd。

3. Cys合成阶段 在Ser乙酰转移酶（SAT）作用下，Ser与乙酰辅酶A（CoA）反应产生乙酰丝氨酸（OAS）。然后OAS裂解酶（OAS－TL，又称半胱氨酸合成酶）催化硫化物与OAS反应合成Cys。Cys的合成是硫同化的最后一个步骤，在SAT（丝氨酸乙酰转移酶）作用下，Ser（丝氨酸）与CoA（乙酰辅酶A）反应产生OAS（乙酰丝氨酸）。然后OAS－TL（OAS裂解酶，又称半胱氨酸合成酶）催化硫化物与OAS反应合成Cys。氮、碳代谢和非生物逆境如重金属和氧化胁迫也影响硫的同化，某些植物激素也参与硫代谢相关基因表达的调控（图6－1）。

反应式如下：

$$丝氨酸 + 乙酰辅酶A \longrightarrow OAS + CoA$$

$$OAS + S^{2-} \longrightarrow Cys + 乙酸$$

二、硫的积累与分配

小麦缺硫症状像其他高等植物一样，其特征是幼叶先变黄，老叶可能仍保持绿色。硫饥饿导致小麦新叶中叶绿素含量和CO_2同化率比老叶大量减少。新叶先出现缺硫症状暗示着硫在成熟叶片中相对稳定而不易再分配。储存在叶肉液泡中的硫酸盐也相对稳定，当硫缺乏时输出很慢，但当硫饥饿时，在成熟的小麦叶片中有硫降解和再移动

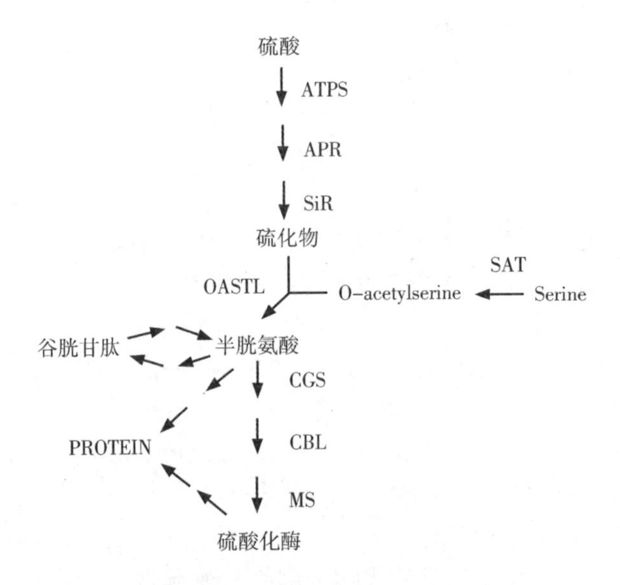

图6－1　植物硫素同化途径

ATPS，ATP硫酸化酶；APR，腺苷酰硫酸还原酶；SiR，亚硫酸盐还原酶；SAT，Ser乙酰转移酶；OASTL，OAS裂解酶；CGS，γ－胱硫醚合酶；CBL，β－胱硫醚合酶；MS，蛋氨酸合成酶。

的证据，包括在核酮糖1，5－二磷酸羧化酶（Rubisco）中的硫。

硫从生长组织向小麦籽粒的再分配可以由收获指数（一种营养元素在籽粒中的含量占总植株中含量的比例）反映出来，硫的收获指数为0.4～0.5，而氮和磷的为0.7～0.8。Hocking（1994）测定了灌溉区春小麦营养元素的表观再分配率，结果表明，茎秆和叶片中只有1/3的硫再分配，而氮和磷则大约有75%再分配，从叶片和茎秆中再分配的氮和磷大约可以供应籽粒积累量的70%，而硫则只能供应48%。Monaghan *et al.*（1999）使用$^{34}S/^{32}S$水培系统研究硫在生长组织和小麦籽粒中的再分配。发现小麦籽粒在以下连续的生育时期吸收的硫分别为：出苗到拔节初期14%，拔节期到挑旗期30%，挑旗期到开花期6%，花后到成熟50%，在开花期分别有旗叶39%，倒二叶32%，茎秆52%的硫在花后输出。这表明，开花前后硫的吸收量对籽粒中硫的积累同等重要，土壤有效硫应在整个生育期内保持在一个充足的水平，以满足籽粒品质需求。

王东等（2003）测定了冬小麦不同生育时期硫素在植株体内的分配，结果表明硫素在孕穗期以前主要分配于叶片中，分配比例随植株生长不断减少。孕穗以后，硫素主要分配在茎秆中。开花后各营养器官的硫素部分外移，灌浆后期，籽粒是硫素的主要分配器官，其次是茎秆和叶片。在施纯硫0～90kg/hm^{2}范围内，随施硫量的增大，硫素在籽粒中的分配比例增大。

作者（2007）以强筋小麦品种豫麦34和弱筋小麦豫麦50为供试材料，同时设置不同施氮水平［高氮（N_{330}，330kg/hm^2）和中氮（N_{240}，240kg/hm^2）］；不同施硫水平（S_{60}和S_0），分不同生育阶段测定了不同器官中的硫含量，研究了不同筋力类型品种的不同生育时期植株不同器官的硫浓度变化。

由表6－1、表6－2可以看出，2个不同品质类型小麦品种在不同施氮条件下各叶茎中硫素含量变化趋势基本一致，拔节前，由于植株生物量较小，各器官含硫量较小。拔节期植株生长速率加快，叶、茎、鞘含硫量逐渐增加，分别于孕穗期或开花期达到最大值，之后在整个植株积累量所占比例下降，但穗含硫量自花后逐渐增加，并在灌浆期有大的增长，成熟期穗含硫量远高于其他器官。2个筋型品种不同生育时期各器官硫积累量不同。在孕穗期前，吸收的硫素主要分布于叶片中，孕穗期茎中硫素积累量要高于叶片，开花期硫素积累量为叶片＞茎＞鞘＞穗，从灌浆始期硫素向穗部转移，但灌浆前期硫素积累量仍是叶片最高，为叶片＞穗＞茎＞鞘，到成熟期硫素积累量则为穗＞茎＞叶片＞鞘。$N_{330}S_0$处理各器官积累分配规律基本一致。

表6－1　豫麦34不同生育时期植株各器官中硫的积累与分配

处理	生育时期	叶片		茎		鞘		颖壳＋籽粒		全株
		含量（mg/株）	比例（%）	含量（mg/株）	比例（%）	含量（mg/株）	比例（%）	含量（mg/株）	含量（mg/株）	含量（mg）
$N_{330}S_{60}$	冬前	0.232	69.14	0.104	30.86					0.336
	拔节	0.270	58.04	0.195	41.96					0.464
	孕穗	0.517	41.55	0.727	58.45					1.244
	开花	0.548	36.66	0.367	24.54	0.325	21.73	0.255	17.07	1.495
	灌浆前期	1.471	45.08	0.473	14.49	0.358	10.97	0.962	29.47	3.263
	成熟	0.376	3.821	0.498	5.06	0.257	2.61	8.718	88.51	9.849
$N_{330}S_0$	冬前	0.166	68.85	0.075	31.15					0.241
	拔节	0.284	54.24	0.240	45.76					0.524
	孕穗	0.364	40.80	0.527	59.20					0.891
	开花	0.375	32.73	0.368	32.11	0.196	17.07	0.207	18.09	1.146
	灌浆前期	1.045	41.24	0.514	20.31	0.264	10.42	0.710	28.03	2.533
	成熟	0.331	5.02	0.417	6.34	0.259	3.93	5.580	84.71	6.588
$N_{240}S_{60}$	冬前	0.101	46.87	0.115	53.13					0.216
	拔节	0.283	52.12	0.260	47.88					0.543
	孕穗	0.452	31.39	0.989	68.61					1.441
	开花	0.868	41.95	0.665	32.14	0.239	11.53	0.298	14.38	2.070
	灌浆前期	0.855	32.59	0.536	20.45	0.295	11.23	0.937	35.73	2.623
	成熟	0.197	1.77	1.124	10.12	0.493	4.44	9.291	83.67	11.104

续表

处理	生育时期	叶片		茎		鞘		颖壳+籽粒		全株
		含量(mg/株)	比例(%)	含量(mg/株)	比例(%)	含量(mg/株)	比例(%)	含量(mg/株)	含量(mg/株)	含量(mg)
$N_{240}S_0$	冬前	0.077	46.34	0.089	53.66					0.166
	拔节	0.226	48.01	0.245	51.99					0.471
	孕穗	0.426	28.10	1.090	71.90					1.515
	开花	0.642	37.20	0.686	39.80	0.196	11.37	0.201	11.63	1.725
	灌浆前期	1.091	51.76	0.468	22.21	0.117	5.56	0.432	20.48	2.107
	成熟	0.316	7.59	0.269	6.46	0.310	7.43	3.275	78.53	4.170

表6-2 豫麦50不同生育时期植株各器官中硫的积累与分配

处理	生育时期	叶片		茎		鞘		颖壳+籽粒		全株
		含量(mg/株)	比例(%)	含量(mg/株)	比例(%)	含量(mg/株)	比例(%)	含量(mg/株)	含量(mg/株)	含量(mg)
$N_{330}S_{60}$	越冬	0.383	76.60	0.117	23.40					0.500
	拔节	0.674	67.47	0.325	32.55					0.999
	孕穗	0.712	55.89	0.562	44.11					1.274
	开花	0.816	32.85	0.785	31.60	0.648	26.09	0.235	9.46	2.484
	灌浆前期	1.466	29.56	0.998	20.13	0.761	15.34	1.7335	34.97	4.959
	成熟	0.551	5.64	1.159	11.87	0.934	10.46	7.119	73.74	9.763
$N_{330}S_0$	越冬	0.605	78.17	0.169	21.84					0.774
	拔节	0.741	62.11	0.452	37.89					1.193
	孕穗	0.811	55.43	0.652	44.57					1.463
	开花	0.912	32.67	0.897	32.13	0.769	27.56	0.213	7.63	2.792
	灌浆前期	1.334	30.73	1.001	23.06	0.552	12.72	1.4545	33.49	4.341
	成熟	0.997	12.45	1.354	16.90	1.073	13.39	4.587	57.259	8.011

续表

处理	生育时期	叶片		茎		鞘		颖壳+籽粒		全株
		含量（mg/株）	比例（%）	含量（mg/株）	比例（%）	含量（mg/株）	比例（%）	含量（mg/株）	含量（mg/株）	含量（mg）
$N_{240}S_{60}$	越冬	0.727	66.67	0.241	33.33					1.090
	拔节	0.794	66.67	0.436	33.33					1.190
	孕穗	0.821	61.45	0.515	38.55					1.336
	开花	0.983	37.87	0.678	26.12	0.5885	22.69	0.346	13.33	2.596
	灌浆前期	1.120	41.39	1.110	20.69	0.348	12.87	0.678	25.06	2.705
	成熟	0.565	6.53	1.152	13.32	0.384	4.44	6.549	75.71	8.65
$N_{240}S_{0}$	越冬	0.613	66.67	0.244	33.33					0.920
	拔节	0.712	60.96	0.456	39.04					1.168
	孕穗	0.832	52.10	0.765	47.90					1.597
	开花	0.935	32.80	0.923	32.37	0.6695	23.47	0.324	11.36	3.844
	灌浆前期	1.210	36.53	1.002	36.53	0.4235	12.80	0.676	20.41	3.312
	成熟	0.650	10.35	0.707	12.26	0.574	9.14	4.349	69.25	6.280

2个品种单株硫积累量均为施硫处理高于不施硫处理。豫麦34单株硫积累量$N_{330}S_{60}$和$N_{240}S_{60}$分别较对照高49.48%和166.28%，豫麦50分别比对照高21.87%和37.72%，尤其是进入灌浆期以后的积累量，豫麦34单株硫积累量$N_{330}S_{60}$和$N_{240}S_{60}$分别较对照高50.51%和269.49%，豫麦50分别比对照高39.47%和148.52%，并且2个品种N_{240}水平下增长量高于N_{330}。

单株硫总积累量豫麦34施硫处理高于豫麦50，但不施硫处理豫麦50高于豫麦34，这可能由于不同基因型品种硫利用效率不同。除了穗中的硫积累趋势一致外，其他器官中的硫积累量有差异，就豫麦34而言，在2个施氮条件下叶片、茎秆和鞘各器官硫浓度变化趋势基本一致，茎的高峰值多在孕穗期出现，而叶片于开花期达到最大值，鞘中硫浓度的变化不大，但其后均呈下降趋势，在成熟期达到最低。而豫麦50叶片和鞘中硫积累趋势与豫麦34相同，但茎中的硫积累随生育进程的推移呈增长趋势，成熟期茎中硫积累量较高。整个生育期N_{240}水平下不同处理茎、叶、鞘中硫浓度与N_{330}水平基本相等，而穗中N_{330}处理成熟期硫浓度要高于N_{240}处理，原因可能是$N_{330}S_{60}$处理中多施的氮肥稀释了茎、叶和鞘中的硫，氮、硫相互促进又使$N_{330}S_{60}$处理穗硫含量高于$N_{240}S_{60}$处理。

2个供氮水平下2个筋型品种表现不同。豫麦34单株硫积累量为N_{240}下施硫处理高于N_{330}，但N_{330}下的不施硫处理高于N_{240}下的对应处理，豫麦50单株硫积累量则表现

为 N_{330} 下的施硫和不施硫处理均高于 N_{240} 下的对应处理。

不同生育时期不同品质类型品种不同处理硫素累进吸收、阶段吸收量和吸收强度总的趋势基本一致，随生育进程的推进，累进吸收量逐步增加，以灌浆前期到成熟最大，并可看出冬小麦对硫的吸收自花期到成熟是硫素吸收最重要的时期。灌浆前期到成熟吸收强度豫麦 34 $N_{330}S_{60}$ 可以达到 0. 2271g/（株·d），开花到灌浆前期可以达到 0. 2210g/（株·d）；$N_{240}S_{60}$ 处理分别达到 0. 2924g/（株·d）和 0. 0693g/（株·d）。豫麦 50 $N_{330}S_{60}$ 灌浆前期到成熟吸收强度可以达到 0. 1656mg/（株·d），开花到灌浆可以达到 0. 3094mg/（株·d）；$N_{240}S_{60}$ 处理分别达到 0. 2050mg/（株·d）和 0. 0136mg/（株·d）（表 6 -3、表 6 -4）。

表 6 -3　豫麦 34 不同生育时期小麦植株硫素的累进百分率、阶段吸收量和吸收强度

处理	生育时期	累进吸收量（mg）	累进百分率（%）	阶段吸收量（mg）	吸收强度（mg/d）
$N_{330}S_{60}$	越冬	0. 336	3. 41	0. 336	0. 0043
	拔节	0. 464	4. 71	0. 129	0. 0021
	孕穗	1. 244	12. 63	0. 780	0. 0260
	开花	1. 495	15. 18	0. 252	0. 0360
	灌浆前期	3. 263	33. 13	1. 768	0. 2210
	成熟	9. 849	100. 00	6. 586	0. 2271
$N_{330}S_{0}$	越冬	0. 241	3. 65	0. 241	0. 0028
	拔节	0. 524	7. 95	0. 283	0. 0046
	孕穗	0. 891	13. 53	0. 367	0. 0122
	开花	1. 146	17. 40	0. 255	0. 0364
	灌浆前期	2. 533	38. 45	1. 387	0. 1734
	成熟	6. 588	100. 00	4. 055	0. 1398
$N_{240}S_{60}$	越冬	0. 216	1. 95	0. 216	0. 0025
	拔节	0. 543	4. 89	0. 326	0. 0053
	孕穗	1. 441	12. 98	0. 899	0. 0299
	开花	2. 070	18. 64	0. 628	0. 0897
	灌浆前期	2. 623	23. 63	0. 554	0. 0693
	成熟	11. 104	100. 00	8. 481	0. 2924

续表

处理	生育时期	累进吸收量（mg）	累进百分率（%）	阶段吸收量（mg）	吸收强度（mg/d）
$N_{240}S_0$	越冬	0.166	3.99	0.166	0.0019
	拔节	0.471	11.29	0.305	0.0050
	孕穗	1.515	36.34	1.044	0.0348
	开花	1.725	41.36	0.209	0.0298
	灌浆前期	2.107	50.53	0.382	0.0478
	成熟	4.170	100.00	2.063	0.0711

表6－4　豫麦50不同生育时期小麦植株硫素的累进百分率、阶段吸收量和吸收强度

处理	生育时期	累进吸收量（mg）	累进百分率（%）	阶段吸收量（mg）	吸收强度（mg/d）
$N_{330}S_{60}$	冬前	0.500	5.12	0.500	0.0059
	拔节	0.999	10.23	0.499	0.0082
	孕穗	1.274	13.05	0.275	0.0092
	开花	2.484	12.39	1.210	0.1729
	灌浆前期	4.959	25.44	2.475	0.3094
	成熟	9.763	100.00	4.804	0.1656
$N_{330}S_0$	冬前	0.907	11.32	0.907	0.0107
	拔节	1.193	14.89	0.286	0.0047
	孕穗	1.463	18.26	0.270	0.0090
	开花	2.792	34.84	1.329	0.1898
	灌浆前期	4.341	54.18	1.549	0.1936
	成熟	8.011	100.00	3.670	0.1265
$N_{240}S_{60}$	冬前	1.090	12.60	1.090	0.0128
	拔节	1.190	13.76	0.100	0.0016
	孕穗	1.336	19.08	0.146	0.0049
	开花	2.596	33.64	1.260	0.1800
	灌浆前期	2.705	35.83	0.109	0.0136
	成熟	8.650	100.00	5.945	0.2050

续表

处理	生育时期	累进吸收量（mg）	累进百分率（%）	阶段吸收量（mg）	吸收强度（mg/d）
$N_{240}S_0$	冬前	0.920	14.95	0.920	0.0108
	拔节	1.168	19.90	0.248	0.0041
	孕穗	1.597	26.71	0.429	0.0143
	开花	2.851	46.68	1.254	0.1791
	灌浆前期	3.312	54.02	0.461	0.0576
	成熟	6.280	100.00	2.968	0.1023

从累进吸收的百分率来看，2个品种在2个氮水平下均表现为：施硫处理单株硫累进吸收比例在生育前、中期低于不施硫处理。如豫麦34 $N_{330}S_{60}$于孕穗、开花和灌浆前期分别达到12.63%、15.18%和33.13%，$N_{330}S_0$分别达到13.53%、17.40%和38.45%，$N_{240}S_{60}$分别达到12.98%、18.64%和23.63%，$N_{240}S_0$分别达到36.34%、41.36%和50.53%；豫麦50 $N_{330}S_{60}$分别达到13.05%、12.39%和25.44%，$N_{330}S_0$分别达到18.26%、34.84%和54.18%，$N_{240}S_{60}$分别达到19.08%、33.64%和35.83%，$N_{240}S_0$分别达到26.71%、46.68%和54.02%。可能由于在不施硫的条件下，刺激了小麦生育前期对硫的吸收和同化，导致不施硫处理灌浆期以前的植株硫吸收量高于施硫处理，但在供硫充足的条件下，反而抑制了小麦苗期对硫的吸收利用，随着小麦生长加快，生物量增大，反过来又刺激了小麦生育后期对硫的吸收和同化。进入灌浆期以后的硫吸收量和吸收比例施硫处理又高于不施硫处理。

第二节　硫的生理功能及小麦需求量

硫是半胱氨酸和蛋氨酸的组分，因而是多种蛋白质和酶的组分。由于-SH可以氧化为-S-S-，-S-S-又可被还原为-SH，因此，硫是许多酶的辅酶或辅基的结构组分，起电子传递作用。

Smith（1980）报道，植株体内在第一个关键酶ATP-硫酸化酶的活性在硫胁迫时上升，供应较多的硫素使其活性下降；半胱氨酸合成酶（OAS-TL）受硫供应状况的影响小。Sasscomani *et al.*（1981）则发现硫胁迫使OAS-TL活性上升，谷氨酸脱氢酶（GDH）活性略有上升，谷氨酰胺合成酶（GS）和硝酸还原酶（NR）的活性下降，NAD-GDH基本保持稳定，植株的可溶性蛋白减少，叶片长度没有改变，但比叶重下降，茎秆干重的降低更为明显。

Gilbert *et al.*（1997）发现，缺硫使叶片气孔开度减小，羧化效率降低，RUBP酶活性下降，硝酸盐积累，影响了光合性能，最终使产量降低。叶片中有机硫主要集中在叶肉细胞的叶绿体蛋白上，硫的供应对叶绿体的形成和功能的发挥有重要影响，在

硫胁迫条件下，叶肉细胞原生质膜的成分发生变化，使硫素的运转更加有效。施用硫肥可以提高土壤中其他营养成分的有效性，使植株的营养条件得到改善，铁、锰、锌、铍的吸收增强，土壤的 pH 值降低（Soliman，1992）。硫肥的施用促进了富硫蛋白质的合成，增加了螯合物的比例，使植物重金属的中毒反应得到缓解（Mcmahou，1998）。

1. 施硫对小麦氮、硫同化酶活性的影响　作者（2007）在大田试验条件下，以强筋型品种豫麦 34 和弱筋型品种豫麦 50 为材料，研究了不同供氮条件下施硫对旗叶氮、硫同化关键酶活性的影响。

对氮素同化关键酶（NR、GS 和谷氨酸丙酮酸转氨酶）活性测定结果发现：从图 6－2a，b 可以看出，不同氮素水平下豫麦 34 旗叶中 NR 活性变化趋势一致，花前至开花期呈上升趋势，活性最大值出现在花后第 17d。在 N_{330} 水平下，NR 活性随施硫量的增加而降低，S_{100} 处理在花前 8d 和花后第 9、13 和 17d 均低于 S_{60} 和 S_0 处理，其中在花前第 8d S_{100}、S_{60} 与 S_0 间达到差异显著水平；花后第 9、13 和 17d，S_{100} 与其余两个处理间差异达显著水平（图 6－2a）。N_{240} 水平下，不同施硫处理间 NR 活性随施硫量的增加

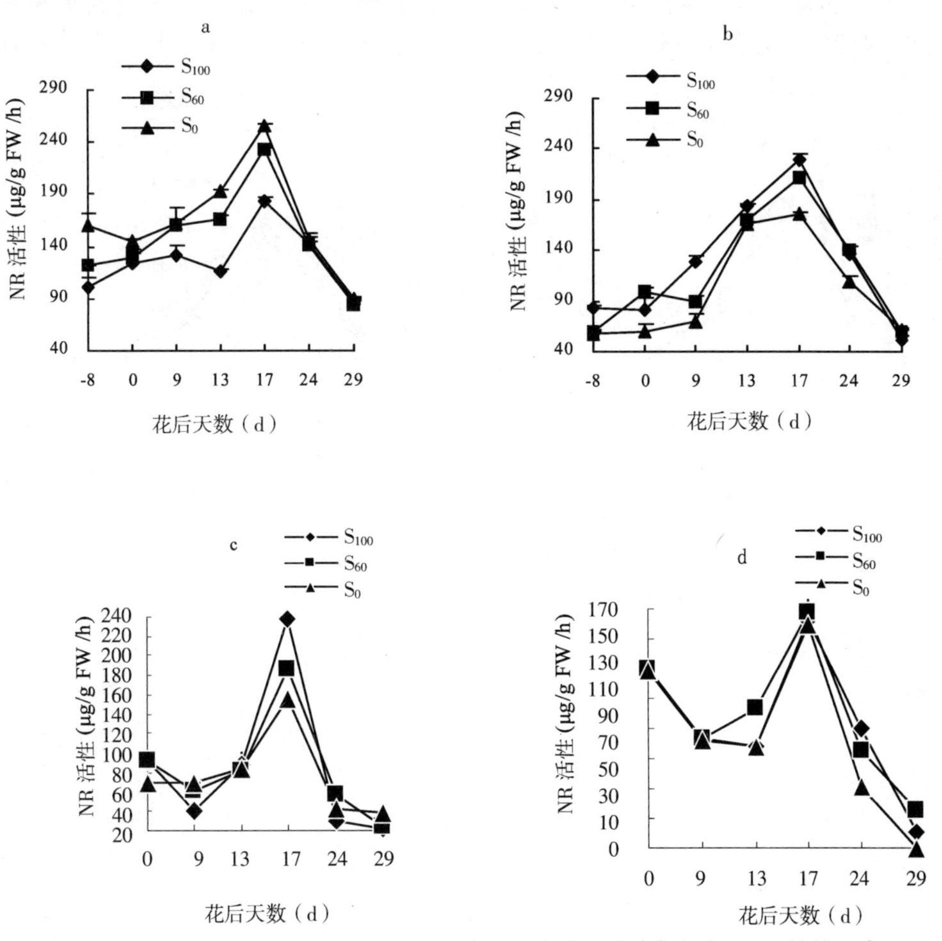

图 6－2　N_{330}（a，c）和 N_{240}（b，d）水平下施硫量对小麦旗叶 NR 活性的影响

注：a，b 和 c，d 分别表示豫麦 34 和豫麦 50 旗叶 NR 活性变化，下同。

而提高，总体呈现为 $S_{100}>S_{60}>S_0$ 趋势（图6－2b）。两个供氮水平相比，高氮水平下高硫处理对豫麦34旗叶NR活性有抑制的趋势。

从图6－2c，d则可看出，豫麦50旗叶中NR活性在花后至第9d之间有一个下降趋势，在第9d后持续上升，至第17d达到峰值。在高氮的条件下的最大施硫处理NR活性显著高于其他处理，中氮水平下，S_{60}处理旗叶NR活性在多数测定时期显著高于其他处理，可以看出施硫促进了NR活性的提高，并且2个供氮水平相比，在高氮条件下豫麦50施硫处理旗叶中NR活性的高峰值显著高于中氮条件下，可以推断高氮条件下施硫加速了氮同化的启动。

作物体内氮代谢的过程中，谷氨酰胺合成酶－谷氨酸合成酶途径是氨的重要同化途径，GS是其中的多功能酶，参与多种氮代谢过程的调节。从图6－3a，b可以看出，豫麦34在2个氮素水平下，旗叶中GS活性从花前第8d开始急剧上升，到花后7～12d达最大，之后缓慢下降。N_{330}水平下，GS活性最大值出现在花后第7d，且S_{100}显著高于S_{60}和S_0，在花后第24d以后硫处理间差异不显著（图6－3a）。N_{240}水平下，花前GS活性相差不明显，于花后第7d不同硫处理活性达到最大值，S_{60}和S_0显著高于S_{100}，灌浆期S_{60}保持较高活性至成熟（图6－3b）。2个供氮水平相比，高氮水平下不同施硫量

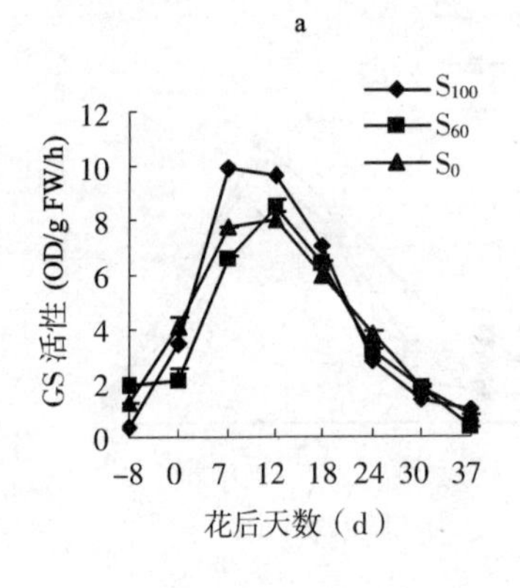

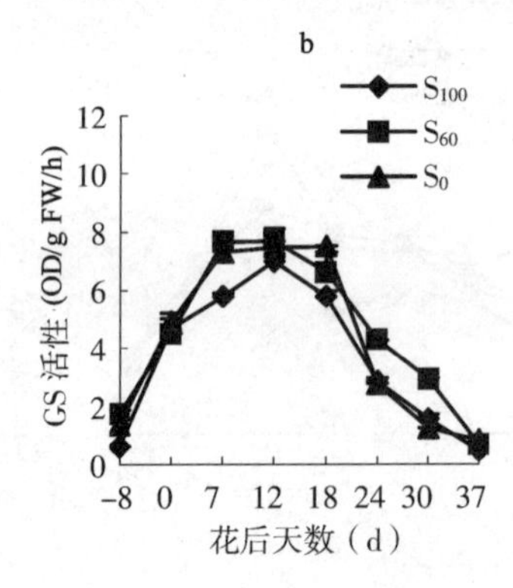

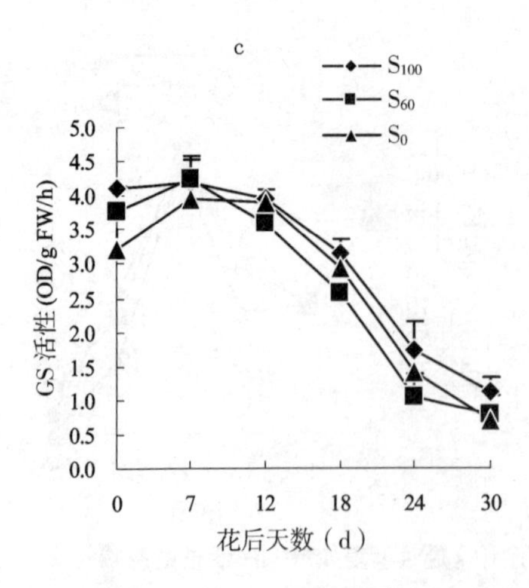

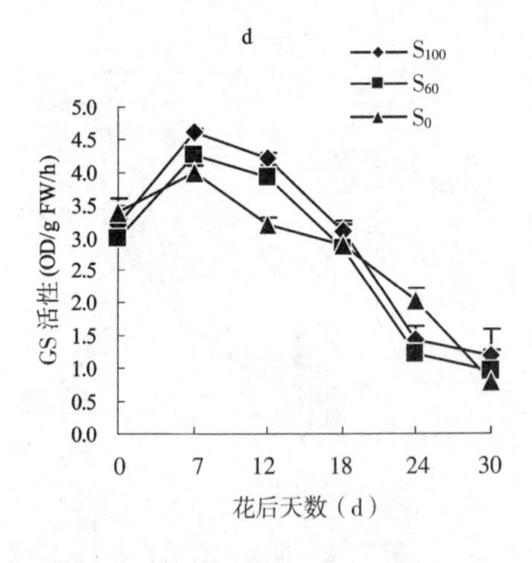

图6－3 N_{330}（a，c）和N_{240}（b，d）水平下施硫量对小麦旗叶GS活性的影响

处理 GS 活性均高于中氮水平，表明高氮条件下施硫提高了小麦旗叶 GS 活性，促进氮代谢。豫麦 50 旗叶 GS 活性在 2 个供氮水平下表现不同，其中在高氮条件下，S_{100}处理在各次测定 GS 活性值显著高于其他处理，在中氮条件下，在灌浆前中期施硫处理 GS 活性显著高于 S_0 处理。2 个品种相比，可能由于强筋小麦籽粒蛋白质合成对氮同化的需求所致，豫麦 34 旗叶 GS 活性虽然在灌浆前期低于豫麦 50，峰值达到较晚，但高峰值显著高于豫麦 50。

谷氨酸丙酮酸转氨酶是植物体内最普遍的转氨酶，其催化 L－谷氨酸和丙酮酸生成 L－丙氨酸和 α－酮戊二酸。图 6－4a，b 显示，在 2 个氮素水平下，豫麦 34 旗叶中 GPT 活性均从花前第 5 天缓慢升高，花后第 13d 达最大，此后缓慢下降，花后第 31d 开始急剧下降。N_{330}水平下，灌浆前期不同硫水平间差异不显著，灌浆中期硫处理间差异显著，表现为 $S_{100}>S_{60}>S_0$（图 6－4a）；N_{240}水平下，硫处理间 GPT 活性差异不显著，不同硫处理小麦叶片中 GPT 活性高峰持续时间短于供氮水平较高条件下的硫处理（图 6－4b）。豫麦 50 旗叶中 GPT 活性 2 个供氮水平下则表现出施硫处理高于 S_0处理，在各期测定值与对照达到显著水平，可以看出施硫促进了豫麦 50 旗叶中 GPT 活性的升高，

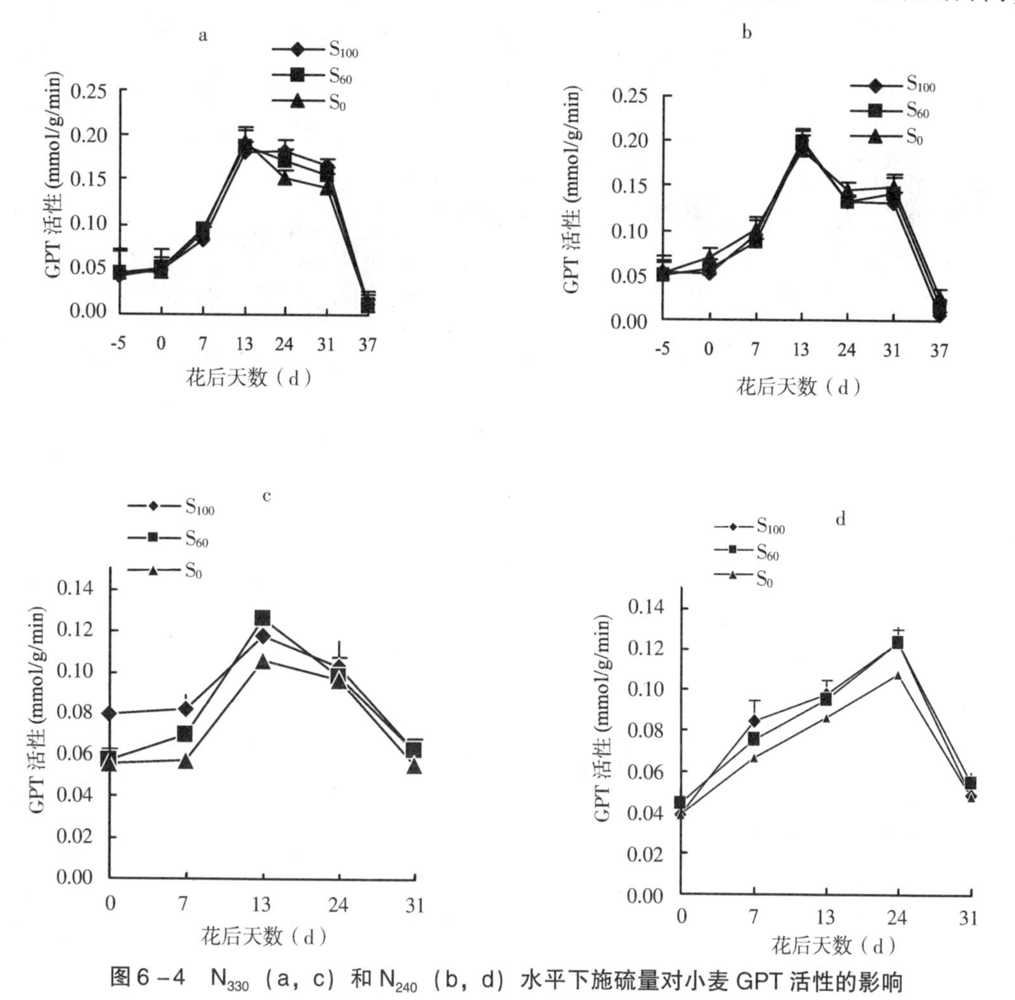

图 6－4　N_{330}（a，c）和 N_{240}（b，d）水平下施硫量对小麦 GPT 活性的影响

其中适量施硫处理在灌浆的前期 GPT 活性显著高于高硫处理（图6－4c，d）。

对硫同化关键酶（OAS－TL）活性影响：OAS 裂解酶（又称半胱氨酸合成酶）催化合成丝氨酸和半胱氨酸，是硫素代谢的关键酶。由图6－5a，b 可以看出，在不同供氮水平下，豫麦34旗叶 OAS－TL 活性随生育进程呈下降趋势，且随施硫量增加而降低，但随施氮量的增加而提高，且在N_{330}水平下的活性高于在N_{240}水平下。在N_{330}水平下，各个时期测定值均为$S_0>S_{60}>S_{100}$，其中花后第18d 和第24d S_0处理极显著高于S_{60}和S_{100}处理（图6－5a）。在N_{240}水平下，开花期S_0和S_{60}处理差异不显著，但均极显著高于S_{100}处理，开花至花后第12d，S_{60}下降较快，此后S_{60}和S_{100}处理均显著低于S_0处理（图6－5b）。可见高氮和低硫条件促进强筋小麦豫麦34旗叶中 OAS－TL 的活性升高。但弱筋小麦豫麦50旗叶中 OAS－TL 活性表现出不同的趋势，活性高峰达到较晚，在花后12d 达到高峰值，在高氮条件下的适量施硫处理显著高于其他处理，中氮条件下，在灌浆后期S_0处理活性显著高于施硫处理，表现出缺硫促进 OAS－TL 活性的升高（图6－5c，d）。

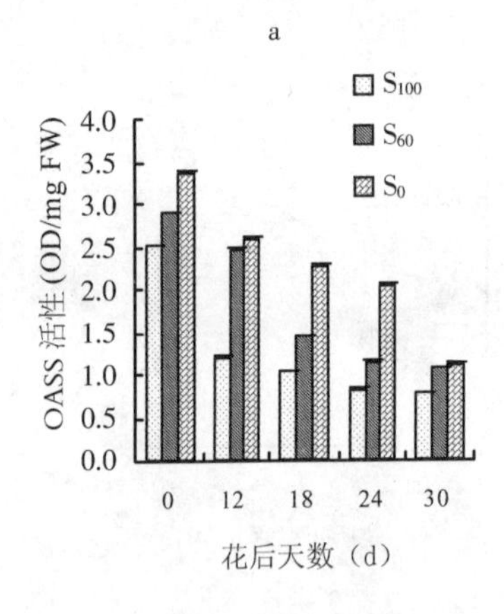

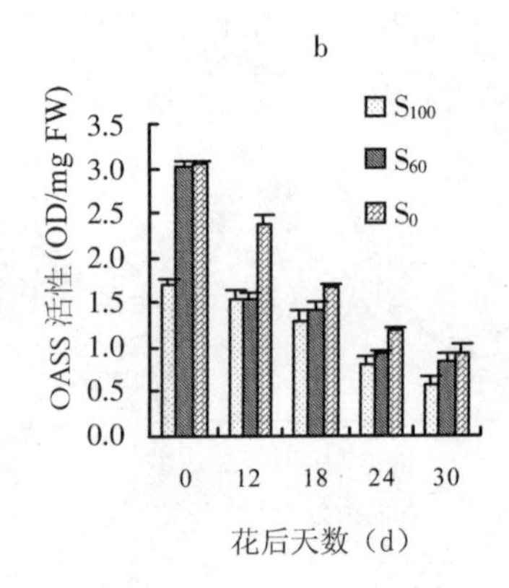

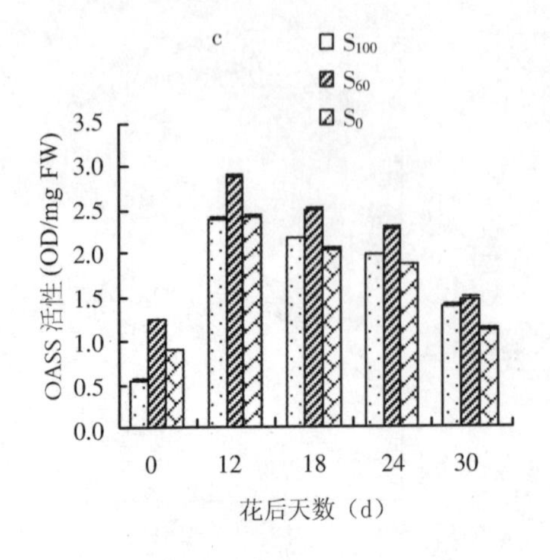

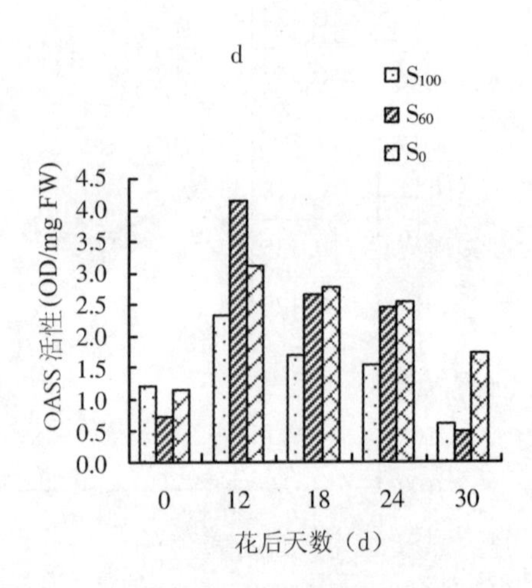

图6－5　N_{330}（a，c）和N_{240}（b，d）水平下施硫量对小麦旗叶 OAS－TL 活性的影响

2. 小麦需硫量　关于小麦需硫量一般认为是小麦获得最大产量时的最小需硫量，当考虑到品质的需求可能会高些。在英国，$<15kg/hm^2$ 的硫吸收量经常和缺硫联系在一起，冬小麦每生产 1t 籽粒需 2～3kg 硫。面包小麦品种籽粒含硫量比非面包小麦品种高 10%，这是因为前者的蛋白质含量高于后者，但这两种小麦硫素总的吸收量相似，因为后者趋向于产量的提高。冬小麦对硫的需求与产量水平密切相关，每公顷产 7237.5kg 冬小麦植株对硫素的吸收累积量在开花期趋近最大值，灌浆至成熟期出现硫素的损失。百千克籽粒需吸硫 0.154 ～0.222kg（河北农业技术师范学院，昌黎，1992）。每公顷产9172.5kg冬小麦植株硫积累量在成熟期达最大值，整株全硫积累量为 $35.9kg/hm^2$，百千克籽粒需吸硫 0.380kg，说明随产量水平的提高，小麦对硫的需求量显著增加。

3. 施硫对小麦碳、氮转运的影响　形成小麦籽粒的底物既有来自开花前营养器官积累氮、碳的再动员，也有来自开花后的氮素吸收和即时光合产物。因此开花后营养器官贮存 C－N 物质向籽粒的运转极大地影响小麦产量和品质。由表 6－5 可以看出，施硫处理能提高两品种单穗粒重和豫麦 34 花后干物质积累量，表现为 $S_{100}>S_{60}>S_0$，豫麦 50 花后积累干物质表现为 $S_{100}>S_{60}>S_0$。施硫处理分别提高了两品种叶、茎鞘、颖壳和穗轴等营养器官开花前贮存干物质向籽粒的转运量和转运率，以及转运干物质对籽粒重的贡献率，均表现为 $S_{100}>S_{60}>S_0$。豫麦 34 在不同硫肥处理下开花前营养器官贮存干物质的总转运量和总转运率及对籽粒重的贡献率均低于豫麦 50，表明该品种对花前物质的转运能力较低，籽粒产量主要来自开花后的干物质积累。

表 6－5　不同硫肥处理对冬小麦开花后干物质积累和运转的影响

品种	处理	营养器官花前贮存干物质								干物质积累		贡献率（CTG）(%)	
		叶		茎鞘		颖壳＋穗轴		合计					
		TA	TP	TA	TP	TA	TP	TA	TP	籽粒	花后	转运	花后积累
豫麦 34	S_0	0.134	41.96	0.124	11.19	0.010	2.47	0.268	14.61	1.179	0.911	22.73	77.27
	S_{60}	0.143	42.36	0.162	14.19	0.018	4.11	0.323	16.86	1.257	0.934	25.70	74.30
	S_{100}	0.141	42.22	0.130	11.82	0.017	3.91	0.288	15.46	1.202	0.914	23.94	76.06
豫麦 50	S_0	0.118	35.98	0.147	12.44	0.079	16.77	0.344	17.37	1.118	0.774	30.77	69.23
	S_{60}	0.135	37.41	0.167	13.79	0.098	19.00	0.400	19.15	1.208	0.808	33.11	66.89
	S_{100}	0.129	36.86	0.156	12.97	0.088	18.03	0.373	18.27	1.140	0.767	32.73	67.27

注：TA，转运量（g/stem）；TP，转运率（%）；CTG，贡献率（%），下同。

由表6－6 可以看出，施硫处理能提高两品种成熟期籽粒氮素积累量和豫麦50 营养器官开花后的氮素积累量，但降低了豫麦34 营养器官开花后氮素积累量。除豫麦50 叶片氮素转运率 S_{100}处理高于 S_{60}处理外，叶、茎鞘、颖壳和穗轴等营养器官开花前贮存氮素的转运量和转运率均以 S_{60}处理最高，S_{100}处理次之，两品种表现出相同的趋势。两品种营养器官花前贮存氮素的总转运量和转运率，以及转运氮素对籽粒氮积累的贡献

率均表现为 $S_{60}>S_{100}>S_0$。豫麦34各处理营养器官花前贮存氮素的平均转运量、转运率和转运氮素对籽粒氮积累的贡献率均大于豫麦50，表明其氮素的转运能力较强，为籽粒蛋白质合成奠定了物质基础。

表6-6　不同硫肥处理对冬小麦开花后氮素积累和运转的影响

品种	处理	营养器官花前贮存干物质								氮素质积累		贡献率（CTG）（%）	
		叶		茎鞘		颖壳+穗轴		合计					
		TA	TP	TA	TP	TA	TP	TA	TP	籽粒	花后	转运	花后积累
豫麦34	S_0	9.934	82.44	8.944	69.55	5.734	75.22	24.61	75.65	30.55	5.938	80.56	19.44
	S_{60}	11.904	82.84	11.521	77.64	6.486	75.54	29.91	79.14	34.67	4.758	86.28	13.73
	S_{100}	10.439	82.52	11.226	74.38	6.016	75.40	27.68	77.49	32.42	4.741	85.38	14.62
豫麦50	S_0	7.059	73.71	4.020	39.22	3.383	57.18	14.46	56.18	19.84	5.377	72.90	27.10
	S_{60}	8.294	74.61	6.086	54.42	3.940	60.10	18.32	63.49	23.77	5.450	77.07	22.93
	S_{100}	7.369	76.13	5.092	45.78	3.754	58.38	16.22	59.54	21.74	5.522	74.60	25.40

注：TA，转运量（g/stem）；TP，转运率（%）；CTG，贡献率（%），下同。

第三节　硫肥对小麦品质的影响

硫素供应状况对小麦体内氨基酸、蛋白质和淀粉含量的影响主要表现在以下几个方面：①硫是叶绿素合成所必需的元素，其适量供应可改善作物光合作用，为氮素同化提高碳架；②硫是蛋氨酸、胱氨酸和半胱氨酸的成分，也是辅酶A合成所必需的元素，适量供应可促进氨基酸尤其是含硫氨基酸的合成，为蛋白质合成提高氨基酸前体；③硫的适量供应可改善作物生长，促进植物对氮素的吸收，增强植物硝酸还原酶活性，继而促进氨基酸和蛋白质合成；④硫素有效供应可促进二硫键的生成，二硫键可以连接多肽，促进蛋白质合成并维持蛋白质结构的稳定性。

一、硫对小麦蛋白质品质的影响

（一）蛋白质含量

小麦籽粒和秸秆中硫含量分别为0.14%～0.17%和0.12%～0.19%，籽粒中积累的硫有50%来源于开花后吸收的硫，50%来源于开花前积累于营养器官中的硫（于振文，2005）。硫素的适量供应可促进小麦体内含硫氨基酸及蛋白质合成以及植株对氮素的吸收（王东等，2000）。增强根系（于振文，2006）和旗叶（于振文，2006；朱云集等，2006）硝酸还原酶活性，促进氮素同化，增加籽粒中蛋白质合成所需要的游离氨基酸的硫（于振文，2006），促进蛋白质生成。适量施硫肥尤其可促进籽粒灌浆过程中麦谷蛋白的积累（朱云集等，2006；于振文，2006）。在硫缺乏时则会导致小麦体内非蛋白质尤其是酰胺态氮含量的增加（Zhao *et al.*，1996）。小麦籽粒氮有大部分来自花后贮存于营养器官中氮素的再分配，而硫对促进小麦植株氮素的转移能力中发挥着重要作用。例如，硫素的适量供应可增强小麦旗叶中肽酶和羧肽酶的活性，促进叶中蛋白质的降解（王东等，2003；于振文，2006），旗叶蛋白质降解时产生的谷胱甘肽及其向籽粒中的转运对籽粒中蛋白质的合成具有重要意义（Anderson and Fitzgerald，2001）。

硫素供应状况对小麦籽粒蛋白质含量的影响受土壤硫含量、硫肥用量及品种和氮素供应状况的影响如下：

（1）土壤硫含量：在土壤硫含量低时施硫肥一般可增加小麦籽粒蛋白质含量（王东等，2000；杨安中等，2000；王东等，2003；赵首萍等，2003；杨光梅等，2007），但在硫含量较高的土壤上或种植对硫素供应状况不敏感的小麦品种时，施硫肥对籽粒蛋白质含量的作用不明显（Zhao *et al.*，1999；Luo *et al.*，2000；朱云集等，2005；赵广才等，2005）。在有效硫含量不低（14.67%）但保肥能力差的沙质土壤上，施硫肥还会因显著增产引起的稀释效应而减少籽粒蛋白质含量（刘万代等，2005），因此，小麦硫素养分管理中，需根据所使用品种类型和土壤硫素供应状况确定适宜的施硫量。

（2）硫肥用量：小麦籽粒蛋白质含量随施硫量的增加呈抛物线规律变化（王东等，2000；杨安中等，2000；王东等，2003；赵首萍等，2003；于振文，2006）。有关研究结果还表明，小麦籽粒蛋白质含量最大时的需硫量与产量最大时的需硫量相近（安中等，2000；王东等，2003），施硫肥可以很好地协调产量和籽粒蛋白质含量的关系。也有研究结果显示，施硫肥增加籽粒蛋白质含量的作用大于增加产量的作用，缺硫土壤上施硫未能明显影响小麦产量但可显著增加籽粒蛋白质含量（杨光梅等，2007）。总之，要增加小麦蛋白质含量，硫肥用量不能小于产量最大时的需硫量。

（3）硫肥品种：山东农业大学的研究资料表明，施不同品种硫肥均可增加冬小麦籽粒的蛋白质含量，但以施硫酸钾和硫酸铵增加籽粒蛋白质含量的效果最好，其次为硫黄和石膏，最差的为过磷酸钙。施用不同硫肥对小麦籽粒蛋白质含量影响的差异与其对小麦植株含氮量和旗叶硝酸还原酶活性影响的差异相似（于振文，2006）。

（4）氮素供应状况：在一定的条件下，硫素供应状况对小麦籽粒蛋白质含量的调控效应取决于氮素的供应水平（于振文，2006）。英国的研究结果表明，在有机质、全氮和有效氮含量较大的土壤上施硫肥可增加小麦籽粒蛋白质含量；在有机质、全氮和有效氮含量较小的土壤上施硫肥则对籽粒蛋白质含量无明显影响（Zhao *et al.*，1999）。施硫肥对春小麦籽粒蛋白质含量的影响也取决于氮素供应水平（赵首萍等，2003），当氮素供应水平较低时，施硫肥增加籽粒蛋白质含量的作用不明显，大多数供试品种的籽粒蛋白质含量甚至与硫肥用量呈负相关；当氮素供应水平较高时，施硫肥则可增加籽粒蛋白质含量，尤其是蛋白质含量较高的品种，其籽粒蛋白质含量在一定范围内与硫肥用量呈负相关。

（二）蛋白质组成

硫的适量供应可增加作物体内清蛋白等富含硫素的蛋白质含量，但对不含硫的蛋白质含量影响较小，因此，改变硫素的供应水平可影响作物体内蛋白质的组成。Wrigley 和他的合作者（1980，1984）证实，小麦硫缺乏导致贫硫蛋白 HMW 麦谷蛋白亚基和 ω - 醇溶蛋白成比例增加，同时，富硫蛋白组包括 LMW 麦谷蛋白亚基，α -，β - 和 γ - 醇溶蛋白、清蛋白和球蛋白成比例减少，其中 ω－醇溶蛋白合成增多是缺硫最显著的变化，从而使籽粒蛋白组成发生变化。尽管缺硫导致蛋白质比例发生变化，它并不改变蛋白质的特性，如电荷数、大小或等电点等。小麦籽粒蛋白质组成还因硫肥供应量的不同而异，在有效硫含量为 5. 84mg/hm^2 的低含硫量的土壤上，籽粒醇溶蛋白含量随硫肥用量的增加而增大，谷蛋白含量及谷醇比值均以适量硫肥（67. 5kg/hm^2）时最大（王东等，2003）。

硫素供应状况对不同品种小麦蛋白质组分含量的影响有较大的差别。在有效硫含量为 1. 2mg/kg 的土壤上，施硫量对强筋小麦“中优 9701”和弱筋小麦“宝丰 949”未产生明显的影响，却增加了强筋小麦“中优 9507”的清蛋白含量和中筋小麦“1－93”醇溶蛋白含量，减少了中筋小麦“穗 15”的清蛋白含量而增加了其球蛋白含量，也减少了弱筋小麦“宁麦 9 号”的球蛋白含量，从而改变了这些小麦的蛋白质的组成（杨光梅，2007）。

小麦籽粒中氮素和硫素比例是影响籽粒蛋白质品质的重要因素，适量施氮肥会促进氮素和硫素的吸收和积累，增加籽粒中氮和硫的含量获得适宜的氮、硫比值，增加籽粒谷蛋白占总蛋白的比例；氮肥用量过大时会抑制硫素向籽粒中转移，减少籽粒的硫含量，增加氮与硫比值，减少籽粒蛋白质含量，最终影响籽粒的价格品质（于振文，2006）。

Castle 和 Randall（1987）、Skerritt *et al.*（1986）调查了施硫对花后籽粒灌浆的影响。他们发现硫不足时，籽粒合成贮存蛋白的时期较对照要早，这可能是因为缺硫缩短了籽粒的灌浆期，以细胞分裂加快和蛋白质合成减慢为特征。同时，在硫缺乏的籽粒胚乳干重中，所有的麦谷蛋白达到常规比例的时间比不缺硫的小麦籽粒要早。

尽管硫对 HMW 麦谷蛋白亚基和 LMW 麦谷蛋白亚基的合成与积累作用完全相反，硫缺乏的结果是减少了面粉中麦谷蛋白大聚合体的含量，因为 LMW 亚基是麦谷蛋白的主要成分。Zhao *et al.*（1997）也从英格兰一系列的田间试验中报道了相似的结果，推测可能由于对麦谷蛋白的影响进而影响到面包品质。王东等（2003）的研究结果也证明了施硫显著促进籽粒谷蛋白的积累，但对醇溶蛋白积累不利。Wieser *et al.*（2004）采用高性能液体色谱，分析了德国种植在 2 种土壤、4 个施硫水平 Star 春小麦品种全面粉，结果指出，面筋蛋白像粗蛋白一样很少受硫肥影响，施硫对单一蛋白质的量和比例影响较大，这依赖于 Cys 和 Met 在蛋白质中的含量，施硫可使 HMW 亚基与 LMW 亚基比例得到很好的平衡。

清蛋白和球蛋白为小麦结构蛋白，也是含硫蛋白，约占总蛋白含量的 20%，主要存在于糊粉层、胚和种皮中，对蛋白质质量的作用小，但富含赖氨酸、色氨酸，营养价值高，对小麦营养品质起重要作用。作者（2007）测定不同施氮条件下施硫对 2 个品质类型小麦品种籽粒清蛋白和球蛋白含量的变化，发现均随灌浆进程而逐渐降低。在 N_{330} 和 N_{240} 水平下，施硫处理均高于不施硫处理，其中豫麦 34 在 $N_{330}S_{100}$ 和 $N_{240}S_{100}$ 下 35d 分别较对照提高 22. 61% 和 58. 69%，豫麦 50 增加 19. 65% 和 66. 67%（表 6－7）。

表6-7　不同供氮水平下硫处理籽粒清蛋白+球蛋白含量动态变化（%）

品种	处理	花后天数（d）						
		5	10	15	20	25	30	35
豫麦34	$N_{330}S_{100}$	13.919	11.234	6.317	5.605	4.639	3.891	3.356
	$N_{330}S_0$	12.740	10.286	5.143	4.285	3.652	3.012	2.737
	$N_{240}S_{100}$	13.930	11.201	5.600	5.144	4.107	3.456	3.115
	$N_{240}S_0$	10.322	8.376	4.188	3.260	2.959	2.564	1.963
豫麦50	$N_{330}S_{100}$	10.521	7.881	6.240	3.521	3.512	2.712	4.081
	$N_{330}S_0$	10.770	8.380	4.851	3.712	3.341	2.921	3.411
	$N_{240}S_{100}$	10.620	7.721	4.382	2.901	3.612	5.843	2.270
	$N_{240}S_0$	8.682	8.282	5.203	3.502	5.861	4.572	1.362

醇溶蛋白和麦谷蛋白质均为贮藏蛋白，约占总蛋白含量的80%，存在于小麦胚乳部分，是面筋蛋白的重要组成部分，与面粉的加工品质密切相关。表6-8显示，2个品种醇溶蛋白和麦谷蛋白含量，均随灌浆进程而逐渐增加。豫麦34在N_{330}水平下，施硫处理籽粒醇溶蛋白和麦谷蛋白含量低于不施硫处理，N_{240}水平下，施硫处理略高于不施硫处理；豫麦50与其相比，2种蛋白含量较低，在N_{240}水平下，施硫处理均高于不施硫处理，其中$N_{240}S_{100}$较对照提高20.63%。

表6-8　不同供氮水平下施硫处理籽粒醇溶蛋白+谷蛋白含量动态变化（%）

品种	处理	花后天数（d）						
		5	10	15	20	25	30	35
豫麦34	$N_{330}S_{100}$	1.981	4.247	6.878	8.555	10.035	11.365	12.509
	$N_{330}S_0$	1.747	2.623	4.696	6.562	9.682	11.216	13.217
	$N_{240}S_{100}$	1.743	1.853	3.665	4.129	4.758	10.325	10.781
	$N_{240}S_0$	1.612	1.658	2.346	3.423	5.793	10.021	10.434
豫麦50	$N_{330}S_{100}$	2.044	1.655	4.741	6.321	5.591	4.523	4.652
	$N_{330}S_0$	1.871	2.310	4.170	5.270	5.590	4.381	4.651
	$N_{240}S_{100}$	1.490	2.472	4.171	7.100	5.701	3.882	4.613
	$N_{240}S_0$	0.841	1.522	4.031	6.772	5.252	2.415	3.824

蛋白质含量是衡量品种品质优劣的基本指标。表6-9显示，就豫麦34不同氮硫处理来看，在N_{330}水平下，施硫处理虽于花后10d、15d、20d和30d显著高于不施硫处理，但最终蛋白质含量差异不大。在N_{240}水平下，施硫处理高于不施硫处理。豫麦50在高氮条件下施硫反而降低了蛋白质含量，在N_{240}条件下35d施硫处理籽粒蛋白质含量高于不施硫处理。

表6－9　不同供氮水平下施硫处理籽粒总蛋白质含量动态变化（%）

品种	处理	花后天数（d）						
		5	10	15	20	25	30	35
豫麦34	$N_{330}S_{100}$	15.900	15.481	13.195	14.161	14.674	14.012	15.865
	$N_{330}S_0$	14.487	12.909	9.839	10.847	13.334	13.258	15.954
	$N_{240}S_{100}$	15.674	13.054	9.265	9.273	8.865	13.541	13.896
	$N_{240}S_0$	11.934	10.034	6.534	6.683	8.752	11.259	12.398
豫麦50	$N_{330}S_{100}$	12.56	9.53	10.97	9.94	9.10	9.802	9.749
	$N_{330}S_0$	12.64	10.69	9.02	8.98	8.92	8.146	10.164
	$N_{240}S_{100}$	10.18	10.18	8.56	11.00	9.31	11.28	11.920
	$N_{240}S_0$	9.80	9.80	9.33	10.27	11.11	11.07	9.895

（三）硫对小麦氨基酸组成及含量的影响

大多数小麦籽粒中的硫以蛋白质的形式出现，如含半胱氨酸和蛋氨酸的蛋白质。Byers *et al.*（1979）通过小麦盆栽试验来研究施硫对总氨基酸组成的影响，发现缺硫显著减少籽粒和面粉中的半胱氨酸和蛋氨酸含量，对半胱氨酸比对蛋氨酸影响显著。缺硫导致水解后2－天门冬素和3－天门冬素和（或）天（门）冬氨酸增加，也使非蛋白质氮大量增加。同时发现当硫缺乏、氮素供应高时导致赖氨酸和苏氨酸含量减少。这可能是因为积累天冬氨酸和天冬酰胺酸的稀释作用，也可能因为氮素供应量太少。

刘宝存等（2002）研究表明，北农10号小麦的17种氨基酸总量因施硫而明显提高，最高可提高1.97%；当施硫量为60kg/hm^{2}时，含硫的蛋氨酸含量比对照（不施硫肥）增加0.5%。不含硫的天门冬氨酸、苏氨酸、丝氨酸、谷氨酸、甘氨酸、亮氨酸、苯丙氨酸等含量因硫肥的施用而有所提高，但是达到最大含量的硫肥用量差别很大；京冬8号小麦的17种测定氨基酸中，含硫的胱氨酸含量增加百分率幅度最大，达7%～28%。

赵首萍等（2004）以6个不同品质类型春小麦为材料，在不同氮水平下，研究施硫对湿面筋、沉降值及氨基酸的调节效应。结果表明，高氮条件下（施尿素128kg/hm^2），施硫可提高湿面筋含量和沉降值，对高蛋白品种作用更明显。低氮（施尿素60kg/hm^2）条件下施硫，除辽10的湿面筋和沉降值均降低外，其他品种表现湿面筋含量降低而沉降值提高。氮施用水平较高时，硫可提高不同品种的总氨基酸和含硫氨基酸含量，且含硫氨基酸与湿面筋和沉降值呈正相关。

（四）硫对小麦面团流变学特性的影响

面团流变学特性对小麦加工品质影响较大。Yoshino 和 McCalla（1962）证明小麦籽粒中硫浓度降低导致了面粉中二硫键减少，面筋内在黏度有轻微的降低。小麦籽粒硫含量对面团流变学特性的影响也被 Moss *et al.*（1981）在澳大利亚所证实：面团延展性与面粉硫在0.8～1.8mg/g成线性正相关，而面团的抗性随面粉中硫浓度升高而减小。

UK 最近的研究（1999）也证明，凝胶蛋白组分（主要是聚合体麦谷蛋白）的弹性系数随硫的施加而显著降低，对面包小麦品种的 3 个大田试验数据进行多元线性回归分析，得出籽粒硫浓度是面团抗拉伸性（面团强度）最重要的影响因素。相反，面团延展性可能主要与面粉凝胶蛋白含量有关。因为 N 和 S 的施用都趋向于增加凝胶蛋白含量，也增加面团的延展性。

硫缺乏导致面团抗拉伸性的增加，可能是因为麦谷蛋白 HMW/LMW 亚基比的升高造成，也可能是由于谷胱甘肽的参与。Chen 和 Schofield（1995）证明了新磨面粉中 GSH 的总浓度在 140～260nmol/g 之间，游离 GSH 可能与麦谷蛋白聚合体链内二硫键发生反应，导致二硫键断裂。此反应导致麦谷蛋白解聚，使面团的弹性变弱。Coventry *et al.*（1972）也曾证明了面粉谷胱甘肽总浓度与面团强度呈显著负相关。因此，可以推测小麦施加高量硫可能增加面粉内源谷胱甘肽浓度，导致面团弱化。到目前为止，这一假设还没有被直接证明。

从作者（2005）不同追施硫肥处理的面团流变学特性测定结果（表 6－10）来看，不同硫肥追施量对豫麦 70 面粉面团流变学特性影响不同，但处理之间差异未达显著水平，每公顷施硫 30kg 籽粒的各项测定指标均优于不施硫处理，其余处理与对照相比差异不大，可以看出，在沙质土壤上追施硫肥能够改善冬小麦的面团流变学特性，其中以少量追施效果最优。

表 6－10　追施硫肥对冬小麦面团流变学特性的影响

处理（kg/hm^2）	吸水率（%）	形成时间（min）	稳定时间（min）	弱化度（BU）	评价值（n）	拉伸面积（cm^2）	延伸性（mm）	最大抗阻（BU）
0	55.0	3.5	5.8	60	58	79	166	333
30	56.3	4.0	6.0	55	60	81	167	343
60	55.1	3.0	4.0	70	56	70	155	324
90	57.0	4.0	6.2	60	60	80	168	343

二、硫对小麦淀粉品质的影响

（一）硫对小麦淀粉及其组成的影响

淀粉是小麦籽粒的主要成分，淀粉含量以及淀粉的直/支链淀粉比、糊化特性等决定着产量和加工产品的外观品质和食用品质，有关施硫对小麦籽粒淀粉的研究较少。王东等（2003）在土壤有效硫含量为 5.84mg/kg 的地块上施硫，67.5mg/kg 纯硫处理，不仅提高了小麦籽粒中蔗糖的含量，而且催化蔗糖降解代谢的蔗糖合成酶（SS）活性提高，利于籽粒蔗糖的降解。施硫显著提高了灌浆期间籽粒可溶性淀粉合成酶（ADPGPPase）和束缚态淀粉合成酶（GBSS）活性，并在灌浆中、后期维持在较高水平，对直链和支链淀粉的合成都起促进作用，使总淀粉积累增加，千粒重提高，产量增加。

由作者（2007）在不同氮硫水平下不同筋型小麦籽粒淀粉测定结果（表 6－11）可以看出，在不同氮硫水平下总淀粉含量、组分含量及其比例有不同，强筋小麦豫麦

34 在 2 种供氮水平下，总淀粉含量和支链淀粉含量均以 S_{60} 最高，且与其余处理间达显著水平，在高氮（N_{330}）水平下，以 S_{100} 的直链淀粉含量和直/支链淀粉最高，并与其余处理达极显著水平，直链淀粉含量分别较 S_{60} 和 S_0 提高 10.16% 和 15.13%，在 N_{240} 条件下，各处理间直链淀粉含量和直/支链淀粉差异不明显，但支链淀粉含量施硫处理与不施硫处理间差异达显著水平，分别较 S_0 处理提高 5.44% 和 11.59%。

弱筋小麦豫麦 50 在 2 个供氮水平下不同施硫处理表现不同，在 N_{330} 条件下，总淀粉含量以 S_{100} 最高，与其他施硫处理相比达极显著水平，直链淀粉含量不同施硫处理间差异不显著，支链淀粉施硫处理均显著高于对照。在 N_{240} 水平下，S_{100} 处理总淀粉含量和支链淀粉含量却显著低于其他施硫处理，直链淀粉含量显著高于其他施硫处理，直/支链淀粉却显著高于其他处理，但 S_{60} 处理总淀粉含量和直链淀粉含量均显著高于其他处理，其中总淀粉含量分别较 S_{100} 和 S_0 提高 21.61% 和 9.65%，支链淀粉含量分别提高 42.22% 和 10.23%。2 个品种相比，豫麦 50 总淀粉含量和支链淀粉含量相对高于豫麦 34。上述结果表明，施硫对籽粒总淀粉含量的积累具有一定的调节作用，而这种调节作用因不同品种和不同氮素施用水平而不同。

表 6－11　不同供氮水平下硫处理籽粒中淀粉含量及组成

品种	处理	总淀粉含量（%）	直链淀粉含量（%）	支链淀粉含量（%）	直/支比
豫麦 34	$N_{330}S_{100}$	55.531bA	19.643aA	35.888bA	0.547aA
	$N_{330}S_{60}$	59.482aA	17.832bA	41.650aA	0.428bB
	$N_{330}S_0$	55.634bA	17.061bA	38.573bA	0.442bB
	$N_{240}S_{100}$	57.145bA	17.701bA	39.444aA	0.449bB
	$N_{240}S_{60}$	58.188aA	16.442bA	41.746aA	0.394bB
	$N_{240}S_0$	55.023bA	17.190bA	37.408bA	0.459bB
豫麦 50	$N_{330}S_{100}$	60.061aA	17.832aA	42.231aB	0.422bA
	$N_{330}S_{60}$	54.560bB	17.022aA	37.542aB	0.453bA
	$N_{330}S_0$	54.342 bB	17.371 aA	36.970bB	0.471aA
	$N_{240}S_{100}$	63.271bB	18.410aA	44.861bB	0.411bA
	$N_{240}S_{60}$	76.942aA	13.143bB	63.802aA	0.206cB
	$N_{240}S_0$	70.170bB	12.280 bB	57.880bB	0.212cB

（二）硫对小麦淀粉糊化特性的影响

朱云集等（2005）在土壤有效硫含量低的沙质土壤麦田，在拔节期分别追施 30kg/hm²、60kg/hm²、90kg/hm² 纯硫，结果发现，追硫处理除对产量增加与对照相比达到极显著水平外，对小麦面粉淀粉糊化特性参数影响较大，其中高峰黏度、低谷黏度、最终黏度、稀懈值与对照相比均达到极显著水平（表 6－12）。

表 6－12　硫肥追施对豫麦 70 淀粉糊化特性的影响

处理（S，kg/hm²）	高峰黏度（cP）	低谷黏度（cP）	稀懈值（cP）	最终黏度（cP）	糊化时间（min）
0	1236cC	880cC	356bB	1554bB	6.1a
30	1814bB	1175bB	639aA	1908aA	6.2a
60	2232aA	1492aBA	740aA	2393aA	6.2a
90	2483aA	1755aA	728aA	2590aA	6.5a

三、硫对小麦加工品质的影响

硫对小麦加工品质的影响也不同，饼干和甜点需要高延展性的面团，因而希望通过增加硫浓度来改善饼干品质。目前，硫对饼干品质的影响仅有一个报道，Moss *et al.*（1983）发现，饼干延展性与澳大利亚饼干小麦品种 Egret 面粉中硫的浓度显著相关，多元回归得出的方程式表明，面粉中硫浓度每增加 0.1mg/g，饼干将多伸展 0.5cm。

（一）硫对面包加工品质的影响

一些研究已经报道了硫对面包品质的影响。Byers *et al.*（1979）在温室中用春小麦进行沙培试验，低硫处理籽粒硫浓度为 0.8mg/g，N∶S 比为 31，面粉则完全不适合制作面包，沙培试验中高硫处理在开花后再追施硫肥，可使面包体积进一步扩大。Moss *et al.* 在澳大利亚大田条件下，得出硫和多用途软麦品种 Olympic 面粉制作的面包体积有显著正效应。与此对比，即使硫处理显著影响面团流变学特性，硬质面包小麦品种 Shortim 面粉制作的面包体积没有明显提高，在小型烘焙试验中，硫浓度升高使 Olympic 品种的面包体积有较小的降低。

有研究表明，后期追施一定量的氮，使 N∶S 比失衡，会导致制作面包的面筋蛋白质的品质恶化。Zhao *et al.*（1997）用硬质小麦品种 Hereward 在英国不同生态环境做了 7 个试验，发现在 4 个试验中施硫显著增加面包体积，仅有 1 个试验中基施氮肥 180kg/hm² 后，再追施 50kg/hm² 氮肥会增加面包体积。相关和回归分析表明，籽粒 N 浓度不能很好地反映面包体积，但籽粒硫含量（硫浓度和 N∶S 比）能较好地反映面包体积。德国的试验也证明了面包加工品质对硫的反应，Schnug *et al.*（1993）报道，每公顷施 46kg 硫使籽粒硫含量增加 15%～20%，面包体积也增加 6%。

（二）硫对面条加工品质的影响

由表 6－13 可以看出，2 个品种随施硫量的升高面条硬度、黏附性、黏合性和咀嚼性均有上升的趋势，豫麦 34 硬度和咀嚼性以 S_{100} 为最高，但硬度与其他处理差异未达显著水平，咀嚼性与其他处理差异达显著水平，黏附性施硫处理均高于对照，且达显著水平。豫麦 50 施硫处理则在面条硬度、黏附性、黏合性和咀嚼性指标均高于对照，且差异达显著水平。

表6-13　面条质构的多重比较

品种	处理	硬度	黏附性	弹性	黏结性	黏合性	咀嚼性	回复性
豫麦34	S_{100}	4131.926a	-108.276a	0.872a	0.802a	3315.981a	2889.540a	0.600a
	S_{60}	3690.824a	-92.814a	0.847a	0.793a	2928.659a	2481.886b	0.574a
	S_0	3822.421a	-87.233b	0.832a	0.813a	3106.248a	2586.827b	0.614a
豫麦50	S_{100}	3360.206a	-90.499a	0.902a	0.836a	2801.401a	2528.443a	0.654a
	S_{60}	3105.664a	-97.771a	0.875a	0.829a	2574.619a	2255.280a	0.655a
	S_0	2504.035b	-66.767b	0.983a	0.847a	2120.985b	2084.849b	0.660a

（三）硫对麦谷蛋白大聚合体的影响

Alary 和 Kobrehel（1987）研究表明，麦谷蛋白的-SH和S-S总浓度与意大利面的烹饪品质有显著的相关性，进一步调查富硫低分子量麦谷蛋白片段（DSG_1 和 DSG_2）与其质量有关。目前还不知道硫对硬质小麦有效性是否影响DSG蛋白质的合成和积累，和怎样影响DSG蛋白质的合成和积累，但可以认为硫很可能影响意大利面食产品的品质。

作者（2007）利用反相高效液相色谱法（RP-HPLC），获得色谱分析各贮藏蛋白组分相对吸收面积的积分值，可以代表各组分的相对含量（表6-14）。从表6-14可知，对豫麦34来说，施硫减少了ω醇溶蛋白量的相对含量，S_{100}和S_{60}分别较S_0减少了4.13%和8.56%，$\alpha+\beta$醇溶蛋白和γ醇溶蛋白含量仅有S_{100}较S_0稍有增加，因而总醇溶蛋白量少于不施硫处理，豫麦50ω蛋白含量S_{100}和S_{60}亦较S_0减少，增加了$\alpha+\beta$醇溶蛋白和γ蛋白含量，$\alpha+\beta$含量S_{100}和S_{60}分别较S_0提高3.49%和3.05%，γ醇溶蛋白含量分别提高2.32%和2.99%。豫麦34 HMW-GS和LMW-GS含量S_{100}处理较S_0分别提高了5.66%和2.37%，豫麦50施硫处理较不施硫处理HMW-GS和LMW-GS含量均有提高，HMW-GS含量S_{100}和S_{60}分别较S_0提高2.11%和5.00%，LMW-GS含量分别提高3.52%和5.07%。

表6-14　贮藏蛋白RP-HPLC分析结果

组分类型		豫麦34			豫麦50		
		S_0 相对吸收面积积分值	S_{60} 相对吸收面积积分值	S_{100} 相对吸收面积积分值	S_0 相对吸收面积积分值	S_{60} 相对吸收面积积分值	S_{100} 相对吸收面积积分值
醇溶蛋白	ω	2369880	2182950	2275838	1784780	1680834	1748511
	$\alpha+\beta$	10579382	10410732	10612870	10455485	10820298	10774438
	γ	8147426	7861970	8022508	8222021	8467905	8412968
	Total Gliadin	21092688	20455652	20911216	20322286	20969037	20935917

续表

组分类型		豫麦 34			豫麦 50		
		S_0 相对吸收面积积分值	S_{60} 相对吸收面积积分值	S_{100} 相对吸收面积积分值	S_0 相对吸收面积积分值	S_{60} 相对吸收面积积分值	S_{100} 相对吸收面积积分值
谷蛋白	HMW - GS	3935435	3929602	4158144	2556349	2684365	2610392
	LMW - GS	9437519	9399570	9660733	4480366	4638164	4707628
	Total Glutenin	13372954	13329172	13818877	7036715	7322529	7318020

进一步对 2 个品种不同处理面粉贮藏蛋白组分进行定量分析，可以看出，不同品种和不同处理间贮藏蛋白组分比例有明显差异。豫麦 34 HMW - GS 含量占谷蛋白总含量的 29.3% ~30.1%，而豫麦 50 在 36.0% ~36.4%，HMW/LMW - GS 比值分别为 0.418 左右和 0.570 左右。HMW - GS 中，X 型亚基是大量部分，X/Y 型亚基比值豫麦 34 为 2.42% ~2.55，豫麦 50 为 2.71 ~3.21。豫麦 34HMW - GS 所占比例施硫处理少于不施硫处理，但其中 X 型亚基所占比例 S_{60} 和 S_{100} 分别较不施硫处理提高 2.99% 和 1.89%，X/YHMW - GS 均随施硫量的提高而增加，LMW - GS 所占比例均高于不施硫处理；豫麦 50 HMW - GS 所占比例 S_{60} 处理高于 S_0，S_{100} X/YHMW - GS 高于 S_0。ω、$\alpha+\beta$ 和 γ 醇溶蛋白所占比例也有不同，豫麦 34 S_0 处理 ω 含量比例均高于 S_{60} 和 S_{100} 处理，且 α/β 和 γ 醇溶蛋白含量所占比例均随施硫量增多而提高，豫麦 50 的 $S_0\omega$ 含量比例均高于施硫处理，施硫处理 $\alpha+\beta$ 和 γ 醇溶蛋白含量所占比例均高于 S_0（表 6 - 15）。

表 6 - 15 不同处理贮藏蛋白量化分析

处理		HMW						LMW	ω	$\alpha+\beta$	γ	HMW/LMW	X/Y - HMW - GS
		Dy	By	Dx	Bx	Ax	Total						
豫麦 34	S_0	4.6	4.0	8.2	8.7	3.9	30.2	69.8	11.1	50.3	38.6	0.418	2.42
	S_{60}	4.5	3.8	8.5	8.8	3.9	29.5	70.5	10.7	50.7	38.6	0.420	2.55
	S_{100}	4.8	3.9	8.7	8.8	3.9	30.1	69.9	10.9	50.4	38.7	0.416	2.46
豫麦 50	S_0	5.3	4.0	12.1	10.5	4.1	36.0	64.0	8.7	51.1	40.2	0.563	2.83
	S_{60}	5.6	4.4	11.7	10.9	4.5	37.1	63.6	8.0	51.6	40.4	0.583	2.71
	S_{100}	5.3	3.9	11.6	10.2	4.5	35.5	64.5	8.3	51.5	40.2	0.550	3.21

注：表中数值表示不同贮藏蛋白组分的百分含量。

麦谷蛋白大聚合体（GMP）是由高分子量的麦谷蛋白亚基（HMW - GS）和低分子量麦谷蛋白亚基（LMW - GS）相互交联形成的，是反映麦谷蛋白分布的一个重要指标，对面筋和面团的黏弹性极为重要，与面粉的加工品质关系密切。从籽粒 GMP 方差分析可知，氮水平间差异不显著，硫水平间和氮硫互作差异极显著。进一步对硫水平进行多重比较可以看出，不同供氮水平下，GMP 达最大值时所需施硫量不同。在 N_{330}

水平下，S_{100}显著大于S_{60}和S_0，S_{60}与S_0差异不显著。在N_{240}水平下，S_{100}与S_{60}差异不显著，但均显著大于S_0。在N_{150}水平下，GMP大小顺序依次为：$S_{100}>S_0>S_{60}$，且均达到显著水平。在N_0水平下，$S_{100}>S_0>S_{60}$，S_{100}和S_0极显著大于S_{60}。在N_{150}和N_0水平下，S_{60}处理极显著低于其他处理，由此可见在适宜的施氮水平下施硫处理均提高了小麦籽粒GMP含量（表6－16）。

表6－16　不同供氮水平下施硫处理籽粒GMP多重比较（品种：豫麦34）

处理	N_{330}	N_{240}	N_{150}	N_0
S_{100}	13.29aA	14.95aA	17.20aA	11.47aA
S_{60}	10.35bB	12.55aA	10.21cB	7.16bB
S_0	11.23bB	9.51bB	13.18bB	12.24aA

（四）硫对二硫键的影响

二硫键（S－S）在决定小麦蛋白质结构和特性中发挥着关键作用。在小麦面筋蛋白组成成分中，醇溶蛋白分子量小，其分子中的二硫键都分布于分子内部，为面团提供延伸性；麦谷蛋白是数条亚基通过而形成的纤维状大分子，使麦谷蛋白不易流动，为面团提供弹性。一般品质好的小麦面粉蛋白二硫键较品质差的难以断裂。对二硫键进行方差分析发现，只有硫水平间达到显著水平。从表6－17可以看出，在不同施氮水平下，二硫键含量均随施硫量的增加而提高。

表6－17　不同氮硫水平下籽粒二硫键多重比较（品种：豫麦34）

处理	N_{330}	N_{240}	N_{150}	N_0
S_{100}	2.977aA	4.790aA	5.838aA	3.218aA
S_{60}	2.565aA	3.395bAB	2.847bB	2.279abA
S_0	1.443bB	2.720bB	2.281bB	1.737bA

第四节　我国氮肥施用及硫氮互作对小麦产量和品质的影响

一、我国农业生产中氮肥施用现状

限于我国人口激增、农业资源耗竭，并且随着农业结构调整，粮食作物种植总面积减少，全社会对粮食的需求日益增多的现状，提高粮食单产、增加总产是我国目前农业生产的唯一途径。在提高产量的诸多因素中，施肥特别是氮肥的施用发挥了巨大的作用，但氮肥的施用量在逐年增多又产生一些负面影响。欧洲国家近年来全年作物的氮肥施用量普遍降低到120kg/hm^{2}左右，而我国中、东部地区每季作物氮肥施用量普遍超过250kg/hm^2。随着氮肥施用量的增多，氮肥残留率增多（巨晓棠和张福锁，

2003)。国外统计，在土壤中残留的^{15}N在12% ~44%，而我国一季作物之后残留氮常占施氮量的15% ~30%，旱地小麦土壤残留氮变幅可以达到7% ~74%，农业生产中氮肥的损失率在30% ~50%（朱兆良，1997)。在目前氮肥施用量大、残留率高的情况下，土壤生态环境受到影响，比如土壤pH值的改变、影响离子的交换性吸收或促进其置换进入土壤溶液中、引起营养元素间的拮抗或协同作用，从而影响其在植物体内的吸收和代谢，造成作物生理缺素的现象。

金继运等（1999）认为，中国水稻生产氮肥农学利用率从15 ~20kg/kg下降到9.1kg/kg，主要原因之一是偏施氮肥，没有合理地施用适量的磷、钾肥所致；在高背景氮的土壤和施用高氮肥量的情况下，水稻对氮素会产生奢侈吸收现象。过量的氮素往往伴随着高呼吸消耗、病虫为害加剧、倒伏、降低收获指数和品质。巨晓棠（2003)、Alam（2006）研究证明，根据土壤和作物生长状况进行氮、磷、钾和中微量营养元素的配合施用，是提高产量、保证品质、发挥各种肥料作用的关键措施。

二、氮、硫相互作用对作物生长和品质的影响

半胱氨酸的C/N骨架先驱——乙酰丝氨酸（OAS）依赖于氮的适宜供应，OAS对mRNA库的运输有至关重要的调节作用。据推测，在S缺乏时，没有OAS，将会有向上调节；相反，在高N水平（或供应人工合成的OAS）下转运蛋白表达加强。因此，可以得出结论，S和N的代谢在共同的坐标体系下，不充足的S供应导致暂时的和稳固的硝酸盐积累或特殊的氨基酸库的混乱。特别是当硫缺乏时，自由氨基化合物如天冬酰胺和谷氨酸盐在小麦体内有显著的积累（Zhao *et al.*，1999)。

由于植物氮同化和硫同化有较密切的内在联系，可以理解植物趋向于有一个相对稳定的N∶S，尤其是在植物的生长组织中，由于植物氮和硫的供应水平不同而N∶S变化很大。在很多物种中，蛋白质占有机硫和有机氮的80%，对禾本科植物来说，包括小麦蛋白质，合成1份硫需要15份的氮。当硫相对于氮供应缺乏时，非蛋白质化合物合成就会发生，如氨基化合物，这就导致N∶S远大于15∶1（Gilbert *et al*，1997)。

在对小麦产量和品质形成的影响因子中，栽培措施影响作用最大，其中肥料营养调控发挥重要的作用。氮、硫是小麦籽粒蛋白质的重要组成成分，但人们对氮的作用一直较为重视，氮肥的施用对提高我国作物产量、保证粮食安全起到了重要的作用。目前我国是世界上氮肥生产量和施用量最多的国家，但在农业生产中过量施氮引起营养元素间的拮抗或作物营养不平衡，不仅影响其在作物体内的吸收和代谢，影响到作物产量的进一步提高和品质的改善，而且又导致作物氮肥利用效率降低，造成土壤硝态氮过多积累和淋溶。硫作为植物生长和品质形成的重要营养元素，在过去以肥料的副产物或空气沉积物补充给土壤，但随着当前肥料种类的改变和作物产量提高，尤其在过量施氮的情况下，缺硫的土壤面积越来越大。由于氮素和硫素在植物体内的生理活动中有密切的联系，土壤中营养元素多少、比例及作物对其的同化状况对作物生长和产量、品质的形成影响极大。

目前世界上有70多个国家和地区缺硫，中国也是亚洲最缺硫的国家之一。南方土壤缺硫是公认的，但近年来北方土壤缺硫也日益加剧。据测定，河南省农田土壤中含

硫量正在急剧下降，按沿用的土壤缺硫的临界值12mg/kg、潜在缺硫12～24mg/kg来衡量，在主要土壤类型潮土、盐碱土、砂姜黑土、褐土中，缺硫或潜在缺硫的农田占55%以上，部分农田土壤有效硫含量在5mg/kg的极低水平。因此，有关土壤缺硫临界值的界定，国外研究认为是12mg/kg，我国多数研究认为在16mg/kg以上，高义民等（2004）研究认为亏缺值为18.5mg/kg；林葆等（2000）表明，不同作物和不同耕作方式对硫素的需求差别很大，评价土壤中硫素供求状况必须与具体生产条件相结合。

三、硫素营养的调控

目前市场上能买到的含硫肥料有：硫黄（含S 85%～100%）、硫铁矿（含S 35%）、硫代硫酸铵（含S 26%）、硫酸铵（含S 24%）、硫酸镁（含S 23%）、硫酸钾镁（含S 22%）、硫酸钾（含S 18%）、石膏（含S 19%）、硫酸锌（含S 15%）、过磷酸钙（含S 13.9%）以及硫衣尿素等品种。由于有效硫在通透性较好的土壤中易流失，对于潮土来说，硫肥品种尽量选用石膏和硫黄等溶解度小的含硫肥料，施用时尽量把这类肥料碾碎、撒匀，并且在播种前3周施用，效果最佳。对砂姜黑土类型的耕地，可选用过磷酸钙类肥料，在增施磷肥的同时，硫肥也得到了补充。对黄棕壤而言，要选用硫酸钾肥料，在补充钾的同时补充硫。此外，在生产配方肥时，在缺硫地区，选用含硫复合肥、硫酸钾、硫黄、石膏作为生产原料。在干旱条件下，硫肥作为种肥或行侧带状施用效果较好；在水分充足的条件下，硫酸根移动性较强，撒施效果也较好。其他含硫肥料可以计算出施硫总量，一般每公顷施60kg左右。

作者（2006）曾以不施硫作对照，研究了硫黄粉（含S 98%）、石膏（含S 22%）、过磷酸钙（含S 12%）、硫酸铵（含S 24%）、硫酸钾（含S 17.8%）对小麦光合特性及产量的影响，所有硫肥全部作为基肥以纯S60kg/hm^{2}施入大田。试验结果表明，与不施硫相比，不同种类硫肥对小麦产量均有提高作用，其中以过磷酸钙的效果最好（表6-18）。进一步分析不同种类硫肥对小麦产量构成的影响可以发现，对成穗数的影响较大，其他因子也有提高。增产的主要原因在于施硫提高了小麦光合特性和氮同化特性，增大了小麦生育后期干物质积累，实现了生物量和收获指数的同步提高。

表6-18　不同种类硫肥对小麦产量及其构成的影响（河南农业大学，2006）

处理	成穗数（1×10^4/hm^2）	穗粒数（粒/穗）	千粒重（g/千粒）	产量（kg/hm^2）	收获指数
对照	474.48b	28.68b	39.92b	6335.55b	0.35 c
硫黄粉	495.86b	33.79a	45.37a	7530.15a	0.44 a
石膏	468.28b	29.04b	46.80a	7602.9a	0.39 ab
过磷酸钙	567.59a	32.41a	45.46a	7935.15a	0.41 ab
硫酸铵	503.45b	30.48b	44.42a	7505.25a	0.41 ab
硫酸钾	520.00b	30.22b	50.10a	7279.95a	0.38 bc

从试验的主要品质性状分析结果来看，不同种类硫肥处理对中筋小麦品种豫麦49籽粒硬度、面粉蛋白质含量、粉质参数指标均影响不大，与对照相比无明显差异，此结果与前人研究结论一致。但从淀粉糊化特性指标测定结果来看，施硫影响了豫麦49面粉的高峰黏度、低谷黏度、最终黏度、糊化时间等指标，比较不同施硫处理小麦面粉淀粉糊化参数。淀粉糊化特性的提高对改善冬小麦加工品质起积极作用（表6－19）。

表6－19　不同种类硫肥处理对冬小麦品质性状的影响（河南农业大学，2006）

项目	硬度值(SKHD)	面粉蛋白质含量(%)	粉质参数			淀粉糊化参数				
			形成时间(min)	稳定时间(min)	评价值(n)	高峰黏度(cP)	低谷黏度(cP)	稀懈值(cP)	最终黏度(cP)	糊化时间(min)
对照	26.7a	13.2a	4.5a	4.7a	61a	1961b	1304b	657a	2220b	6.0b
硫黄粉	27.3a	13.7a	5.0a	5.2a	66a	2357a	1710a	647a	2601a	6.5a
石膏	28.4a	13.8a	5.0a	5.3a	65a	1595b	1164b	431a	1992b	6.2a
过磷酸钙	29.2a	13.7a	5.0a	5.5a	65a	2217a	1627a	590a	2597a	6.4a
硫酸铵	30.2a	13.5a	5.0a	5.3a	65a	2035a	1451b	584a	2372a	6.3a
硫酸钾	27.2a	13.8a	4.6a	4.9a	64a	1988a	1309b	679a	2309a	5.8b

本章参考文献

[1] SAITO K. sulfur Assimilatory metabolism. The long and Smelling Road [J]. Plant Physiology, 2004, 136: 2443－2450.

[2] ZHAO F J, HAWKESFORDT M J, et al. Sulfur Assimilation and effects on yield and quality of wheat [J]. Journal of Cereal Science, 1999, 30: 1－17.

[3] 刘崇群. 硫肥重要性和我国对硫肥的需求趋势 [J]. 硫酸工业, 1995, (5): 20—23.

[4] SCHNUG, E. Sulphur nutritional status of European crops and consequences for agriculture [J]. Sulphur in Agriculture, 1991, 15: 7－12.

[5] ZHAO F J, HAWKESFORD M J, WARRILOW H G S. Response of two wheat varieties to sulphur addition and diagnosis of sulphur deficiency [J]. Plant and Soil, 1996, 181:317－327.

[6] SUNARPI ANDERSON J W. Distribution and redistribution of sulphur supplied as sulphate to root during vegetative growth of soybean [J]. Plant Physiol, 1996a, 110: 1151－1157.

[7] COWLING D W, JONES L H P, LOCKYER D R. Increased yield through correction of sulphour deficiency in ryegrass exposed to sulphur dioxide [J]. Nature, 1973, 243: 479－480.

[8] LEUSTEK T, MARTIN N M. Pathways and regulation of sulfur metabolism revealed through molecular and genetic studies [J]. Annual Review of Plant Physiology and Molecular Biology, 2000, 51: 141 -159.

[9] KOPRIVOVA A, SUTER M. Regulation of sulfate assimilation by nitrogen in Arabidopsis [J]. Plant Physiology, 2000, 122: 737 -746.

[10] NIDIFOROVA V, FREITAG J. Transcriptome analysis of sulfur depletion in Arabidopsis thaliana: interlacing of biosynthetic pathways provides response specificity [J]. Plant Journal, 2003, 33: 633 -650.

[11] TAKAHASHI H, WATANABE - TAKAHASHI A, SMITH F W, et al. The roles of three functional sulphate transporters involved in uptake and translocation of sulphate in Arabidopsis thaliana [J]. Plant Journal, 2000, 23: 171 -182.

[12] GILBERT S M, CLARKSON D T, CAMBRIDGE M, et al. Hawkesford M J. SO_4^{2-} deprivation has an early effect on the content of ribulose -1, 5 -bisphosphate carboxylase/oxygenase and photosynthesis in young leaves of wheat [J]. Plant Physiology, 1997, 115: 1231 -1239.

[13] HOCKING P J. Dry - matter production, mineral nutrient concentrations, and nutrient distribution and re - distribution in irrigated spring wheat [J]. Journal of Plant Nutrition, 1994, 17: 1289 -1308.

[14] MONAGHAN J M, SCRIMGEOUR C M, STEIN W M, et al. Sulphur accumulation and re - distribution in wheat (Triticum aestivum): a study using stable sulphur isotope ratios as a tracer system [J]. Plant, Cell and Environment, 1999, 22: 831 -840.

[15] 王东，于振文，王旭东. 硫肥对冬小麦硫素吸收分配和产量的影响 [J]. 作物学报，2003，29 (5)：791—793.

[16] SMITH I K. Regulation of sulfate assimilation in Tabasco cells [J]. Plant Physiology, 1980, 66: 877 -883.

[17] Saccomani M, Cacco G, Ferrari G. Efficiency of the first step of sulfate utilization by maize hybrids in relation to their productivity, Plant Physiol, 1981, 53: 101 -104.

[18] LEUSTEK T, SAITO K. Sulfate transport and assimltion in plant [J]. Plant Physiology, 1999, 120 (3): 637 -643.

[19] SOLIMAN M F, KOSTANDI S F, VAN BEUSICHEM M L. Influence of sulfur and nitrogen fertilizer on the uptake of iron, manganese, and Zinc by corn plants grown in Calcareous soill [J]. Communl Soil Scil Plant Anall 1992, 23: 1289 -1300.

[20] MCMAHON P J, ANDERSON J W. Preferential allocation of sulphur intorglutamyl cysteinys poptides in wheat plants grown at low sulphur nutrition in the presonce of Cadminm, Plant Physiol, 1998, 104: 440 -448.

[21] ZHAO F J, MCGRATH S P, CROSLAND A R, et al. Changes in the sulfur status of British wheat - grainin the last decade, and its geographical - distribution [J].

Journal of the Science of Food and Agriculture, 1995, 68: 307 -514.

[22] MCGRATH S P, ZHAO F J, WITHERS P J A. Development of sulphur deficiency in crops and its treatment. Proceedings of the Fertiliser Society [M]. No. 379. Peterborough, The Fertiliser Society (1996).

[23] RASMUSSEN P E, KRESGE P O. Plant response to sulfur in the Western United States. In 'Sulfur in Agriculture', (M. A. Tabatabai, ed.) [M]. American Society of Agronomy, Crop Science Society of America, Soil Science Society of America, Madison, Wisconsin, U. S. A. 1986: 357 -374.

[24] WITHERS P J A, ZHAO F J, MCGRATH S P, et al. Sulphur inputs for optimum yields of cereals [J]. Aspects of Applied Biology, 1997, 50: 191 -198.

[25] ARCHER M J. A sand culture experiment to compare the effects of sulphur on five wheat cultivars (T. aestivumL.) [J]. Australian Journal of Agricultural Research, 1974, 25: 369 -380.

[26] HANEKLAUS S, MURPHY D P L, NOWAK G, et al. Effects of the timing of sulphur application on grain yield and yield components of wheat [J]. Zeitschrift fur Pflanzen-erna hrung und Bodenkunde, 1995, 158: 83 -85.

[27] FITZERALD Ma, UGALDE T D, ANDERSON J W. Sulphur nutrition affects delivery and metabolism of S in developing endosperm of wheat [J]. Jouenal of Experimental Botany, 2001, 52: 1519 -1526.

[28] 谢迎新，朱云集，郭天财．施用硫肥对两种穗型小麦产量和品质的影响 [J]．麦类作物学报，2003，23 (1)：44—48.

[29] 杨安中．硫肥对小麦产量及品质的影响 [J]．土壤通报，2000，31 (5)：236—237.

[30] 马春英，李燕鸣，韩金玲．不同种类硫肥对冬小麦光合性能和籽粒产量的影响 [J]．华北农学报，2004，19 (1)：67—70.

[31] BYERS M, BOLTON J. Effects of nitrogen and sulphur fertilisers on the yield, N and S content, and amino acid composition of the grain of spring wheat [J]. Journal of the Science of Food and Agriculture, 1979, 30: 251 -263.

[32] BYERS M, FRANKLIN J, SMITH S J. The nitrogen and sulphur nutrition of wheat and its effect on the composition and baking quality of the grain [J]. Aspects of Applied Biology, Cereal Quality, 1987, 15: 337 -344.

[33] 刘宝存，孙明德，吴静，等．硫素营养对小麦籽粒氨基酸含量的影响 [J]．植物营养学报，2002，8 (4)：458—461.

[34] 赵首萍，胡尚莲，杜金哲，等．硫对不同春小麦湿面筋和沉降值及氨基酸的效应 [J]．2004，30 (3)：236—240.

[35] WRIGLEY C W, DU CROS D L, ARCHER M J, et al. The sulfur content of wheat endosperm proteins and its relevance to grain quality [J]. Australian Journal of Plant Physiology, 1980, 7: 755 -766.

[36] WRIGLEY C W, DU CROS D L, FULLINGTON J G, et al. Changes in polypeptide composition and grain quality due to sulfur deficiency in wheat [J]. Journal of Cereal Science, 1984, 2: 15 -24.

[37] CASTLE S L, Randall P J. Effects of sulfur deficiency on the synthesis and accumulation of proteins in the developing wheat seed [J]. Australian Journal of Plant Physiology, 1987, 14: 503 -516.

[38] SKERRITT J H, LEW P Y, Castle S L. Accumulation of gliadin and glutenin polypeptides during development of normal and sulphur - deficient wheat seed: analysis using specific monoclonal antibodies [J]. Journal of Experiment Botany, 1988, 39: 723 - 737.

[39] ZHAO F J, SALMON S E, WITHERS P J A, et al. Variation in the breadmaking quality and rheological properties of wheat in relation to sulphur nutrition under field conditions [J]. Journal of Cereal Science, 1999, 30: 19 -31.

[40] 王东，于振文，王旭东. 硫素对冬小麦籽粒蛋白质积累的影响 [J]. 作物学报，2003，29 (6): 878—883.

[41] WIESERA H, GUTSERB R, TUCHER S von. Influence of sulphur fertilisation on quantities and proportions of gluten protein types in wheat flour [J]. Journal of Cereal Science, 2004, 20: 1 -6.

[42] YOSHINO D, MCCALLA A G. The effects of sulfur content on the properties of wheat gluten [J]. Canadian Journal of Biochemistry, 1966, 44: 339 -346.

[43] MOSS H J, WRIGLEY C W, MACRITCHIE F, et al. Sulfur and nitrogen fertilizer effects on wheat. II. Influence on grain quality [J]. Australian Journal of Agricultura Research, 1981, 32: 213 -226.

[44] CHEN X, SCHOFIELD J D. Determination of protein glutathione mixed disulfides in wheat flour [J]. Journal of Agricultural and Food Chemistry, 1995, 43: 2362 - 2368.

[45] JONES I K, CARNEGIE P R. Rheological activity of peptides, simple disulphides and simple thiols in wheat dough [J]. Journal of the Science of Food and Agriculture, 1969, 20: 60 -64.

[46] COVENTRY D R, CARNEGIE P R, JONES I K. The total glutathione content and its relation to rheological properties of dough [J]. Journal of the Science of Food and Agriculture, 1972, 23: 587 -594.

[47] 王东，于振文，王旭东，等. 硫素营养对小麦籽粒淀粉合成及相关酶活性的影响 [J]. 植物生理与分子生物学学报，2003，29 (5): 437—442.

[48] 朱云集，谢迎新，潭金芳，等. 砂土麦田追施硫肥对冬小麦产量和品质的影响 [J]. 土壤通报，2005，36 (5): 723—725.

[49] MOSS H J, RANDALL P J, Wrigley C W. Alteration to grain, flour and dough quality in three wheat types with variation in soil sulfur supply [J]. Journal of Cereal Science,

1983，1：255 -264.
[50] TIMMS M F，BOTTOMLEY R C，ELLIS J R S，et al. The baking quality and protein characteristics of a winter wheat grown at different levels of nitrogen fertilisation [J]. Journal of the Science of Food and Agriculture，1981，32：648 -698.
[51] SCHNUG E，HANEKLAUS S，MURPHY D. Impact of sulphur supply on the baking quality of wheat [J]. Aspects of Applied Biology，1993，36：337 -345.
[52] ALARY R，KOBREHEL K. The sulfhydryl plus disulfide content in the proteins of durum wheat and its relationship with the cooking quality of pasta [J]. Journal of the Science of Food and Agriculture，1987，39：13 -136.
[53] 巨晓棠，张福锁. 氮肥利用率的要义及其提高的技术措施 [J]. 科技导报，2003，4：51—54.
[54] 朱兆良．农田生态系统中化肥氮的去向和氮素管理. 见：中国土壤氮素 [M]. 南京：江苏科学技术出版社，1992.
[55] JIN J，LIN B，ZHANG W. Improving nutrient management for sustainable development of agriculture in China. In：Smaling E M A，Oenema Q and Fresco L Q. Nutrient Disequilibria in A groecosystems [M]. CAB International. 1999：157 -174.
[56] 孙克刚，王继印，杨稚娟，等．河南省耕地土壤硫素现状、硫肥增产效应及土壤硫素平衡概况 [J]. 磷肥与复肥，2004，19 (4)：70—72.
[57] 高义民，同延安，胡正义，等．陕西省农田土壤硫含量空间变异特征及亏缺评价 [J]. 土壤学报，2004，41 (6)：938—944.
[58] 林葆，李书田，周卫．土壤有效硫评价方法和临界指标的研究 [J]. 植物营养与肥料学报，2000，6 (4)：436—445.
[59] 不同氮水平下施硫对豫麦 34 氮硫同化关键酶活性的影响 [J]. 作物学报，2007.
[60] 朱云集，沈学善，李国强，等．硫吸收同化及其对小麦产量和品质影响研究进展 [J]. 麦类作物学报，2005，25 (6)：134—138.
[61] 李国强，朱云集，沈学善．植物硫素同化途径及其调控 [J]. 植物生理学通讯，2005，41 (6)：699—704.
[62] 朱云集，郭天财，谢迎新，等．施用不同种类硫肥对豫麦 49 产量和品质的影响 [J]. 作物学报，2006，32 (2)：293—297.
[63] 朱云集，谢迎新，郭天财，等．施硫对两种穗型冬小麦品种光合特性及产量的影响 [J]. 作物学报，2006，32 (3)：436—441.
[64] 沈学善，朱云集，郭天财，等．氮硫配施对弱筋小麦籽粒淀粉特性的影响 [J]. 西北植物学报，2006，26 (8)：1633—1637.
[65] 谢迎新，朱云集，祝小婕，等．硫肥对中筋小麦产量和加工品质的调控效应 [J]. 作物学报，2009，35 (8)：1532—1538.

第七章　灌水及水肥互作对小麦品质的调控

水分与肥料是作物生长发育过程中两个关键因素，在不同的水肥条件下，作物的产量水平不同。吕殿青等（1995）研究认为，在一定范围内水分和肥料对作物产量有明显的正效应，只有在适宜的水肥条件下，作物才能获得较高的产量，土壤水分和养分之间存在明显的耦合效应。王立秋等（1997）认为，水肥措施对小麦产量、籽粒蛋白质含量以及干、湿面筋含量等性状的影响均显著，而且水、肥互作效应显著。在 N_0P_0 至 $N_{270}P_{180}$（kg/hm^2）的施肥水平下，随灌水量的增加，小麦籽粒的蛋白质含量，干、湿面筋含量和沉降值均呈下降趋势，即水分对籽粒品质性状具有稀释效应，而增加氮磷肥施用量则可改善小麦品质状况。

第一节　灌水对小麦品质的影响

1. 灌水量和灌水时期对小麦品质的影响　灌溉是影响小麦品质的重要因素。许多试验表明，灌水可增加小麦籽粒产量，但蛋白质含量会有所下降（表7－1），即灌水量与籽粒蛋白质含量间存在显著的负相关。秦武发等（1989）研究表明，小麦灌浆期间灌水量每增加25mm，籽粒蛋白质含量下降0.4%～0.8%；控制水分，尤其是生育后期控制灌水，可提高籽粒蛋白质含量，改善品质。有研究认为，增加灌水，籽粒蛋白质含量下降是由于改善了植株光合性能，促进了籽粒淀粉合成与积累（王立秋等，1997）。张永丽等（2007）不同灌水试验结果表明，与不灌水处理和灌水300mm相比，灌水180mm和240mm均增加了强筋小麦济麦20的籽粒谷蛋白含量和湿面筋含量，提高了谷/醇比值、谷蛋白大聚合体（GMP）含量，使面团稳定时间延长。白莉萍等（2005）研究表明，拔节水和开花水可显著提高小麦产量，拔节后期随灌水量增加小麦品质下降。

表7－1　灌水量与灌水时期对小麦品质的影响

灌水时期（月/日）和灌水量（m^3/hm^2）						籽粒产量	蛋白质含量	蛋白质产量	赖氨酸含量
冬灌	4/11	4/19	4/25	5/15	合计	（kg/hm^2）	（%）	（kg/hm^2）	（%）
750	0	0	0	0	750	2435	16.39	399.0	0.496
750	195	195	195	0	1335	4408	16.22	715.5	0.432
750	390	390	390	0	1920	4934	16.32	805.5	0.445

续表

灌水时期（月/日）和灌水量（m^3/hm^2）						籽粒产量（kg/hm^2）	蛋白质含量（%）	蛋白质产量（kg/hm^2）	赖氨酸含量（%）
冬灌	4/11	4/19	4/25	5/15	合计				
750	585	585	585	0	2505	5855	15.46	907.5	0.403
750	780	780	780	0	3090	7040	15.25	1074.0	0.425
750	975	975	975	645	4320	6579	15.13	996.0	0.393

2. 灌水次数对小麦品质的影响　灌水对小麦品质的影响除与灌水量有关外，与灌水时期及次数也有密切关系。在一定范围内，籽粒蛋白质含量与灌水次数呈负相关。一般随灌水量增大、灌水次数增多和灌水时间的推迟，籽粒蛋白质和赖氨酸含量降低，面团形成时间缩短，沉降值降低，烘烤品质变差（表7－2）。

表7－2　不同灌水次数对小麦籽粒品质性状的影响

品种	灌水次数	稳定时间（min）	形成时间（min）	弱化度（BU）	延伸度（mm）	拉伸阻力（EU）	最大拉伸阻力（EU）
豫麦34	0	32.5aA	13.6aA	10.0bBC	177.0aA	385.0bAB	672.5bB
	1*	27.0aAB	12.8aA	0.0cC	171.8aA	428.8aA	751.9aA
	2*	11.3bB	9.8bB	15.0bAB	175.5aA	380.0bB	670.0bB
	4	11.5bB	9.6bB	25.0aA	175.5aA	375.0bB	645.0bB
洛阳8716	0	1.6aA	2.7aA	120.0abA	187.0bA	200.0aA	282.5aA
	1*	1.7aA	2.6aA	117.5bA	190.9abA	184.4abAB	266.9abA
	2*	1.4aA	2.4aA	127.5abA	191.8abA	170.0bcAB	238.8abA
	4	1.4aA	2.3aA	140.0aA	198.5aA	142.5cB	222.5bA
品种	灌水次数	蛋白质含量（%）	湿面筋含量（%）	吸水率（%）	拉伸面积（cm）	比值（R/E）	评价值（n）
豫麦34	0	15.1aA	31.3aA	65.0bA	151.9aA	2.20bAB	91.5aA
	1*	15.4aA	30.9aA	65.1abA	160.5aA	2.49aA	90.5aA
	2*	15.5aA	32.0aA	65.7abA	147.8aA	2.18bAB	81.5bB
	4	15.2aA	31.0aA	66.2aA	142.2aA	2.15bB	81.0bB
洛阳8716	0	15.7aAB	39.0aA	57.8aA	70.8aA	1.05aA	43.0aA
	1*	15.8aA	39.2aA	58.3aA	68.2aA	0.98abA	43.7aA
	2*	15.1bBC	38.1aA	57.3aA	60.9aA	0.90bA	42.0aA
	4	14.8bC	36.3aA	58.0aA	58.4aA	0.70cB	39.0aA

注：同列内平均值后有相同小写或大写字母的表示差异未达到5%或1%显著水平。* 分别是1次灌水的4个处理和2次灌水的2个处理的平均值。

第二节　水氮互作对小麦籽粒品质的影响

灌水对小麦籽粒品质的影响还与土壤供氮水平有关。有研究表明，在小麦抽穗至成熟期间，土壤水分不足使籽粒产量下降而蛋白质含量增加，产量与蛋白质含量的这种负相关在土壤供氮较多条件下表现尤为明显。相反，在旱地进行灌溉，籽粒产量明显提高，蛋白质含量可能下降，两者呈负相关，这种倾向在土壤供氮不足的条件下会更为明显。若把灌溉与增施氮肥相结合，则可能使籽粒产量与蛋白质含量同时增长，或至少使蛋白质含量不下降。

1. 水氮互作对小麦蛋白质和淀粉含量的影响　王晨阳等（2004）研究了不同水、氮运筹对小麦淀粉品质和面条品质的影响，结果表明，优质面条小麦品种豫麦 49 以拔节期 + 孕穗期灌 2 次水时面条评分最高，从水氮处理组合看，以施氮量 150 ~ 225kg/hm^2 灌 2 次水较好。研究还表明，灌水和施氮对淀粉品质（包括淀粉糊化特性）的影响存在显著的互作效应。其中施氮对直链淀粉的影响效应大于灌水，灌水对支链淀粉和总淀粉含量影响大于施氮，而淀粉糊化特性及膨胀势受灌水和施氮影响程度相当。而对于弱筋小麦生产来说，适当增加灌水次数，可降低蛋白质含量，有利于改善其烘烤品质。河南农业大学（付雪丽，2008）研究了水氮互作对强筋小麦豫麦 34 和弱筋小麦豫麦 50 的影响，结果表明，不同品质类型小麦对水氮互作效应的响应不同，强筋和弱筋小麦分别以全生育期 270kg/hm^2 和 150kg/hm^2 施氮量配合拔节水 + 灌浆水为比较理想的水、氮运筹方式（表 7 - 3）。由此可见，灌水对小麦品质的影响是比较复杂的，与区域环境条件、土壤水分状况、小麦发育时期、品种类型及用途等有密切关系。

表 7 - 3　水氮互作对小麦籽粒蛋白质、直链淀粉和支链淀粉含量的影响

品种	灌水处理	施氮处理 (kg/hm^2)	蛋白质含量 (%)	直链淀粉含量 (%)	支链淀粉含量 (%)
豫麦 34 (强筋)	拔节水	0	14.96a	18.22a	42.01c
		150	14.94a	17.94b	43.86b
		270	15.27a	16.73c	48.15a
	拔节水 + 灌浆水	0	14.49b	16.08b	43.79c
		150	15.54b	18.53a	48.59b
		270	17.19a	15.44b	51.08a
	拔节水 + 灌浆水 + 麦黄水	0	12.49a	17.03a	44.04a
		150	13.28a	17.61a	44.93a
		270	13.88a	16.73b	43.87a

续表

品种	灌水处理	施氮处理（kg/hm²）	蛋白质含量（%）	直链淀粉含量（%）	支链淀粉含量（%）
豫麦 50（弱筋）	拔节水	0	12.39a	14.12c	47.58b
		150	13.28a	15.08b	53.60a
		270	13.88a	16.44a	48.77b
	拔节水＋灌浆水	0	11.58b	13.01c	53.60a
		150	12.94a	14.33b	56.77b
		270	13.17a	15.41a	47.91b
	拔节水＋灌浆水＋麦黄水	0	11.07b	13.39b	50.42b
		150	12.89a	14.17a	53.37a
		270	12.94a	14.97a	47.90c

注：每次灌水 750m³/hm²，同列内数值后有相同小写字母的表示差异未达到5%显著水平。

2. 水氮互作对小麦面团品质和粉质仪参数的影响　方保停等（2005）对强筋品种"豫麦 34"和弱筋品种"豫麦 50"进行了研究，认为水分调控对两种筋力型品种淀粉糊化特性有显著影响。适当增加氮肥施用量可改善籽粒淀粉糊化特性，且淀粉黏度参数随着施氮量增加呈增加趋势。山东农业大学（2006）研究水氮互作对小麦面团品质和粉质仪参数的影响，结果表明，花后水分胁迫有利于出粉率的提高，随施肥量的增加出粉率呈降低趋势。随施氮量的增加，干、湿面筋含量均呈升高趋势。表明增施氮肥改善了面团品质。氮肥用量过高和过低均不利于小麦沉降值的提高，中等氮肥用量有利于沉降值的提高（表 7－4）。

表 7－4　水氮互作对面团品质的影响（严美玲，2006）

品种和处理	出粉率（%）	湿面筋含量(14% 水分量,%)	干面筋含量(%)	沉降值（mL)
山农 1391—DN1	54.35a	15.15c	8.45b	17.05c
山农 1391—DN2	52.10b	16.35b	8.65b	18.45b
山农 1391—DN3	50.85c	18.05a	9.30a	17.00c
山农 1391—WN1	53.20ab	12.55d	7.55c	18.05b
山农 1391—WN2	51.20bc	14.15c	8.40b	19.40a
山农 1391—WN3	50.05c	16.25b	8.50b	17.05c
济南 17—DN1	55.45a	30.50c	8.85c	26.05c
济南 17—DN2	53.20b	31.70b	9.55ab	27.55b
济南 17—DN3	51.25c	33.70ab	9.85ab	26.80bc
济南 17—WN1	52.85b	30.10c	8.85c	28.75ab

续表

品种和处理	出粉率（%）	湿面筋含量(14%水分量,%)	干面筋含量(%)	沉降值（mL)
济南 17—WN2	51.45c	33.30ab	9.85ab	29.85a
济南 17—WN3	49.25d	34.30a	10.25a	27.20c

注：DN1，水分胁迫 +200kg/hm² 纯氮处理；DN2，水分胁迫 +400kg/hm² 纯氮处理；DN3，水分胁迫 +600kg/hm² 纯氮处理；WN1，灌水 +200kg/hm² 纯氮处理；WN2，灌水 +400kg/hm² 纯氮处理；WN3，灌水 +600kg/hm² 纯氮处理。

从表 7 -5 可以看出，花后水分胁迫提高了小麦的吸水率。同一氮肥用量条件下，花后水分胁迫显著降低了各粉质指标。花后水分胁迫条件下，中等氮肥用量有利于各粉质指标的提高，而在正常灌水条件下，随施氮量的增加，各粉质指标显著或极显著提高。

表 7 -5　水氮互作对粉质仪参数的影响（严美玲，2006)

品种和处理	吸水率(%)	形成时间(min)	稳定时间(min)	粉质评价值(n)	断裂时间(min)
山农 1391—DN1	58.90a	1.70a	0.95b	23.10b	2.30bc
山农 1391—DN2	58.50a	1.85a	0.96b	24.50b	2.40b
山农 1391—DN3	58.45a	1.45a	0.80bc	19.50d	1.95c
山农 1391—WN1	57.55b	1.85a	1.30a	25.00b	2.50ab
山农 1391—WN2	57.90b	1.85a	1.30a	26.00a	2.60a
山农 1391—WN3	56.55c	1.65a	1.00ab	22.50cd	2.25bc
济南 17—DN1	60.95a	3.00d	6.91d	79.00f	7.90d
济南 17—DN2	60.85a	5.45b	16.70b	214.00c	20.85b
济南 17—DN3	60.55a	4.30c	10.55c	121.50e	14.75c
济南 17—WN1	59.60b	4.50c	10.25c	178.00d	9.45d
济南 17—WN2	59.35b	5.65b	17.25b	222.50b	20.95b
济南 17—WN3	60.80a	16.50a	20.75a	280.00da	27.85a

注：DN1，水分胁迫 +200kg/hm² 纯氮处理；DN2，水分胁迫 +400kg/hm² 纯氮处理；DN3，水分胁迫 +600kg/hm² 纯氮处理；WN1，灌水 +200kg/hm² 纯氮处理；WN2，灌水 +400kg/hm² 纯氮处理；WN3，灌水 +600kg/hm² 纯氮处理。

综合来看，水氮互作对小麦面团流变学特性的影响较大。水氮互作明显提高强筋小麦济南 17 的面粉沉淀值，延长面团形成时间和稳定时间。但弱筋小麦山农 1391 面团流变学特性的有关指标对不同水肥处理反应不敏感，各处理间差异不显著。强筋麦济南 17 对水分和氮肥的敏感性明显高于弱筋小麦山农 1391。2 品种相比较，济南 17 面粉沉淀值、面团形成时间、面团稳定时间、评价值显著高于山农 1391。表明粉质仪参数对水肥的敏感性存在明显的基因型差异。干旱处理条件下，中等氮肥用量有利于各粉

质指标的提高，而在正常灌水条件下，随施氮量的增加，各粉质指标显著或极显著提高。

3. 水氮互作对小麦糊化特性的影响　就弱筋小麦山农 1391 而言，无论干旱与充分灌溉条件，均是中等氮肥用量处理的峰值黏度、低谷黏度、最终黏度值最高。就强筋小麦济南 17 而言，花后水分胁迫条件下，中等氮肥用量处理的峰值黏度、低谷黏度、最终黏度值最高，而在灌溉条件下，随施氮量的增加，济南 17 各处理的峰值黏度、低谷黏度、最终黏度值提高（表 7－6）。

表 7－6　水氮互作对 RVA 参数的影响（严美玲，2006）

品种和处理	峰值黏度（BU）	低谷黏度（BU）	最终黏度值（BU）	降落值（S）
山农 1391—DN1	184. 70d	126. 25c	218. 05c	302. 20c
山农 1391—DN2	192. 55c	135. 35b	225. 80bc	323. 00b
山农 1391—DN3	188. 85cd	126. 65c	220. 30c	313. 50c
山农 1391—WN1	198. 95b	132. 95bc	226. 05bc	318. 00bc
山农 1391—WN2	209. 80a	143. 30a	243. 90a	344. 00a
山农 1391—WN3	201. 35b	136. 90b	231. 15b	324. 50b
济南 17—DN1	188. 95c	140. 55b	250. 65b	457. 00b
济南 17—DN2	199. 95b	151. 55a	264. 30a	461. 00ab
济南 17—DN3	195. 55b	147. 00ab	259. 05ab	447. 00c
济南 17—WN1	197. 80b	134. 20bc	246. 50a	462. 00ab
济南 17—WN2	204. 30ab	138. 90b	252. 45b	468. 50a
济南 17—WN3	208. 90a	151. 40a	267. 60a	443. 50cd

注：DN1，水分胁迫＋200kg/hm^2 纯氮处理；DN2，水分胁迫＋400kg/hm^2 纯氮处理；DN3，水分胁迫＋600kg/hm^2 纯氮处理；WN1，灌水＋200kg/hm^2 纯氮处理；WN2，灌水＋400kg/hm^2 纯氮处理；WN3，灌水＋600kg/hm^2 纯氮处理。

第三节　水磷互作对小麦品质的影响

磷素营养与小麦籽粒蛋白质含量的变化密切相关。一般认为，施磷量与小麦籽粒蛋白质含量呈抛物线关系，适量增加磷素营养可提高蛋白质含量。但降低沉降值，面团稳定时间缩短。在土壤有效磷低于 12. 5mg/kg 时，赖氨酸、色氨酸和蛋氨酸含量下降，籽粒营养品质变劣，保持土壤有效磷含量在 22～30mg/kg，有利于保证小麦高产优质。灌水可使小麦籽粒蛋白质含量及沉淀值降低，而增加磷素供应则可明显缓冲灌水的负效应。

1. 水磷耦合对小麦淀粉含量的影响 山东农业大学（2010）研究水磷耦合对冬小麦淀粉组成的影响，结果表明，P0 处理条件下，支链淀粉、直链淀粉和总淀粉含量随着灌水量的增加而增加，支/直比值则表现为 W1 > W0、W2 > W3。P1、P2 处理与 P0 处理的变化趋势相同。各施磷量处理间比较，直链淀粉处理间差异不显著；支链淀粉和总淀粉含量 W0、W1、W2 处理均有 P1、P2 > P0，W3 处理各磷素处理间差异不显著；同一灌溉水平下各施磷量处理间支/直比值无显著差异（表7－7）。以上结果表明，籽粒总淀粉、直链淀粉、支链淀粉含量随着灌水量的增加而增加，支/直比值则随着灌水量的增加呈现先增大后减小的趋势。施磷显著提高了 W0、W1、W2 处理的支链淀粉和总淀粉含量，W3 处理无显著增加，且施磷对支/直比值的影响不显著。

表 7－7 水磷耦合对支链淀粉、直链淀粉、总淀粉含量及支/直比的影响
（王瑜，2010）

品种	处理		支链淀粉含量(%)	直链淀粉含量(%)	总淀粉含量(%)	支/直比
JM20	P0	W0	59.53e	10.75c	69.91cd	6.60c
		W1	60.30d	10.53c	70.46c	6.81b
		W2	62.58b	11.66b	73.86ab	6.55c
		W3	63.11a	12.12a	74.85a	6.14e
	P1	W0	60.42d	11.13b	71.18b	6.48d
		W1	60.98d	10.78c	71.39b	6.78b
		W2	63.39a	11.72b	74.71a	6.43d
		W3	62.13b	12.63a	74.38a	6.01f
	P2	W0	60.31d	10.23c	70.65c	6.70bc
		W1	61.24c	10.01c	70.39c	6.94a
		W2	63.05a	12.13a	74.80a	6.50cd
		W3	61.66c	12.91a	74.21a	5.98f
SN16	P0	W0	62.53c	10.85c	72.98f	6.70bc
		W1	62.77c	11.80b	73.84e	6.76b
		W2	64.25b	12.25a	76.10b	6.25e
		W3	64.44b	12.79a	76.83b	6.19f
	P1	W0	64.09b	11.24b	74.92d	6.75b
		W1	64.83b	11.48b	77.62a	6.49c
		W2	65.26a	12.30a	77.16a	6.34d
		W3	64.54b	12.32a	74.41d	6.01fg
	P2	W0	65.33a	10.97c	75.88c	7.01a
		W1	64.42b	11.60b	75.30c	6.93a
		W2	65.01a	12.12a	76.59b	6.14f
		W3	65.02a	12.94a	75.02c	6.11f

注：W0，不灌水；W1，拔节水；W2，拔节水＋开花水；W3，拔节水＋开花水＋灌浆水；P0，不施磷肥；P1，施 $P_2O_5$90kg/hm^2，P2，施 $P_2O_5$180kg/hm^2。

2. 水磷耦合对小麦蛋白质含量和蛋白品质的影响　山东农业大学（2010）研究水磷耦合对冬小麦蛋白质组成的影响，结果表明，P1 处理条件下，JM20 品种中 4 种蛋白质含量虽然都有提高，但除了谷蛋白之外，其余 3 种蛋白组分提高幅度较小；显著提高 SN16 品种籽粒中贮藏蛋白（醇溶蛋白和谷蛋白）的含量，而对于结构蛋白（清蛋白和球蛋白）含量影响较小，甚至使球蛋白的含量略有降低。进一步提高供磷水平，即在 P2 处理条件下，SN16 品种清蛋白和球蛋白蛋白组分与 P1 间均无显著差异；而 JM20 球蛋白含量显著降低。在 P1、P0 处理条件下，W3、W2 > W1 > W0，在 P2 处理条件下 W2 > W1 > W3 > W0（表 7－8）。

表 7－8　水磷耦合对蛋白质及其各组分含量的影响（%）（王瑜，2010）

品种	处理		清蛋白含量	球蛋白含量	醇溶蛋白含量	谷蛋白含量
JM20	P0	W0	1. 12c	1. 58g	4. 63h	4. 54f
		W1	1. 18c	1. 79ef	5. 30f	5. 20d
		W2	1. 27b	2. 02d	6. 00c	5. 95bc
		W3	1. 29b	2. 01d	5. 96cd	5. 95bc
	P1	W0	1. 11c	1. 70f	4. 98g	4. 90e
		W1	1. 14c	1. 87e	5. 55e	5. 45c
		W2	1. 38a	2. 30a	6. 02c	5. 96bc
		W3	1. 33a	2. 24b	5. 81d	6. 02b
	P2	W0	1. 18c	1. 78ef	5. 38f	5. 19d
		W1	1. 23b	2. 05d	6. 16b	6. 07b
		W2	1. 26b	2. 14c	6. 45a	6. 35a
		W3	1. 35a	2. 01d	6. 03c	5. 94bc
SN16	P0	W0	1. 34d	1. 35d	4. 17h	5. 66e
		W1	1. 37c	1. 38d	4. 61h	5. 46f
		W2	1. 39bc	1. 63a	4. 85g	5. 66e
		W3	1. 40b	1. 44c	5. 78e	6. 81a
	P1	W0	1. 36c	1. 37d	5. 95d	5. 04g
		W1	1. 39bc	1. 53b	5. 94d	6. 56b
		W2	1. 40b	1. 60a	5. 40f	6. 84a
		W3	1. 42a	1. 62a	5. 51e	6. 87a
	P2	W0	1. 36c	1. 48c	5. 58e	5. 48f
		W1	1. 40b	1. 59ab	6. 28b	5. 93c
		W2	1. 42a	1. 61a	6. 37a	5. 97c
		W3	1. 41b	1. 57b	6. 17c	5. 83d

注：W0，不灌水；W1，拔节水；W2，拔节水＋开花水；W3，拔节水＋开花水＋灌浆水；P0，不施磷肥；P1，施 P_2O_5 90kg/hm^2；P2，施 P_2O_5 180kg/hm^2。

山东农业大学（2006）研究了水磷耦合对小麦品质的影响，结果表明，P0 处理条件下，籽粒蛋白质含量表现为 W1、W2、W3 > W0；湿面筋含量 W0、W1、W2 > W3；沉降值和面团稳定时间均随着灌水量的增加而降低。P1、P2 处理条件下，蛋白质含量随灌水量的增加而增加，以 W2 处理最高；湿面筋含量、沉降值和面团稳定时间随着灌溉量的增加而降低。各施磷量处理间比较，施磷显著提高了籽粒蛋白质含量；湿面筋含量各施磷处理间差异不显著；沉降值随着施磷量的增加而降低；面团稳定时间 P1 处理的最长。说明随着灌水量的增加，籽粒品质显著下降，施磷提高了籽粒品质（表 7 -9）。

表 7 -9　水磷耦合对小麦籽粒品质指标的影响（许卫霞，2006）

品种	处理		蛋白质含量(%)	湿面筋含量(%)	沉降值(mL)	面团稳定时间(min)
济麦 20	P0	W0	12.62e	33.20b	32.87ab	7.10b
		W1	13.39d	33.30b	31.48b	7.30b
		W2	13.55cd	33.60ab	27.37e	5.90c
		W3	13.12d	31.10d	23.69g	5.00d
	P1	W0	13.96b	33.80ab	33.99a	8.40a
		W1	14.55a	33.00bc	28.45d	7.40b
		W2	14.62a	31.80d	23.88g	5.80c
		W3	14.21a	32.60c	24.33g	5.20d
	P2	W0	13.31d	34.50a	26.72ef	7.30b
		W1	13.67c	33.10b	28.63d	5.40cd
		W2	13.69c	31.90d	26.34f	5.40cd
		W3	13.61c	31.30d	30.07c	4.80e
泰山 23	P0	W0	12.20d	36.70e	26.09a	2.80c
		W1	13.21bc	40.10b	25.10a	2.80c
		W2	13.54b	37.60d	22.01b	2.70cd
		W3	13.22bc	36.50e	21.72b	2.30e
	P1	W0	13.35bc	37.90d	24.78a	3.20a
		W1	13.91a	38.20cd	23.92ab	2.70cd
		W2	13.87a	38.20cd	21.16b	3.00b
		W3	13.78ab	38.70c	16.53c	2.60d
	P2	W0	13.13c	41.50a	24.67a	3.10ab
		W1	13.84a	41.70a	22.79ab	3.20a
		W2	13.76ab	40.20b	19.70b	2.30e
		W3	13.83a	38.50c	19.00b	2.20e

注：W0，全生育期不灌水；W1，灌底墒水 + 拔节水 + 开花水（每次灌水 30mm）；W2，灌底墒水 + 拔节水 + 开花水（每次灌水 60mm）；W3，灌底墒水 + 拔节水 + 开花水（每次灌水 90mm）；P0，不施磷；P1，施 $P_2O_5$105kg/hm^2；P2，施 $P_2O_5$210kg/hm^2。

第四节　水钾互作对小麦籽粒含氮量的影响

土壤中的钾主要通过扩散作用被作物吸收利用，水分是钾素移动的主要载体，土壤水分的亏缺与否直接影响着钾素有效性的高低（Sparks，1987）。土壤水分亏缺会增强钾素的固定，降低土壤钾素的移动性（陈新平等，1995），从而抑制作物的生长，减少作物对钾离子的吸收（Zeng and Brown，2000）。水分亏缺通过改变根际钾的相对富集程度，从而影响钾的有效性（Kuchenbuch and Jungk，1984）。土壤含水量增加，肥料钾的有效性会随之显著增加（Mengel *et al.*，1972），作物吸钾量也有明显增加趋势（赵炳梓等，2000）。Sardi and Fulop（1995）指出，在土壤钾水平较低时，土壤水分可以提高土壤钾的有效性。因此，要提高钾素的有效性，要注意前期土壤水分和钾素的配合。

中国农业科学院（2006）研究了田间冬小麦氮钾水互作效应，结果表明，在冬小麦整个生育进程中，各肥水组合处理的植株氮含量均呈由高到低的变化趋势。冬小麦营养体中氮含量的最大值出现在越冬期；之后随着冬小麦的返青，植株生长加快，氮含量显著下降；孕穗期后，随着冬小麦营养体的逐渐衰老及籽粒的发育，植株氮含量在成熟期降至最低，成熟期秸秆中含氮量仅为0.71%～0.92%。成熟期籽粒中含氮量为2.48%～2.67%。在节水灌溉（W1）和传统灌溉（W2）条件下，冬小麦生育前期N2和N3水平的植株氮含量总体上均较N1水平的高，在生育后期差异较小。增施钾肥能在一定程度上增加冬小麦各生育阶段氮含量（表7－10）。

表7－10　氮、钾、水互作对冬小麦氮素含量的影响（%）（唐浩，2006）

水分		养分	越冬期	返青期	拔节期	孕穗期	灌浆期	成熟期	
								秸秆	籽粒
W1	N1	K1	3.94	3.24	2.12	1.99	1.62	0.71	2.48
		K2	3.98	3.45	2.13	2.06	1.73	0.74	2.57
		K3	4.05	3.78	2.24	2.03	1.78	0.72	2.63
		平均	3.99	3.99	2.16	2.02	1.71	0.72	2.56
	N2	K1	3.98	3.37	2.47	2.01	1.70	0.82	2.54
		K2	4.01	3.45	2.56	2.02	1.70	0.92	2.58
		K3	4.08	3.54	2.53	2.07	1.72	0.84	2.5
		平均	4.02	3.45	2.52	2.03	1.70	0.86	2.54
	N3	K1	4.06	3.68	2.45	2.03	1.72	0.74	2.49
		K2	4.10	3.68	2.58	2.06	1.74	0.87	2.41
		K3	4.14	3.52	2.48	2.06	1.68	0.82	2.48
		平均	4.10	3.63	2.50	2.05	1.71	0.81	2.46
		平均	4.03	3.52	2.39	2.03	1.71	0.79	2.52

续表

水分		养分	越冬期	返青期	拔节期	孕穗期	灌浆期	成熟期	
								秸秆	籽粒
W2	N1	K1	3.84	3.11	2.52	1.99	1.72	0.71	2.59
		K2	3.98	3.17	2.60	2.01	1.77	0.74	2.52
		K3	3.70	3.50	2.72	1.97	1.77	0.69	2.59
		平均	3.84	3.26	2.61	1.99	1.76	0.71	2.57
	N2	K1	3.98	3.10	2.58	1.98	1.83	0.75	2.51
		K2	4.00	3.52	2.64	2.02	1.85	0.78	2.59
		K3	4.06	3.54	2.70	1.94	1.87	0.78	2.62
		平均	4.01	3.39	2.64	1.98	1.85	0.77	2.58
	N3	K1	3.97	3.46	2.67	1.95	1.76	0.76	2.64
		K2	4.00	3.45	2.80	2.11	1.78	0.78	2.62
		K3	3.99	3.34	2.58	2.10	1.75	0.77	2.67
		平均	3.98	3.42	2.68	2.05	1.76	0.77	2.64
		平均	3.95	3.36	2.65	2.01	1.79	0.75	2.60

注：W1，节水灌溉（每次灌水量525 m^3/hm^2），W2，传统灌溉（每次灌水量750m^3/hm^2）；N，3个氮肥水平，分别为150kg/hm^2、225kg/hm^2和300kg/hm^2；K，3个钾肥（K_2O）水平，分别为0kg/hm^2、112.5kg/hm^2和225kg/hm^2。

第五节　水、氮、磷配施对小麦品质的影响

1. 水、氮、磷配施对小麦蛋白质含量的影响　水分与肥料是作物生长发育过程中两个关键因素，对作物的影响有显著的互作效应。郑志松（2010，2011）在自动干旱棚内遮雨条件下，设置了灌水量、施N量、施P量三个因素的水肥耦合试验，研究了水肥耦合对冬小麦籽粒品质性状的调控效应。结果表明，从不同水、氮、磷组合看，组合$N_{105}P_{42}W_{127}$冬小麦籽粒蛋白质含量及醇溶蛋白、麦谷蛋白含量最大，其次是组合$N_{179.2}P_{126}W_{153.5}$和$N_{210}P_{42}W_{217.5}$，且与其他处理组合间差异达5%显著水平；组合$N_{179.2}P_{126}W_{153.5}$的清蛋白和球蛋白含量最大，其次是组合$N_{105}P_{42}W_{127}$，且与其他处理组合间差异达5%显著水平。以组合$N_{30.8}P_{126}W_{282}$的蛋白质含量及醇溶蛋白、麦谷蛋白、清蛋白、球蛋白含量均最小，其次是组合$N_0P_{42}W_{217.5}$。综合来看，处理组合$N_{105}P_{42}W_{127}$的蛋白质含量最高，而处理组合$N_{30.8}P_{126}W_{282}$最低（表7－11）。

表 7 – 11 水、氮肥和磷肥互作条件下冬小麦籽粒蛋白质含量（%）（郑志松，2010）

处理	项目				
	清蛋白含量	球蛋白含量	醇溶蛋白含量	麦谷蛋白含量	蛋白质含量
$N_{105}P_{168}W_{217.5}$	26.4de	16.8d	27.9cde	40.6de	132.7cd
$N_{105}P_{0}W_{217.5}$	26.2de	17.5bcd	30.3bcde	42.4cde	133.5c
$N_{30.8}P_{126}W_{153.5}$	27.5cd	17.0cd	28.7cde	41.0de	132.8cd
$N_{30.8}P_{126}W_{282}$	23.7f	13.8e	17.9f	32.5f	103.5f
$N_{179.2}P_{126}W_{153.5}$	30.3a	19.9a	37.8ab	50.5a	157.4ab
$N_{179.2}P_{126}W_{282}$	29.3ab	18.6ab	31.5bcde	45.6bc	143.2c
$N_{105}P_{42}W_{308.5}$	26.0de	17.1cd	23.4ef	38.4de	119.5de
$N_{105}P_{42}W_{127}$	29.8ab	19.8a	42.8a	52.0a	164.3a
$N_{210}P_{42}W_{217.5}$	28.4bc	18.8ab	35.6abc	48.8ab	146.6bc
$N_{0}P_{42}W_{217.5}$	24.9ef	14.1e	19.2f	33.9f	108.5ef
$N_{105}P_{84}W_{217.5}$	27.3cd	17.1cd	27.0de	43.0cd	135.3c

注：各处理代码中 N，施氮量（kg/hm^2），P，施磷量（kg/hm^2），W，生育期灌水量（mm）；其下标数字为具体量值。同列不同小写字母表示差异达 5% 显著水平。

2. 水、氮、磷配施对小麦淀粉含量的影响 由不同水、氮肥和磷肥互作对冬小麦籽粒淀粉含量的调控效应可以看出，2010 年水肥处理组合 $N_{105}P_{42}W_{127}$ 的总淀粉含量、直链淀粉含量及直/支比均最低，水肥处理组合 $N_{30.8}P_{126}W_{282}$ 均最高，且均与其他处理组合间差异显著。2011 年水肥处理组合 $N_{105}P_{42}W_{217.5}$ 总淀粉含量最低，水肥处理组合 $N_{179.2}P_{126}W_{282}$ 淀粉含量最高，且与其他处理组合间差异显著，水肥处理组合 $N_{105}P_{168}W_{217.5}$ 的直链淀粉含量及直支比最低，水肥处理组合 $N_{30.8}P_{126}W_{282}$ 最高。综合 2 年分析结果来看，处理组合 $N_{105}P_{42}W_{217.5}$ 支链淀粉含量及总淀粉含量均较低，水肥处理组合 $N_{30.8}P_{126}W_{282}$ 均最高（表 7 – 12）。

表7－12 水、氮肥和磷肥互作条件下冬小麦籽淀粉含量(%)(郑志松，2010～2011)

年份	处理	直链淀粉含量	支链淀粉含量	总淀粉含量	直/支比
2010	$N_{105}P_{168}W_{217.5}$	8.30±0.80bc	50.27±0.89	58.57±0.31bc	16.67±2.02b
	$N_{105}P_{0}W_{217.5}$	9.74±1.17bc	50.23±1.57	59.98±1.27ab	19.70±2.80b
	$N_{30.8}P_{126}W_{153.5}$	9.07±1.09bc	49.22±0.90	58.29±0.44bc	18.64±2.57b
	$N_{30.8}P_{126}W_{282}$	15.86±1.58a	46.62±2.36	62.48±1.35a	35.30±5.64a
	$N_{179.2}P_{126}W_{153.5}$	9.97±1.37bc	45.18±1.37	55.15±0.46cd	22.63±3.80b
	$N_{179.2}P_{126}W_{282}$	8.99±1.15bc	48.47±1.45	57.46±0.41bcd	18.94±2.76b
	$N_{105}P_{42}W_{308.5}$	11.92±1.05b	47.63±1.36	59.56±0.50ab	25.44±2.87ab
	$N_{105}P_{42}W_{127}$	9.78±1.26bc	45.43±1.75	55.21±0.71cd	22.23±3.77b
	$N_{210}P_{42}W_{217.5}$	10.37±1.43bc	46.22±1.64	56.60±0.36bcd	23.16±4.08b
	$N_{0}P_{42}W_{217.5}$	11.26±1.46bc	48.05±1.31	59.31±0.45ab	23.89±3.57b
	$N_{105}P_{84}W_{217.5}$	9.73±1.63bc	47.82±1.65	57.55±0.33bcd	21.15±4.64b
2011	$N_{105}P_{168}W_{217.5}$	11.68±0.30f	44.48±0.99ab	56.16±0.99	26.33±0.98d
	$N_{105}P_{0}W_{217.5}$	11.82±0.86f	45.06±0.92ab	56.88±1.10	26.33±2.04d
	$N_{30.8}P_{126}W_{153.5}$	14.48±0.82bcd	41.86±3.10ab	56.34±2.30	36.69±5.77abc
	$N_{30.8}P_{126}W_{282}$	16.85±0.52a	38.62±3.20b	55.47±2.70	46.03±5.85a
	$N_{179.2}P_{126}W_{153.5}$	12.90±0.50cdef	43.92±1.50ab	56.81±1.64	29.51±1.41bcd
	$N_{179.2}P_{126}W_{282}$	12.39±0.37ef	46.16±3.22a	58.55±3.33	27.41±1.81cd
	$N_{105}P_{42}W_{308.5}$	13.87±0.21bcd	43.16±0.62ab	57.03±0.74	32.14±0.51bcd
	$N_{105}P_{42}W_{127}$	12.69±0.36def	43.70±1.64ab	56.38±1.58	29.32±1.79bcd
	$N_{210}P_{42}W_{217.5}$	14.70±0.40bc	38.99±1.43b	53.70±1.37	38.01±1.91ab
	$N_{0}P_{42}W_{217.5}$	15.31±0.80ab	41.10±1.39ab	56.41±1.26	37.62±3.01abc
	$N_{105}P_{84}W_{217.5}$	14.27±0.48bcd	42.27±1.74ab	56.56±1.27	34.29±2.67bcd

注：各处理代码中N为施氮量（kg/hm^2），P为施磷量（kg/hm^2），W为生育期灌水量（mm）；其下角标数字为具体量值；表中数值为平均值±标准差；同列不同小写字母表示差异达5%显著水平。

3. 水、氮、磷配施对小麦淀粉糊化特性的影响 由不同水肥耦合对淀粉糊化特性的调控效应可以看出，2010年水肥处理组合$N_{105}P_{168}W_{217.5}$的糊化温度最低，峰值黏度、低谷黏度、最终黏度等黏度参数和稀懈值最高，且均与其他处理组合间差异显著，水肥处理组合$N_{105}P_{42}W_{308.5}$的反弹值最高，但与其他处理组合间差异不显著。2011年处理组合$N_{179.2}P_{126}W_{153.5}$峰值黏度、低谷黏度、最终黏度等黏度参数最高，处理组合$N_{210}P_{42}W_{217.5}$的稀懈值最高，处理组合$N_{30.8}P_{126}W_{282}$反弹值最高，但处理组合$N_{105}P_{168}W_{217.5}$各糊化参数的表现则与最大值间无显著差异。综合2年分析结果来看，处理组合$N_{105}P_{168}W_{217.5}$的各糊化参数表现较好（表7－13）。

表 7-13　水、氮肥和磷肥互作条件下淀粉的糊化特性（郑志松，2010~2011）

年份	处理	糊化时间(min)	糊化温度(℃)	峰值黏度(BU)	低谷黏度(BU)	最终黏度(BU)	稀懈值(BU)	反弹值(BU)
2010	$N_{105}P_{168}W_{217.5}$	1.68 ±0.03b	61.62 ±0.22c	919.50 ±39.45a	761.83 ±34.93a	1251.67 ±23.00a	155.83 ±5.20a	474.50 ±21.03a
	$N_{105}P_{0}W_{217.5}$	1.70 ±0.03ab	61.75 ±0.31abc	900.50 ±45.36ab	757.17 ±31.53ab	1239.00 ±42.40ab	141.16 ±14.98abcd	468.50 ±21.10a
	$N_{30.8}P_{126}W_{153.5}$	1.75 ±0.02a	62.41 ±0.22a	796.33 ±47.17bc	656.83 ±39.14c	1125.17 ±60.35abc	137.33 ±8.64abcd	455.83 ±20.94a
	$N_{30.8}P_{126}W_{282}$	1.71 ±0.02ab	62.05 ±0.22abc	753.83 ±41.14cd	627.33 ±33.98c	1099.83 ±52.91cd	124.17 ±10.63bcd	459.67 ±19.04a
	$N_{179.2}P_{126}W_{153.5}$	1.75 ±0.02a	62.38 ±0.27ab	792.33 ±31.79bc	667.67 ±25.77bc	1111.83 ±46.25bcd	122.50 ±8.95bcd	431.50 ±21.52a
	$N_{179.2}P_{126}W_{282}$	1.74 ±0.01ab	62.23 ±0.14abc	814.50 ±34.95abc	693.33 ±32.90abc	1153.67 ±49.14abc	119.17 ±5.95cd	448.33 ±16.28a
	$N_{105}P_{42}W_{308.5}$	1.70 ±0.02ab	61.98 ±0.19abc	819.17 ±37.74abc	705.67 ±26.15abc	1209.50 ±42.57abc	111.83 ±12.62d	490.17 ±16.37a
	$N_{105}P_{42}W_{127}$	1.71 ±0.02ab	62.02 ±0.21abc	798.33 ±17.68bc	670.17 ±13.96bc	1122.67 ±24.01abc	125.50 ±4.65bcd	439.50 ±11.97a
	$N_{210}P_{42}W_{217.5}$	1.68 ±0.01ab	61.65 ±0.21bc	819.00 ±20.10abc	673.167 ±15.97abc	1128.50 ±24.95abc	144.17 ±5.44abc	442.33 ±11.96a
	$N_{0}P_{42}W_{217.5}$	1.75 ±0.02a	62.42 ±0.21a	686.83 ±24.41d	544.83 ±25.72d	989.33 ±41.80d	139.83 ±10.10abcd	433.00 ±17.53a
	$N_{105}P_{84}W_{217.5}$	1.71 ±0.02ab	62.20 ±0.19abc	791.00 ±15.02bc	636.33 ±12.47c	1110.33 ±17.83bcd	152.50 ±3.82ab	460.67 ±8.76a
2011	$N_{105}P_{168}W_{217.5}$	1.76 ±0.01ab	62.45 ±0.15abc	900.83 ±26.61a	755.00 ±32.22ab	1202.50 ±24.89ab	143.00 ±8.87abc	434.00 ±14.33abc
	$N_{105}P_{0}W_{217.5}$	1.76 ±0.01ab	62.63 ±0.19ab	844.17 ±14.14a	746.67 ±9.19ab	1152.67 ±8.99ab	90.83 ±5.11f	390.33 ±15.56bc
	$N_{30.8}P_{126}W_{153.5}$	1.76 ±0.02ab	62.58 ±0.20abc	845.17 ±9.93a	738.00 ±5.73ab	1134.00 ±30.43ab	103.00 ±10.52ef	381.33 ±33.57c
	$N_{30.8}P_{126}W_{282}$	1.71 ±0.02b	62.12 ±0.13c	856.50 ±47.46a	704.33 ±39.66b	1198.50 ±67.72ab	149.50 ±10.52ab	479.00 ±28.71a
	$N_{179.2}P_{126}W_{153.5}$	1.75 ±0.02ab	62.43 ±0.20abc	911.67 ±54.57a	773.67 ±49.90ab	1238.00 ±53.27a	136.00 ±8.58abcd	451.33 ±10.21ab
	$N_{179.2}P_{126}W_{282}$	1.75 ±0ab	62.3 ±0.07bc	836.33 ±25.16a	715.50 ±18.85ab	1177.33 ±26.17ab	118.67 ±7.86cde	450.00 ±8.00abc
	$N_{105}P_{42}W_{308.5}$	1.75 ±0ab	62.55 ±0.03abc	843.67 ±13.66a	739.67 ±12.41ab	1184.00 ±15.19ab	100.67 ±8.47ef	430.67 ±13.98abc
	$N_{105}P_{42}W_{127}$	1.76 ±0.01ab	62.55 ±0.11abc	870.33 ±23.95a	742.50 ±27.33ab	1207.67 ±34.18ab	125.00 ±8.49bcde	457.16 ±15.14ab
	$N_{210}P_{42}W_{217.5}$	1.75 ±0ab	62.33 ±0.06bc	862.33 ±11.11a	707.83 ±5.00ab	1188.50 ±5.17ab	152.67 ±7.37a	467.33 ±3.62a
	$N_{0}P_{42}W_{217.5}$	1.78 ±0.03a	62.87 ±0.20a	746.00 ±15.89b	611.00 ±12.67c	1092.33 ±68.17b	132.33 ±4.54abcd	448.33 ±43.58abc
	$N_{105}P_{84}W_{217.5}$	1.74 ±0.01ab	62.30 ±0.14bc	884.33 ±30.09a	743.83 ±22.90ab	1217.17 ±31.83ab	138.33 ±9.26abcd	459.17 ±9.28ab

注：各处理代码中 N 为施氮量（kg/hm^2），P 为施磷量（kg/hm^2），W 为生育期灌水量（mm）；其下标角数字为具体量值；表中数值为平均值 ± 标准差；同列不同小写字母表示差异达 5% 显著水平。

本章参考文献

[1] 秦武发，李宗智．氮素供应对小麦品质的影响Ⅱ供氮方式［J］．河北农业大学学报，1989，(4)：21—27.

[2] 吕殿青，张文孝，谷洁，等．渭北东部旱塬氮磷水三因素交互作用与耦合模型研究［J］．西北农业学报，1994，(3)：27—32.

[3] 王晨阳，马冬云，朱云集，等．小麦不同水氮运筹对面条煮制品质的影响［J］．中国农业科学，2004，34（2)：256—262.

[4] 付雪丽，王晨阳，郭天财，等．水氮互作对小麦籽粒蛋白质、淀粉含量及其组分的影响［J］．应用生态学报，2008，19（2)：317—322.

[5] 王晨阳，郭天财，彭羽，等．花后灌水对小麦籽粒品质性状及产量的影响［J］．作物学报，2004，30（10)：1031—1035.

[6] 王晨阳，马冬云，郭天财，等．不同水氮处理对小麦淀粉组成及特性的影响［J］．作物学报，2004，30（8)：739—744.

[7] 王立秋，曹敬山，靳占忠，等．春小麦产量及其品质的水肥效应研究［J］．干旱地区农业研究．1997，15（1)：58—63.

[8] 白莉萍，林而达，饶敏杰．不同试点灌溉方式对冬小麦产量和品质性状的影响［J］．生态学报，2005，25（4)：917—922.

[9] 张永丽，于振文．灌水量对不同小麦品种籽粒品质、产量及土壤硝态氮含量的影响［J］．水土保持学报．2007，21（5)：155—158.

[10] 方保停，何盛莲，郭天财，等．水分调控对两种筋力型小麦品种籽粒淀粉糊化特性的影响［J］．水土保持学报，2005，19（6)：162—165.

[11] 严美玲．水氮运筹对小麦产量、品质及碳氮代谢的影响与调控［D］．济南：山东农业大学，2006.

[12] 王瑜．水磷耦合对冬小麦水、磷利用与产量的影响及其生理基础［D］．济南：山东农业大学，2012.

[13] 许卫霞．水磷耦合对小麦耗水特性和产量形成的影响及其生理基础［D］．济南：山东农业大学，2008.

[14] 汪德水．旱地农田肥水关系原理与调控技术见：陈新平，李晓林，杨志福．水分胁迫条件下土壤钾素的生物有效性［M］．北京：中国农业科技出版社，1995.

[15] 唐浩．小麦和玉米生长过程中氮钾水互作效应研究［D］．北京：中国农业科学院，2008.

[16] 赵炳梓，徐富安．水肥条件对小麦、玉米 N、P、K 吸收的影响［J］．植物营养与肥料学报，2000，6（3)：260—266.

[17] KUCHENBUCH R，JUNGK A. Influence of potassium supply on the availability in the rhizosphere of rape［J］．Z Pflanzenernaehr Boden，1984，147：435 - 448.

[18] MENGEL K，BRAUNSCHWEIG Von L C. The effect of soil moisture upon availability

of potassium and its influence on the growth young maize plant（Zea mays. L）［J］. Soil Science，1972，114：142－148.

［19］SARDI K，FULOP P. 土壤水分对土壤钾水平与玉米吸钾关系的研究［J］. 国外农学——杂粮作物，1995，(2)：48—50.

［20］SPARKS D L. Potassium dynamics in soil［J］. Advances in Soil Science，1987，6：1－6.

第八章　逆境胁迫对小麦品质的影响

小麦品质形成除了受品种遗传特性的影响外，也受到栽培措施和生长环境条件的显著影响（曹广才，1994；李永庚等，2003）。水分和温度是影响小麦生长和发育的重要气候因子。干旱胁迫已成为制约小麦生产的主要障碍因子（王晨阳等，1996；兰涛等，2004）。而高温是小麦生育后期遭受的主要自然灾害之一，小麦灌浆期高温胁迫可单独发生，亦可与其他生态因子结合产生危害。在我国小麦生产中，高温干旱胁迫往往同时发生，我国黄淮海和北方小麦主产区灌浆期间就经常出现干热风天气，严重影响小麦产量和品质形成。全球气候变暖会使高温和水分灾害更加频繁，将对小麦生产产生严重危害。

第一节　高温胁迫对小麦品质的影响

产量和品质的稳定性一直是小麦研究的主要课题之一，品质稳定性直接关系到粮食收购、加工企业原材料和产品质量的稳定性。高温胁迫是许多国家小麦生产面临的主要问题之一，在美国和澳大利亚每年因此减产 10% ~15%，也是影响我国小麦生产的主要因素。高温胁迫是指由于高温引起植株生理变化而导致品质变劣和产量降低，分为热激或热休克（Heat Shock）和慢性热胁迫（Chronic Heat）两种，前者指相对短时间的极端高温胁迫，后者指较长时间的相对高温胁迫。短期高温热激后，蛋白质组成发生变化，面团品质相应地发生改变，这些变化可能是数量性的，包括醇溶蛋白和谷溶蛋白的比例变化，也可能是质量性的，如籽粒中会有热激蛋白的合成。高温胁迫会降低籽粒体积，引起加工品质变劣，如粒重下降严重会导致容重下降，从而影响面粉等级。

一、高温对小麦籽粒淀粉品质形成的影响

（一）高温对小麦籽粒淀粉及其组分含量的影响

灌浆期温度从 25 ℃升至 30 ℃时，有利于籽粒支链淀粉和总淀粉的积累；当温度超过 30 ℃时，随温度升高，支链淀粉和总淀粉含量降低（刘萍等，2006）。多数研究表明，小麦花后高温显著降低籽粒淀粉及支链淀粉含量（Sofield *et al.*，1977；Jenner，1991；Keeling *et al.*，1994），但关于高温对籽粒直链淀粉含量影响的研究结果不一致。Stoddar（1999）研究认为，在高温条件下，不同品种的直链淀粉含量改变存在差异。

赵辉等（2006）研究认为高温使直链淀粉含量下降，而闫素辉等（2008）研究表明，灌浆期高温提高籽粒直链淀粉含量。王珏等（2008）研究发现，高温胁迫（35 ℃和40 ℃）使小麦成熟期籽粒直链、支链和总淀粉含量显著下降，尤以花后第5~7 d处理的影响最大；高温胁迫致籽粒直/支比显著降低，其中前期处理下降更明显。相关研究表明，高温显著降低了籽粒中总淀粉及支链淀粉的含量，而对直链淀粉含量的影响较小，导致支/直链淀粉的比例显著降低。苗建利等（2008）研究了花后不同阶段高温胁迫下两种筋力小麦籽粒淀粉及其组分含量的变化，结果表明，花后不同阶段高温胁迫均使两品种籽粒支链淀粉含量显著下降（表8-1）。两品种间存在明显差异，强筋品种豫麦34受高温胁迫的影响明显大于弱筋品种豫麦50；前期高温胁迫的影响大于中期和后期；同一时段随高温胁迫时间延长影响加剧。如豫麦34在花后5d、15d和25d高温处理，T_3较T_2总淀粉含量的下降均达到1%的极显著水平。高温胁迫下直链淀粉含量的变化在两品种间有差异。豫麦50籽粒直链淀粉含量表现显著下降，且各期均以T_2的降幅最大。豫麦34T_3以花后15d处理的直链淀粉含量降幅较大（差异达1%极显著水平），而花后5d和25d高温处理的差异不显著；T_2在花后5d处理的有显著下降，而花后15d和25d处理时则有所升高。直链淀粉和支链淀粉在高温胁迫的不同变化导致了淀粉直/支比的差异。高温胁迫使豫麦34直/支比有所升高，而豫麦50则显著下降。

表8-1　花后高温对不同筋力型小麦品种籽粒淀粉及组分含量的影响

（资料来源：苗建利等，2008）

品种	处理时间	处理	直链淀粉含量（%）	支链淀粉含量（%）	总淀粉含量（%）	直/支比
豫34	花后5d	T1	19.11aA	50.51aA	69.62aA	0.39cC
		T2	18.14bB	43.86bB	62.00bB	0.41bB
		T3	19.03aA	40.92cC	59.95cC	0.46aA
	花后15d	T1	19.11bB	50.51aA	69.62aA	0.38bB
		T2	19.37aA	48.56bB	67.93bB	0.39aA
		T3	16.89cC	45.07cC	61.96cC	0.38bB
	花后25d	T1	19.11bB	50.51aA	69.62aA	0.39cC
		T2	20.19aA	48.82bB	69.00aA	0.41aA
		T3	19.27bB	48.47bB	67.74bB	0.40bB
豫50	花后5d	T1	20.24aA	48.62aA	68.868A	0.42aA
		T2	17.90bB	47.76bAB	65.66bB	0.38bB
		T3	18.23bB	47.19bB	65.42bB	0.39bB
	花后15d	T1	20.24aA	48.62aA	68.868A	0.42aA
		T2	18.33cB	48.00bA	66.33bB	0.38bB
		T3	18.49bB	47.78bA	66.27bB	0.39bB
	花后25d	T1	20.24aA	48.62aA	68.86aA	0.416aA
		T2	18.14cB	46.05cC	64.19cC	0.395bB
		T3	18.83bB	47.52bB	66.35bB	0.396bB

注：同列内平均值后有相同小写或大写字母的表示差异未达到5%或1%显著水平。T1、T2、T3分别指对照28℃、38℃处理2d和38℃处理4d。

（二）高温对小麦籽粒淀粉积累的影响

采用高温胁迫与自然温度对比的方法，通过盆栽试验和人工气候室控温（温室控制误差 ±2℃，湿度控制误差 ±1%），研究花后高温胁迫对弱筋小麦扬麦 15 号籽粒淀粉积累动态的影响（王珏等，2008）。结果表明，不同处理籽粒总淀粉、直链淀粉和支链淀粉积累量均呈 S 形变化，开花不同时期 35℃处理，籽粒中直链、支链和总淀粉积累量均不同程度地低于 CK，呈现 CK > 花后 25 ~ 27d > 花后 20 ~ 22d > 花后 15 ~ 17d > 花后 10 ~ 12d > 花后 5 ~ 7d 处理，高温胁迫越早淀粉积累量下降幅度越大。籽粒直/支比值随灌浆不断变化，基本呈先下降后渐升再回落的变化，花后不同时期高温处理，除 CK 和花后 25 ~ 27d 高温胁迫直/支比值在花后 18d 出现外，其余各处理谷值均前移至花后 13d（图 8 - 1）。

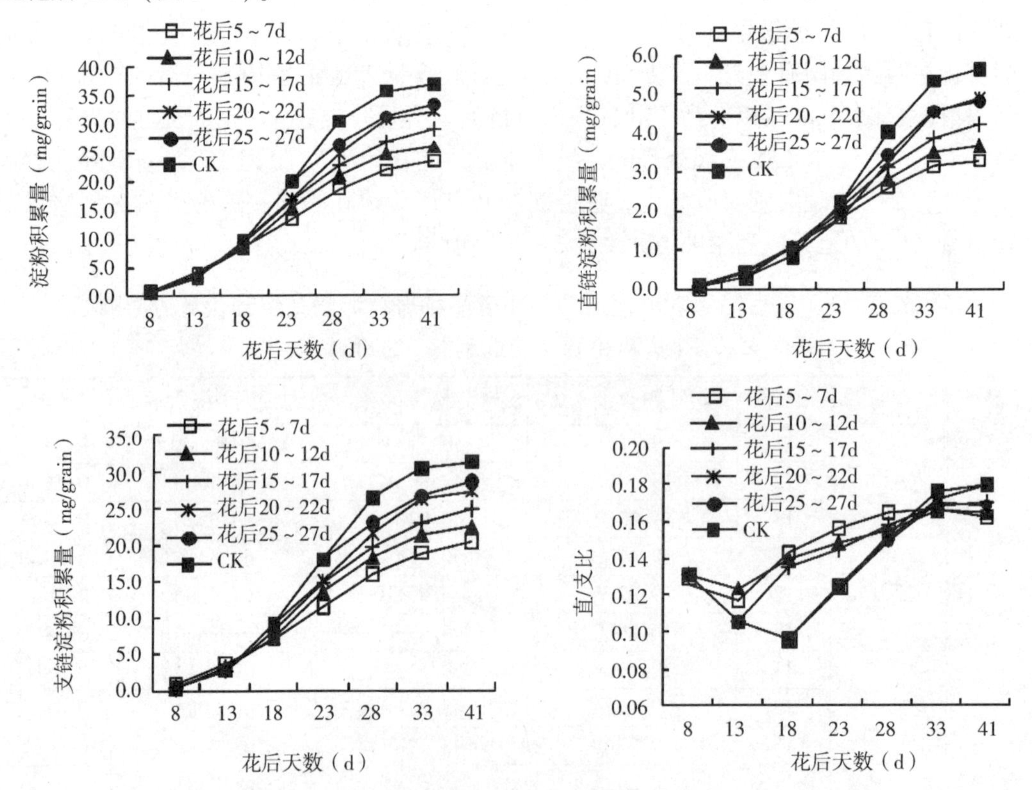

图 8 - 1　花后不同时期高温（35℃）胁迫对小麦籽粒总淀粉、支链淀粉和直链淀粉积累动态及直/支比动态变化的影响（王珏等，2008）

（三）高温对小麦籽粒淀粉粒形态及粒度分布的影响

1. 高温对小麦籽粒淀粉粒形态的影响　采用人工气候室控温，研究灌浆期高温对弱筋小麦扬麦 9 号、中筋小麦扬麦 12 淀粉粒形态的影响（刘萍等，2006）。结果表明，花后第 25 ~ 27d 连续 3d 高温胁迫后，小麦淀粉粒的形态、大小都发生显著的变化。中筋小麦扬麦 12 经过 30℃和 40℃ 3d 高温胁迫后，其淀粉粒受到伤害，呈扁圆形，并出现裂纹，这是小麦在高温条件下淀粉充实不良所致。成熟期 30℃处理的淀粉粒上已看不到裂纹，而 40℃高温胁迫的淀粉粒上的裂纹仍清晰可见。由此说明，30℃高温处理

后转入自然条件，小麦籽粒在进行自身调节，以缓解高温带来的伤害；而40℃高温胁迫结束后转入自然条件下，小麦自身调节能力减弱。弱筋小麦扬麦9号经过30℃和40℃高温胁迫后，淀粉粒呈椭圆形，但其淀粉粒与蛋白质鞘结合较疏松，角质化程度低，且没有出现有裂纹的淀粉粒。由此可见，高温胁迫对两品种淀粉粒形态结构都产生影响，且存在品种间差异，在本试验条件下高温对扬麦12淀粉粒的伤害大于扬麦9号（图8-2）。

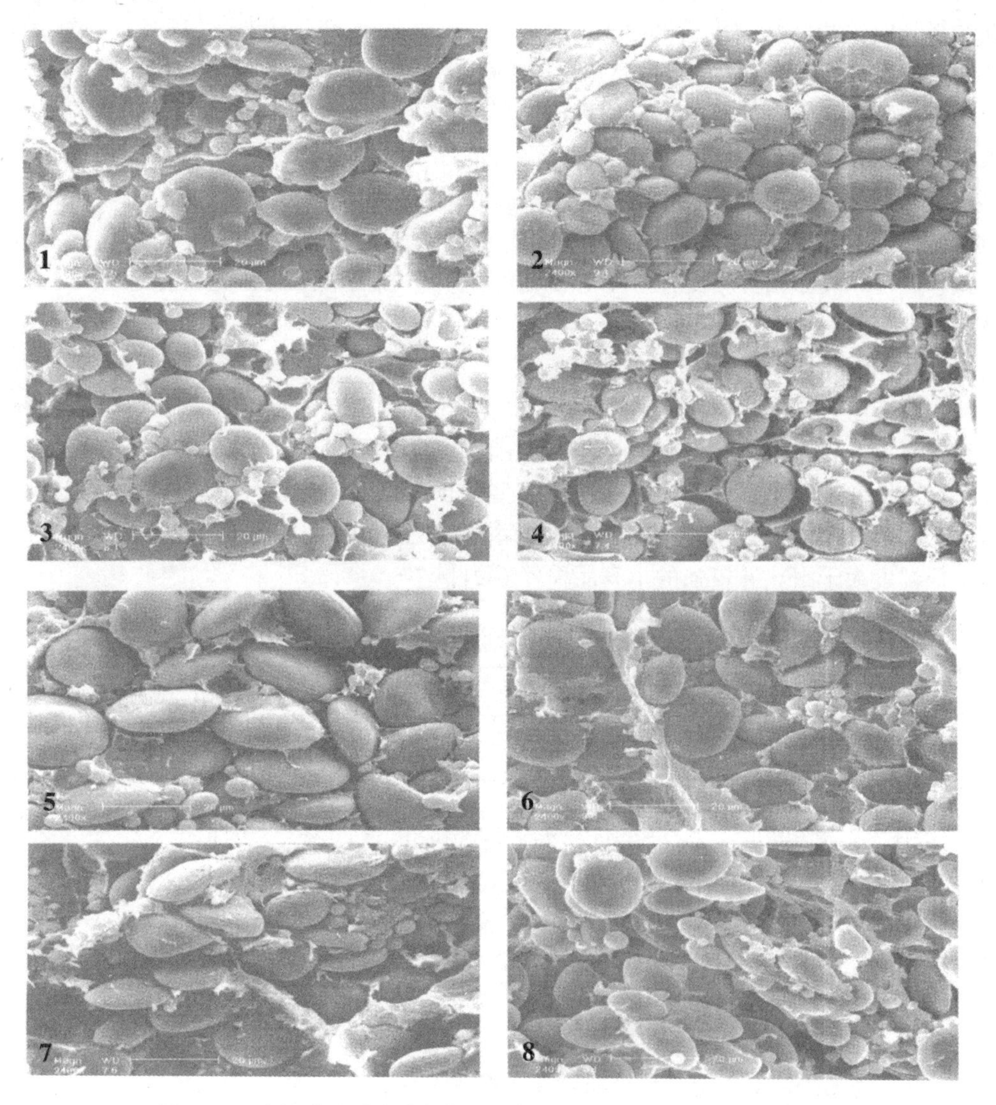

图8-2　高温胁迫对小麦籽粒淀粉粒形态的影响（刘萍等，2006）

注：1. 扬麦9号在30℃高温胁迫结束后1d籽粒腹部淀粉粒；2. 扬麦9号在30℃高温胁迫结束后成熟期籽粒腹部淀粉粒；3. 扬麦9号在40℃高温胁迫结束后1d籽粒腹部淀粉粒；4. 扬麦9号在40℃高温胁迫结束后成熟期籽粒腹部淀粉粒；5. 扬麦12在30℃高温胁迫结束后1d籽粒腹部淀粉粒；6. 扬麦12在30℃高温胁迫结束后成熟期籽粒腹部淀粉粒；7. 扬麦12在40℃高温胁迫结束后1d籽粒腹部淀粉粒；8. 扬麦12在40℃高温胁迫结束后成熟期籽粒腹部淀粉粒。

2. 高温对小麦籽粒淀粉粒度分布的影响 小麦籽粒淀粉以淀粉粒的形式存在，一般分为体积较大的 A 型和体积较小的 B 型淀粉粒（Parker，1985）。籽粒淀粉组分及淀粉粒度分布因籽粒发育的不同阶段而不同（Parker，1985；Tang *et al.*，2000；Peng *et al.*，1999；Bechtel *et al.*，1990）。Bechtel *et al.*（1990）研究提出小麦籽粒胚乳中 A 型淀粉粒于花后 4 ~ 5 d 开始形成，B 型淀粉粒则开始于花后 12 ~ 14 d。在小麦籽粒发育过程中，温度等环境条件的变化不仅影响小麦籽粒淀粉的形成与积累，而且对籽粒淀粉组分构成和淀粉粒度分布亦具有调节效应。Blumenthal *et al.*（1995）研究认为，灌浆期高温提高籽粒 A 型淀粉粒的数目，减少 B 型淀粉粒的数目。淀粉粒的形成是一个受生长发育调节的过程，灌浆期不同阶段高温对淀粉粒的形成产生不同的影响。闫素辉等（2008）研究表明，灌浆前期高温降低籽粒 B 淀粉粒比例而提高 A 淀粉粒比例，不仅影响籽粒 A、B 型淀粉粒的数目，而且对淀粉粒的体积、表面积亦有显著影响（即高温显著增加籽粒 A 型淀粉粒的体积、数目和表面积百分比，降低 B 型淀粉粒的体积、数目和表面积百分比，可能是 A 型淀粉粒形成较早，且 B 淀粉粒是由 A 淀粉粒分化而来）（盛婧等，2004）。

以不同耐热性品种济麦 20 和鲁麦 21 为材料，于花后 5 ~ 9d 进行高温处理，研究小麦灌浆期高温对籽粒淀粉粒度分布的影响（闫素辉等，2008）。结果表明，小麦籽粒淀粉粒主要由 <43μm 淀粉粒构成。与对照相比，高温显著降低 B 型（<10μm）淀粉粒体积、数量和表面积百分比，增加籽粒 A 型（10 ~ 43μm）淀粉粒体积、数量和表面积百分比（表 8 - 2）。品种间比较，高温对耐热性较弱的小麦品种济麦 20 籽粒 B 型淀粉粒降低幅度大于耐热性较强的小麦品种鲁麦 21。

表 8 - 2　高温对小麦成熟期籽粒淀粉粒度分布的影响（闫素辉等，2008）

品种	处理	体积（%）		数目（%）		表面积（%）	
		<10μm	10 ~ 43μm	<10μm	10 ~ 43μm	<10μm	10 ~ 43μm
济麦 20	CK	41.8 ± 0.4a	57.9 = 0.3b	99.91 ± 0.03a	0.09 ± 0.02b	82.6 ± 0.5a	17.4 ± 0.3b
	HT	27.2 ± 0.3b	72.2 ± 0.4a	99.62 ± 0.04b	0.38 ± 0.03a	74.6 ± 0.4b	25.1 ± 0.2a
鲁麦 21	CK	38.7 ± 0.3a	60.9 ± 0.3b	99.77 ± 0.04a	0.23 ± 0.03b	75.9 ± 0.5a	24.0 ± 0.3b
	HT	24.9 ± 0.2b	74.2 ± 0.4a	99.51 ± 0.03b	0.48 ± 0.04a	68.7 ± 0.4b	30.9 ± 0.4a

注：表中数据为平均值 ± 标准差。同一品种内，标以不同小写字母的值在处理与对照间差异显著。CK 为对照，HT 为高温处理。

（四）高温胁迫对小麦籽粒蔗糖含量的影响

运输到籽粒中的光合产物最初以蔗糖形式存在，蔗糖降解生成 UDPG 和果糖后才能用来合成淀粉。有研究表明，蔗糖向淀粉转化能力的大小限制着淀粉的合成。灌浆初期淀粉积累与蔗糖的供应能力无关，灌浆中后期淀粉合成底物的增加有利于淀粉的积累，灌浆后期籽粒蔗糖含量下降的明显减缓与蔗糖合成酶（SS）活性的显著降低相吻合（王东等，2003；潘庆民等，2002）。籽粒灌浆后期蔗糖转化为淀粉生理过程的抑制是淀粉积累减少的主要原因（Jenner，1994）。赵辉等（2006）以徐州 26（高蛋白含

量）和扬麦 9 号（低蛋白含量）2 个不同品质类型小麦品种为材料，利用人工气候室模拟小麦花后高温条件，研究了灌浆期高温对籽粒蔗糖含量的影响。结果表明，籽粒中蔗糖含量在高温处理后 7d 有所增加，但与适温处理间差别不大，随后急剧下降，到花后 21d 已经低于适温处理。而适温下蔗糖含量下降趋势较高温处理平缓，表明高温降低了籽粒蔗糖供应，导致淀粉合成底物不足。适温下扬麦 9 号籽粒蔗糖含量下降幅度较徐州 26 平缓，而在高温处理 7d 后（花后 14d），扬麦 9 号下降幅度较徐州 26 大，表明低蛋白品种扬麦 9 号对籽粒蔗糖的利用能力更强（图 8－3）。

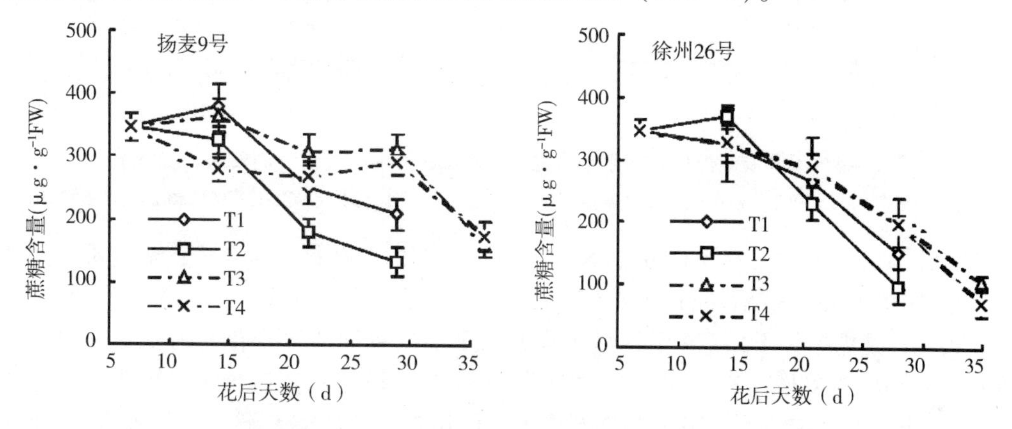

图 8－3　不同温度处理下 2 个小麦品种籽粒蔗糖含量的变化（赵辉等，2006）

注：T1、T2、T3 和 T4 分别表示昼/夜温度 34℃/22℃、32℃/24℃、26℃/14℃和 24℃/16℃。

（五）高温对小麦籽粒淀粉合成相关酶活性的影响

小麦籽粒中的淀粉合成过程主要由腺苷二磷酸葡萄糖焦磷酸化酶（AGPP）、蔗糖合成酶（SS）、可溶性淀粉合成酶（SSS）、束缚态淀粉合成酶（GBSS）和淀粉分支酶（SBE）等共同催化完成，AGPP 控制淀粉合成速率，SSS 和 SBE 共同影响淀粉颗粒的结构和特性，包括直链淀粉和支链淀粉的比例。高温对小麦籽粒淀粉合成相关酶的活性有显著影响（Bechtel *et al.*，1990；Jenner，1991；Keeling *et al.*，1994）。近年研究表明，高温抑制小麦籽粒中 SSS 的活性，但对籽粒 SS 和 GBSS 活性没有明显的影响，结果阻遏了蔗糖向淀粉的转化，从而降低淀粉含量和粒重（Keeling *et al.*，1993；Wallwork *et al.*，1998；Jenner，1991，1994）。

1. 高温对蔗糖合成酶（SS）活性的影响　小麦籽粒中 SS 活性的高低反映了籽粒降解蔗糖的能力，较高的活性可提供较充足的淀粉合成底物。图 8－4 表明，高温处理后 7d，扬麦 9 号的 T1 处理和徐州 26 的 T2 处理籽粒 SS 活性升高，随后均呈快速下降趋势。适温处理下，籽粒 SS 活性在初期低于高温处理，但随灌浆进程缓慢下降而逐渐高于高温处理。不同温差处理间，SS 活性变化与温度和品种有关，扬麦 9 号以温差较大（12℃）的 T1、T3 处理较高；徐州 26 灌浆前期表现为 T2 > T1，灌浆后期随温差的增加而增加，表明小麦籽粒 SS 活性的变化与温度和温差的变化密切相关。温度处理对籽粒 SS 活性的影响在不同品种之间也不尽相同。处理 7d 后，高蛋白品种徐州 26 籽粒 SS 活性下降速度快于扬麦 9 号，表明 SS 活性与温度和温差的变化及品种特性的差异密切相关。

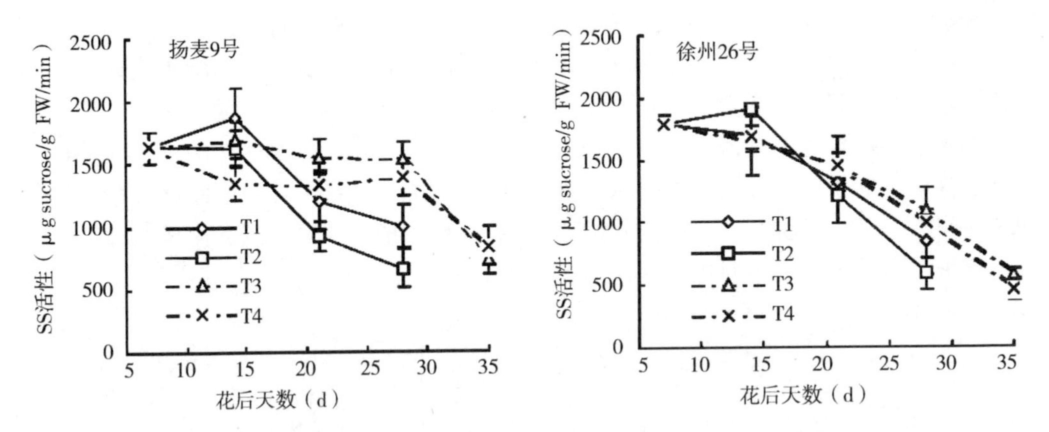

图8－4　不同温度处理下2个小麦品种籽粒SS活性的变化（赵辉等，2006）

注：T1、T2、T3和T4分别表示昼/夜温度34℃/22℃、32℃/24℃、26℃/14℃和24℃/16℃。

2. 高温对可溶性淀粉合成酶（SSS）活性的影响　SSS是催化合成支链淀粉的关键酶，籽粒中较强的SSS活性有利于提高ADPG合成淀粉的能力（Nakamura，1992）。图8－5表明，适温条件下，SSS活性呈先上升后下降的单峰曲线变化，扬麦9号和徐州26峰值分别出现在花后21d和28d。高温处理后7d，扬麦9号籽粒SSS活性与适温处理间差别较小，但自花后21d开始逐渐增大。徐州26籽粒SSS活性在高温处理后7d显著下降，至花后21d达到最大，表明徐州26籽粒SSS在高温下受到更强的抑制，不利于籽粒支链淀粉的合成。不同温差处理间，SSS活性的差异远小于温度水平的效应。上述结果表明，高蛋白品种徐州26籽粒支链淀粉的合成较低蛋白品种扬麦9号更易受到高温逆境的影响。

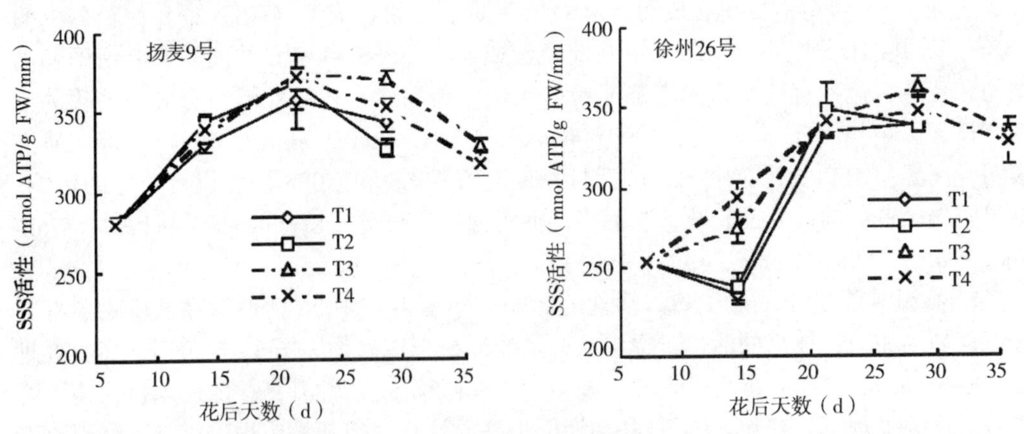

图8－5　不同温度处理下2个小麦品种籽粒SSS活性的变化（赵辉等，2006）

注：T1、T2、T3和T4分别表示昼/夜温度34℃/22℃、32℃/24℃、26℃/14℃和24℃/16℃。

3. 高温对束缚态淀粉合成酶（GBSS）活性的影响　GBSS在淀粉体内催化直链淀粉的合成。图8－6表明，灌浆期温度对籽粒GBSS活性有显著的影响。高温处理后7d，籽粒GBSS活性高于适温处理，特别是扬麦9号表现更为明显。随高温处理时间的延长其活性快速下降，到花后21d明显低于适温处理，花后28d与适温处理间差别变大。

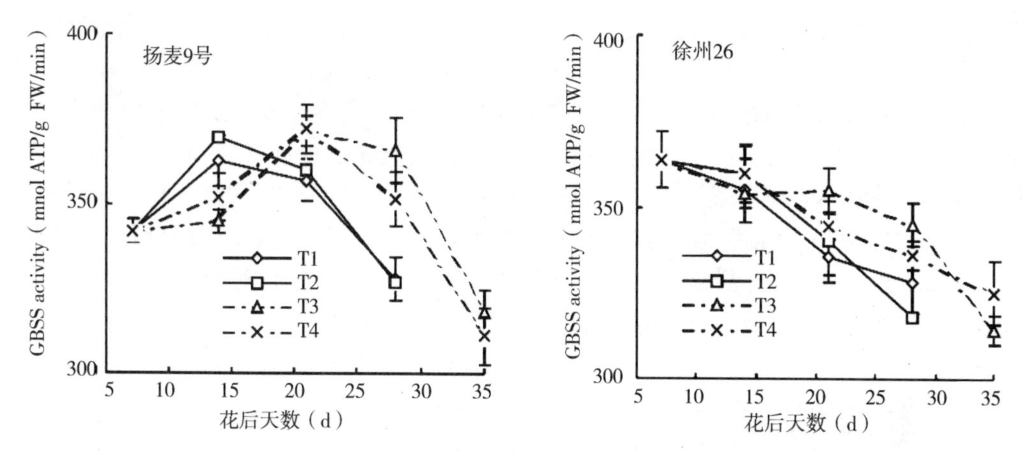

图 8－6　不同温度处理下 2 个小麦品种籽粒 GBSS 活性的变化（赵辉等，2006）

注：T1、T2、T3 和 T4 分别表示昼/夜温度 34℃/22℃、32℃/24℃、26℃/14℃和 24℃/16℃。

结果还显示，在籽粒灌浆盛期（花后 14～28d），适温处理的籽粒 GBSS 活性显著高于高温处理，长时间保持较高的酶活性，从而有利于淀粉积累。不同品种间比较，扬麦 9 号籽粒 GBSS 活性呈单峰曲线变化，适温下酶活性在花后 21d 达到最大，而高温下酶活性的峰值提前到花后 14d。徐州 26GBSS 活性在整个灌浆期持续下降，且在不同温度和温差处理下差异较小。总体上看，低蛋白品种扬麦 9 号籽粒直链淀粉的合成较高蛋白品种徐州 26 更易受到高温逆境的影响。

4. 高温对腺苷二磷酸葡萄糖焦磷酸化酶（AGPP）活性的影响　Jenner *et al.*（1991）研究表明，在高温逆境下，小麦籽粒淀粉合成受 SS 和 AGPP 调控。闫素辉等（2008b）以耐热性不同的 2 个小麦品种济麦 20 和鲁麦 21 为材料，分别于花后 5～9d（T1）和15～19d（T2）进行高温处理，研究了小麦花后不同阶段高温对 AGPP 活性的影响。结果表明，处理间正常生长条件下，两品种籽粒 AGPP 活性变化均呈单峰曲线，峰值在花后 25d（图 8－7）。T1 处理后，两品种 AGPP 活性均较对照升高，但于花后 15d（济麦 20）、20d（鲁麦 21）开始低于对照。T2 处理后，AGPP 活性均显著低于对

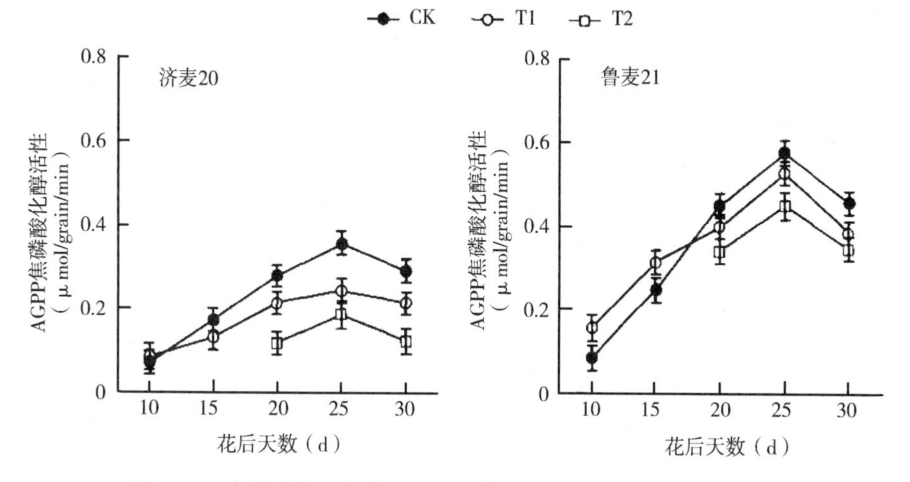

图 8－7　高温对小麦籽粒 AGPP 活性的影响（闫素辉等，2008）

照，济麦20、鲁麦21 AGPP活性较对照分别下降58.5%、24.8%。可见，与鲁麦21相比，济麦20籽粒AGPP活性对高温反应更敏感，更易受到高温的影响。

5. 高温对淀粉分支酶（SBE）活性的影响 SBE是支链淀粉合成的关键酶之一，SBE活性变化趋势与淀粉积累变化趋势基本一致，表明灌浆期高温处理淀粉积累量的下降与籽粒SBE活性下降显著相关。T1处理后，两品种籽粒SBE活性均略高于对照；但济麦20、鲁麦21 SBE活性分别于花后15d、20d开始低于对照。T2处理后，两品种SBE活性显著低于对照，降幅为59.3%（济麦20）和20.4%（鲁麦21）；高温胁迫后SBE活性与对照变化趋势一致，但显著低于对照（图8-8）。

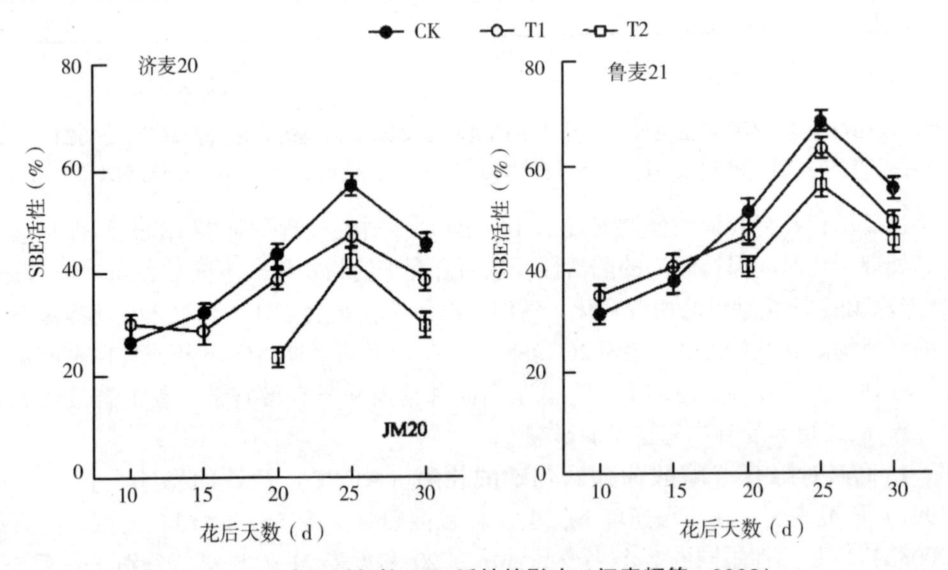

图8-8 花后高温对籽粒SBE活性的影响（闫素辉等，2008）

二、高温对小麦籽粒蛋白质品质的影响

（一）高温对蛋白质及其组分积累的影响

小麦籽粒蛋白质含量最易受环境条件的影响，研究认为，随着灌浆期温度升高，籽粒蛋白质含量提高，主要由蛋白质和淀粉积累的相对速率和持续时间决定（Bhullar *et al.*，1986）。Sofield *et al.*（1977）认为，灌浆过程在15～21℃，随温度提高，单籽粒蛋白质绝对含量提高而淀粉含量没有变化；如果温度继续提高到30℃，则对蛋白质和淀粉的积累都产生负面影响。高温对淀粉的影响更大，使蛋白质含量显著提高，40℃高温胁迫每增加1d，热敏感品种（Oxley）蛋白质含量增加0.22%，抗热性品种（Egret）增加0.13%（Stone *et al.*，1994，1998）。不同品种对高温胁迫敏感性存在显著差异（Stone *et al.*，1994，1996，1998；Blumenthal *et al.*，1995）。Stone *et al.*（1994）选用耐热性不同的5个品种在灌浆前期（10d）和中后期（30d）高温处理，醇溶蛋白/谷蛋白变幅达9%～18%。品种间总蛋白及各组分（清蛋白、球蛋白、醇溶蛋白和谷蛋白）的积累对高温胁迫敏感性不同，且具有不同的敏感时期。高温提高醇溶蛋白积累速率但缩短了积累时间，影响成熟期醇溶蛋白的合成，但由于积累速率比

谷蛋白快（Tribo *et al.*，2001），相对含量提高（Daniel *et al.*，2001）。也有人认为，导致醇溶蛋白谷蛋白相对含量变化的原因是由于蛋白质合成途径发生改变（Blumenthal *et al.*，1995，1990）。

1. 高温对蛋白质及其组分含量的影响

（1）高温对蛋白质含量的影响：高温条件下小麦籽粒中淀粉积累速率加快，但是积累时间缩短，导致粒重降低；而蛋白质的积累过程受环境因素影响较小，从而导致籽粒中蛋白质含量相对升高（Jenner，1991）。敬海霞等（2010）采用盆栽与人工气候室相结合的方法，于2007～2008年在河南农业大学科教示范园区，以强筋小麦品种郑麦9023为试验材料，研究花后高温胁迫对小麦籽粒蛋白质含量的影响。结果表明，花后高温处理显著提高了郑麦9023籽粒蛋白质含量，但淀粉含量显著降低（表8－3）。

表8－3 花后高温对郑麦9023籽粒蛋白质和淀粉含量及产量的影响(敬海霞等，2010)

处理	蛋白质含量（mg/g）	淀粉含量（mg/g）	每盆籽粒产量（%）	每盆蛋白质产量（g）	每盆淀粉产量（g）
CK	161.7c	671.0a	52.37a	8.47a	35.13a
花后10d	166.6b	653.1a	42.22b	7.03b	27.58b
花后20d	171. 1a	582.1b	39.52b	6.76b	23.00c

注：同列平均值后有相同小写字母的表示差异未达到5%显著水平。

（2）高温对小麦籽粒蛋白质组分含量的影响：小麦面粉中的麦谷蛋白和醇溶蛋白与面筋的黏－弹特性关系密切，醇溶蛋白含量较低而麦谷蛋白含量相对较高，有利于形成强度较高的面筋，对于改善蛋白质品质有重要的意义。表8－4表明，郑麦9023的蛋白质组分含量依次为麦谷蛋白＞醇溶蛋白＞清蛋白＞球蛋白，花后10d高温处理，籽粒醇溶蛋白和麦谷蛋白含量显著升高，而球蛋白含量显著降低；花后20d高温处理，清蛋白和麦谷蛋白含量均显著增加，球蛋白含量显著降低；而高温胁迫对谷/醇比影响不显著。

表8－4 花后高温胁迫对郑麦9023籽粒蛋白质组分含量的影响(敬海霞等，2010)

处理	清蛋白（mg/g）	球蛋白（mg/g）	醇溶蛋白（mg/g）	麦谷蛋白（mg/g）	谷/醇比
CK	22.9b	16.7a	36.3b	42.1b	1.16a
花后10d	23.1ab	16.3b	38.6a	44.5a	1.16a
花后20d	23.7a	14.9c	38.4ab	45.3a	1.18a

注：同列平均值后有相同小写字母的表示差异未达到5%显著水平。

Blumenthal *et al.*（1993）认为，高温条件下较有利于醇溶蛋白的生物合成而不利于麦谷蛋白的生物合成，使醇溶蛋白和麦谷蛋白的比例以及麦谷蛋白大聚合体的组成发生改变，降低了小麦的加工品质。李永庚等（2005）利用人工环境控制室对盆栽冬小麦（济南17和鲁麦21），分别在籽粒灌浆前期、中期和后期进行了25℃/35℃（夜/昼）的高温胁迫处理，以生长在20℃/30℃（夜/昼）环境中的小麦为对照，研究了灌浆期不同阶段高温胁迫对小麦籽粒蛋白质组分含量的影响。结果表明，灌浆前期高温胁迫使小麦的麦谷蛋白含量显著升高（$P<0.05$）（图8－9B），而醇溶蛋白含量未发生显著变化（图8－9A），导致麦谷蛋白/醇溶蛋白含量的比值升高（图8－9C）。灌浆中、后期受高温胁迫的小麦麦谷蛋白含量显著降低（图8－9B），而醇溶蛋白含量显著升高（图8－9A），使麦谷蛋白与醇溶蛋白含量的比值降低（图8－9C）。

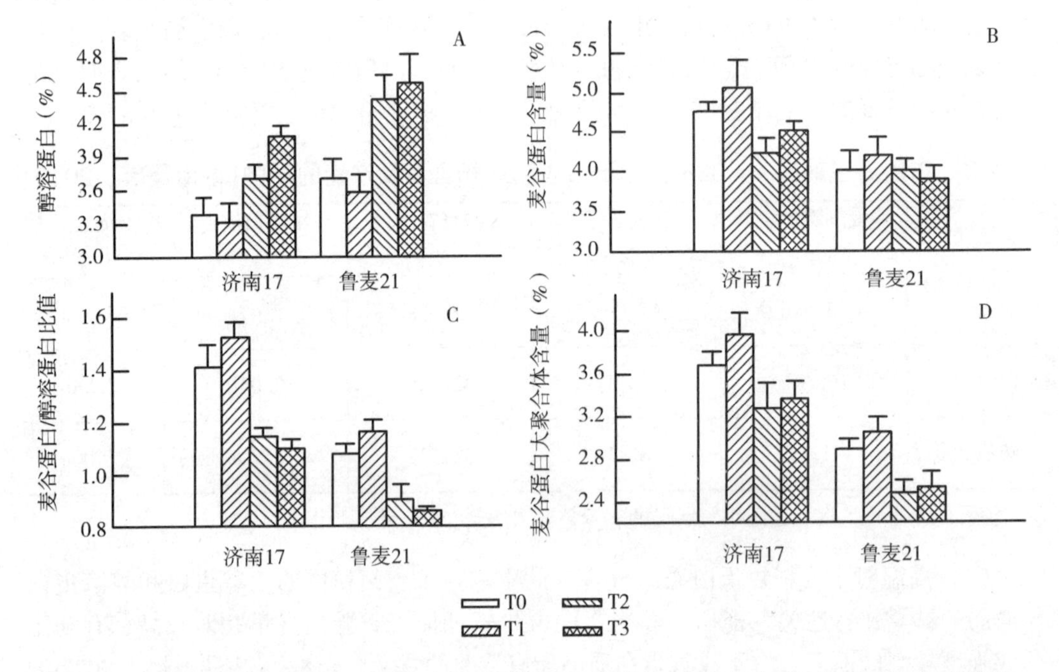

图8－9　小麦籽粒灌浆前期、中期和后期高温胁迫对济南17和鲁麦21的影响（李永庚等，2005）醇溶蛋白（Gli.）含量（A）、麦谷蛋白（Glu.）含量（B）、麦谷蛋白与醇溶蛋白含量之比（Gli./Glu. index）（C）和麦谷蛋白大聚合体（GMP）含量（D）

注：T0为对照，T1、T2和T3分别代表仅在籽粒灌浆前期、中期和后期小麦受到了25℃/35℃（夜/昼）的高温胁迫。

2. 高温对麦谷蛋白大聚合体（GMP）含量的影响　麦谷蛋白大聚合体（GMP）是由高分子量的麦谷蛋白亚基（HMW－GS）和低分子量的麦谷蛋白亚基（LMW－GS）相互交联形成的，是反映麦谷蛋白分布的一个重要指标，对面筋和面团的黏－弹性极为重要，与面粉的加工品质关系密切。图8－9D表明，在灌浆前期受到高温后的小麦籽粒GMP含量显著升高（$P<0.05$），而灌浆中、后期高温胁迫导致GMP含量显著降低（$P<0.05$），不利于小麦品质的改善。

3. 高温对蛋白质积累速率的影响　图8－10表明，高温胁迫后，小麦籽粒蛋白质积累速率明显加快；但高温胁迫结束后，蛋白质积累速率便开始下降且导致灌浆速率的高值持续期缩短。其中，灌浆前期的高温影响最为明显，蛋白质积累的峰值出现时间较对照处理提前了大约5d（图8－10A）。

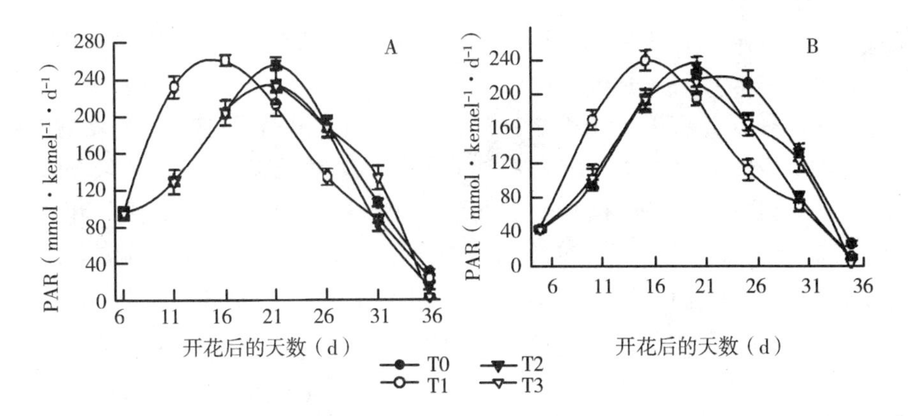

图8－10　小麦籽粒灌浆前期、中期和后期高温胁迫对济南17（A）和鲁麦21（B）籽粒蛋白质积累速率（PAR）的影响（李永庚等，2005）

注：T0为对照，T1、T2和T3分别代表仅在籽粒灌浆前期、中期和后期小麦受到了25℃/35℃（夜/昼）的高温胁迫。

（二）高温对氮素积累、运转的影响

图8－11表明，灌浆前期高温胁迫导致氮素积累量显著增加（$P<0.05$），灌浆后期高温胁迫导致氮素积累量显著减少（$P<0.05$），而中期高温胁迫导致的变化不明显（$P>0.05$）（图8－11A）。由于高温条件下籽粒氮素积累量减少和营养器官中氮素残留量增加，导致了高温胁迫后氮素收获指数的显著降低，但不同灌浆阶段高温胁迫之间的差异并不显著（$P>0.05$）（图8－11B）。济南17和鲁麦21所表现出的趋势相一致。

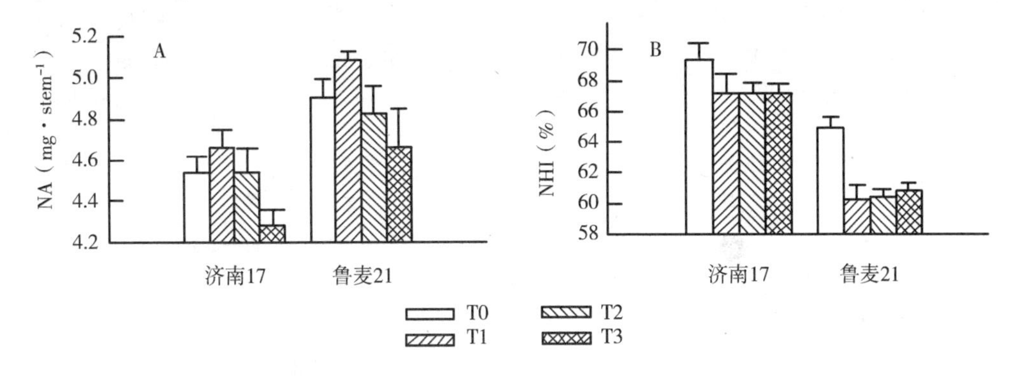

图8－11　小麦籽粒灌浆前期、中期和后期高温胁迫对济南17和鲁麦21的植株氮素积累量（NA）（A）和氮素收获指数（NHI）（B）的影响（李永庚等，2005）

注：T0为对照，T1、T2和T3分别代表仅在籽粒灌浆前期、中期和后期小麦受到了25℃/35℃（夜/昼）的高温胁迫。

（三）高温胁迫对小麦籽粒蛋白质合成关键酶活性的影响

谷氨酰胺合成酶（GS）和谷丙转氨酶（GPT）是调控小麦籽粒蛋白质形成的两个关键酶，其活性显著受光照和温度等外界条件的影响。

1. 高温胁迫对小麦籽粒GPT活性的影响　GPT是调控氮从其主要载体谷氨酸向蛋白质的其他氨基酸转移的关键酶（Lea *et al.*，1990），其活性高低直接影响着氨基酸和

蛋白质的合成。河南农业大学（2006～2008）选用豫麦34（强筋）和豫麦50（弱筋），分别于开花后5～9d和15～19d在人工气候室进行高温胁迫处理。研究表明，前期高温处理下，两品种籽粒GPT活性随着灌浆进程的推进先升高，对照T1于花后19d左右达到峰值，而T2和T3在花后14d左右达到峰值，之后逐渐下降。与T1相比，豫麦34T2籽粒GPT活性在花后9d和14d提高10.29%和17.30%，而T3则从花后9～19d高于T1，之后显著低于T1，各取样日期平均降幅达6.98%和5.77%；豫麦50亦表现出相同趋势，T2籽粒GPT活性在花后9d和14d高于T1，T3仅在花后14d高于T1，之后显著低于T1，各取样日期平均下降5.24%和8.21%。中期高温处理下，豫麦34T2和T3籽粒GPT活性各取样日期平均较T1分别下降18.57%和24.23%（T3花后19d略高于T1），而豫麦50分别下降7.77%和35.75%（T2和T3在花后19d高于T1）。结果表明：

1）灌浆期高温处理后10d内提高了籽粒GPT活性，但使其峰值出现时间提前；

2）随着高温胁迫的加剧，最终明显降低了籽粒GPT活性，两品种均表现为受中期高温胁迫影响较大；

3）品种间比较，蛋白质含量高的豫麦34籽粒GPT活性高于蛋白质含量低的豫麦50（图8－12）。

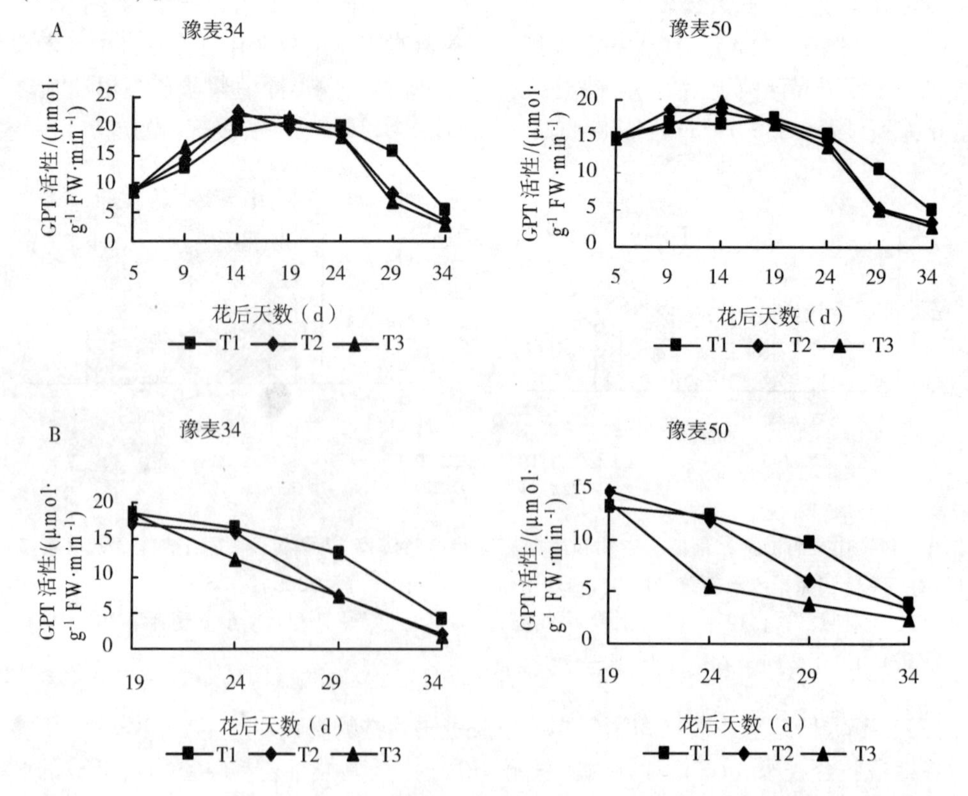

图8－12　前期A（花后5～9d）、中期B（花后15～19d）高温胁迫对小麦籽粒GPT活性的影响（河南农业大学，2006～2008）

注：对照处理（28℃，T1）、高温38℃处理2d（T2）、38℃处理4d（T3）。

2. 高温胁迫对小麦籽粒GS活性的影响　GS是高等植物中氨同化的关键酶，其活性与小麦籽粒品质密切相关。图8－13表明，灌浆期高温处理下，两品种籽粒GS活性在处理后短时间内升高，但最终明显降低。前期高温处理下，豫麦34T2和T3籽粒GS活性在花后14～19d高于T1，之后明显低于T1，各取样日期平均下降3.19%和6.78%；豫麦50表现略有不同：T2籽粒GS活性在花后14～19d较T1略高，而T3在花后19～24d高于T1，之后显著低于T1，各取样日期平均下降3.63%和6.43%。中期高温处理下，从花后19d开始T2和T3籽粒GS活性低于T1，各取样日期平均下降16.28%、26.08%（豫麦34）和19.30%、32.43%（豫麦50）。两品种籽粒GS活性均受中期高温胁迫影响较大。

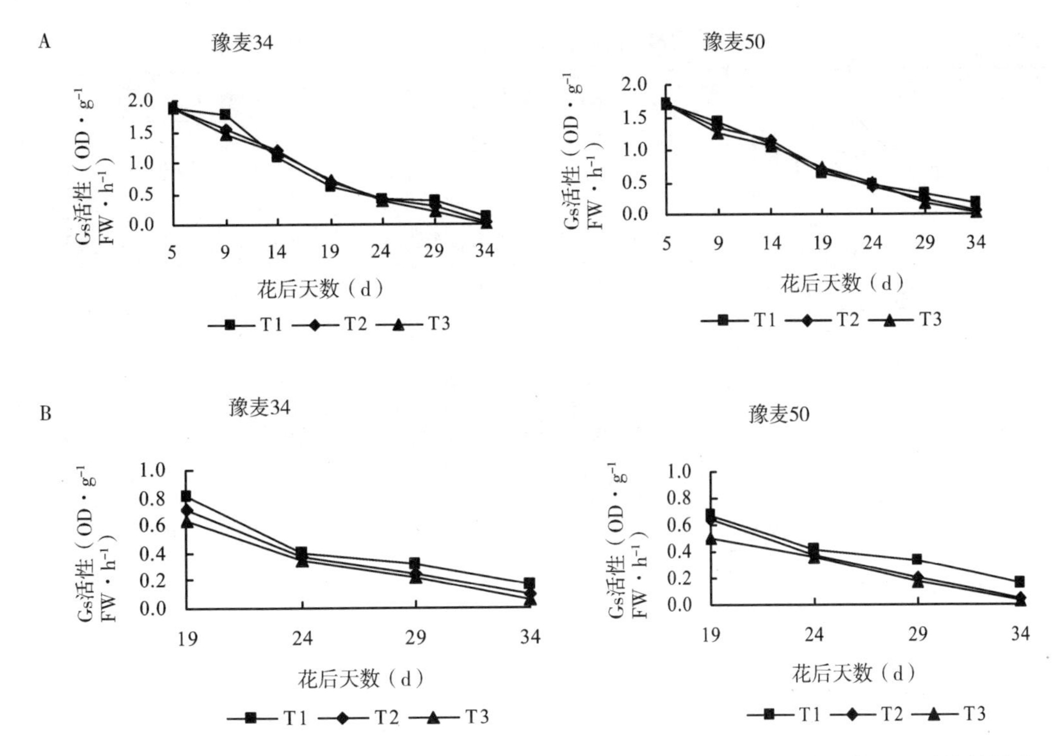

图8－13　前期A（花后5～9d）、中期B（花后15～19d）高温胁迫对小麦籽粒GS活性的影响（河南农业大学，2006～2008）

注：对照处理（28℃，T1）、高温38℃处理2d（T2）、38℃处理4d（T3）。

第二节　干旱胁迫对小麦品质的影响

一、干旱胁迫对小麦籽粒淀粉品质的影响

近年来，在农田灌溉研究领域，水分对冬小麦产量和品质形成的调控已成为研究热点。土壤水分含量过多或过少均不利于籽粒产量的提高，而且导致籽粒营养品质和

加工品质下降。

（一）干旱对小麦籽粒淀粉及其组分含量的影响

苗建利等（2008）研究了干旱胁迫对两种筋力小麦品种籽粒淀粉及其组分含量的影响，结果表明，干旱胁迫使籽粒直链淀粉含量显著下降。干旱对支链淀粉含量的影响在两品种间有差异：豫麦34花后5d、15d干旱处理时使其含量下降，但处理间差异不显著；而花后25d干旱胁迫则显著升高。豫麦50则花后15d和25d干旱胁迫处理下显著下降，并最终导致总淀粉含量的显著下降。淀粉直/支比在干旱胁迫下均呈下降趋势，且差异达到显著水平。南京农业大学相关研究亦表明，干旱胁迫降低了籽粒的直链淀粉含量，也使籽粒直/支比有不同程度的下降（表8－5）。

表8－5　花后干旱胁迫对两品种籽粒淀粉及其组分含量的影响（苗建利等，2008）

品种	处理时期	处理	直链淀粉含量(%)	支链淀粉含量(%)	总淀粉含量(%)	直/支比
豫麦34	花后5d	W1	19.38aA	45.12aA	64.51A	0.43aA
		W2	18.13bA	45.07aA	63.20bB	0.40bA
	花后15d	W1	18.66aA	48.44aA	67.09aA	0.39aA
		W9	18.25bA	47.65aA	65.91bA	0.38aA
	花后25d	W1	19.89aA	48.45bA	68.34aA	0.41aA
		W2	19.15bA	50.08aA	69.23aA	0.38bA
豫麦50	花后5d	W1	19.51aA	47.70aA	67.21aA	0.41aA
		W2	18.07bB	48.02aA	66.10aA	0.38bB
	花后15d	W1	19.40aA	48.70aA	68.10aA	0.40aA
		W2	18.63bB	47.57bA	66.20bA	0.39aA
	花后25d	W1	19.21aA	48.45aA	67.66A	0.39aA
		W2	18.93aA	46.34bB	65.27bA	0.40aA

注：同列内平均值后有相同小写或大写字母的表示差异未达到5%或1%显著水平。W1和W2分别指土壤相对含水量75%±5%和55%±5%。

（二）干旱胁迫对小麦籽粒淀粉合成相关酶活性的影响

1. 干旱对尿苷二磷酸葡萄糖焦磷酸化酶(UDPG－PPase，UGPP)活性的影响　河南农业大学（2002～2004）研究表明，土壤干旱使籽粒UGPP活性下降，其表现亦随灌浆进程的推进而影响加剧，且以豫麦34表现尤为突出。从不同胁迫强度看，轻度干旱（W2）对籽粒UDPG－PPase活性影响相对较小，而重度干旱胁迫（W3）导致其活性的显著下降。综合（各期测定数据汇总）方差分析结果显示，W2与W1差异不显著，但W3较W1分别下降达5%（豫麦50）或1%（豫麦34）的显著水平（图8－14）。

2. 干旱对AGPP活性的影响　图8－15表明，土壤干旱对籽粒AGPP的影响与对UGPP的影响表现基本一致，即W2较W1处理下降不明显，而W3的下降分别达5%

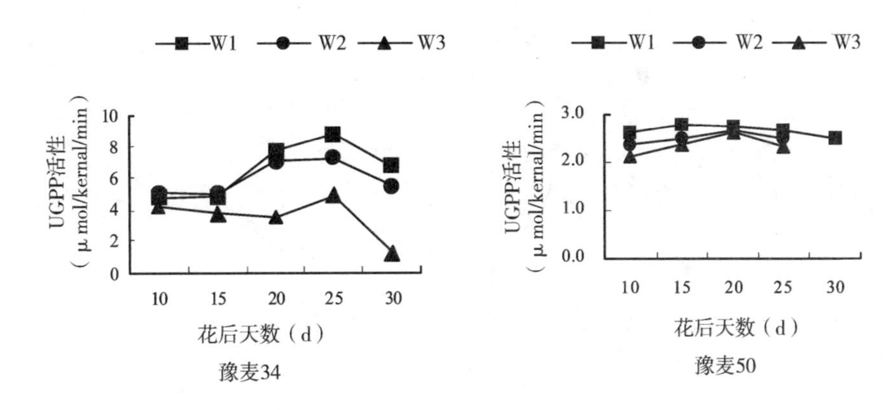

图 8－14　土壤干旱对小麦籽粒 UDPG－PPase 活性的影响（河南农业大学，2002～2004）

注：W1，正常土壤水分处理（SRWC＝75%±2%）；W2，轻度干旱处理（SRWC＝55%±2%）；W3，严重干旱处理（SRWC＝35%±2%）。

（豫麦 50）和 1%（豫麦 34）的显著水平。两品种相比，豫麦 34 籽粒 ADPG－PPase 活性受水分影响较大，在严重干旱胁迫下（W3）下降 37.7%（各期平均），而豫麦 50 仅下降 12.0%（图 8－15）。

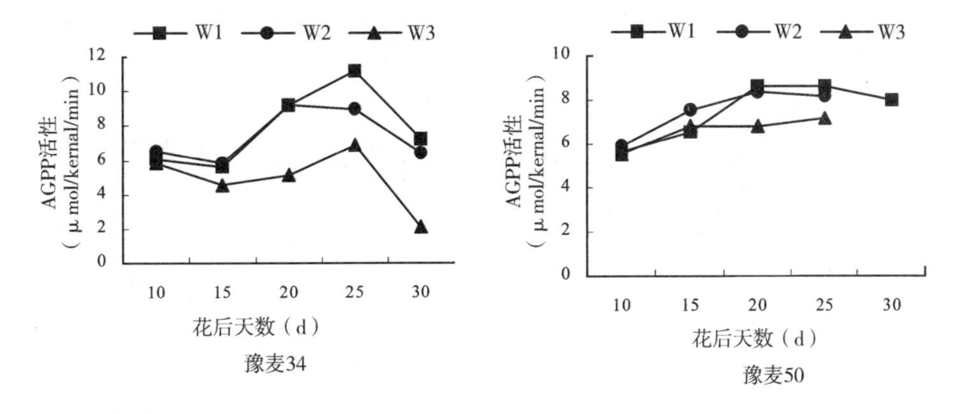

图 8－15　土壤干旱对小麦籽粒 ADPG－PPase 活性的影响（河南农业大学，2002～2004）

注：W1，正常土壤水分处理（SRWC＝75%±2%）；W2，轻度干旱处理（SRWC＝55%±2%）；W3，严重干旱处理（SRWC＝35%±2%）。

3. 干旱对 SSS 活性的影响　图 8－16 表明，轻度干旱胁迫（W2）对籽粒 SSS 活性影响较小，尤其是花后 10～20d，籽粒 SSS 活性 W2 略高于（豫麦 50）或略低于 W1（豫麦 34），这可能与轻度干旱胁迫加速籽粒灌浆有关。但在重度干旱胁迫下，籽粒 SSS 活性显著下降，其中花后 25d 分别下降 57.8%（豫麦 34）和 20.3%（豫麦 50）。两品种相比，豫麦 34 对水分胁迫较为敏感，其 W3 籽粒 SSS 活性较 W1 下降达 1% 显著水平（5 次测定综合分析），而豫麦 50 差异不显著。

4. 干旱对 SBE 活性的影响　图 8－17 表明，土壤干旱导致豫麦 34 籽粒 SBE 活性明显下降，其中重度干旱处理（W3）下降 36.3%（5 期平均），达 1% 显著水平。豫麦 50 在花后 25d 处理间差异增大，W2 和 W3 分别较 W1 下降 22.0% 和 30.4%，但各期测

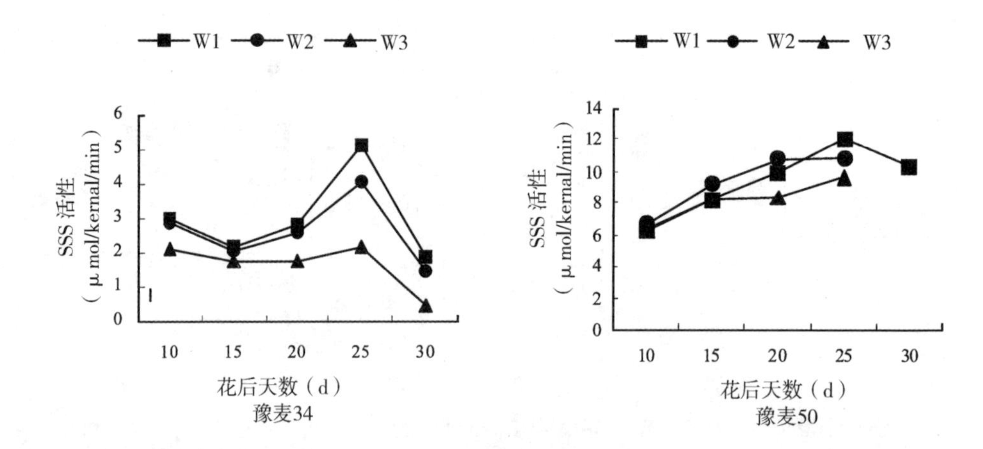

图 8－16　土壤干旱对小麦籽粒 SSS 活性的影响（河南农业大学，2002～2004）

注：W1，正常土壤水分处理（SRWC＝75%±2%）；W2，轻度干旱处理（SRWC＝55%±2%）；W3，重度干旱处理（SRWC＝35%±2%）。

定的综合方差分析表明处理间差异不显著。

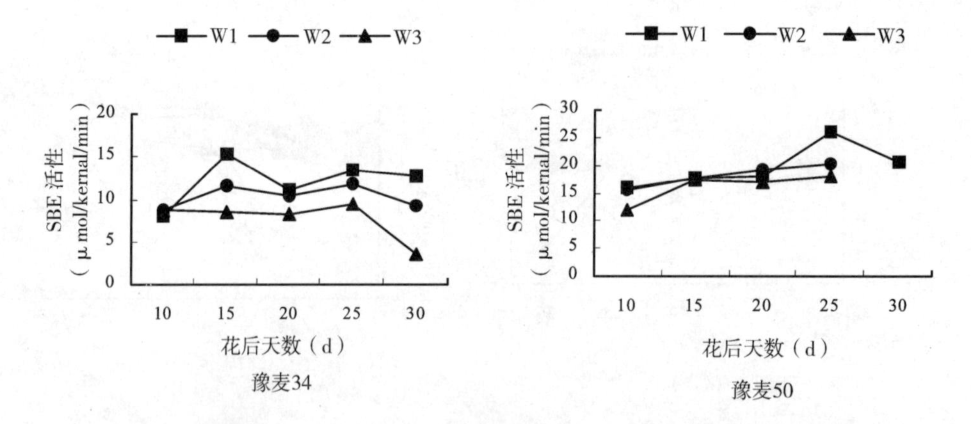

图 8－17　土壤干旱对小麦籽粒 SBE 活性的影响（河南农业大学，2002～2004）

注：W1，正常土壤水分处理（SRWC＝75%±2%）；W2，轻度干旱处理（SRWC＝55%±2%）；W3，重度干旱处理（SRWC＝35%±2%）。

二、干旱胁迫对蛋白质品质的影响

（一）干旱胁迫对蛋白质及其组分含量的影响

河南农业大学（2006～2008）研究结果表明，花后不同时段干旱胁迫提高了两品种籽粒总蛋白含量，但降低了蛋白质产量；从不同时段处理看，总蛋白含量受前期干旱胁迫的影响明显大于中后期（表 8－6、表 8－7）。从蛋白质组分来看，干旱胁迫使豫麦 34 籽粒清蛋白和球蛋白含量下降，豫麦 50 则在灌浆前中期干旱胁迫下增加，后期下降；干旱胁迫增加了两品种醇溶蛋白和谷蛋白含量（表 8－6）。就谷/醇比值而言，在干旱胁迫下，豫麦 34 谷/醇比值降低；豫麦 50 谷/醇比值在前期和后期增加，中期下

降。从2008年数据来看，除豫麦34后期和豫麦50中期总蛋白含量在干旱处理下略有下降外，干旱胁迫对蛋白质含量及其组分的影响基本一致，均导致两品种谷/醇比值下降，蛋白质品质变劣（表8－7）。

表8－6　花后干旱对成熟期小麦籽粒蛋白质含量及组分的影响
（河南农业大学，2006～2007）

品种	处理时期	处理	清蛋白含量（%）	球蛋白含量（%）	醇溶蛋白含量（%）	谷蛋白含量（%）	谷/醇	总蛋白含量（%）	蛋白质产量（g/pot）
豫麦34	花后5～9d	W1	2.55aA	1.61aA	5.54bA	6.63bB	1.20aA	17.42bB	11.92aA
		W2	2.54aA	1.46bB	5.84aA	7.00aA	1.20aA	18.09aA	8.81Bb
	花后15～19d	W1	2.56aA	1.59aA	5.48bB	6.87aA	1.26aA	17.92aA	12.10aA
		W2	2.53aA	1.53aA	5.97aA	6.82aA	1.14bB	18.23aA	9.22bB
	花后25～29d	W1	2.65aA	1.74aA	5.60bA	6.62aA	1.18aA	18.07aA	13.46Aa
		W2	2.65aA	1.62bB	5.88aA	6.78aA	1.16aA	18.37aA	10.14bB
豫麦50	花后5～9d	W1	3.15bB	1.51aA	3.29bB	5.18bB	1.57bB	13.84bB	10.80aA
		W2	3.26aA	1.44aA	3.50aA	5.92aA	1.70aA	15.58aA	7.16bB
	花后15～19d	W1	3.11aA	1.54aA	3.62bB	4.76bB	1.31aA	14.09bA	10.06aA
		W2	3.13aA	1.56aA	3.99aA	5.03aA	1.25bB	14.33aA	9.07bA
	花后25～29d	W1	2.97aA	1.49aA	3.20bA	3.98bB	1.25bB	12.32aA	10.76aA
		W2	2.94aA	1.40bB	3.33aA	4.42aA	1.33aA	12.55aA	8.15bB

表8－7　花后干旱对成熟期小麦籽粒蛋白质含量及组分的影响
（河南农业大学，2007～2008）

品种	处理时期	处理	清蛋白含量（%）	球蛋白含量（%）	醇溶蛋白含量（%）	谷蛋白含量（%）	谷/醇	总蛋白含量（%）	蛋白质产量（g/pot）
豫麦34	花后5～9d	W1	2.79aA	1.54aA	5.96aA	6.85bB	1.18bA	17.71bB	8.87aA
		W2	2.11bB	1.65aA	6.09aA	7.44aA	1.26aA	19.19aA	6.58bB
	花后15～19d	W1	2.45aA	1.22bA	5.04aA	7.63aA	1.52aA	17.69bB	9.06aA
		W2	2.64aA	1.52aA	5.49aA	7.49aA	1.38bB	18.34aA	6.68bB
	花后25～29d	W1	2.33aA	1.19aA	5.20aA	7.34aA	1.42aA	17.40aA	10.30aA
		W2	2.10bB	1.33aA	5.43aA	7.14bA	1.32aA	17.37aA	6.31bB

续表

品种	处理时期	处理	清蛋白含量(%)	球蛋白含量(%)	醇溶蛋白含量(%)	谷蛋白含量(%)	谷/醇	总蛋白含量(%)	蛋白质产量(g/pot)
豫麦50	花后5~9d	W1	2.84aA	1.04aA	2.88bB	4.69bB	1.63aA	16.35bA	7.46aA
		W2	2.63bB	1.13aA	3.51aA	5.12aA	1.46bB	17.12aA	5.26bB
	花后15~19d	W1	3.21aA	1.56bA	3.11bB	4.66bB	1.51aA	15.30aA	7.60aA
		W2	3.20aA	1.68aA	3.64aA	4.96aA	1.38bA	15.23aA	5.37bB
	花后25~29d	W1	3.11aA	1.24aA	2.93bA	4.68bA	1.60aA	14.62aA	7.71aA
		W2	3.06aA	1.18aA	3.07aA	4.77aA	1.56aA	14.72aA	6.77bB

注：正常水分处理W1（RWC=75%±5%）和轻度干旱W2（RWC=55%±5%）。图8－18、图8－19同。

（二）干旱胁迫对小麦籽粒蛋白质合成关键酶活性的影响

1. 干旱胁迫对小麦籽粒GPT活性的影响 图8－18表明，干旱胁迫导致籽粒GPT活性最终下降，豫麦34和豫麦50分别受中期和前期干旱胁迫影响较大。干旱胁迫在处理后5~10d提高了籽粒GPT活性。在前期干旱处理下，豫麦34W2籽粒GPT活性在花后5~14d高于W1，之后开始低于W1，各取样日期平均下降0.65%；而豫麦50仅在花后9d和19d较W1略有提高，其余取样日期均低于W1，各取样日期平均下降8.45%。在中期干旱处理下，豫麦34和豫麦50W2籽粒GPT活性仅在花后19d略高于

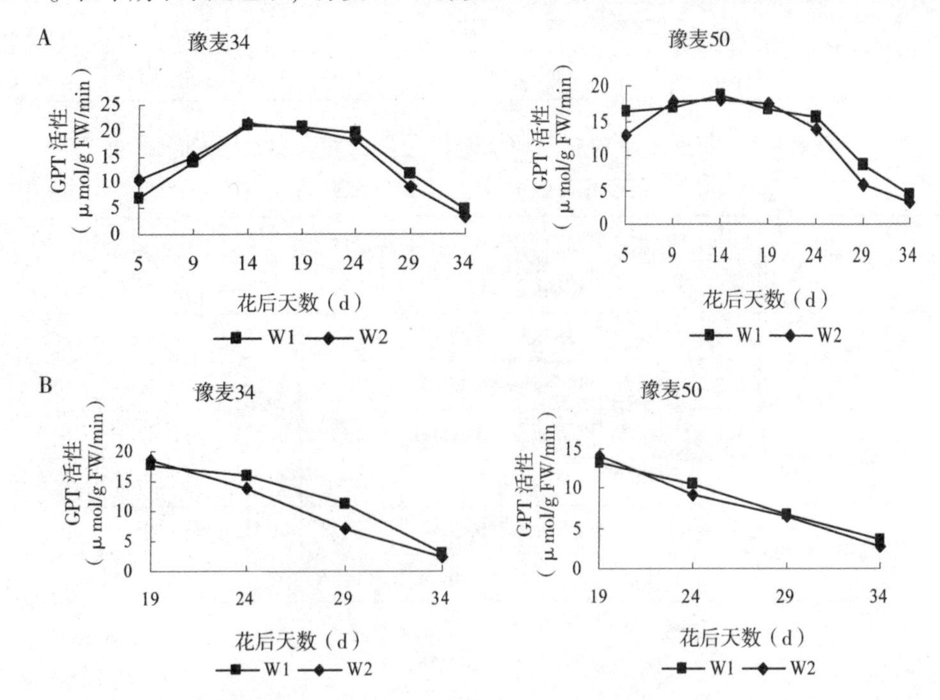

图8－18 前期A（花后5~9d）、中期B（花后15~19d）干旱胁迫对小麦籽粒GPT活性的影响（河南农业大学，2007~2008）

W1，从花后24d开始显著低于W1，各取样日期平均下降12.29%和4.31%。

2. 干旱胁迫对小麦籽粒GS活性的影响 图8－19表明，灌浆期不同时段干旱胁迫均不同程度降低了两品种籽粒GS活性，品种对前期干旱胁迫响应有差异：与W1相比，豫麦34W2籽粒GS活性各取样日期平均下降5.13%；而豫麦50W2籽粒GS活性从花后9～24d开始高于W1，之后略低于W1，各取样日期平均下降1.92%。中期干旱处理下，两品种W2籽粒GS活性从花后19d开始低于W1，各取样日期平均下降21.13%（豫麦34）和19.44%（豫麦50）。这表明，两品种籽粒GS活性均表现为受灌浆中期干旱胁迫影响较大。

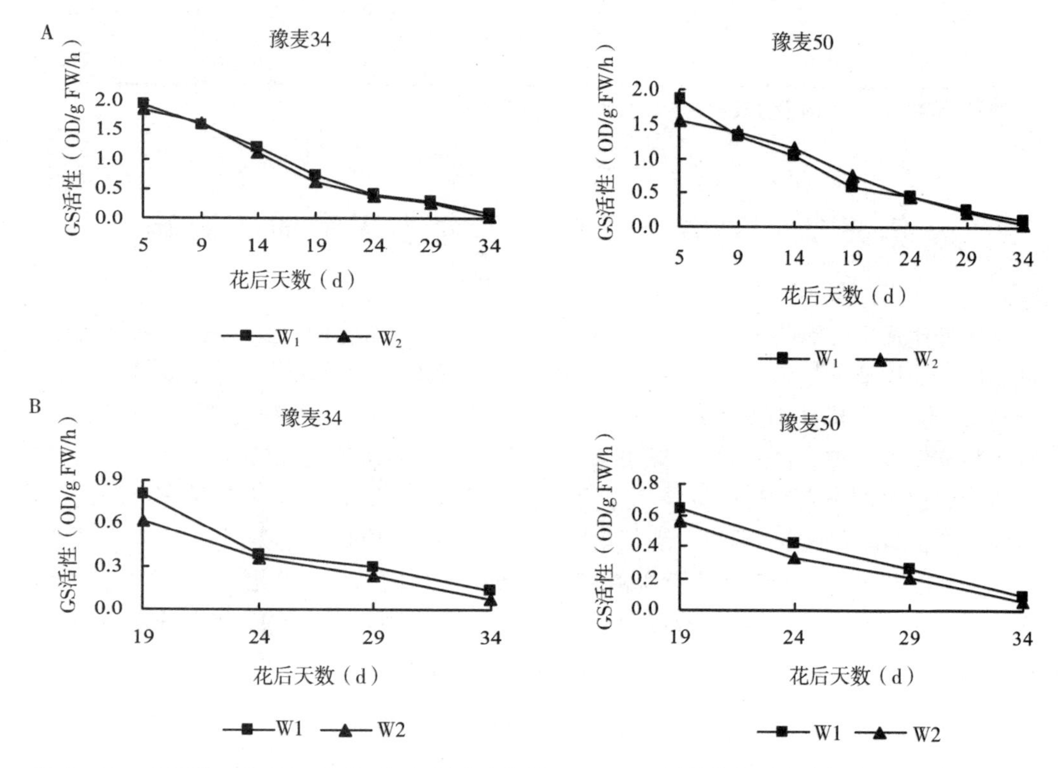

图8－19 A前期（花后5～9d）和B中期（花后15～19d）干旱胁迫对小麦籽粒GS活性的影响（河南农业大学，2007～2008）

三、干旱对面粉品质的影响

范雪梅等（2004）研究表明，花后不同水分处理对小麦面粉品质具有明显调控效应。干旱处理使小麦籽粒面粉主要品质指标不同程度的提高。与对照相比，干旱处理下，徐州26湿面筋、干面筋、沉降值和降落值分别提高5.8%、3.5%、7.8%和9.7%，扬麦9号分别提高13.5%、9.3%、18.9%、16.6%。干旱使小麦品种徐州26、扬麦9号的沉降值显著提高（表8－8）。

表 8－8　花后不同水分处理对专用小麦品种面粉品质的影响（范雪梅等，2004）

品种	处理	湿面筋含量（%）	干面筋含量（%）	面筋指数（%）	沉降值(mL)	降落值(S)
徐州 26	对照	56. 8ab	16. 6a	83. 3b	65. 9bc	256. 9c
	淹水	52. 4b	16. 1a	88. 2ab	64. 0c	226. 3c
	干旱	60. 1a	17. 2ab	88. 9ab	71. 0a	281. 8bc
扬麦 9 号	对照	38. 1cd	11. 9bc	95. 4a	57. 0d	311. 8ab
	淹水	35. 7d	11. 2bc	96. 9a	53 8e	314. 4a
	干旱	43. 2c	13. 0c	96. 5a	67. 8b	363. 6a

注：表中 a～e 不同字母表示在 5% 水平上的差异显著。

第三节　高温、干旱互作对小麦品质的影响

小麦生产中高温与干旱常常相伴发生，其叠加作用加剧了对小麦品质和产量形成的影响。我国黄淮海和北方小麦主产区灌浆期频繁出现的干热风，对小麦灌浆产生严重危害，主要是扰乱小麦体内的水分平衡，阻碍同化物质向籽粒输送，缩短灌浆期，使籽粒充实度下降。目前对小麦花后高温与干旱互作的研究还比较少 ，而且主要集中在逆境胁迫对作物生长与产量限制方面。很多研究认为，高温与干旱具有显著的互作效应。Wardlaw（2002）研究发现，花后高温与干旱胁迫同时发生时，小麦灌浆期明显缩短，高温与干旱对产量产生叠加效应；王晨阳等研究认为，高温和干旱对产量和淀粉品质的影响具有叠加效应；戴廷波等（2006）研究则发现在高温和水分逆境下，温度对籽粒淀粉含量的影响较水分逆境大，且存在显著的互作效应。

一、高温、干旱互作对小麦籽粒品质形成的影响

（一）高温、干旱互作对小麦淀粉及其组分含量的影响

戴廷波等（2006）以扬麦 9 号、徐州 26 和豫麦 34 三个小麦品种为材料，利用人工气候室模拟灌浆期高温和水分胁迫环境，研究了花后高温及温度和水分互作对小麦籽粒蛋白质和淀粉形成的影响。表 8－9 表明，温度、水分及其互作对籽粒淀粉组分的影响极显著，其中直链淀粉含量和支/直比主要受水分的影响，支链淀粉主要受温度水平的调控。与对照相比，适温下两种水分逆境均提高了籽粒直链淀粉含量，但降低了支链淀粉含量；高温下干旱显著降低了扬麦 9 号直链淀粉和支链淀粉含量，但豫麦 34 仅支链淀粉含量显著降低。因此，高温和水分逆境对小麦籽粒支链淀粉含量的影响较直链淀粉大，水分逆境对支链淀粉的抑制效应因高温而加强。品种之间扬麦 9 号籽粒淀粉形成更易受水分的影响。

表 8－9　高温和水分逆境对小麦籽粒淀粉组分含量的影响（戴廷波等，2006）

品种	温度（℃）	水分	直链淀粉含量（%）	支链淀粉含量（%）	支/直比
豫麦 34	24/16	对照	15. 39 ±0. 03d	46. 10 ±0. 34b	2. 99 ±0. 02a
		干旱	15. 58 ±0. 08d	42. 12 ±0. 64d	2. 70 ±0. 06b
		渍水	17. 99 ±0. 17a	37. 81 ±0. 59f	2. 10 ±0. 11f
	32/24	对照	16. 18 ±0. 08c	40. 52 ±0. 41e	2. 50 ±0. 04d
		干旱	16. 79 ±0. 04b	38. 01 ±0. 62f	2. 26 ±0. 04e
		渍水	18. 15 ±0. 23a	33. 45 ±0. 41g	1. 84 ±0. 05g
扬麦 9	24/16	对照	16. 06 ±0. 13c	47. 69 ±0. 23a	2. 97 ±0. 04a
		干旱	16. 97 ±0. 14b	44. 98 ±0. 14c	2. 65 ±0. 01bc
		渍水	16. 77 ±0. 25b	41. 73 ±0. 11d	2. 49 ±0. 03d
	32/24	对照	16. 89 ±0. 14b	42. 24 ±0. 20d	2. 5 ±0. 01d
		干旱	15. 64 ±0. 14d	40. 50 ±0. 38e	2. 59 ±0. 05c
		渍水	18. 15 ±D. 24a	33. 25 ±0. 83g	1. 83 ±0. 07g
F 值		C	1. 00	505. 48**	66. 33**
		T	58. 01**	3482. 78**	976. 90**
		W	250. 94**	2336. 17**	1010. 20**
		C XT	10. 28**	62. 51**	0. 01
		C XW	31. 99**	11. 62**	23. 13**
		T XW	18. 17**	45. 10**	33. 31**
		C XW XT	68. 64**	53. 63**	78. 49**

注：C，品种；T，温度；W，水分。* 和 * * 分别表示差异达到 5% 和 1% 显著水平。

苗建利等（2008）研究高温干旱互作对小麦籽粒淀粉品质的影响表明，籽粒淀粉及其组分含量受高温与干旱胁迫的双重影响。为进一步了解高温与干旱互作对淀粉品质性状的影响，对籽粒淀粉含量及组分进行了方差分析（表 8－10）。结果表明，干旱、高温与处理时期的互作对豫麦 34 籽粒淀粉含量、淀粉组分及淀粉直/支比的影响均达 1% 的极显著水平；豫麦 50 除温度 × 时期互作对直链淀粉含量和直/支比的影响不显著外，其他两向或三向互作效应均达 5%（水分 × 时期）或 1% 的显著水平。高温、干旱与花后处理时期亦存在显著的互作效应（表 8－10），进一步分时期对淀粉含量及组分进行了方差分析（表 8－11）。从中可以看出，豫麦 34 在籽粒灌浆各时段，高温与干旱互作对淀粉各组分含量的影响均达 1% 显著水平。从 *F* 值大小上可以看出，前期（花后 5d）高温与干旱互作对总淀粉含量影响最大，而中期（花后 15d）和后期（花后 25d）对直链淀粉含量和直/支比的互作效应最大。

表 8－10　两品种淀粉含量及组分的方差分析（F 值）（苗建利等，2008）

品种	项目	干旱胁迫	高温胁迫	处理时期	干旱×高温	干旱×时期	高温×时期	干旱×高温×时期
豫麦34	直链淀粉含量(%)	365.770**	155.084**	231.765**	241.948**	34.563**	240.172**	27.278**
	支链淀粉含量(%)	5.000*	792.369*	443.223**	22.831**	36.934**	133.374**	64.907**
	总淀粉含量(%)	22.737**	1079.139**	641.184**	25.697**	39.805**	216.077**	79.577**
	直/支比	157.160**	194.689**	165.531**	114.103**	32.417**	114.252**	28.132**
豫麦50	直链淀粉含量(%)	67.531**	167.161**	2.915	39.202**	11.226**	1.539	41.258**
	支链淀粉含量(%)	60.760**	44.680**	11.967**	16.037**	31.911**	11.516**	8.034**
	总淀粉含量(%)	133.228**	187.466**	6.921**	19.909**	5.581*	9.954**	16.400**
	直/支比	12.911**	67.729**	5.960*	39.270**	29.448**	2.025	38.173**

注：* 和 * * 分别表示差异达到 5% 和 1% 显著水平。

表 8－11　两品种淀粉及其组分含量的高温×干旱互作效应分析(F 值)

品种	项目	花后天数		
		5d	15d	25d
豫麦 34	直链淀粉含量(%)	89.301**	107.951**	115.925**
	支链淀粉含量(%)	84.048**	42.876**	48.831**
	总淀粉含量(%)	387.608**	52.725**	43.070**
	直/支比	92.269**	127.737**	176.048**
豫麦 50	直链淀粉含量(%)	7.410*	728.590**	64.691**
	支链淀粉含量(%)	15.891**	4.803	2.907
	总淀粉含量(%)	12.804**	27.406**	19.207**
	直/支比	9.401*	173.623**	80.619**

（二）高温、干旱互作对小麦蛋白质及其组分含量的影响

赵辉等（2007）研究表明，不同温度和水分处理对籽粒蛋白质组分及谷/醇比有极显著的影响；除球蛋白外，温度×水分互作的影响均达到了极显著水平，且温度对籽粒蛋白质组分的影响较水分及温度×水分大。在同一温度水平下，干旱提高了籽粒清蛋白、球蛋白和醇溶蛋白含量，但谷蛋白含量在适温下升高，在高温下降低。因此，高温干旱下籽粒总蛋白质含量的增加与清蛋白、球蛋白和醇溶蛋白含量有关。2 品种籽粒蛋白质谷/醇比均以适温干旱最高，表明在适宜的温度条件下适当干旱有利于提高籽粒蛋白质质量（表 8－12）。

进一步分析高温与干旱及其互作对蛋白质含量及其组分的影响表明，两年度豫麦34总蛋白含量在高温、干旱处理间差异分别达1%和5%显著水平，而在高温×干旱间差异达1%显著水平（2008年除外）；清蛋白（除2007年干旱效应）和球蛋白含量在高温、干旱处理间差异均达1%显著水平，而高温×干旱互作效应达1%或5%显著水平；醇溶蛋白、谷蛋白及谷/醇比值在高温与干旱及其互作效应间亦有显著或极显著差异。豫麦50总蛋白含量在高温与干旱及其互作间差异极显著（$P<0.01$）；清蛋白和球蛋白含量在不同高温与干旱及其互作间亦有显著或极显著差异；醇溶蛋白和谷蛋白含量及谷/醇比值在高温、干旱及其互作效应间差异均达1%显著水平。从高温与干旱效应大小看，蛋白质含量及其组分受温度因子的影响较大（表8－13、表8－14）。

表8－12　高温和水分逆境对小麦籽粒蛋白质组分含量的影响（赵辉等，2007）

品种	温度	水分	总蛋白质含量（%）	清蛋白含量（%）	球蛋白含量（%）	醇溶蛋白含量（%）	谷蛋白含量（%）	谷/醇比
豫麦34	24℃/16℃	对照CK	14.84d	1.29e	0.61 e	5.31 de	5.05bc	0.95d
		干旱	15.38cd	1.26e	0.77d	5.50d	5.80a	1.06c
		渍水	13.91e	1.03f	0.55e	5.85c	4.91cd	0.84f
	32℃/24℃	对照	16.54b	1.75c	1.10b	5.10e	4.79de	0.94de
		干旱	17.94a	2.71a	1.36a	6.11b	4.28f	0.70g
		渍水	15.90bc	2.39b	0.92c	6.46a	3.82g	0.59h
扬麦9	24℃/16℃	对照CK	12.15fS	0.79g	0.60e	4.58g	5.19b	1.13b
		干旱	12.95f	0.94f	0.87cd	4.66g	5.95a	1.28a
		渍水	10.35h	0.67g	0.56e	4.79f	4.27f	0.89e
	32℃/24℃	对照	13.90e	2.50b	0.96c	5.18e	4.69e	0.91de
		干旱	15.30cd	2.70a	1.31a	5.32de	4.43f	0.83f
		渍水	11.85g	1.51d	1.13b	5.36d	3.76g	0.70g
F值		品种C	284.19**	68.06**	0.83	326.96**	2.94	170.05**
		温度T	100.29**	2244.39**	458.71**	151.95**	856.46**	587.19**
		水分W	68.73**	121.32**	69.69**	88.33**	265.41**	187.62**
		品种×温度C×T	1.49	42.25**	0.37	13.33**	21.81**	8.44**
		品种×水分C×W	1.81	66.11**	5.94*	24.8**	3.46	9.62**
		温度×水分T×W	17.09**	41.07**	1.40	13.38**	155.94**	78.66**
		品种×温度×水分C×W×T	3.43	91.9**	6.69**	11.56**	47.74**	29.25**

表8－13 两品种蛋白质含量及其组分的方差分析表（*F*值，2006～2007）

品种	项目	处理时期(S)	高温(HT)	干旱(D)	时期×高温(S×HT)	时期×干旱(S×D)	高温×干旱(HT×D)	时期×高温×干旱(S×HT×D)
豫麦34	清蛋白	7.293**	12.627**	0.173	1.816	0.115	3.476*	1.518
	球蛋白	20.271**	36.484**	33.063**	11.299**	1.882	4.138*	13.484**
	醇溶蛋白	0.220	8.699**	33.945**	13.603**	1.184	7.370**	0.869
	谷蛋白	0.807	9.577**	2.584	4.062**	1.495	17.220**	2.604
	总蛋白	2.784	15.321**	6.675*	8.604**	0.563	13.775**	1.477
	谷/醇	3.900*	13.825**	19.811**	16.021**	11.200**	12.675**	3.914**
豫麦50	清蛋白	112.574**	87.143**	5.775*	17.196**	8.812**	17.662**	3.788*
	球蛋白	10.997**	1.494	6.333*	2.439	3.737*	0.970	0.506
	醇溶蛋白	90.629**	109.333**	49.369**	56.233**	4.626*	11.985**	8.255**
	谷蛋白	455.584**	535.085**	171.864**	131.712**	14.192**	10.025**	30.108**
	总蛋白	337.233**	308.066**	96.268**	61.976**	44.809**	16.334**	1.401
	谷/醇	720.349**	195.306**	29.627**	121.477**	47.253**	8.796**	11.807**

表8－14 两品种蛋白质含量及其组分的方差分析表（*F*值，2008）

品种	项目	处理时期(S)	高温(HT)	干旱(D)	时期×高温(S×HT)	时期×干旱(S×D)	高温×干旱(HT×D)	时期×高温×干旱(S×HT×D)
豫麦34	清蛋白	7.292**	20.682**	10.913**	8.720**	12.168**	41.199**	4.239*
	球蛋白	10.969**	7.627**	10.208**	3.385*	1.014	8.102**	7.235**
	醇溶蛋白	23.237**	32.085**	7.314*	16.836**	0.818	1.844	1.891
	谷蛋白	13.377**	40.609**	1.399	5.429**	13.324**	1.585	4.05*
	总蛋白	42.572**	34.749**	6.747*	32.904**	11.097**	3.059	0.261
	谷/醇	54.723**	134.835**	70.311**	32.641**	27.571**	12.725**	8.281**
豫麦50	清蛋白	46.500**	32.236**	4.406*	23.778**	2.19	1.725	18.265**
	球蛋白	123.511**	17.179**	3.421	19.857**	3.579*	30.425**	2.881*
	醇溶蛋白	13.306**	19.072**	54.112**	2.489	6.420**	2.494	1.952
	谷蛋白	14.848**	81.036**	104.818**	79.775**	12.878**	52.156**	50.043**
	总蛋白	11.497**	7.102**	22.155**	6.492**	2.87	5.910**	1.741
	谷/醇	159.320**	109.202**	7.554**	46.031**	6.951**	13.437**	31.162**

二、高温、干旱互作对小麦贮藏物质同化和运转的影响

赵辉等（2007b）研究表明，花后高温、干旱均降低了小麦营养器官花前贮存物质的转运量（TAA）和转运率（TAR），品种间表现一致（表8－15）。营养器官花前贮存物质的转运量和转运率在适温下表现为干旱 > 对照，高温下则表现为对照 > 干旱。表明适温下干旱有利于花前贮存物质向籽粒的转运，而在高温下干旱则抑制了贮存物质的再转运。各营养器官花前贮存物质对籽粒产量的贡献率（CTA）在高温和适温条件下均以干旱处理最大，表明干旱条件下籽粒产量对花前贮存物质的依赖性增强。高温和水分逆境均降低了花后物质积累量（PAA）。扬麦9号花后物质积累量在适温和高温下均表现为对照 > 干旱。干旱逆境下高蛋白小麦豫麦34花后物质积累对籽粒产量的贡献率（CPA）明显低于对照，籽粒产量对花前贮存物质的依赖性增强；低蛋白小麦扬麦9号在干旱下亦依赖于花前贮存物质的再转运。

表8－15　高温下干旱和渍水对小麦花前贮藏物质转运和花后同化的影响（赵辉等，2007b）

品种	温度	水分处理	TAA (g/stem)	TAR (%)	PAA (g/stem)	CTA (%)	CPA (%)
扬麦9号	T1	1	0.535	20.9	0.972	35.5	64.5
		2	0.564	22.0	0.840	40.2	59.8
		3	0.344	13.4	0.863	28.5	71.5
	T2	1	0.459	17.9	0.910	33.5	66.5
		2	0.435	16.9	0.822	34.6	65.4
		3	0.288	11.2	0.682	29.7	70.3
豫麦34	T1	1	0.325	14.4	0.976	25.0	75.0
		2	0.337	14.9	0.676	33.3	66.7
		3	0.305	13.5	0.666	31.4	68.6
	T2	1	0.323	14.3	0.857	27.4	72.6
		2	0.297	13.1	0.633	31.9	68.1
		3	0.243	10.7	0.552	30.6	69.4

注：T1，适温处理；T2，高温处理。TAA，花前贮存物质转运量；TAR，花前贮存物质转运率；PAA，花后物质积累量；CTA，花前贮存物质对籽粒产量的贡献率；CPA，花后物质积累对籽粒产量的贡献率。1，对照；2，干旱；3，渍水。

三、高温、干旱互作对植株氮素积累与运转的影响

（一）高温下干旱和渍水对小麦花前贮藏氮素转运和花后同化的影响

由表8－16可知，花后高温降低了小麦营养器官贮藏氮素的转运量（TNA）和转

运率（TNR）。营养器官花前贮存氮素的转运量及转运率在适温下表现为干旱 > 对照，在高温下表现为对照 > 干旱。表明适温下干旱有利于花前贮存氮素向籽粒的转运，而高温下干旱处理则表现出抑制效应。营养器官花前贮存氮素对籽粒氮素的贡献率（CTN）在适温和高温下均以干旱处理最大，而花后氮素积累量（PNA）和贡献率（CPN）在适温和高温下均以干旱处理最低，2 品种表现一致，表明干旱提高了籽粒氮素积累对花前贮存氮素再转运的依赖程度。花后氮素的贡献率（CPN）因品种而异：扬麦 9 号高于对照，而豫麦 34 适温下低于对照，高温下高于对照。结果表明，高温、干旱均提高了小麦籽粒对花前贮存氮素的依赖性，且以干旱处理最为明显。

表 8－16　高温下干旱和渍水对小麦花前贮藏氮素转运和花后氮素同化的影响（赵辉等，2007）

品种	温度	水分处理	TNA (mg/stem)	TNR (%)	PNA (mg/stem)	CTN (%)	CPN (%)
扬麦 9 号	T1	1	34. 18	61. 5	6. 90	83. 2	16. 8
		2	34. 68	62. 4	3. 51	90. 8	9. 2
		3	28. 95	52. 1	5. 35	84. 4	15. 6
	T2	1	29. 44	52. 9	10. 39	73. 9	26. 1
		2	28. 18	50. 7	5. 21	84. 4	15. 6
		3	24. 15	43. 5	5. 64	81. 1	18. 9
豫麦 34 号	T1	1	34. 67	58. 3	8. 48	80. 3	19. 7
		2	36. 58	61. 5	4. 39	89. 3	10. 7
		3	29. 65	43. 7	6. 31	82. 5	17. 5
	T2	1	30. 38	51. 1	5. 80	84. 0	16. 0
		2	28. 58	48. 1	5. 10	84. 9	15. 1
		3	23. 91	35. 2	5. 24	82. 0	18. 0

注：TNA，氮素转运量；TNR，氮素转运效率；PNA，花后氮素积累量；CTN，转运氮对籽粒的贡献率；CPN，花后氮素积累对籽粒氮素的贡献率。

（二）高温与干旱互作对小麦蛋白质合成关键酶活性的影响

1. 高温与干旱互作对小麦旗叶和籽粒 GPT 活性的影响　河南农业大学（2006～2008）研究高温、干旱及其互作对小麦 GPT 活性的影响。结果表明，高温、干旱及高温 × 干旱对两品种旗叶、籽粒 GPT 活性的影响均达到 1% 的显著水平；从 F 值大小看，2 品种均表现为高温 > 干旱 > 高温 × 干旱，表明高温效应对旗叶和籽粒 GPT 活性的影响明显大于干旱效应（表 8－17）。

表 8－18 表明，同一温度条件下正常土壤水分（W1）处理间旗叶和籽粒 GPT 差异不明显，而土壤干旱（W2）处理间差异极显著（$P<0.01$）；同一水分条件下的不同温度处理间差异显著，且随着胁迫程度加深而降幅增大。这表明，高温与干旱对旗叶和

籽粒 GPT 活性有明显的互作效应。如在正常土壤水分条件下（W1），与 W1T1 相比，豫麦 34W1T2 和 W1T3 旗叶 GPT 活性分别下降 38.40% 和 35.87%，而土壤干旱条件下（W2），W2T2 和 W2T3 分别下降 45.25% 和 52.92%。综合考虑，各品种旗叶和籽粒 GPT 活性均以 W2T3 处理组合降幅最大。

表 8－17　高温和干旱及其互作对小麦旗叶和籽粒 GPT 活性影响的方差分析表（*F* 值）
（河南农业大学，2006～2008）

品种	项目	高温（HT）	干旱（D）	高温×干旱（HT×D）
豫麦 34	旗叶	1941.336**	162.705**	53.469**
	籽粒	66.982**	50.375**	15.315**
豫麦 50	旗叶	903.349**	80.212**	11.042**
	籽粒	137.847**	32.340**	11.583**

注：*和** 分别表示差异达到 5% 或 1% 显著水平，HT 和 D 分别表示高温和干旱。

表 8－18　高温与干旱及其互作对旗叶和籽粒 GPT 活性的影响
（河南农业大学，2006～2008）

品种	干旱	高温	旗叶	与对照相比下降（%）	籽粒	与对照相比下降 CK（%）
豫麦 34	W1	T1	1.82aA		14.78aA	
		T2	1.12bB	38.40%	13.18cC	10.82%
		T3	1.17bB	35.87%	13.81bBC	6.55%
	W2	T1	1.80aA	0.84%	14.40abAB	2.55%
		T2	1.00cC	45.25%	12.63cC	14.54%
		T3	0.86dD	52.92%	11.65dD	21.14%
豫麦 50	W1	T1	0.97aA		12.06aA	
		T2	0.67bB	31.04%	11.72aA	2.86%
		T3	0.53cC	45.13%	10.49bB	13.03%
	W2	T1	0.94aA	3.45%	12.16aA	－0.84%
		T2	0.53cC	45.37%	10.89bB	9.73%
		T3	0.46dD	52.92%	9.36cC	22.37%

注：对照处理（28℃，T1）、高温 38℃处理 2d（T2）、38℃处理 4d（T3）；正常水分处理 W1（RWC＝75%±5%）和轻度干旱 W2（RWC＝55%±5%）。

2. 高温与干旱互作对小麦旗叶和籽粒 GS 酶活性的影响　综合分析高温与干旱及其互作对 2 品种旗叶和籽粒 GS 活性的影响表明，除高温×干旱对豫麦 34 籽粒 GS 活性的影响未达到显著水平外，高温、干旱及高温×干旱对 2 品种旗叶、籽粒 GS 活性的影响均达到1%的显著水平；从 F 值大小看，2 品种均表现为：高温 > 干旱 > 高温 × 干旱，表明高温效应对旗叶和籽粒 GS 活性的影响明显大于干旱效应（表 8 - 19）。

表 8 - 20 表明，在干旱条件下同时遭受高温危害对小麦旗叶和籽粒 GS 活性的影响加大，即高温与干旱互作使小麦蛋白质合成酶活性受伤害加重（除豫麦 50 籽粒）。如在正常土壤水分条件下（W1），与 W1T1 相比，豫麦 34W1T2 和 W1T3 旗叶 GS 活性分别下降 24.01% 和 29.53%，而土壤干旱条件下（W2），W2T2 和 W2T3 分别下降 31.79% 和 38.86%。豫麦 34 籽粒和豫麦 50 旗叶 GS 活性亦表现出相同趋势。而豫麦 50 籽粒 GS 活性表现有所不同：正常水分条件下（W1）遭受高温胁迫籽粒 GS 活性降幅大于干旱条件下的高温胁迫。

表 8 - 19　高温和干旱及其互作对小麦旗叶和籽粒 GS 活性影响的方差分析表（*F* 值）

（河南农业大学，2006 ~ 2008）

品种	项目	高温（HT）	干旱（D）	高温 × 干旱（HT × D）
豫麦 34	旗叶	1284.702**	98.983**	23.238**
	籽粒	164.786**	35.388**	0.214
豫麦 50	旗叶	692.740**	176.770**	10.863**
	籽粒	113.607**	46.286**	8.464**

表 8 - 20　高温与干旱及其互作对小麦旗叶和籽粒 GS 活性的影响

（河南农业大学，2006 ~ 2008）

品种	干旱	高温	旗叶	与对照相比下降（%）	籽粒	与对照相比下降 CK（%）
豫麦 34	W1	T1	3.08aA		0.76aA	
		T2	2.34bB	24.01%	0.68cCD	10.61%
		T3	2.17cCD	29.53%	0.65dD	13.48%
	W2	T1	3.07aA	0.27%	0.73bB	3.71%
		T2	2.10dD	31.79%	0.64deDE	14.96%
		T3	1.88eE	38.86%	0.63eE	16.60%
豫麦 50	W1	T1	3.43aA		0.66bB	
		T2	2.57cC	25.01%	0.62cC	5.95%
		T3	2.36dD	31.15%	0.56dD	14.70%
	W2	T1	3.20bB	6.51%	0.68aA	-3.21%
		T2	2.22eE	35.26%	0.63cC	4.23%
		T3	1.82fF	46.93%	0.62cC	6.29%

注：对照处理（28℃，T1）、高温 38℃处理 2d（T2）、38℃处理 4d（T3）；正常水分处理 W1（RWC = 75% ± 5%）和轻度干旱 W2（RWC = 55% ± 5%）。

第四节　土壤渍水对小麦品质的影响

渍害是小麦重要的逆境之一，美国、澳大利亚和日本等麦类渍害相当严重，我国长江中下游小麦主产区，生育中后期降雨过多造成的渍害是小麦高产稳产的主要限制因子。灌浆期是小麦籽粒产量和品质形成的关键时期。已有研究表明，花后渍水加速绿叶衰亡，叶片功能期缩短叶片光合速率下降，干物质积累降低（李金才等，2001），导致籽粒淀粉和蛋白质产量显著下降（姜东等，2004），最终严重影响了小麦的产量（Cannell *et al.*，1980；Saqib *et al.*，2004）和品质（兰涛等，2004）。

一、不同渍水处理下小麦籽粒品质形成特点

（一）不同渍水处理对小麦籽粒淀粉及其组分含量的影响

1. 花后不同阶段渍水胁迫对淀粉及组分含量的影响　河南农业大学（2004～2005）以强筋小麦品种豫麦 34 和弱筋小麦品种豫麦 50 为材料，分别设 5 个渍水处理，即处理 A（花后 5d 始渍水 10d）、处理 B（花后 10d 始渍水 5d）、处理 C（花后 15d 始渍水 10d）、处理 D（花后 20d 始渍水 5d），研究了不同时期渍水胁迫对淀粉及组分含量的影响。结果表明，花后渍水胁迫使强筋小麦豫麦 34 的直链淀粉含量、总淀粉含量、直/支比值均显著下降，且下降幅度随渍水胁迫强度的增加而增大，如籽粒形成阶段渍水处理 A 和处理 B 分别较 CK（对照，正常生长）的直链淀粉含量下降 24.29% 和 13.77%，直/支比值分别下降 27.84% 和 16.77%。而对弱筋小麦豫麦 50，与 CK 相比，其总淀粉含量及其组分均有不同程度的上升，各处理与 CK 之间直链淀粉含量、支链淀粉含量、总淀粉含量及直/支比值的差异达显著（5%）或极显著（1%）水平。籽粒灌浆阶段的渍水处理与 CK 之间的差异，强筋小麦豫麦 34 仅在支链淀粉含量上且只在重度胁迫处理 C 与 CK 间差异达 5% 显著水平，其他指标与处理间差异均不显著；弱筋小麦豫麦 50 淀粉各组分渍水处理间差异亦不显著，渍水处理与 CK 在直链淀粉含量、总淀粉含量及直/支比值的差异分别达显著或极显著水平，而在支链淀粉含量上的差异不显著。因此，从渍水不同时期比较来看，两品种均表现为籽粒形成阶段受渍水胁迫的影响明显大于籽粒灌浆阶段（表 8－21）。

表 8－21 不同渍水胁迫对成熟期两种筋力型小麦籽粒淀粉含量及组分的影响（河南农业大学，2004～2005）

品种	渍水阶段	处理	直链淀粉含量（%）		支链淀粉含量（%）		总淀粉含量（%）		直/支比值	
			均值	比 CK 升（%）	均值	比 CK 升（%）	均值	比 CK 升（%）	均值	比 CK 升（%）
豫麦 34	籽粒形成阶段（花后 5～10d）	CK	17.905aA	—	51.500bA	—	69.405aA	—	0.350aA	—
		B	15.440bB	－13.77	53.355aA	3.60	68.795aA	－0.89	0.290bB	－16.77
		A	13.555cB	－24.29	54.050aA	4.95	67.605aA	－2.59	0.260cB	－27.84
	灌浆阶段（花后 15～20d）	CK	17.410aA	—	52.680aA	—	70.090aA	—	0.3305aA	—
		D	17.020aA	－2.24	51.785bA	－1.70	68.805aA	－1.83	0.3287aA	－0.54
		C	16.700aA	－4.08	51.700bA	－1.86	68.400aA	－2.41	0.3231aA	－2.24
豫麦 50	籽粒形成阶段（花后 5～10d）	CK	16.370bA	—	54.080bA	—	70.450cB	—	0.300bA	—
		B	18.065abA	10.35	54.735abA	1.21	72.800bAB	3.34	0.330abA	9.05
		A	19.655aA	20.07	54.995aA	1.69	74.650aA	6.57	0.360aA	18.07
	灌浆阶段（花后 15～20d）	CK	18.065bB	—	51.460aA	—	69.525cB	—	0.3513bA	—
		D	20.875aA	15.55	52.100aA	1.24	72.975bA	4.96	0.4008aA	14.09
		C	21.065aA	16.61	53.060aA	3.11	74.125aA	6.62	0.3970aA	13.01

2. 花前渍水预处理对花后渍水逆境下小麦籽粒淀粉及其组分含量的影响 李诚永等（2011）以扬麦 9 号为材料，研究了花前渍水预处理对花后渍水逆境下小麦籽粒淀粉及组分含量的影响。结果表明，与花前未渍水处理（CC 和 CW）相比，花前渍水处理（WW 和 WC）显著提高了籽粒直链淀粉和总淀粉含量，其中以 WC 处理淀粉含量最高，WW 次之，但对支链淀粉含量影响不大，并导致支/直比显著降低。但花前未渍水处理（CC 和 CW）间和花前渍水处理（WW 和 WC）间各淀粉组分含量与支/直比差异不显著。与 CW 处理相比，WW 处理显著提高了直链淀粉和总淀粉含量及淀粉产量，但两处理间支链淀粉含量无显著差异，最终降低了支/直比，表明花前渍水预处理主要促进了花后渍水逆境下籽粒直链淀粉的积累（表 8－22）。

表 8－22 不同处理对小麦籽粒淀粉含量与淀粉产量的影响（李诚永等，2011）

处理	总淀粉（%）	淀粉产量（g/盆）	直链淀粉（%）	支链淀粉（%）	支/直比（AP/AM）
WW	67.67a	17.9h	14.92a	52.75a	3.54h
WC	68.10a	20.0a	15.05a	53.05a	3.53h
CC	64.34h	20.5a	11.90b	52.44a	4.42a
CW	64.14b	15.8c	12.14b	52.01a	4.29a

注：同一列不同字母内处理间在 $P<0.05$ 水平差异显著；WW（花前渍水预处理＋花后渍水胁迫）、WC（花前渍水预处理＋无花后渍水胁迫）、CC（无花前渍水预处理＋无花后渍水胁迫）、CW（无花前渍水预处理＋花后渍水胁迫）。表 8－24、表 8－25、表 8－27 同。

3. 花后水分胁迫对籽粒淀粉及其组分积累的影响　图 8－20 表明，小麦籽粒总淀粉含量从花后 21d 到成熟期呈上升趋势（图 8－20A），徐州 26 和扬麦 9 号在花后 14d 总淀粉平均含量分别为 32.3% 和 33.8%，至花后 21d，迅速上升为 45.9% 和 54.0%，但各水分处理之间差异不显著。从 21d 后干旱处理籽粒总淀粉含量增加较快，而对照和渍水处理间差异不显著，但最终籽粒总淀粉含量以渍水处理最高，干旱和对照之间差异不显著。此外，低籽粒蛋白含量的扬麦 9 号总淀粉含量明显高于高籽粒蛋白含量的徐州 26。不同水分处理下，小麦籽粒直链淀粉含量的变化呈上升趋势（图8－20B），在籽粒灌浆后期（花后 35d 以后），渍水处理的籽粒直链淀粉含量上升速度较快，最终含量表现为渍水 > 对照 > 干旱处理，表明渍水促进了籽粒直链淀粉的积累。小麦籽粒支链淀粉含量变化亦基本呈上升趋势。处理间支链淀粉含量以干旱处理最低（图 8－20C），说明干旱处理降低了直链淀粉和支链淀粉的含量。品种间比较，扬麦 9 号直链淀粉和支链淀粉含量均高于徐州 26。花后 21d 时，渍水处理下小麦籽粒支/直链淀粉比明显低于对照和干旱（图 8－20D），此后，籽粒支/直链淀粉比迅速下降，到成熟期处理间已无明显差异。品种间比较，徐州 26 籽粒支/直链淀粉比在前期较扬麦 9 号高，后期差异不显著。表明不同水分处理和不同品种间小麦籽粒支/直比的差异主要发生在灌浆的前期。

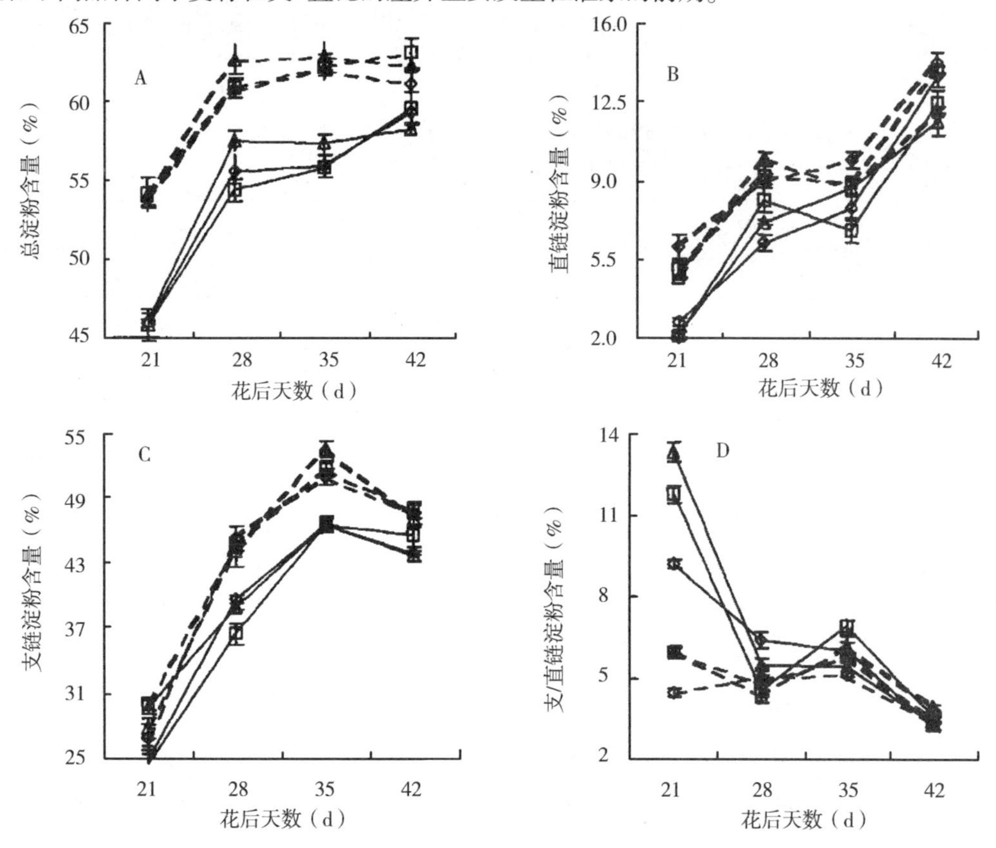

图 8－20　花后不同水分处理下徐州 26（实线）和扬麦 9 号（虚线）籽粒总淀粉（A）、直链淀粉（B）和支链淀粉（C）含量及支/直比（D）的动态变化（范雪梅等，2004）

注：□，对照 CK；◇，渍水；△，干旱。

（二）不同渍水胁迫对小麦籽粒蛋白质含量及组分的影响

1. 花后不同阶段渍水胁迫籽粒蛋白质及其组分含量的影响 河南农业大学（2003～2004）以强筋小麦品种豫麦34和弱筋小麦品种豫麦50为材料，每个品种设5个处理水平，即CK、处理1（花后5d始渍水12d）、处理2（花后8d始渍水9d）、处理3（花后11d始渍水6d）、处理4（花后14d始渍水3d），研究了花后渍水胁迫对蛋白质及其组分含量的影响，结果表明，渍水胁迫下，与CK相比，两品种蛋白质含量、清蛋白含量、球蛋白含量、谷蛋白含量及谷蛋白/醇溶蛋白比值均下降，且下降程度随渍水天数增加而增大，尤其对籽粒蛋白质含量、谷蛋白含量和谷蛋白/醇溶蛋白比值的影响较为明显，强筋品种豫麦34和弱筋品种豫麦50各处理分别较CK下降了2.24%～15.11%、9.97%～36.75%、8.23%～27.56%和2.87%～11.7%、5.4%～13%、4.8%～18.6%，不同处理间差异达显著（5%）或极显著（1%）水平；而两品种的醇溶蛋白含量存在差异，强筋品种豫麦34随渍水程度加重而下降，弱筋品种豫麦50反而呈上升趋势，分别较CK下降0.89%～12.42%和上升3.31%～11.45%。这与范学梅等（2006）研究认为渍水处理均不利于高蛋白和低蛋白小麦品种醇溶蛋白积累的研究结果不太一致，这可能是由于所采用品种间基因型不同、渍水处理时期及持续时间的差异而造成的。因此，在本试验条件下，渍水处理不利于强筋小麦豫麦34品质的提高，但有利于弱筋小麦豫麦50品质的改善（表8－23）。

表8－23 不同渍水胁迫对小麦成熟期籽粒蛋白质含量及组分的影响
（河南农业大学，2003～2004）

品种	处理	蛋白质含量（%）	清蛋白含量（%）	球蛋白含量（%）	醇溶蛋白含量（%）	谷蛋白含量（%）	谷/醇比值
豫麦34	CK	15.62 aA	2.84 aA	1.63 aA	4.51 aA	7.02 aA	1.56 aA
	4	15.27 bA	2.75 aA	1.57 aA	4.47 aA	6.32 bB	1.43 bB
	3	14.60 cB	2.45 bB	1.36 bB	4.36 bB	6.09 cBC	1.42 bB
	2	13.99 dC	2.36 bBC	1.26 bcB	4.09 cC	5.85 dC	1.40 bB
	1	12.30 eD	2.19 cC	1.22 cB	3.95 dD	4.44 eD	1.13 cC
豫麦50	CK	13.25 aA	2.90 aA	1.42 aA	3.32 dC	5.00 aA	1.51 aA
	4	12.87 bB	2.82 abA	1.35 bB	3.43 dB	4.73 bB	1.38 bB
	3	12.50 cC	2.78 bA	1.30 cB	3.52 cB	4.60 cC	1.31 cC
	2	12.13 dD	2.62 cB	1.21 dC	3.64 bA	4.54 dC	1.25 dD
	1	11.70 eE	2.49 dB	1.18 dC	3.70 aA	4.35 dD	1.18 eD

注：a，b，c和A，B，C分别表示达到5%和1%的显著水平。同列内平均值后有相同小写或大写字母的表示差异未达到5%或1%显著水平。

2. 花前渍水预处理对花后渍水胁迫下小麦籽粒蛋白质及组分含量的影响 表8－24表明，与CC处理相比，各渍水处理均显著降低小麦籽粒蛋白质含量及产量，其中

WW 降低幅度最大，分别为 32.4% 和 43.2%。与花前未渍水处理（CC 和 CW）相比，花前渍水处理（WW 和 WC）显著降低了籽粒醇溶蛋白、谷蛋白含量和总蛋白质含量及产量，但花前渍水处理（WW 和 WC）间和花前未渍水处理（CC 和 CW）间籽粒醇溶蛋白和谷蛋白含量差异不显著。与 CW 处理相比，WW 处理降低了籽粒总蛋白含量及产量和清蛋白含量，而提高了球蛋白含量，两处理间醇溶蛋白和谷蛋白差异显著，但谷/醇比处理间无显著差异。

表 8-24　不同处理对小麦籽粒蛋白质及其组分含量和蛋白产量的影响(李诚永等，2011)

处理	蛋白质含量(%)	蛋白质产量(g/盆)	清蛋白含量(%)	球蛋白含量(%)	醇溶蛋白含量(%)	谷蛋白含量(%)	谷/醇比
WW	9.40c	2.5d	1.82c	1.14a	2.28b	1.60b	0.90a
WC	10.37c	3.0h	2.05be	0.80b	2.39b	2.17b	0.87a
CC	13.91a	4.4a	2.28ab	0.91ab	3.42a	3.08a	0.90a
CW	12.81b	3.2c	2.39a	0.80b	3.19a	2.96a	0.93a

3. 花后水分胁迫对小麦籽粒蛋白质及其组分积累的影响　图 8-21 表明，小麦籽粒蛋白质含量在开花后呈“V”字形变化动态（图 8-21A）。在花后 14d 时籽粒蛋白质含量较高，两品种籽粒蛋白质含量均表现为干旱 > 对照 > 渍水处理，且徐州 26 和扬麦 9 号干旱处理蛋白质含量分别高达 14.1% 和 13.6%，之后下降，到 28d 时降至低谷，以后蛋白质含量又逐渐升高，并达到籽粒蛋白质最终含量。在整个灌浆期内，徐州 26 和扬麦 9 号籽粒蛋白质含量均表现为干旱明显高于对照，而渍水略低于对照；同时徐州 26 的籽粒蛋白质含量明显高于扬麦 9 号。

醇溶蛋白和麦谷蛋白是组成小麦面筋的最主要成分，其含量的高低不仅决定了面筋数量的多少，而且二者比例与面筋品质也有很大关系（曹广才等，1994）。研究表明，小麦籽粒醇溶蛋白含量在整个灌浆期呈上升趋势（图 8-21B）。不同水分处理下，除花后 35d 徐州 26 籽粒醇溶蛋白含量表现为对照高于干旱处理外，徐州 26 和扬麦 9 号籽粒醇溶蛋白含量表现为干旱 > 对照 > 渍水处理，且干旱处理及徐州 26 的醇溶蛋白含量一直处于较高的水平。花后 21~35d，小麦籽粒麦谷蛋白含量略有下降，从 35d 到收获这段时间，含量急剧上升，麦谷蛋白含量最终表现为对照 > 干旱 > 渍水处理（图8-21C）。表明干旱较渍水处理增加了籽粒醇溶蛋白和麦谷蛋白的含量，但不同品种之间差异不显著。

从花后 21d 到成熟期，籽粒麦谷蛋白/醇溶蛋白比值亦呈“V”字形变化动态（图 8-21D），在 35d 麦谷蛋白/醇溶蛋白降至最低，之后又上升。值得注意的是，无论干旱还是渍水均明显降低了籽粒麦谷蛋白/醇溶蛋白的比值，表明灌浆期水分逆境对小麦麦谷蛋白积累的影响大于醇溶蛋白。品种之间，在花后 28d 和 42d（成熟期），扬麦 9 号对照和渍水处理麦谷蛋白/醇溶蛋白的比值明显高于徐州 26，且成熟期以扬麦 9 号的对照处理最高。

（三）渍水胁迫对小麦面粉品质的影响

1. 花前渍水预处理对花后渍水逆境下小麦籽粒面粉品质性状的影响　表 8-25 表

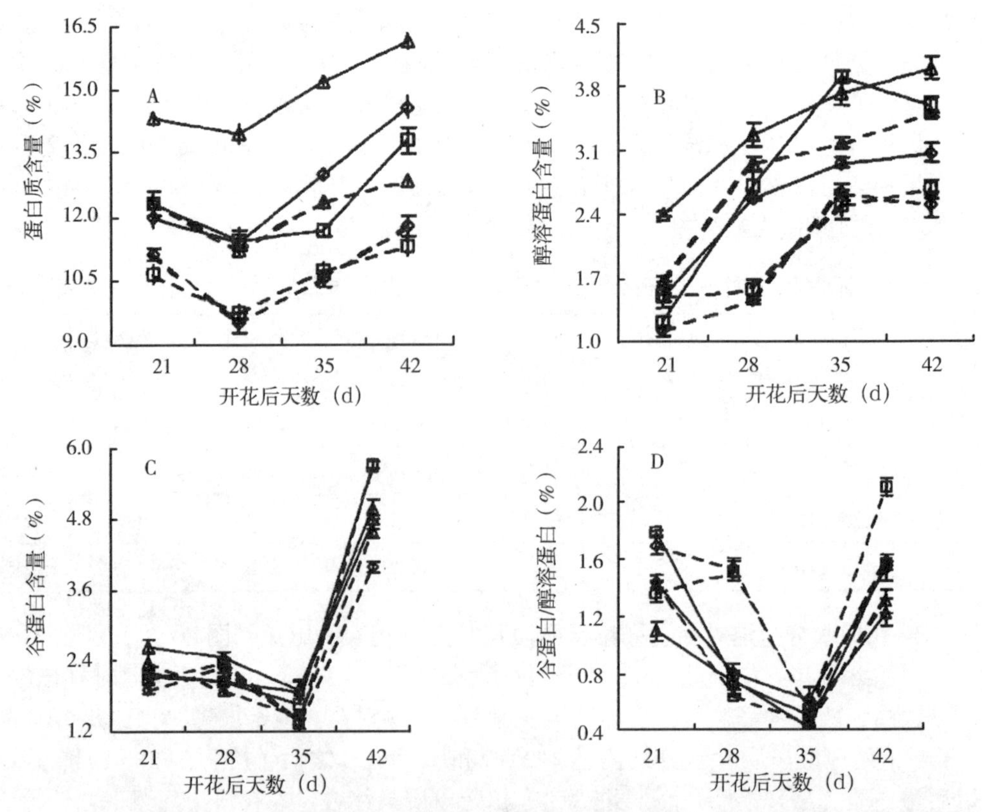

图8－21　花后不同水分处理下徐州26（实线）和扬麦9号（虚线）蛋白质（A）、醇溶蛋白（B）和麦谷蛋白（C）含量及麦谷蛋白/醇溶蛋白比值（D）的动态变化（范雪梅等，2004）

注：□，对照CK；◇，渍水；△，干旱。

明，与CC处理相比，各渍水处理均显著降低小麦面粉干/湿面筋和沉降值，并显著提高了降落值。花前渍水预处理（WW和WC）间除沉降值差异显著外，其他指标差异不显著。与CW处理相比，WW处理干/湿面筋含量和沉降值显著降低，但显著提高了降落值。

表8－25　不同处理对小麦面粉品质的影响（李诚永等，2011）

处理	湿面筋（%）	干面筋（%）	沉降值（mL）	降落值（S）
W	23.9e	9.35e	61d	428a
WC	25.3e	10.0e	65e	431a
CC	40.0a	14.5a	75a	385e
C	34.6b	12.5b	72b	407b

2. 花后水分胁迫对小麦面粉品质的影响　表8－26表明，花后不同水分处理对小麦面粉品质具有明显调控效应。两品种湿面筋、干面筋和沉降值均表现为干旱＞对照＞渍水处理，渍水处理的沉降值与对照间的差异未达显著水平。与对照相比，渍水

处理下，徐州26湿面筋、干面筋和沉降值分别下降5.9%和5.7%。水分处理对两品种的降落值和面筋指数无显著影响。品种之间，徐州26干湿面筋含量高于扬麦9号，而降落值则相反。此外，在本试验中，徐州26面筋指数明显低于扬麦9号，而该品种在品种选育地徐州种植时为强筋小麦，这是因为南京的生态条件不适于徐州26籽粒面筋特性的形成。

表8-26　花后不同水分处理对专用小麦品种面粉品质的影响（范雪梅等，2004）

品种	处理	湿面筋含量（%）	干面筋含量（%）	面筋指数（%）	沉降值（mL）	降落值（S）
徐州26	对照	56.8ab	16.6a	93.3h	65.9bc	256.9c
	淹水	52.4b	16.1a	98.2ab	64.0c	226.3c
	干旱	60.1a	17.2ad	88.9ab	71.0a	281.8bc
扬麦9号	对照	38.1cd	11.9bc	95.4a	57.0d	311.8ab
	淹水	35.7d	11.2bc	96.9a	53.8e	314.4a
	干旱	43.2c	13.0c	96.5a	67.8b	363.6a

注：表中a～e不同字母表示在5%水平上的差异显著。

二、渍水胁迫对氮素积累和转运的影响

花前渍水预处理、花后渍水胁迫下小麦花前积累氮素运转和花后氮素积累的影响研究表明，与CC处理相比，不同渍水处理均降低小麦花前积累氮素运转量和花后氮素积累量及其对籽粒的贡献率，并最终显著降低籽粒氮积累量，其中WW处理最低，降幅达26.5%。与CC处理相比，CW显著提高了花前积累氮素对籽粒氮素的贡献率，但花后氮素积累量及其对籽粒氮素贡献率显著降低，籽粒氮积累量也显著降低，表明花后渍水显著影响了花后氮素的积累和运转。与CW处理相比，WW处理显著提高了花后氮素积累量及其对籽粒氮素的贡献率，但更显著地降低了花前积累氮素运转量及其对籽粒氮素的贡献率，导致籽粒蛋白质积累量降低，这也表明花前积累氮素对籽粒氮积累的贡献大于花后氮素积累（表8-27）。

表8-27　不同处理对小麦花前积累氮素运转和花后氮素积累的影响(李诚永等，2011)

处理	花前积累氮素			籽粒氮积累量（mg/单茎）	花后氮素	
	运转量（mg/单茎）	运转率（%）	对籽粒氮贡献率（%）		积累量（mg/单茎）	对籽粒氮贡献率（%）
WW	31.1b	85.7a	79.5b	39.1c	8.0c	20.5c
WC	30.9b	85.1a	75.3bc	41.1c	10.1b	24.7b
CC	37.5a	86.9a	70.5c	53.2a	15.7a	29.5a
CW	36.3a	84.1a	83.4a	43.6b	7.2d	16.6d

三、渍水胁迫对小麦籽粒蛋白质合成关键酶活性的影响

（一）渍水对籽粒 GS 活性的影响

图 8 - 22 表明，适温和高温条件下，不同水分处理间 GS 活性均表现为对照 > 渍水。适温下，豫麦 34 籽粒 GS 活性灌浆前期在各水分处理间无显著差异，而在灌浆后期渍水处理与对照之间差异变大；扬麦 9 号籽粒 GS 活性灌浆中后期在各水分处理间的差异则均较为明显。高温下，豫麦 34 籽粒 GS 活性在各水分处理间差异显著。

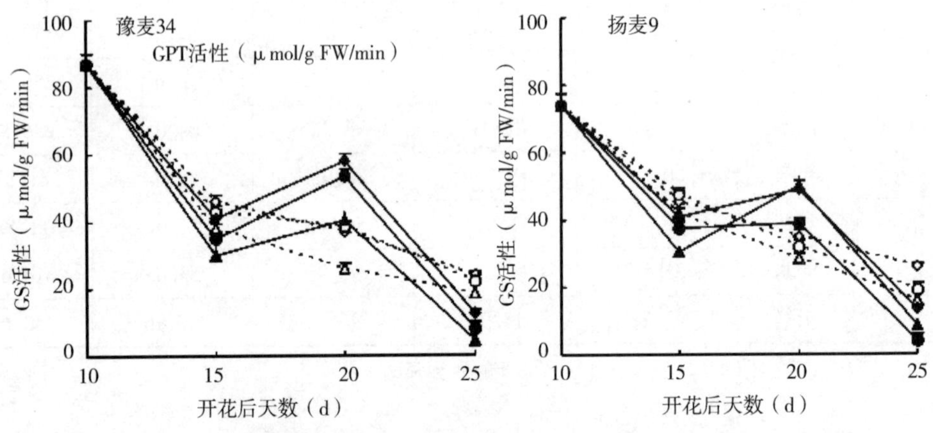

图 8 - 22　花后高温和水分逆境下小麦品种籽粒 GS 活性的动态（赵辉等，2007a）

（二）渍水对籽粒 GPT 活性的影响

图 8 - 23 表明，适温下，两品种渍水处理 15d 后 GPT 活性最高，而后下降较快，低于对照。花后 15d 以后，适温和高温条件下，GPT 活性均表现为对照 > 渍水。而高温下一直表现为对照 > 渍水。说明不同温度条件下，GPT 活性随水分情况的变化有所差异。

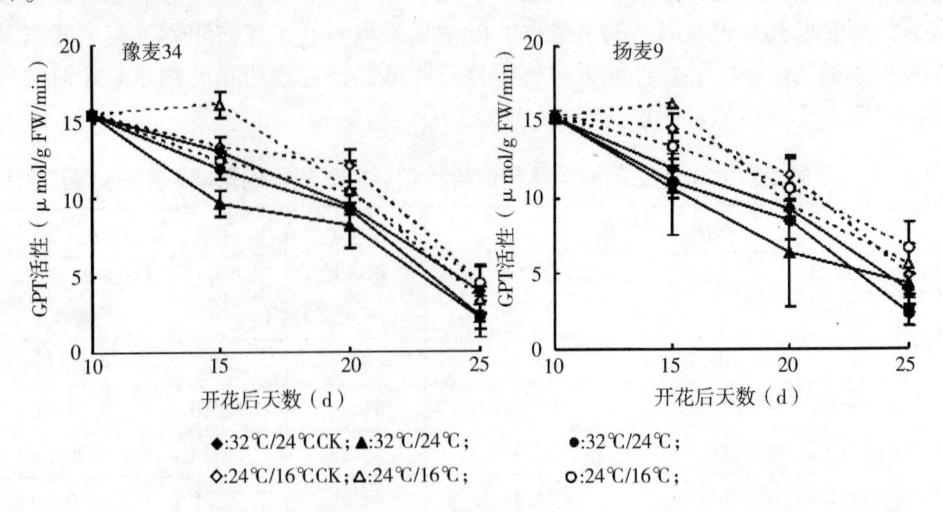

图 8 - 23　花后高温和水分逆境下小麦品种籽粒 GPT 活性的动态（赵辉等，2007a）

第五节　逆境胁迫下小麦调优关键技术

小麦品质不仅受品种遗传特性的影响，而且与环境条件和栽培措施有密切关系。小麦生产中，常常受到各种逆境胁迫，不利于产量和品质的形成。如我国黄淮海和北方小麦主产区灌浆期间经常出现干热风天气，危害轻者减产5%左右，重者减产10%～20%。因此，实际生产中，采取科学合理的配套栽培措施，对实现小麦高产稳产优质有重要意义。如通过改善农田小气候，选用抗旱、抗病、抗干热风能力强，落黄好的早熟高产品种，采取适时早播、避免氮肥使用超量、增施有机肥、磷钾肥料、孕穗至灌浆期喷施磷酸二氢钾等栽培措施，可以防御干热风的危害。根据大田实践，选用抗高温和早熟品种，适期早播种，灌灌浆水，根外喷施生长调节剂，条带种植，健株栽培，对防御和减缓后期高温伤害都有积极作用；合理增施氮肥可以缓解干旱的危害；灌浆期间，通过灌溉适当补充土壤水分，亦可以减轻高温干旱造成的危害。可见，改进耕作栽培技术，增施肥料及改善施肥方法，适当掌握灌溉技术等都是实现小麦调优生产的有效途径。

一、科学选地，培肥地力

小麦对土壤的适应性较强，但耕作层深厚，结构良好，有机质丰富，养分充足，通气性与保水性良好的土壤，是小麦高产的基础。选择地势平坦，土壤肥沃，有必要的灌溉条件或小麦生育期降水量在450mm左右的地块，一般深耕25～30cm。耕地前尽量把雨季降水保蓄起来，同时对地面不平的耕翻前削高填洼、增加平整度。耕地后整地主要是进一步对土壤结块破碎，增加表层土壤紧密度和地面平整状态，在打畦之前、之后都可以根据需要整地。小麦播前整地总的质量要求是深、细、透、平、实、足。在整好地的基础上，一定要造好墒，保证足墒播种。水浇地深耕后应浇好塌墒水，浅耕细耙，使土壤上虚下实，地平埂直；旱地及早深耕以纳雨蓄墒，雨后及时深耙，精细整地。优质小麦生产一般要求土壤肥力要高，土壤有机质含量在12g/kg以上，土壤速效氮的含量在80mg/kg以上，速效磷含量在25mg/kg以上，氧化钾含量在100mg/kg以上。播前要对土壤肥力进行测定，根据土壤肥力状况和肥力水平科学施肥，以底肥为主，追肥为辅，多施有机肥，配合施用化肥，必要时补充一定的微量元素。采用机械播种的，播深3cm，行距20cm；操作要稳定一致，开沟盖籽要均匀。每亩播种量为8～10kg，亩基本控制在14万～16万株，苗后田间开好“三沟”，保证沟沟相通，排灌自如，雨止田干。

二、选择优良小麦品种

选用具备丰产性好、抗逆性强、稳产性好和品质优良等条件的良种。在选用时要根据当地的自然条件和土壤肥力，常发自然灾害和不同的栽培制度及不同的加工食品的要求选用良种。在播种前要进行种子处理，如晒种，选择晴好天气晒种2～3d，以促进种子后熟，打破休眠，以提高发芽势和发芽率，培育壮苗。药剂拌种，可用50%辛硫磷拌种防治地下害虫；也可用20%粉锈宁或10%羟锈宁拌种预防小麦病害的发生。另外还要针对当地苗期常发的病虫害确定药剂进行拌种或种子包衣。

三、适期适量播种

小麦适宜的播期必须根据当地的自然生态环境、地块所处地势及土壤水肥条件和品种特性等综合考虑。一般认为冬性品种在日均温度降至16～18℃，半冬性品种14～16℃，春性品种12～14℃播种为宜。冬小麦冬前苗情好坏，除水肥等条件外，与冬前积温多少有密切关系。据研究，播种到出苗约需积温12℃（播深4～5cm），出苗后冬前主茎每长一片叶，平均约需75℃的积温。这样，可根据冬前不同苗龄所需积温，推算适宜的播种期。一般海拔1800m以上的高山区于9月上中旬播种，海拔1400～1800m的浅山区于10月上旬播种，海拔1200 ～1400m的川台地区于10月上中旬播种，海拔1200m以下的地区于10月中下旬播种。

播量根据小麦品种特性、播期、土壤条件和当地气象特点综合考虑。地力基础较高，水肥充足的麦田的分蘖及单株成穗较多，基本苗应少些；反之，肥力水平较低，水肥条件较差的麦田，小麦的分蘖和成穗都受到一定的限制，单株分蘖少，成穗率也较低，基本苗应多些；分蘖力强的品种基本苗宜少，分蘖力弱的品种基本苗宜多；适时播种，单株分蘖和成穗数多，基本苗可以适当少些，随着播期的推迟，单株分蘖数及成穗数都要减少，基本苗应逐渐增加。精播栽培，以分蘖成穗为主夺高产，播种偏早，基本苗宜少，一般为每公顷150万株；独秆栽培，以主茎成穗为主，由于播种晚，基本苗宜多，一般为每公顷400万～600万株；常规栽培，播期适宜，主茎与分蘖成穗并重，基本苗数居中，一般为每公顷300万株左右。播种深度应从防寒、防旱和促早苗、壮苗两方面考虑，土壤墒情和质地好时可适当浅播，墒情差的沙土地要适当深播，一般情况下播种深度以3～5cm为宜。

四、合理肥料运筹

（一）合理施肥

合理施用化肥，调整好氮磷配比，提高肥效。氮肥中基肥占总量的70%；平衡肥占10%；返青肥占20%；磷钾肥70%做基肥，30%用作返青肥。磷肥最好与少量优质有机肥拌匀后混施，然后耕地，可以减少磷的固定，提高肥效。当土壤速效钾含量小于70mg/kg时施用钾肥效果明显，超过100mg/kg时，钾肥的增产效果不明显。在越冬期施肥，看苗亩施尿素3～5kg，最好是用农家肥。返青时亩施复合肥15kg加尿素5kg，促进小麦后期生长。小麦初穗期和齐穗期各进行一次根外施肥，对有脱肥现象的麦田，可于抽穗开花期喷施1% ～2%的尿素或2% ～3%的过磷酸钙浸出液，有贪青晚熟趋势的麦田，可喷0.2%的磷酸二氢钾溶液，以加速养分向籽粒中运转，提高灌浆速度。高产田一般全生育期每亩施标准氮肥50～70kg、标准磷肥40～50kg、钾肥10kg、锌肥1.5kg，有机肥、磷肥、钾肥全部基施，氮肥50%底施，50%拔节期追施；中产田一般每亩施标准氮肥50～60kg、标准磷肥50kg、钾肥5～10kg；低产田一般每亩施标准氮肥

40 ~50kg、标准磷肥 50kg。同时要注意施肥方法，增施有机肥，培肥地力，以实现小麦高产稳产优质。

在灌浆后期高温条件下，氮硫配合施用对小麦籽粒品质有显著影响，在氮肥合理基追比基础上，施用硫肥特别是增加基施比例能进一步提高蛋白质含量，并且对蛋白质质量也有显著的改善作用，能有效缓冲灌浆期高温对小麦生产的不利影响（张洪华等，2008）；在氮肥基追比例 1∶1 的基础上增大拔节期氮素追施比例，能显著提高小麦高温胁迫下籽粒产量，缓解高温胁迫对小麦千粒重和籽粒产量的不良影响（吴翠平等，2007）。水分逆境下增施氮肥可提高旗叶硝酸还原酶活性、叶片与茎鞘总氮和游离氨基酸含量以及籽粒游离氨基酸和蛋白质含量，干旱逆境下增施氮肥有利于小麦产量的提高（范雪梅等，2006）。因此，生产中可通过肥料运筹施用技术，调控高温、干旱和渍水等逆境条件下不同类型小麦籽粒产量和品质的形成。

（二）叶面喷肥

喷施磷酸二氢钾可增强小麦抗高温干旱的能力，也促进了小麦光合作用的正常进行、营养物质的运转和积累及籽粒质量增加。中、后期叶面喷施高美施、磷酸二氢钾、溧效王、旱地龙、高锰酸钾等，扬花至灌浆初期，每亩叶面喷施 1% ~2% 尿素水溶液 50kg，加快灌浆速度，防止干热风。

五、合理调控灌水

浇好分蘖水有利于保苗壮苗，增加小麦籽粒的氮素积累，促进根系发育。拔节期浇水并及时松土可以通风、保墒，提高地温，利于大蘖生长，促进根系发育，加强麦苗碳代谢水平，使麦苗稳健生长。挑旗期至开花期灌溉有利于减少小花退化，增加穗粒数，并确保土壤深层蓄水，供后期吸收利用。小麦开花期间是新陈代谢最旺盛的时期，日耗水量增多，对缺水反应敏感。开花后的籽粒形成期对水分要求较多，缺水会导致籽粒退化。此期土壤水分应保持田间持水量的 75% 左右。因此，土壤干旱时应浇一次抽穗扬花水。小麦进入灌浆以后，适时浇好灌浆水，有利于防止根系衰老，达到以水养根，以根保叶，以叶促粒的目的。后期浇水应看天气的变化，防止浇后遇风雨倒伏。

干旱环境下调亏灌溉使春小麦产量、穗粒数、水分利用效率并未因土壤水分亏缺而降低，甚至有较大幅度提高（张步等，2007）。可见，科学合理灌溉一定程度上可以减缓逆境造成的危害。

在小麦生育期间水分不足，产量下降，而籽粒蛋白质含量却随之增加，但最终蛋白产量不高；在水分充足的条件下，产量可大幅度增加，蛋白质含量却不增加或有所下降。因此在灌水次数和灌水量上应根据气象条件而定，但灌水过多则对品质不利，灌水次数以冬前、起身、拔节、灌浆四水为宜。

六、科学利用农业化学调控措施

（一）利用一些植物生长调节剂可以减缓逆境胁迫对植株造成的伤害

小麦开花期喷施植物生长物质 γ－氨基丁酸（GABA）和表油菜素内酯（BR），使小麦灌浆期旗叶 IAA 含量上升，后期 ABA 含量增加，有利于物质合成和输出；使籽粒中 GA_3 含量提高，ABA 峰值前移或升高，对加快灌浆和籽粒发育有利，降低逆境引起的膜脂过氧化程度，减缓对产量和品质造成的危害。

（二）人工合成的一些新型化学调控剂在植株抗逆生产中有重要作用

保水剂可大大增强作物和土壤的保水抗旱能力；采用叶面喷施抗涝剂，能激发作物酶体活性，有利于恢复正常的生理功能。四川省绵阳农业专科学校研究表明，棉花在成铃后期施用抗涝剂克服了渍水对成铃和产量的影响。上海市农业科学院气象室研制的长风 3 号叶面保温剂喷于水稻茎叶表面，所形成的分子薄膜提高体温 1 ~2 ℃，维持 5 ~7d，中国农业科学院农业气象研究所的液态膜京 2B 用于东北玉米，平均提高体温 1.7℃，增强了作物的抗冷能力。根据白色反光降温和结合水释放吸热的原理，研制成的反光剂具有明显降低温度的效果，喷施土表或叶面，可以减轻因高温发生的作物病害。

七、加强病虫害防治工作

小麦病虫害种类繁多，发生普遍，逆境胁迫往往会增加小麦病虫害的发生次数，加重其危害程度，因此要加强全生育期病虫害的防治。对白粉病、纹枯病和锈病，每亩用 15% 粉锈宁 100g 兑水 50kg 喷洒植株。对麦蚜和麦红蜘蛛可用 40% 氧化乐果1500 倍液进行喷雾防治，力争全面控制麦田病虫为害。

八、适时收获

一般在小麦进入蜡熟中后期，即小麦表现为“三黄一绿”（叶黄、秆黄、穗黄、节绿）时就应及时收获。此时小麦千粒重、容重最高，其他品质指标如蛋白质、氨基酸、出粉率也最高，而灰粉含量最低。小麦收获期正值干热风、暴雨、冰雹等自然灾害的多发期，收割不及时容易落粒掉穗，造成减产。因此，适时收获可有效保证小麦安全生产。

第九章　病虫害对小麦品质的影响

随着气候异常、小麦密植和品种抗逆性降低等，小麦病虫害胁迫日益加剧。白粉病、条锈病、赤霉病、纹枯病，蚜虫、吸浆虫等主要病虫害严重威胁着作物生产。随着气候变化、全球化时代流通范围的扩大，原来仅限于某地的病虫害也更容易扩散，由于生产上主栽的多数小麦品种对病虫害的抗性较差，小麦病害趋势有加重迹象。中国和欧美等国家由于温度、湿度适宜，氮肥的大范围使用，种植密度提高等使小麦病害频繁多发（Miedaner and Flath，2007），其中白粉病、锈病、网斑病、纹枯病等真菌病害，主要侵染营养器官，也有真菌病害可以侵染小麦的各个部位的例如赤霉病等，而蚜虫、吸浆虫等是主要的害虫。各种病虫害严重制约着小麦的高产、稳产、优质。

黄淮平原是小麦主产区，被誉为“中原粮仓”，但在小麦生长发育中、后期，籽粒粒重和品质形成关键之时，常遭遇白粉病、赤霉病、锈病、纹枯病和蚜虫等病虫害侵袭，造成严重的经济损失。发病时期及发病程度不同，为害程度也不同（牛吉山等，2006；Lemańczyk and Kwaśna，2013）。病虫害不仅导致减产，而且还影响籽粒内部贮藏物质形成，影响品质（Johnson *et al.*，1979；曹学仁等，2009；师桂英等，2009）。近年来，随着生活水平的提高，人们对病虫害胁迫下的农产品品质日益关注，病虫害对籽粒品质的影响是消费者非常关心的问题。

第一节　白粉病对小麦品质的影响

小麦白粉病是由白粉病菌（*Blumeria graminis* f. sp. *tritici*，Bgt）侵染引起的重要真菌病害之一，其发生和流行常常造成小麦严重减产。

一、小麦白粉病的分布及为害

小麦白粉病在亚洲、非洲和欧美的冷凉地区及温暖潮湿地区严重发生，在中国所有的小麦种植区均有发生。20 世纪 90 年代以来，为害范围不仅遍及黄淮、江淮流域冬麦区，而且波及辽宁、吉林和黑龙江等省的春麦区，成为我国 20 多个省市小麦生产中的重要常发病害（牛吉山等，2006）。

白粉病流行性强，其分生孢子可借高空气流进行远距离传播。近年来，随着矮秆、半矮秆小麦品种的推广应用，种植密度加大、氮肥施用量增加，灌溉条件改善，我国小麦白粉病的为害日趋严重（牛吉山等，2006；Wang *et al.*，2012）。白粉病菌侵染小麦植株后，最大的为害是产量损失，减产幅度因发病早晚、病情严重度而异。幼苗期发病，导致发育受阻和死亡；分蘖期发病，可抑制根的发育，减少分蘖形成（牛吉山等，2006）；抽穗及开花期发病，主要引发粒重和穗粒数下降（Bowen *et al.*，1991；Serrago *et al.*，2011）、籽粒饱满度下降（Morris and Rose，1996）。有研究表明，小麦白粉病在全国39%的麦田中发生与流行，发病早、病情严重条件下，可使分蘖减少，上部叶片、叶鞘、茎秆和穗部晚期的侵染严重减少籽粒产量，造成13 % ~34 %的损失（牛吉山等，2006）。

二、小麦白粉病的侵染特点

国内外学者对小麦白粉病的病原、流行学及病害治理进行了广泛研究，取得了较大的进展。白粉病菌主要通过分生孢子和闭囊壳在小麦上完成周年的侵染循环，以菌丝体潜伏在植株下部叶片或叶鞘上越冬，其孢子随气流传到感病品种的植株上后，遇到合适的条件较短时间内（1 ~7d）就可以萌发产生芽管，芽管顶端膨大进一步形成附着胞，附着胞再产生侵入丝，直接穿透寄主表面的角质层，专性侵染表皮细胞（Bruggmann *et al.*，2005），在表皮细胞内形成吸器以吸取寄主营养（Mendgen and Háhn，2002），主要侵染叶片，严重时也可以侵染叶鞘、茎秆和穗部。小麦白粉病发病最适温度为10 ~20℃，空气湿度较高有利于病菌孢子的形成和侵入，病害加重，但湿度过大、降雨过多则不利于分生孢子的形成和传播；日光可抑制孢子萌发，小麦种植过密，通风透光不良，会严重发病（牛吉山，2007）；氮肥施用过量，灌水过多，有利于病原菌的繁殖和侵染；水肥条件好的高产地块易于发病，但肥力不足，土壤干旱，植株生长衰弱，抗病性下降，也会引起病害严重发生。在黄淮麦区，白粉病高发期一般出现在4月下旬至5月中旬，正值小麦抽穗至灌浆期，成为小麦生产的障碍。

三、小麦白粉病的为害机理

白粉菌是外部病原菌，侵染小麦植株后，覆盖于茎叶表面，光合作用面积显著降低（Walters *et al.*，2008）、叶绿素降解（Kuckenberg *et al.*，2009）、出现绿岛（Walters *et al.*，2008；Kuckenberg *et al.*，2009），引发光合表观量子产量降低、单位面积的光合速率下降（Wright*et al.*，1995），从而使感病叶片生成的光合同化物减少。白粉菌是活体寄生菌，依靠寄主的代谢提供碳水化合物、氨基酸和无机营养，增加寄主组织的代谢负担。研究表明，染病叶片转化酶活性增加（Sutton *et al.*，2007），形成大量可供病原菌利用的糖，使感病叶片输送至籽粒的同化物减少，导致植物体内源库平衡改变（Sutton *et al.*，2007）。白粉病发生后，小麦根系的生长和活力都受到抑制（Johnson *et al.*，1979；Deng *et al.*，2010）。可见小麦与白粉病菌的互作是一个复杂的过程，白粉菌作为一个附加的库与宿主库（根和籽粒）竞争，导致植物体内光合同化物生成、转运和分配改变（Sutton *et al.*，2007）。

四、白粉病对小麦籽粒营养品质的影响

（一）白粉病对籽粒蛋白积累的影响

1. 白粉病对籽粒蛋白质及其组分含量的影响　高红云（2012）研究结果表明，感

染白粉病后，小麦籽粒全蛋白含量提高，不同感病程度处理间的差异达显著水平（表9-1），而且不同处理间籽粒全蛋白含量的变化随品种感病性而有差异，其中感病品种全蛋白含量差异均达到显著水平，而抗病品种国麦 301 和周麦 22 全蛋白含量差异未达显著水平。白粉病侵染条件下，感病品种醇溶蛋白和麦谷蛋白含量随着白粉病严重度的加重而显著增加，即小麦白粉病侵染使得储藏蛋白相对含量升高。谷/醇比的差异存在品种间差异。清蛋白和球蛋白含量对白粉病感染的反应也存在品种间差异。相关分析表明，感病条件下，全蛋白含量、储藏蛋白含量（醇溶蛋白和麦谷蛋白）与病情指数呈显著正相关（个别品种除外），而清蛋白含量品种间差异较大。

表9-1 小麦白粉病不同感病程度下全麦粉蛋白质及其组分含量的变化（高红云，2012）

		含量（mg/g）							
品种	病指	清蛋白	球蛋白	醇溶蛋白	麦谷蛋白	全蛋白	代谢蛋白	面筋蛋白	谷/醇比
西农 979	12.80a	23.95a	15.71b	37.76a	43.35a	133.33a	39.65a	81.10a	1.15ab
	18.98b	22.74a	15.33b	39.34a	46.97b	134.19a	38.07a	86.31a	1.19b
	22.78c	23.76a	14.39a	44.90b	47.18b	143.54b	38.15a	92.08b	1.05a
周麦 18	3.95a	25.91a	14.09a	42.48a	39.26a	132.16a	40.00a	81.74a	0.93a
	10.05b	25.54a	15.95a	41.26a	41.89a	134.64b	41.48ab	83.15a	1.02b
	12.14c	27.64b	14.91a	46.12b	45.68b	138.09c	42.54c	91.80b	0.99a
周麦 22	1.38a	23.07b	15.11ab	38.23a	44.55a	133.10a	38.17b	82.78b	1.17a
	1.54a	22.06a	14.39a	38.25a	44.83a	132.94a	36.46a	83.08b	1.17a
	2.12b	24.23c	16.38b	37.97a	43.49a	133.00a	40.62c	81.46a	1.15a
国麦 301	0	23.10a	12.85a	38.54a	36.58a	117.94a	35.94b	75.11b	0.94a
	0	22.34a	12.22a	39.36a	37.08a	118.72a	34.55a	76.45a	0.95a
	0	23.03a	13.60a	40.50a	38.47a	119.46a	36.64b	78.97c	0.96a

注：多重比较只在同一品种的不同处理间进行，同列不同小写字母表示其差异达 5% 显著水平。“Glu/Gli” 表示谷/醇比，下同。

2. 白粉病对籽粒全蛋白积累的影响 高红云（2012）研究结果表明，感染白粉病后，小麦籽粒全蛋白在籽粒灌浆过程中积累的相对含量提高，中度白粉病害 T3 和重度白粉病害感染 T2 处理均呈现“W”形变化趋势，20～25d 有一个小的高峰，显著高于对照 T1 处理，30d 至成熟期，仍然继续维持 T2 和 T3 处理高于 T1 处理的趋势（图9-1）。对照 T1 不同品种籽粒蛋白质积累均呈现“高—低—高”的“V”形变化趋势，表明品种间蛋白质积累的变化规律基本一致。而抗病品种国麦 301 和周麦 22 全蛋白积累同样呈现“V”形变化趋势，仅 T2 处理的周麦 22 在 20～25d 较短时期内有所增高，30d 至成熟期则差别不大。感病品种 T1、T3 和 T2 三个主处理间呈现由低到高规律性的变化，表明各时期籽粒蛋白质相对含量随白粉病加重而逐渐升高，2011 年西农 979 蛋白百分含量的增幅达 7.7%。

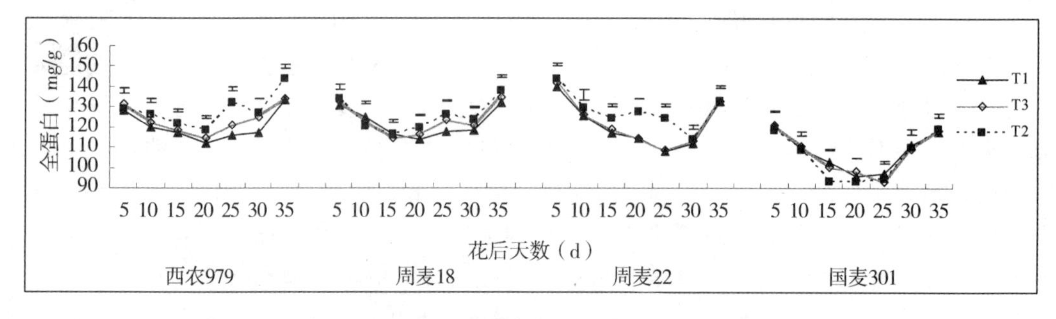

图9-1 小麦白粉病害对籽粒蛋白含量的影响（高红云，2012）

注：T1，对照；T2，重度白粉病害；T3，中度白粉病害，下同。

3. 白粉病对籽粒蛋白组分积累的影响

（1）白粉病对醇溶蛋白和麦谷蛋白积累的影响：进一步分析表明，籽粒醇溶蛋白及麦谷蛋白含量在15d之前含量非常低，20d之后含量显著增加，感病品种T3和T2处理醇溶蛋白和麦谷蛋白在籽粒灌浆过程中积累的相对含量均显著高于对照，且随着病情指数的增加，呈现明显的递增趋势，抗病品种三个处理间没有显著差异（图9-2A，B）。与病指的相关分析显示整体上呈现正相关趋势，但是易感品种西农979则显示负相关。结果表明，随着白粉病发病程度加重，面筋蛋白的积累呈现递增趋势（图9-2C）。

采用A-PAGE和SDS-PAGE电泳技术分析，不同白粉病发病程度籽粒醇溶蛋白及麦谷蛋白在籽粒灌浆过程中含量的变化（图9-3A，B），其变化趋势与上述结果基本一致。其中西农979的差异最为明显，表明感病品种20d后直至成熟期醇溶蛋白和麦谷蛋白积累随白粉病发病程度加重呈现递增趋势。整体上储藏蛋白的相对含量在20d之后随病情加重而增加，20d是储藏蛋白含量显著增加的转折点。

（2）白粉病对清蛋白和球蛋白积累的影响：清蛋白积累在5~25d下降速度较快，30d有显著回升的趋势，至籽粒成熟期间下降至最低，呈现倒“N”形。小麦籽粒清蛋白含量随白粉病病情指数的变化趋势各处理间差异不显著（图9-4A），表明各种代谢酶类的总量差别不大，仅个别品种差异达显著水平（例如，2011年周麦18在25d呈现显著增加）。球蛋白积累分析显示白粉病对球蛋白的影响较为显著，球蛋白含量随籽粒发育时期及白粉病发病程度呈现动态变化，发病初期（10~15d）整体上呈现下调趋势，发病最严重时期（20~25d，西农979在15~25d）球蛋白相对含量显著增加，其中周麦18上调幅度接近38%，而周麦22提高幅度也较大，这两种周麦系列发育中的籽粒球蛋白对白粉病的反应具有很强的相似性，国麦301的上调幅度较小。虽然球蛋白积累在田间白粉病发病最重的20~25d时呈现明显增加，但是在30d至成熟期阶段，病症逐渐消失，球蛋白含量逐渐恢复到一个较为恒定的水平。结果表明，发病高峰期感染白粉病籽粒球蛋白含量显著升高，田间病症逐渐消失时球蛋白含量恢复为一个较为恒定的水平。因此，周麦22在20~25d阶段全蛋白的增加可能主要源于该时期球蛋白的积累增加所致。

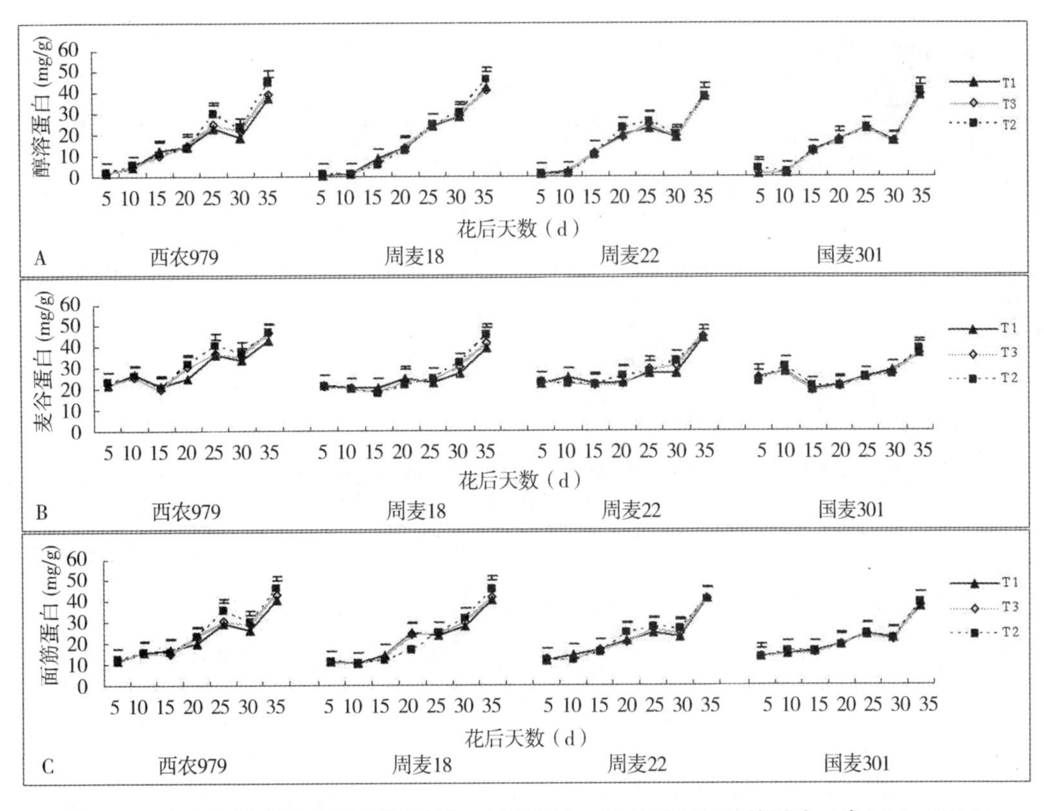

图 9-2　小麦白粉病害对籽粒醇溶蛋白、麦谷蛋白、面筋蛋白积累的影响（高红云，2012）

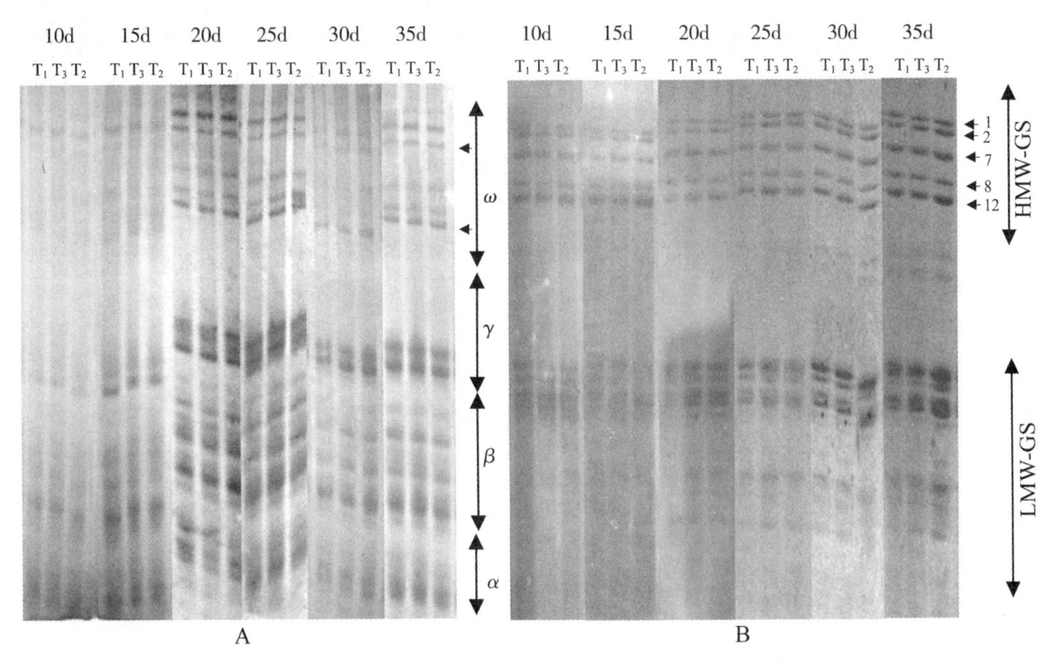

图 9-3　A-PAGE 和 SDS-PAGE 分析小麦白粉病害对西农 979 籽粒醇溶蛋白（A）和麦谷蛋白（B）的积累的影响（高红云，2012）

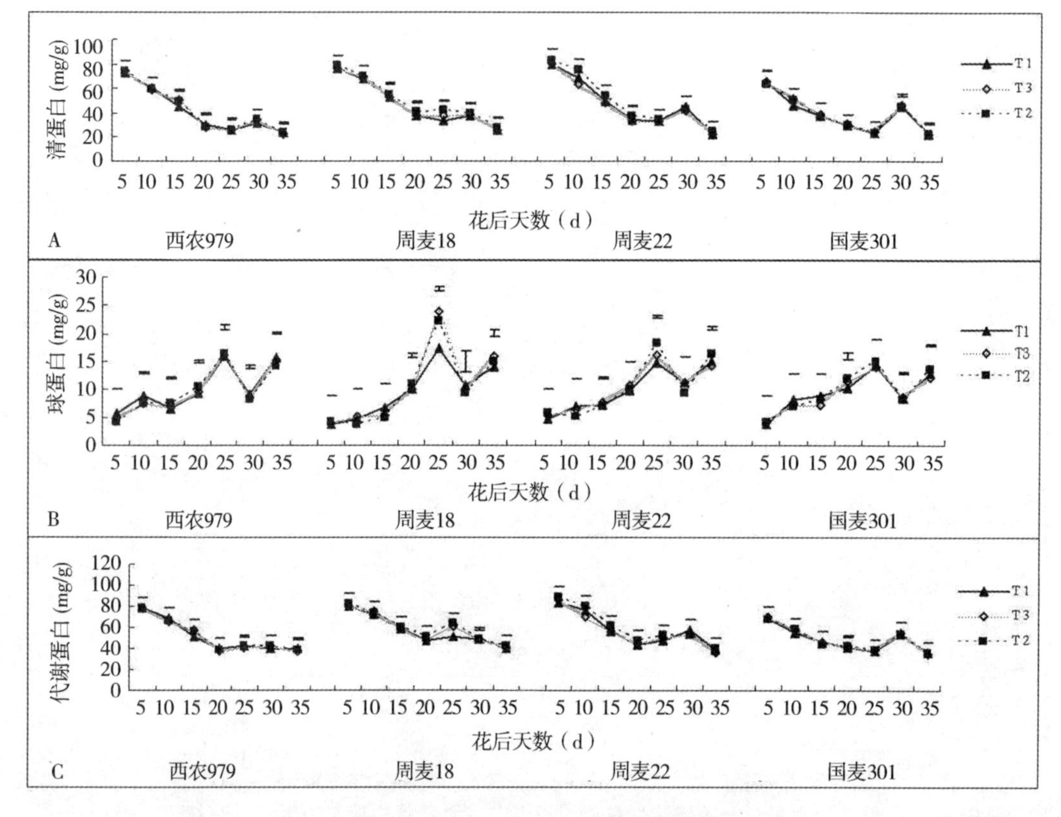

图9－4　小麦白粉病害对籽粒代谢蛋白积累的影响（高红云，2012）

综上所述，组分分析及单向电泳分析显示，随着小麦白粉病病情加重，引发籽粒储藏蛋白含量显著升高，进而引发全蛋白含量升高，代谢蛋白的含量相对下降，表明白粉菌侵染可以改变小麦籽粒的蛋白组分。研究发现储藏蛋白含量显著增加的转折点在20～25d，20d是储藏蛋白积累的相对量显著增加的时期，该时期也正是田间白粉病发生最严重的时期，发病越重，储藏蛋白的相对含量上调幅度也越大，25d时期代谢蛋白的相对含量有所提高，表明发病严重时期蛋白质的相对含量提高。据此推测白粉病感染一定程度上可以导致小麦籽粒蛋白尤其是储藏蛋白含量提高。

（二）小麦白粉病对籽粒淀粉积累的影响

1. 白粉病对籽粒淀粉含量的影响　高红云（2012）研究结果表明，感染白粉病后，总的淀粉含量显著下降（$\alpha=0.05$），感病越重，淀粉含量下降的幅度越大（表9－2）。结果表明，感病品种不同发病程度对淀粉含量有显著影响，而抗病品种淀粉含量差别不大。

表9－2　小麦白粉病不同感病程度下全麦粉淀粉及其组分含量以及可溶性总糖含量的变化（高红云，2012）

品种	病指	含量（mg/g）			直/支比	可溶性糖含量（mg/g）
		直链淀粉	支链淀粉	淀粉		
西农979	12.80a	170.92a	462.18c	633.11b	0.37a	46.54b
	18.98b	182.29b	445.92b	628.22b	0.41b	45.64b
	22.78c	192.63c	394.37a	587.00a	0.49c	36.33a
周麦18	3.95a	177.10a	416.89c	593.99c	0.42a	53.88b
	10.05b	177.41a	405.30b	582.71b	0.44a	51.54ab
	12.14c	195.11b	361.62a	556.74a	0.54b	46.54a
周麦22	1.38a	182.01a	367.03b	549.04a	0.50a	49.11a
	1.54a	179.69a	362.60ab	542.29a	0.50a	47.99a
	2.12b	189.20b	356.26a	545.46a	0.53b	47.38a
国麦301	0	178.51a	380.32a	558.83a	0.47a	55.71a
	0	182.39a	377.67a	560.06a	0.48b	55.67a
	0	177.91a	380.25a	558.16a	0.47a	51.47a

研究籽粒灌浆时期淀粉含量的变化，发现10d时期淀粉含量较低，15d时期，略有增加，15d之前淀粉合成的速度慢；20d淀粉含量增幅较大，是快速合成时期（图9－5）。感染白粉病使籽粒灌浆过程中淀粉含量存在显著差异，表现为自10d开始至成熟期显著下降，感病越重，降低的幅度越大，而抗病品种差别不大，仅周麦22略有降低的趋势。结果表明，随着白粉病发病程度加重，总的淀粉含量呈显著降低趋势，白粉病可显著降低籽粒淀粉的相对含量。相关分析表明，总淀粉含量与病指呈显著负相关。各个感病品种与病指的相关性均达到显著或极显著差异水平，表明淀粉的相对含量随着白粉病发病程度加重而显著下降。

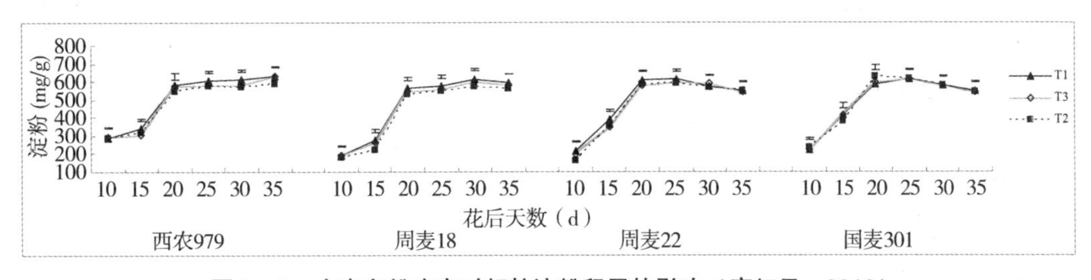

图9－5　小麦白粉病害对籽粒淀粉积累的影响（高红云，2012）

2. 白粉病对籽粒淀粉组分含量及直/支比的影响 进一步分析淀粉组分显示，随着白粉病发病程度加重，支链淀粉含量显著下降，而直链淀粉含量显著增加，直/支比显著增加，表明感染白粉病不仅可以降低总淀粉的相对含量，还可以显著改变籽粒淀粉的组成，直链淀粉的相对含量增加及支链淀粉含量的下降导致直/支比增加（表9－2），而抗病品种不同处理淀粉组分含量差别不大。结果表明，感病品种不同发病程度对淀粉组成及含量有显著影响，其中直链淀粉相对含量随病指升高而显著增加，支链淀粉含量显著下降，直/支比则呈现递增趋势。相关分析表明，各个感病品种支链淀粉含量与病指呈负相关，相关性均达到极显著差异水平；而直链淀粉含量与病指呈正相关，相关性达到显著或极显著差异水平；直/支比与病指呈正相关，相关性也达到显著或极显著差异水平。

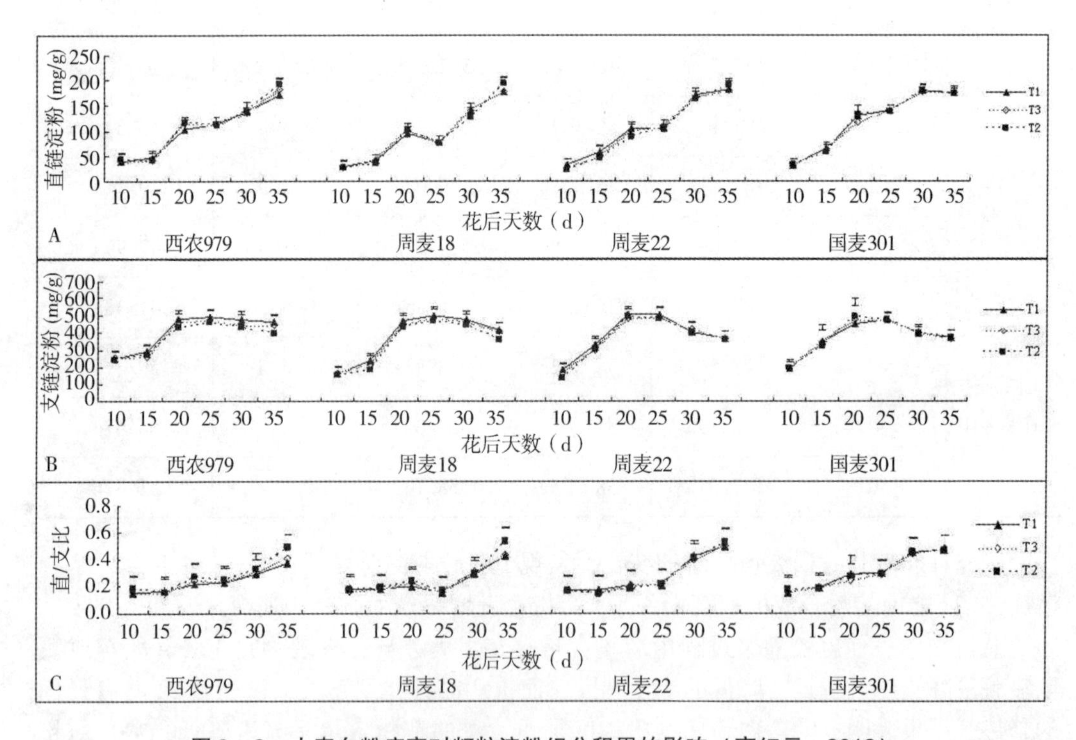

图9－6 小麦白粉病害对籽粒淀粉组分积累的影响（高红云，2012）

籽粒灌浆期直链淀粉和支链淀粉的积累见图9－6（A，B），由图可以看出，直链淀粉和支链淀粉在10～15d时期相对含量较低，20d时期显著增加，直链淀粉相对含量持续增加直到成熟期，支链淀粉含量在30d至成熟期维持在一个相对稳定水平甚至略有降低。结合病情分析显示，感染白粉病对籽粒直链淀粉的积累产生显著影响，自20d直至成熟期呈现随病指增加而递增的趋势（图9－6A），而支链淀粉含量自10d开始至成熟期则显示随病情严重度增加而显著降低，感病越重，降低的幅度越大（图9－6B），直/支比则显示从20d一直到成熟期显著升高，其中西农979发病较重，上调幅度达32%（图9－6C）。而抗病品种的直链淀粉、支链淀粉含量及直/支比的变化未达显著差异水平。结果表明，小麦白粉病侵染显著抑制了支链淀粉的合成，直链淀粉的

含量相对升高，直/支比增加，白粉菌侵染可以改变小麦籽粒的淀粉组分，支链淀粉和总的淀粉相对含量降低。

3. 白粉病对籽粒可溶性总糖含量的影响　高红云（2012）研究籽粒可溶性糖含量在白粉菌孢子的刺激作用下的变化，发现感病品种和抗病品种均发生了显著变化，但是反应存在差异（图9－7）。在5d感染白粉病初期，田间（T2）开始出现明显病症时，籽粒中可溶性糖含量呈现升高的趋势，而抗病品种则呈现降低趋势；10d时期，显示高抗品种周麦22籽粒中可溶性糖含量重度感病区（T2）高于中度感病区（T3），而对照区（T1）最低，该趋势持续到15d时期，显示周麦22感病程度虽然很低，其变化趋势与感病品种类似；在15d时期，西农979呈现T3＞T2＞T1的趋势，分析该时期T3处理西农979开始发病，发病使得可溶性糖的积累，由此看来，白粉病开始感染时淀粉的合成受抑制；在20d时期，是白粉病病症最严重的时期，无论是感病品种还是抗病品种，可溶性糖含量差别不大，4个品种都有降低的趋势，其中西农979该趋势持续到成熟期；在25d时期，各品种反应不同，周麦18和周麦22呈现升高的趋势，西农979和国麦301差别不大；在30d时期，病症逐渐消失，各品种该时期籽粒内可溶性糖含量几乎没有差异；成熟期无论是感病品种还是抗病品种，可溶性糖含量T2显著低于对照T1。

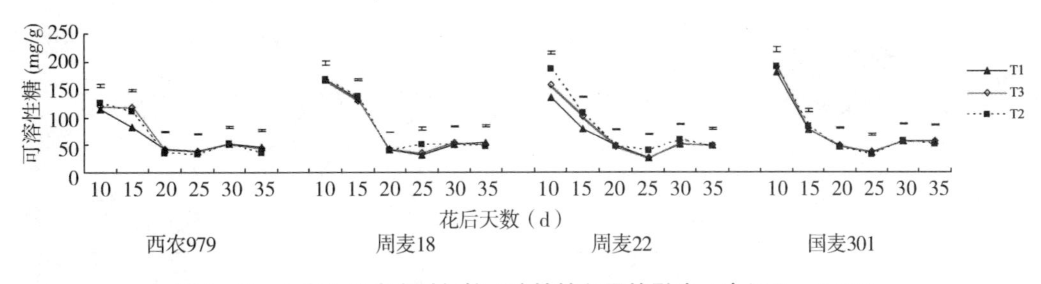

图9－7　小麦白粉病害对籽粒可溶性糖积累的影响（高红云，2012）

结合各时期田间的发病情况进行分析，可溶性糖的积累随着白粉病的发展而呈现动态变化，白粉病接种初期（发病前期）籽粒内可溶性总糖含量呈现上调趋势；发病高峰期引发籽粒内可溶性总糖的积累；随着发病症状的消失，可溶性糖含量差别不大；成熟期可溶性糖含量显著低于对照。

可溶性糖在一定程度上可以表示籽粒内可利用的碳源供应情况，本研究发现可溶性糖的积累对白粉病敏感，感病品种发病时有增加的趋势，但是在花后20d之后则呈现持续降低的趋势。由此推测发病初期源提供给籽粒的营养充足，籽粒可溶性总糖含量增加可能表明由糖向淀粉的合成受阻；发病后期病害引发光合作用下降，由源输送入籽粒的碳水化合物降低，合成淀粉的底物减少，可能直接抑制了淀粉的合成。

结果表明，小麦白粉病不仅对籽粒淀粉及其组分的相对含量产生了显著影响，而且显著降低了粒重，使籽粒的淀粉积累的相对量和绝对量显著降低。由此可见，白粉病侵染若不及时防治，将会对淀粉含量及其组成引发显著影响，并会显著降低粒重，直接导致减产。

五、小麦白粉病对加工品质的影响

（一）白粉病对容重的影响

高红云（2012）分析小麦籽粒容重的变化，研究发现，籽粒容重随着白粉病严重度增加而显著降低，表明籽粒饱满度显著下降，而抗病品种周麦22和国麦301差别不显著（表9－3）。相关分析表明，白粉病侵染条件下，容重与病指呈极显著负相关，容重与淀粉含量呈极显著正相关。

表9－3　小麦白粉病不同感病程度下籽粒容重的变化（高红云，2012）

品种	病情指数	容重（g/L）
西农979	12.80a	783.00b
	18.98b	780.00ab
	22.78c	770.00a
周麦18	3.95a	787.00b
	10.05b	780.00a
	12.14c	779.00a
周麦22	1.38a	777.00a
	1.54a	776.00a
	2.12b	776.00a
国麦301	0	780.00a
	0	782.00a
	0	788.00a

（二）白粉病对小麦面粉沉降值的影响

对小麦面粉沉降值的分析表明，感染白粉病后感病品种沉降值显著增加，而抗病品种的沉降值则没有显著变化（表9－4）。相关分析表明，面粉沉降值与病指呈极显著正相关，沉降值与蛋白含量也呈极显著正相关。

表9－4　小麦白粉病不同感病程度下沉降值的变化

品种	病情指数	沉降值（mL）
西农979	12.80a	10.25a
	18.98b	10.50b
	22.78c	11.38c

续表

品种	病情指数	沉降值（mL）
周麦 18	3.95a	7.50a
	10.05b	7.75a
	12.14c	7.88a
周麦 22	1.38a	7.13a
	1.54a	7.13a
	2.12b	7.25a
国麦 301	0	4.50a
	0	4.75a
	0	5.00a

（三）白粉病对粉质参数的影响

高红云（2012）研究结果表明，感染白粉病后，感病品种不同筋型不同感病程度的变化存在一定差异（表 9－5）。其中对于强筋和中筋感病品种随发病严重程度增加，粉质参数形成时间、稳定时间、评价值呈增加的趋势，弱化度的变化趋势不一致。相关分析表明，感染白粉病后，小麦面粉粉质参数形成时间、稳定时间、评价值与病指呈极显著正相关，而弱化度与病指则呈极显著负相关。粉质指标与蛋白特性息息相关，白粉病侵染条件下，粉质参数形成时间、稳定时间和评价值与蛋白含量呈正相关，弱化度与蛋白含量呈负相关。

表 9－5　小麦白粉病不同感病程度下粉质指标的变化（2011）（高红云，2012）

品种	病情指数	形成时间（min）	稳定时间（min）	弱化度（BU）	评价值
西农 979	12.80a	30.00a	36.20a	10.50a	510.00a
	18.98b	30.50a	42.20b	10.50a	520.00ab
	22.78c	36.80b	45.20b	23.00b	560.00b
周麦 18	3.95a	3.35a	3.15a	55.00a	50.50a
	10.05b	3.35a	3.35a	52.00a	53.50a
	12.14c	3.40a	3.65a	48.00a	62.00a
周麦 22	1.38a	2.70a	2.80a	63.00a	43.00a
	1.54a	2.70a	2.90a	63.50a	43.00a
	2.12b	2.90a	3.50a	59.50a	45.50a
国麦 301	0	1.40a	1.25a	130.50a	18.50a
	0	1.40a	1.20a	130.00a	17.00a
	0	1.40a	1.25a	128.50a	19.50a

（四）白粉病对拉伸参数的影响

拉伸参数的变化显示拉伸阻力和拉伸比例有随白粉病病情加重而降低的趋势，延伸度整体上有增加的趋势（弱筋品种郑麦004除外）（表9－6）。相关分析表明，拉伸参数、拉伸曲线面积与病指呈显著正相关，拉伸阻力与病指呈显著正相关，拉伸比例与病指呈极显著正相关，延伸度与病指的相关性不显著。进一步分析拉伸参数与蛋白含量的相关性，结果显示在感白粉病条件下，拉伸曲线面积、拉伸阻力、延伸度及拉伸比例与蛋白含量均呈正相关关系，但没有达到显著水平。拉伸特性作为面团品质的一个综合性指标，面粉蛋白含量对其影响仅仅是一方面，蛋白的质量及淀粉与蛋白的相互作用都可以引发拉伸参数的变化，并且各品种由于蛋白组成及含量的不同，响应白粉病胁迫的反应不同。

表9－6　小麦白粉病不同感病程度下面粉拉伸指标的变化（2011）

品种	病情指数	拉伸曲线面积（cm^2）	拉伸阻力（BU）	延伸度（mm）	拉伸比例
西农979	12. 80a	154. 25ab	484. 00b	168. 30a	2. 95b
	18. 98b	137. 50a	476. 50b	161. 00a	2. 80ab
	22. 78c	169. 00b	426. 00a	182. 00a	2. 55a
周麦18	3. 95a	80. 50a	245. 50a	182. 00a	1. 35a
	10. 05b	81. 00a	260. 00a	178. 00a	1. 50b
	12. 14c	75. 50a	245. 50a	175. 50a	1. 40ab
周麦22	1. 38a	88. 00a	267. 50a	183. 50a	1. 45a
	1. 54a	79. 50a	230. 00a	198. 50a	1. 15a
	2. 12b	82. 50a	248. 50a	181. 50a	1. 35a
国麦301	0	50. 00a	175. 00a	196. 00a	0. 90a
	0	47. 33a	161. 67a	205. 70b	0. 82a
	0	47. 00a	166. 50a	190. 50a	0. 85a

（五）白粉病对黏度的影响

高红云（2012）研究表明，白粉病可以显著改变小麦粉的黏度特性，峰值黏度、低谷黏度、最终黏度和反弹值等随着白粉病严重度增加而显著增加，稀懈值则呈现降低趋势（表9－7）。相关分析表明，感染白粉病条件下，峰值黏度、低谷黏度、最终黏度及反弹值与病指呈正相关，各品种表现一致，而稀懈值与病指呈负相关且存在品种间差异。

表 9-7　小麦白粉病不同感病程度下黏度的变化（2011）

品种	病情指数	峰值黏度（BU）	低谷黏度（BU）	最终黏度（BU）	稀懈值（BU）	反弹值（BU）
西农 979	12.80a	697.00a	582.75a	988.25a	135.50b	400.00a
	18.98b	763.25b	624.50b	1070.25b	135.00b	425.00b
	22.78c	806.00c	672.75c	1118.50c	129.00a	429.25b
周麦 18	3.95a	871.00a	696.25a	1140.25a	171.50c	402.75a
	10.05b	910.00a	756.25ab	1178.25a	148.25b	403.25a
	12.14c	995.80a	863.75b	1295.50a	127.25a	414.00a
周麦 22	1.38a	855.75a	695.25a	1143.50a	155.50a	406.00a
	1.54a	861.00a	700.50a	1147.00a	152.75a	408.50a
	2.12b	874.00a	706.75a	1166.50a	151.75a	434.25a
国麦 301	0	719.50a	548.50a	981.75a	136.25a	404.00a
	0	697.00a	582.75a	988.25a	135.50a	400.00a
	0	763.25a	624.50a	1070.25a	135.00a	425.00a

（六）白粉病对小麦面粉降落值的影响

小麦面粉降落值随白粉病发病程度加重而显著增加，而抗病品种的差异没有达到显著水平（表 9-8）。降落值增加表明籽粒 α-淀粉酶活性降低。相关分析表明，感染白粉病条件下，小麦面粉降落值与病指呈极显著正相关，降落值与淀粉含量呈显著负相关。

表 9-8　小麦白粉病不同感病程度下面粉降落值的变化（2011）

品种	病情指数	降落值（s）
西农 979	12.80a	445.50a
	18.98b	462.00b
	22.78c	481.25c
周麦 18	3.95a	423.75a
	10.05b	426.00ab
	12.14c	438.25b
周麦 22	1.38a	445.75a
	1.54a	445.25a
	2.12b	445.00a
国麦 301	0	330.50a
	0	338.00a
	0	329.75a

六、小麦白粉病对品质产量的影响

蛋白质产量分析结果表明，感染白粉病条件下，蛋白质产量显著降低，感病品种重度感染白粉病与对照相比，蛋白质产量降幅远小于产量降幅，淀粉产量降幅最大（表9-9）。白粉病害可降低籽粒的蛋白质产量，蛋白质产量的降幅较产量的降幅低，虽然测得蛋白质含量升高，但是这种升高是在粒重和产量降低的基础上的被动升高，蛋白相对含量升高与蛋白质产量降低不矛盾。

表9-9 小麦白粉病不同感病程度下籽粒产量和品质产量的变化（2011）
（高红云，2012）

自由度 D. F.	处理 (T)		蛋白质含量 (mg/g)	淀粉含量 (mg/g)	产量 (kg/hm^2)	蛋白质产量 (kg/hm^2)	淀粉产量 (kg/hm^2)
17	T1		132.75	613.55	9032.23	1198.47	5524.08
	T3		134.41 (1.3)	605.46 (-1.3)	8752.11 (-3.1)	1176.56 (-1.8)	5283.36 (-4.4)
	T2		140.82 (6.1)	571.87 (-6.8)	8286.91 (-8.3)	1164.46 (-2.8)	4725.27 (-14.5)
		T	0.492	1.405	0.008	0.004	0.013
	S. E. D.	Cultivar	0.402	1.147	0.006	0.003	0.011
		T × Cultivar	0.695	1.987	0.011	0.005	0.018

注：产量与蛋白质/淀粉含量均值标准误，以S. E. D. 表示。

感染白粉病条件下，淀粉产量显著降低，处理间差异均达显著差异水平（表9-9）。相关分析表明，淀粉产量与病指呈显著负相关。进一步分析品质产量与经济产量，发现蛋白质产量的降幅较小，经济产量的降幅居中，淀粉产量的降幅最大。淀粉的相对含量降低，绝对产量也降低，表明白粉病使得小麦减产，并引发籽粒储藏物的组成变化，从而对营养品质和加工品质产生一定影响。

七、讨论

1. 白粉病害与籽粒蛋白质含量 高红云（2012）研究发现，小麦白粉病侵染增加籽粒蛋白尤其是储藏蛋白含量，这与Johnson *et al.*（1979）利用‘Chancellor’小麦近等基因系的研究不同。白粉病严重发生使产量损失达34%，面粉蛋白含量显著降低（Johnson *et al.*，1979），高红云（2012）研究的产量损失不到10%，推测蛋白含量随发病程度可能呈现动态变化，有待进一步研究。有研究表明，腐生菌壳针孢菌侵染小麦可抑制淀粉积累而使得蛋白含量增高（Watson *et al.*，2010），由于腐生寄生菌不干扰寄主的转运，而白粉菌作为活体寄生菌可以提高对糖尤其是葡萄糖的吸收速率（Sutton *et al.*，2007），降低对氨基酸的吸收速率，并对寄主的转运有显著影响。所以不同病原菌引发籽粒蛋白含量增加机制可能存在差异。

2. 白粉病害与籽粒淀粉含量　淀粉是小麦胚乳的重要储藏成分，在籽粒灌浆期，产量主要依赖于淀粉的积累（Jenner，1991）。小麦白粉病侵染降低支链淀粉和总淀粉含量，致使直/支比升高，使得淀粉组分含量及产量发生变化，而淀粉组分对于最终用途非常重要，支链淀粉的含量限定了淀粉粒的结构，进而决定了淀粉的功能（Tetlow，2006；Tetlow *et al.*，2008）。

3. 白粉病害与籽粒加工品质　一般认为，增加蛋白含量会导致面筋蛋白的增加（Curic *et al.*，2001），而面筋蛋白浓度增加可显著增加沉淀值（赵俊晔和于振文，2005）。高红云（2012）研究发现蛋白（尤其是储藏蛋白）浓度随白粉病病指升高而增加，沉降值、湿面筋含量也随之增加，相关分析也表明，蛋白含量与沉降值和湿面筋含量呈显著正相关。但对粉质拉伸的研究发现，不同白粉病发病程度对粉质拉伸参数有一定的影响，但不同品种间的反应存在差异。小麦白粉病胁迫下，蛋白含量升高，拉伸阻力降低，而至于降低的原因有待进一步分析。由此看来，不同品种由于蛋白和淀粉各个组分的组成和含量存在差异，虽然蛋白质含量呈现出有规律的上调，粉质和拉伸作为品质的综合性指标反应存在差异，面粉蛋白组分及含量的影响仅仅是一方面，蛋白的质量及淀粉与蛋白的相互作用等都可使粉质拉伸特性发生变化。

高红云（2012）研究发现，淀粉品质特性例如容重、降落值和黏度等指标随病情加重而呈现较一致的变化，即容重降低、黏度和降落值显著升高。降落值间接反映了 α－淀粉酶的活性，本研究中降落值随病情加重而增加，表明 α－淀粉酶活性下降，该下降趋势与淀粉含量的降低一致。本研究中 α－淀粉酶活性降低，面团黏度下降与淀粉含量的降低一致。研究发现，白粉病对淀粉特性相关的品质影响较大，品种间的趋势也较为一致，对于面食（馒头、面条）的蒸煮品质产生显著的影响，推测白粉病侵染对淀粉特性影响较大，对于以面食为主的黄淮流域，今后深入研究白粉病对蒸煮品质的影响可能更有实践意义。

第二节　锈病对小麦品质的影响

小麦锈病是由锈菌引起的一类病害，有条锈病、叶锈病和秆锈病 3 种。对小麦为害最大的是条锈病和叶锈病。小麦发生锈病后，体内养分被吸收，叶绿素被破坏，大量孢子突破麦叶麦秆表皮，严重影响小麦产量和品质。

一、锈病的分布及为害

小麦条锈病主要发生在叶片上，其次是叶鞘和茎秆，穗部、颖壳及芒上也有发生。主要发生在我国华北、西北、淮北等北方麦区，以及西南的四川、云南等地。山东则发生在鲁西南、鲁南、鲁中南等内陆麦区。叶锈病主要为害叶片，产生疱疹状病斑，很少发生在叶鞘和茎秆上。过去仅发生在西南和长江流域的部分地区，近年来在华北、东北、西北等地严重发生。山东则普遍发生，而且发生逐年加重，有些年份重于条锈病。秆锈病主要发生在小麦的茎秆和叶鞘，在叶片和颖片上也出现。主要发生在我国东南沿海一带、长江中下游及南方各省的冬麦区，以及东北、西北、内蒙古等地的春麦区。山东则以胶东沿海、内陆湖区晚熟小麦发生较重。

二、锈病的侵染特点

3种锈菌在我国都是以夏孢子世代在以小麦为主的麦类作物上逐代侵染而完成周年循环，锈病是典型的远程气传病害。锈病通过病菌孢子，随气流传播，在条件适宜时，即温度适中（条锈1.4～17℃、叶锈2～32℃、秆锈3～31℃）和有水膜的条件下，孢子萌发，侵入小麦，并长出数根侵染菌丝，蔓延于叶肉细胞间隙中，产生吸器伸入叶肉细胞内，吸取养分以营寄生生活。其中，条锈菌孢子在一定的温度条件下萌发后长出的芽管，可从气孔中钻进叶组织，芽管顶端膨大形成附着胞，进而长出侵入丝，再长出侵染菌丝，在叶肉细胞间隙蔓延生长，以吸器伸入寄主细胞内，夺取寄主的营养并大量繁殖，在麦叶表皮下逐渐形成菌丝团，1～2周内长出来黄色孢子堆，这些孢子，迅速在叶片上传播蔓延，使叶片水分大量蒸发，叶绿素遭到严重破坏，光合作用的面积就大大减少，叶子提早枯萎。而叶锈菌除典型的从气孔侵入外，还可以直接侵入寄主细胞。芽管在叶表面延伸，顶端稍膨大形成附着胞，直接侵入寄主组织，形成夏孢子，进行再侵染。在扩展期间影响最大的环境因素是温度，适温条件下（25℃），潜育期最短（5d）。秆锈菌也是从气孔侵入，条件适宜，侵入的菌丝经过5～6d即可形成夏孢子堆。夏孢子必须在有水滴或水膜时才能萌发。在适温条件下，夏孢子与水膜接触3～4h即可萌发侵入。黑暗利于夏孢子萌发，但在侵入末期，光照有利于夏孢子的侵入。小麦锈病发生的早晚和轻重，主要取决于寄主、菌源和环境条件的综合作用。

三、锈病对籽粒营养品质的影响

有报道指出，叶部病害不利于维持籽粒灌浆，增加籽粒皱缩的发生率和严重度。皱缩籽粒不受欢迎在于出粉率低，饲喂牲畜时含能量低（Dimmock and Gooding，2002）。锈病对籽粒蛋白含量及组分、氨基酸含量的影响如下：

秆锈菌属可降低籽粒氮和碳积累，通常氮积累比碳积累受影响严重（Dimmock and Gooding，2002）。Bushuk and Wrigley（1971）研究表明，籽粒发育过程中遭遇严重锈病侵染导致籽粒皱缩，没有磨粉和烘烤价值。面粉磨出量非常低，仅为正常样品的60%。除了产量低之外，面粉的灰分含量相对较高（表9－10）。

表9－10　Marquis小麦锈病侵染和健康麦粒数据分析（Bushuk and Wrigley，1971）

小麦	锈病侵染麦粒	健康麦粒
每百公升重（kg）	50.5	84.7
千粒重（g）	8.9	33.2
蛋白含量（13.5%湿度）	13.9	14.0
灰分（13.5%湿度）	2.80	1.70
膳食纤维（%）	20.9	12.7

续表

小麦	锈病侵染麦粒	健康麦粒
面粉		
产量（%）	45.0	72.0
蛋白（14%湿度）	12.9	12.8
灰分（14%湿度）	1.42	040
沉降值（mL）	44	60
淀粉损伤	141	26.6
湿面筋含量（14%湿度）	36.8	39.9
膳食纤维（%）	0.85	0.98

注：Milled on an Allis Chalmers Experimental mill. 用 Allis Chalmers 实验磨磨粉。

在仅 100kDa 以下的蛋白可进入凝胶进行分析的条件下，麦谷蛋白被排除在外。结果显示小麦蛋白由遗传组成决定，不受生长环境的影响。凝胶电泳图健康麦粒和病麦粒相似，但是健康麦粒含有少量低分子量麦谷蛋白（300kDa），在锈病麦粒中消失。这些麦谷蛋白组分在面包小麦成熟后期合成，在硬粒小麦中没有。结果表明该组分对面包小麦的优质非常重要，即该组分的存在对于提高胚乳蛋白中麦谷蛋白组分非常重要（表 9 - 11），很可能湿面筋含量也提高。本研究麦谷蛋白的差异可能来自两个不同地点、不同生长条件下的差异。在正常发育的籽粒中，环境效应通过对蛋白含量的影响效应影响面包品质，而非对胚乳蛋白组分的影响效应。

Bushuk and Wrigley（1971）研究认为，锈病粒胚乳含有较多的水溶性蛋白，而麦谷蛋白含量较低，表明锈病侵染影响了麦谷蛋白的形成，抑制了胚乳中淀粉和蛋白的合成与沉积，导致成熟时籽粒皱缩。

表 9 - 11　Sephadex G - 150 凝胶过滤可提取的蛋白组分
（Bushuk and Wrigley，1971）

蛋白质	锈病侵染麦粒（%）	健康麦粒（%）
麦谷蛋白	27	32
醇溶蛋白	35	37
白蛋白	18	17
小分子	20	14

Bushuk and Wrigley（1971）研究表明锈病侵染样品面粉蛋白含有较多的基本氨基酸，但是谷氨酸和脯氨酸含量降低（表 9 - 12）。

表 9－12 Marquis 锈病侵染麦粒和健康麦粒的面粉氨基酸组成（每 100g 氮样品中氨基酸的氮含量）（Bushuk and Wrigley，1971）

	锈病侵染麦粒	健康麦粒
赖氨酸	260*	2.32
组氨酸	3.43	3.28
氨	20.20	19.70
精氨酸	7.68	6.92
天冬氨酸	2.73	2.72
苏氨酸	2.06	1.99
丝氨酸	3.94	4.02
谷氨酸	20.36	21.40
脯氨酸	9.08	9.44
甘氨酸	4.30	4.20
丙氨酸	2.97	2.82
缬氨酸	2.98	2.96
蛋氨酸	1.00	0.90
异亮氨酸	2.26	2.26
亮氨酸	4.72	4.65
络氨酸	1.44	1.46
苯丙氨酸	2.60	2.62
氮恢复（%）	93.80	94.20

注：* 表示差异显著。

四、锈病对籽粒加工品质的影响

小麦条锈病主要发生在小麦拔节期前后，分蘖成穗率和穗粒数降低；小麦秆锈病和叶锈病一般都发生在抽穗开花期，通过影响籽粒的形成和发育，使粒重下降，对加工品质也会产生影响，但缺乏相关的系统研究。Bushuk and Wrigley（1971）研究表明，籽粒发育过程中遭遇严重锈病侵染导致籽粒皱缩，面包制作品质、沉降值和湿面筋含量降低，锈病侵染样品次于正常面粉。

第三节　赤霉病对小麦品质的影响

小麦赤霉病由多种镰刀菌引起，其主要病原为禾谷镰孢菌（*Fusarium graminearum*）。侵染后，引起麦穗枯死，籽粒腐烂，导致产量降低，品质变劣。

一、赤霉病的分布及为害

小麦赤霉病在全世界普遍发生，主要分布于潮湿和半潮湿区域，可造成不孕穗增加、籽粒灌浆不良、容重下降等。通常可引发减产10% ~15%，病情严重时可高达50%以上。它不仅影响小麦产量，而且降低小麦品质，使蛋白质和面筋含量减少，出粉率降低，它产生的多种毒素对人畜食物安全构成严重威胁，人畜食用病粒后会发生急性中毒，产生呕吐、腹痛、头昏等症状。一般食用小麦中赤霉病病粒的最大允许比例为4%，超过这个限量必须进行处理。镰刀菌产生的主要毒素是脱氧雪腐镰刀菌烯醇DON、VIV和ZEA，其中以DON为害最为严重（Wagacha and Muthomi，2007）。DON是一种单端孢霉烯族霉素，其化学名称为3，7，15－三羟基－12，13－环氧单端孢霉－9－烯－8－酮，对热较稳定，一般的烹调及加热不能破坏其毒性，但其对碱性环境敏感。DON具有致呕吐作用，是人和动物赤霉病麦中毒的主要症状之一。DON还可引起拒食反应。致呕吐作用的机理除了对黏膜的刺激作用外，同时也有对中枢神经的麻痹作用。DON毒素干扰了核糖体肽基转移酶的活性中心，阻碍核糖体循环，抑制蛋白质合成。

二、赤霉病的侵染特点

赤霉病病原主要以菌核在土壤中或附着在病残体上越夏和越冬，为下季初侵染的主要菌源，在小麦各生育期均能发生。苗期形成苗枯，成株期形成茎基腐、秆腐和穗腐。其中以穗腐为害最重。穗腐是小麦扬花时，在小穗和颖片上产生水渍状褐色斑，渐蔓延至整个小穗，颖壳缝处和小麦基部着生粉红色胶状霉层（分生孢子），当麦穗接近成熟时，遇高温高湿，粉红霉层处产生密集的蓝黑色小颗粒（病菌子囊壳），少数小穗发病后，可迅速扩展到穗轴，从而影响养分和水分的正常输送，使上部其他小穗迅速枯死而不结实，或形成干瘪籽粒。潮湿条件下病部产生的分生孢子，借气流和雨水的传播，进而再侵染。小麦种植密度大，通风透光条件不好，生长后期多雨等，给赤霉病发生创造了有利条件。

三、赤霉病对籽粒营养品质的影响

有研究表明，病原菌可进入果皮和糊粉层，然后穿透细胞壁很快进入胚乳，进入胚乳的病原菌便分解贮藏蛋白和淀粉（Boyacioğlu and Hettiarachchy，1995）。

（一）赤霉病对籽粒蛋白含量及组分、氨基酸含量的影响

1. 全蛋白 关于病麦粒蛋白质含量变化，前人的研究报道不尽一致，有报道病粒蛋白质含量降低（Berova *et al.*，1974；丁卫新，2013），有报道病粒蛋白质含量升高（表9－13）（HamiLton *et al.*，1984；Boyacioğlu and Hettiarachchy，1995），也有报道病粒蛋白质含量没有变化（Dexter *et al.*，1996）。也有研究表明，病粒蛋白质含量变化趋势随品种不同而异（表9－14，表9－15）（Dexter *et al.*，1996；Prange，2005；Wang *et al.*，2005）。

表 9－13　未处理和镰刀菌侵染小麦全蛋白含量（%）
（Boyacioğlu & Hettiarachchy，1995）

处理	蛋白质含量（%）
对照小麦	15.8b
轻度染病小麦	15.6a
中度染病小麦	16.8a

注：同列数字后不同小写字母表示差异达5%显著水平。

表 9－14　不同小麦样品 HPLC 分析结果（Prange，2005）

面粉	全蛋白含量（%）
未处理 cv. Ambras	10.3
GS 65 接种 cv. Ambras	10.3
未处理 cv. Rektor	10.2
GS 65 接种 cv. Rektor	8.3
GS 49 处理 cv. Ritmo	9.2
GS 65 处理 cv. Ritmo	9.6
GS 85 处理 cv. Ritmo	9.5

表 9－15　*Fusarium* culmorum 侵染等级（*Fusarium* 蛋白等同物，FPE）
与千粒重和小麦粉粗蛋白含量之间的关系（Wang *et al.*，2005）

样品号	侵染等级	千粒重 TKW（g）	粗蛋白含量 CP（% DM）
1	轻度	42.7	11.10
2		42.2	11.34
3		42.4	11.46
4	中度	40.4	11.35
5		41.8	10.81
6		42.4	11.69
7	重度	40.9	11.80
8		39.9	11.79
9		37.9	11.08
	相关系数 r	−0.902***	0.167

注：***，$p<0.001$。

2. 醇溶蛋白和麦谷蛋白　前人对蛋白质的组分变化亦有研究，多数研究认为病粒的麦谷蛋白含量降低（Boyacioğlu and Hettiarachchy，1995；邬应龙等，1997；Dexter *et al.*，1997；Wang *et al.*，2005）（表9－16），也有报道病粒醇溶蛋白质含量降低（伍光庆等，1996；Nightingale *et al.*，1999），但是也有报道显示醇溶蛋白含量升高的（Wang *et al.*，2005）（图9－8，图9－9）；也有报道病粒的麦谷蛋白和醇溶蛋白含量与健康麦粒相比没有显著差异的（表9－17）（Prange *et al.*，2005）。Wang *et al.*（2005）研究还表明病粒醇/谷比略有增加。而储藏蛋白质电泳谱带的变化也有报道（邬应龙等，1997；Wang *et al.*，2005），邬应龙等（1997）报道病粒的谷蛋白亚基电泳图谱均有一定差异，表现某些蛋白谱带有缺失；但是 Wang *et al.*（2005）研究则表明蛋白组成没有质的差异（图9－8，图9－9），与 Dexter *et al.*（1996）的报道一致。

表9－16　未处理和镰刀菌侵染小麦蛋白各组分含量及相对比例（Boyacioğlu & Hettiarachchy，1995）

处理	清蛋白（%）	球蛋白（%）	醇溶蛋白（%）	麦谷蛋白（%）	剩余蛋白（%）
对照小麦	12.3a	8.0a	17.2a	13.6a	39.5a
轻度染病小麦	10.5a	7.0a	16.0a	12.4a	40.6a
中度染病小麦	8.3b	7.3a	16.1a	2.7b	45.0a

注：同列数字后不同小写字母表示差异达显著水平。

表9－17　不同小麦样品 HPLC 分析结果（Prange，2005）

面粉	蛋白含量（g/kg 面粉）				
	清蛋白/球蛋白	醇溶蛋白	麦谷蛋白		
			ω_{bound}	HMW[a]	LMW[b]
未处理 cv. Ambras	25.0	56.1	0.57	10.1	29.8
GS 65 接种 cv. Ambras	23.3	59.4	0.73	10.7	30.2
未处理 cv. Rektor	23.3	50.7	0.22	8.5	31.4
GS 65 接种 cv. Rektor	22.9	39.2	0.16	7.1	26.0
GS 49 处理 cv. Ritmo	23.7	42.1	0.13	4.7	15.7
GS 65 处理 cv. Ritmo	21.5	47.2	1.02	9.9	31.5
GS 85 处理 cv. Ritmo	21.9	44.1	0.64	8.3	31.0

注：a，高分子量麦谷蛋白亚基；b，低分子量麦谷蛋白亚基。

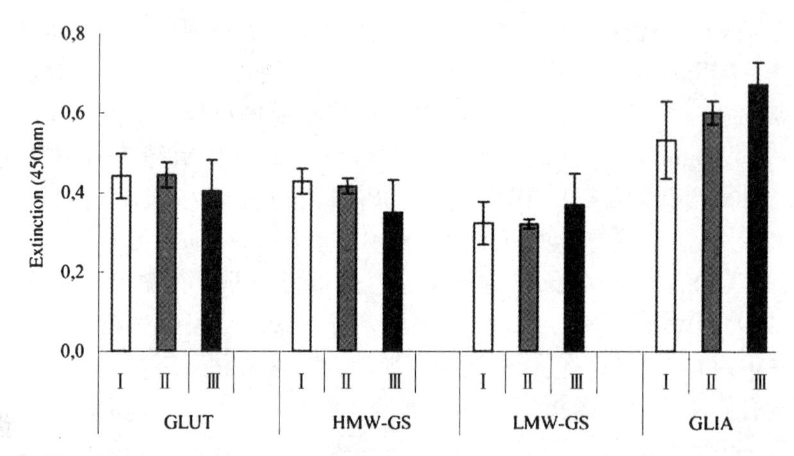

图 9－8　比浊法分析 3 个不同 *F. culmorum* 侵染级别（Ⅰ轻度；Ⅱ 中度；Ⅲ重度）小麦粉面筋蛋白含量的变化（Wang *et al.*，2005）

注：GLUT，麦谷蛋白；HMW－GS，高分子量麦谷蛋白亚基；LMW－GS，低分子量麦谷蛋白亚基；GLIA，醇溶蛋白。

条棒表示 3 个样品在同一侵染等级下 AU 的平均值，标准误条棒表示标准误差。

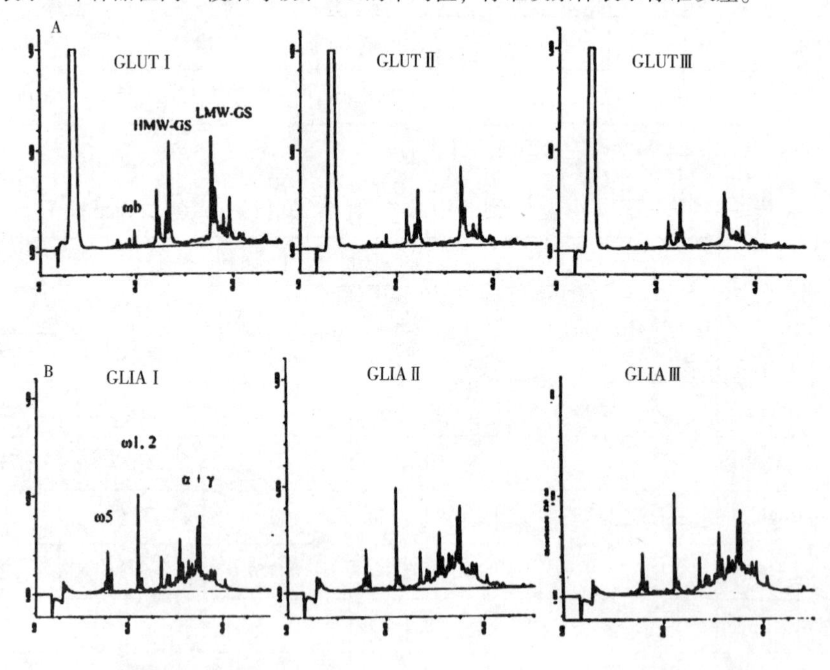

图 9－9　高效液相色谱（HPLC）测定 *F. culmorum* 侵染 3 个不同级别小麦粉面筋蛋白（Wang *et al.*，2005）

注：A，面筋蛋白组分 HPLC 色谱图；B，以 HPLC 吸光度单位估测的小麦面粉样品面筋蛋白的相对含量（AU/mg DM）。

侵染等级：Ⅰ轻度；Ⅱ中度；Ⅲ重度。

HMW－GS 和 LMW－GS 是麦谷蛋白的亚基；ωb、ω5、ω1，2 和 α＋γ 是醇溶蛋白的亚基。

条棒表示 3 个样品在同一侵染等级下 AU 的平均值，标准误条棒表示标准误差。

3. 游离氨基酸成分 多数研究表明，赤霉病粒氨基酸含量升高（Hamilton and Trenholm，1984；Nightingale *et al.*，1999；Wang *et al.*，2005）。Wang *et al.*（2005）研究发现，重度侵染籽粒与轻度侵染样品相比，游离氨基酸浓度在其中显著升高，从33.3%升高到139.9%，籽粒样品中主要含有Asp、Glu、Gly、Arg、Ala等氨基酸，这些氨基酸含量升高幅度变动在9%～23%（图9－10）。Beyer and Aumann（2008）研究发现，与完整健康麦粒相比，FDK每增加1%，氨基酸含量平均降低0.13%。随着损毁籽粒严重度的增加，某些氨基酸（Ala、Lys和Tyr）水平增加；某些氨基酸（Glu）含量降低；也有一些氨基酸含量（Asp、Thr）与病粒损毁程度相关性不强（表9－18）；*Fusarium*侵染对其他氨基酸的效应仅在高水平损坏的情况下显著。

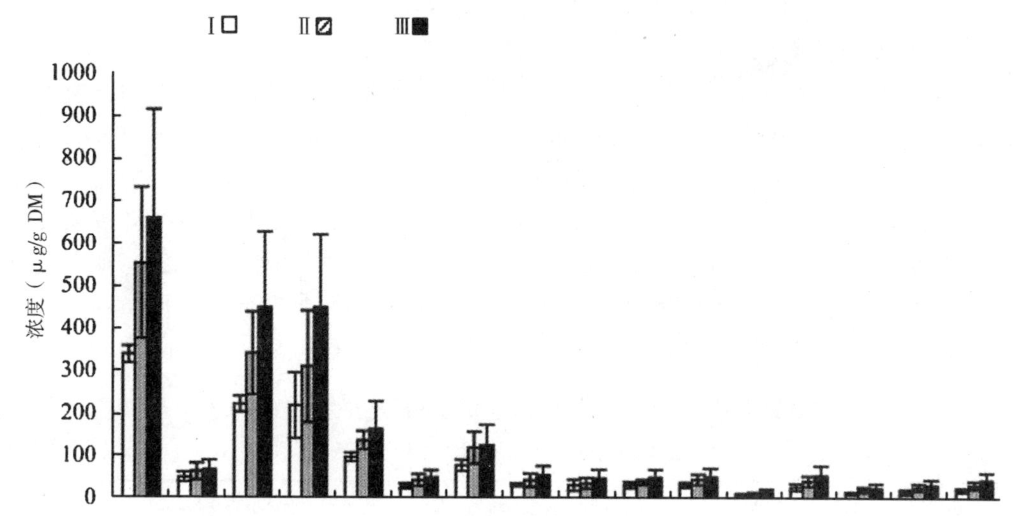

图9－10 *F. culmorum*侵染3个不同级别（Ⅰ轻度；Ⅱ中度；Ⅲ重度）小麦粉游离氨基酸浓度的变化（Wang *et al.*，2005）

注：条棒表示3个样品在同一侵染等级下AU的平均值，标准误条棒表示标准误差。

表9－18 取样位点、镰刀菌破坏的粒数（FDK）所占百分数、单端孢霉烯族毒素类（DON）含量、小麦品种Ritmo的某些氨基酸含量（Beyer and Aumann，2008）

取样位点	镰刀菌破坏的粒数(FDK)所占百分数（%）	氨基酸含量（%；w/w）							
		甘氨酸	脯氨酸	丙氨酸	赖氨酸	络氨酸	谷氨酸	天冬氨酸	苏氨酸
Kiel	0±2	0.51	1.24	0.45	0.35	0.33	3.69	0.70	0.37
Kiel	17±2	0.50	1.17	0.46	0.35	0.31	3.52	0.70	0.37
Kiel	19±2	0.49	1.13	0.46	0.36	0.33	3.42	0.71	0.37
Kiel	28±2	0.48	1.09	0.46	0.36	0.35	3.22	0.71	0.37
Heide	0±1	0.50	1.18	0.44	0.36	0.31	3.65	0.73	0.37

续表

取样位点	镰刀菌破坏的粒数(FDK)所占百分数(%)	氨基酸含量(%；w/w)							
		甘氨酸	脯氨酸	丙氨酸	赖氨酸	络氨酸	谷氨酸	天冬氨酸	苏氨酸
Heide	9 ±1	0. 49	1. 20	0. 44	0. 35	0. 32	3. 63	0. 71	0. 36
Heide	13 ±0	0. 50	1. 17	0. 44	0. 36	0. 31	3. 68	0. 72	0. 37
Heide	25 ±4	0. 50	1. 17	0. 45	0. 37	0. 34	3. 59	0. 72	0. 37

注：数据为 Kiel（3 次重复）、Heide（2 次重复）的平均数。

（二）赤霉病对小麦籽粒淀粉含量及其他糖含量的影响

小麦穗部受赤霉菌侵染后，引起穗枯和粒腐，病粒中的淀粉含量有减少的报道（Boyacioǧlu and Hettiarachchy，1995）（表9－19），也有报道指出病粒淀粉含量没有显著变化（Wang *et al.*，2005）（表9－20）。病粒还原糖含量（Boyacioǧlu and Hettiarachchy，1995）和戊聚糖含量（Wang *et al.*，2005）增加，Wang *et al.*（2005）研究还发现重度侵染籽粒样品蔗糖含量降低。Boyacioǧlu and Hettiarachchy（1995）研究发现中度侵染麦粒总糖含量增加（26%），还原糖含量增加（14%），直链淀粉含量降低（20%）。前人报道的镰刀霉侵染最显著的变化是淀粉胚乳细胞壁和部分淀粉胚乳的分解（Bechtel *et al.*，1985）。Wang *et al.*（2005）研究还发现重度侵染籽粒样品淀粉粒有明显破坏。

表9－19　未处理和镰刀菌侵染小麦碳水化合物组分的量（g/100g 干物重）（Boyacioǧlu & Hettiarachchy，1995）

组分	对照小麦	染病小麦	
		轻度	中度
总糖	3. 40b	3. 44b	4. 28a
非还原糖	2. 84a	2. 96a	2. 95a
还原糖	0. 74c	0. 92a	0. 84b
明显的直链淀粉	20. 3a	21. 3a	18. 1b
总的直链淀粉	27. 8a	25. 5a	22. 3b

注：a，每一行内数值后跟同一字母表示差异未达显著水平（Duncan's 多重比较），数值为两次重复的平均值。

表9－20　镰刀霉侵染（FPE）条件下小麦面粉多糖含量之间的关系（n=9）（Wang *et al.*，2005）

镰刀霉侵染 FPE(μg/g)	侵染等级	淀粉含量（%）	戊聚糖（%）
7. 29	轻度感染	63. 8	6. 7
11. 07		65. 7	7. 6
11. 34		64. 6	6. 8

续表

镰刀霉侵染 FPE(μg/g)	侵染等级	淀粉含量（%）	戊聚糖（%）
12.69	中度感染	65.1	7.7
14.58		62.9	7.8
16.20		63.9	6.9
25.92	重度感染	63.6	7.9
39.15		64.6	8.1
49.95		65.1	8.6
相关系数 r		0.184	0.811**

注：a，基于干物质；*，$p < 0.05$；**，$p < 0.01$.

（三）毒素

赤霉病为害小麦后，可产生多种毒素（主要为致呕毒素和激素），使品质降低（Palazzini *et al.*，2007）。多数试验表明，镰刀菌侵染严重程度高，则病粒中 DON 等毒素含量高（Prange *et al.*，2005；Beyer and Aumann，2008；Gourdain and Rosengarten，2011）。Prange *et al.*（2005）研究表明，镰刀菌高度侵染样品的 DON 含量比对照高出 100 倍（cv. Ambras）或 200 倍（cv. Rektor）（表 9－21）。Beyer and Aumann（2008）研究表明随着赤霉病害严重度升高，DON 含量增加（表 9－22）。Gourdain and Rosengarten（2011）实验也表明，不同品种对镰刀菌侵染时间、发病早晚和发病程度的不同，毒素积累的反应不同，但是整体上病粒毒素积累随严重度增加而增加（表 9－23）。

表 9－21　不同小麦样品 HPLC 分析 DON 含量结果（Prange，2005）

面粉	脱氧雪腐镰刀菌烯醇（μg/kg）
未处理 cv. Ambras	64
GS 65 接种 cv. Ambras	5480
未处理 cv. Rektor	58
GS 65 接种 cv. Rektor	12334
GS 49 处理 cv. Ritmo	810
GS 65 处理 cv. Ritmo	1360
GS 85 处理 cv. Ritmo	2060

表 9－22　不同取样位点，小麦品种 Ritmo 镰刀菌破坏的粒数（FDK）所占百分数和脱氧雪腐镰刀菌烯醇（DON）含量（Beyer and Aumann，2008）

取样位点	镰刀菌破坏的粒数（FDK）所占百分数（%）	DON 含量（mg/kg）
Kiel	0 ±2	1.49 ±0.42
Kiel	17 ±2	3.54 ±0.62
Kiel	19 ±2	7.49 ±1.13
Kiel	28 ±2	20.2 ±4.33
Heide	0 ±1	0.52 ±0.02
Heide	9 ±1	1.87 ±1.31
Heide	13 ±0	1.90 ±0.39
Heide	25 ±4	8.36 ±3.15

注：数据为 Kiel（3 次重复）、Heide（2 次重复）的平均数。

表 9－23　不同侵染时间、不同品种的疾病严重度 FDK 百分含量及 DON 和 ZEA 的平均值（μg/kg）（Gourdain and Rosengarten，2011）

接种时间	生长时期	疾病严重度	FDK（%）	DON（μg/kg）	ZEA（μg/kg）
22/05	抽穗期	16（ab）	15（ab）	7095（a）	164（ab）
28/05	开花期	25（a）	25（a）	10327（a）	246（a）
04/06	花后 7d	11（bc）	23（a）	9945（a）	257（a）
11/06	花后 14d	11（bc）	19（a）	9123（a）	228（a）
18/06	花后 21d	5（c）	7（bc）	2378（b）	44（b）
25/06	花后 28d	4（c）	4（c）	1527（b）	30（b）
2/07	花后 35d		5（c）	1542（b）	55（b）
	对照	4（c）	5（c）	1617（b）	56（b）
接种时间	生长时期	疾病严重度	FDK（%）	DON（μg/kg）	ZEA（μg/kg）
22/05	抽穗期	19（a）	17（a）	7777（a）	526（a）
28/05	花后 3d	8（b）	12（ab）	4970（ab）	292（ab）
04/06	花后 10d	6（b）	9（ab）	2815（abc）	134（bc）
11/06	花后 17d	8（b）	7（b）	2735（abc）	130（bc）
18/06	花后 24d	7（b）	6（b）	1210（cd）	103（cd）
25/06	花后 31d	4（b）	6（b）	865（d）	67（cd）
2/07	花后 38d		5（b）	689（d）	70（cd）
	对照	4（b）	5（b）	723（d）	33（d）

注：Tukey 检测 10% 用字母表示。

四、赤霉病对籽粒磨粉品质的影响

Dexter *et al.* （1996）研究赤霉病粒面粉产量受 *Fusarium* 损毁（FD）影响不显著（表9－24）。当进一步精制面粉时，FD对磨粉有强副作用。DK组分精制面粉量明显较少，灰分含量高，色泽灰暗。其他组分（CL、AD1、AD2和AS）面粉灰分含量也增加，色泽随FD的升高而变暗。当面粉产量基于灰分含量常量计算时，CL到AS面粉产量显著降低，面粉产量的绝对量降低1.5%～2%，约合每1%FD降低0.25%。当基于正常的面粉色泽计算面粉产量时，FD对磨粉的效应非常显著，面粉产量损失介于3.5%～5%，约合每1%FD损失>0.5%。

表9－24　*Fusarium* 损毁（FD）小麦磨粉特性（Dexter *et al.*，1996）

样品	面粉产量 FY（%）	灰分含量 Ash（%）	基于正常灰分含量修正值 AFY（%）	面粉色泽等级 FGC[c]	基于正常面粉色泽修正值 CFY（%）
Glenlea[a]					
CL	74.2	0.56	71.2	0.1	73.1
AD1	73.7	0.55	71.2	0.3	72.0
AD2	74.1	0.57	70.8	0.7	71.2
AS	73.7	0.58	69.7	1.1	69.4
DK	72.3	0.84	55.3	7.8	48.0
Grandin[b]					
CL	75.0	0.50	75.2	0.1	73.9
AD1	74.8	0.50	74.8	0.3	73.1
AD2	75.0	0.51	74.4	0.7	72.0
AS	74.7	0.52	73.7	1.2	70.3
DK	72.7	0.84	55.7	7.2	50.2
Roblin[c]					
CL	74.1	0.49	74.4	－0.1	73.4
AD1	73.6	0.49	74.2	0.1	72.5
AD2	73.6	0.49	73.9	0.4	71.4
AS	73.5	0.52	72.3	0.9	69.8
DK	70.7	0.81	55.2	7.8	46.4
Taber[d]					
CL	73.8	0.47	75.1	0.1	72.9
AD1	73.8	0.48	74.9	0.7	70.8

续表

样品	面粉产量 FY（%）	灰分含量 Ash（%）	基于正常灰分含量修正值 AFY（%）	面粉色泽等级 FGC[c]	基于正常面粉色泽修正值 CFY（%）
AD2	73.8	0.48	74.8	1.2	69.4
AS	73.7	0.51	73.2	1.9	67.0
DK	71.9	0.89	52.4	9.5	42.5
P 值[e]					
Wheat（W）	0.0001	0.0001	0.0001	0.0001	0.0001
FD	0.21	0.0006	0.0001	0.0001	0.0001
W × FD	0.97	0.9	0.92	0.44	0.37
LSD(α = 0.05)	0.39	0.014	0.47	0.22	0.64

注：CL，手工检出低 *Fusarium* 损毁麦粒；AD1，CL∶AS = 2∶1；AD2，CL∶AS = 1∶2；AS，取自病发地点的原始病粒样品；DK，从 AS 样品中除去的 FD 损毁样品。a、b、c、d 表示不同小麦品种；e 表示 CL、AD1 和 AD2 的 3 个重复的平均值，DK 结果是所有重复平均值的进一步分析。

五、赤霉病对籽粒加工品质的影响

1. 容重 Dexter *et al.*（1996）研究赤霉病粒容重和粒重与 *Fusarium* 损毁（FD）呈强的负相关，FD 籽粒皱缩（表 9 - 25）。

表 9 - 25 *Fusarium* 损毁（FD）小麦特性（Dexter *et al.*，1996）

样品	容重（kg/hL）	粒重（mg）
Glenlea[a]		
CL	77.8	43.8
AD1	77.3	42.3
AD2	76.6	42.3
AS	75.7	41.1
DK	64.4	27.7
Grandin[b]		
CL	79.0	35.7
AD1	78.4	36.2
AD2	77.7	35.0
AS	76.7	34.5

续表

样品	容重（kg/hL）	粒重（mg）
DK	65.4	24.2
Roblin[c]		
CL	77.9	34.2
AD1	77.1	32.2
AD2	76.4	30.6
AS	75.0	29.7
DK	62.1	21.9
Taber[d]		
CL	77.0	36.4
AD1	76.3	35.7
AD2	75.5	35.3
AS	74.1	33.3
DK	64.4	24.4
P 值[e]		
Wheat（W）	0.0001	0.0001
FD	0.0001	0.0001
W × FD	0.98	0.57
LSD（α = 0.05）	0.53	0.76

注：CL，手工检出低 *Fusarium* 损毁麦粒；AD1，CL∶AS＝2∶1；AD2，CL∶AS＝1∶2；AS，取自病发地点的原始病粒样品；DK，从 AS 样品中除去的 FD 损毁样品。a、b、c、d 表示不同小麦品种；e 表示 CL、ADI 和 AD2 的 3 个重复的平均值，DK 结果是所有重复平均值的进一步分析。

2. 降落值　赤霉病对降落值（HFN）的报道较多，有报道镰刀菌侵染可以引起 HFN 降低（Pawelzik *et al.*，1998）；有报道镰孢菌侵染使 HFN 升高（Wang *et al.*，2008）（图 9－11）；也有报道（Wang *et al.*，2005）指出，侵染程度不同，HFN 的变化趋势也不同，中度侵染样品的降落值则降低，严重侵染样品降落值升高（表 9－26）。Wang *et al.*（2005）研究表明，镰刀霉侵染条件下，降落值和 α－淀粉酶活性之间有紧密正相关，类似的结论在早期研究中有报道（Meyer *et al.*，1986；Pawelzik *et al.*，1998）。

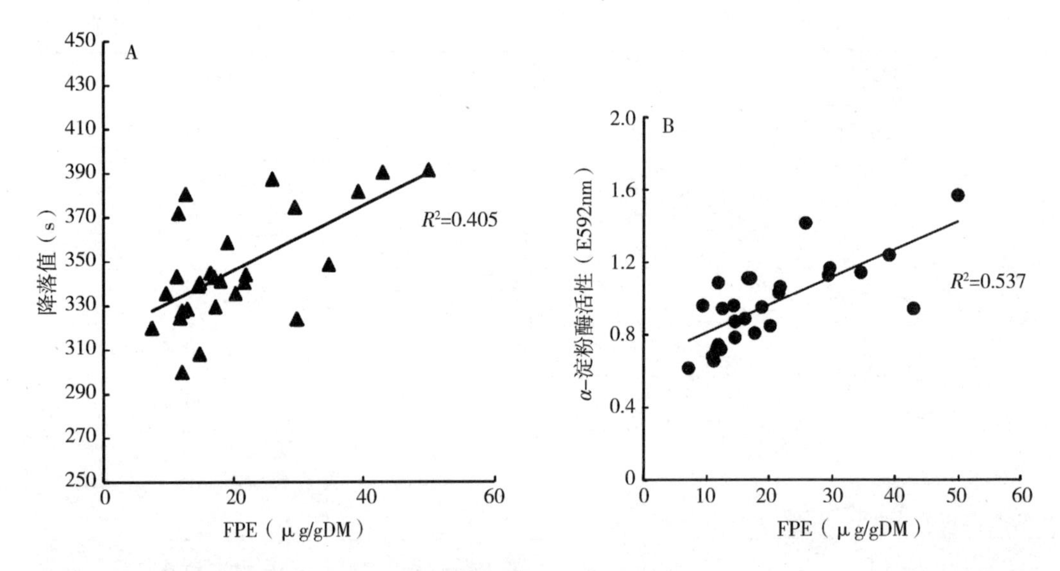

图9－11 *Fusarium* 侵染（镰刀菌蛋白等同物，FPE）和小麦（cv.'Hanseat'）面粉降落值（a）及α－淀粉酶活性（b）之间的关系（Wang *et al.*，2008）

表9－26 镰刀霉侵染（FPE）[a]条件与小麦面粉降落值（HFN）之间的关系（$n=9$）（Wang *et al.*，2005）

镰刀霉侵染（μg/g）	侵染等级	降落值（s）
7.29	轻度感染	320
11.07		343
11.34		372
12.69	中度感染	329
14.58		340
16.20		345
25.92	重度感染	387
39.15		382
49.95		391
r		0.798**

注：a，基于干物质；*r*，相关系数；*，$p<0.05$；**，$p<0.01$.

3. 黏度 Wang *et al.*（2005）研究表明，赤霉病重度侵染样品黏度显著降低，较轻度侵染样品降低53.5%（表9－27）。类似的结论在镰刀霉侵染的大麦（Schwarz *et al.*，2001）和小麦（Matthäus *et al.*，2004）中也有报道。这些作者一致认同，侵染样品的低黏度源自淀粉被真菌破坏。Wang *et al.*（2005）研究表明，与轻度侵染样品相比，重度侵染样品的峰值黏度及烯懈值显著降低，而中度侵染样品略有增加（表9－28），重度侵染样品的糊化温度较其他样品低9℃。

表 9 – 27　镰刀霉侵染（FPE）条件与小麦面粉黏度之间的关系（$n=9$）
（Wang *et al.*，2005）

镰刀霉侵染（μg/g）	侵染等级	黏度（MPa · s）
7.29	轻度感染	3.0
11.07		2.9
11.34		2.5
12.69	中度感染	1.7
14.58		2.5
16.20		1.7
25.92	重度感染	1.6
39.15		1.6
49.95		1.4
r		-0.756^{*}

注：a，基于干物质；r，相关系数；*，$p<0.05$；**，$p<0.01$.

表 9 – 28　镰刀菌[b]侵染小麦面粉黏度[a]（Wang *et al.*，2005）

样品	峰值黏度（MPa · s）	稀懈值（MPa · s）	糊化温度（°C）
Ⅰ	1210 ± 10a	457 ± 10a	78 a ± 1.4
Ⅱ	1248 ± 20a	474 ± 22a	78 ± 0.4a
Ⅲ	827 ± 16b***	135 ± 2b***	69 ± 0.9b***

注：a，3 个样品的标准偏差：一列内，不同字母的值表示差异显著（***，$p<0.001$）。b，侵染等级：Ⅰ，轻度；Ⅱ，中度；Ⅲ，重度。

4. 沉降值　Wang *et al.*（2005）报道，严重侵染籽粒样品与轻度侵染籽粒样品相比，沉降值（SV）显著降低（表 9 – 29），FPE（镰刀菌蛋白等同物）与 SV 之间是负相关（$r=0.805$，$p<0.01$）。

表 9 – 29　*Fusarium* culmorum 侵染级别（*Fusarium* 蛋白等同物，FPE）
和小麦粉沉降值之间的关系（Wang et al.，2005）

样品	侵染等级	沉降值（mL）
1	轻度感染	50.07
2		48.83
3		50.13
4	中度感染	39.13
5		46.73
6		40.43

续表

样品	侵染等级	沉降值（mL）
7	重度感染	37.87
8		36.70
9		34.93
	r	0.805**

注：*r*，相关系数；*，$p<0.05$；**，$p<0.01$；***，$p<0.001$。

5. 粉质拉伸参数 Wang *et al.*（2005）研究发现，面团稳定性、抗性、弹性与镰刀菌侵染水平之间存在紧密的负相关（表 9－30），表明镰刀菌侵染使面团品质变劣。面团弱化度和 FPE（*Fusarium* 蛋白等同物）之间显著的正相关是品质变劣的另一个表现。Wang *et al.*（2005）研究发现，重度侵染样品中，仅吸水率略有升高，而 Dexter *et al.*（1997）则发现，加拿大硬粒红小麦品种的吸水率随着镰刀菌侵染水平的升高而降低。Dexter *et al.*（1996）研究表明赤霉病损毁样品（DK）的揉混曲线明显改变，揉混时间和高度明显不同（表 9－31）；DK 的粉质数据显示吸水率降低，形成时间变短，稳定时间变短。

表 9－30 三个不同 *Fusarium* culmorum 侵染级别小麦粉的粉质参数和烘焙参数（Wang *et al.*，2005）

	侵染级别			*r*
	轻度	中度	重度	
吸水率（%）	63.3 ±2.3	63.1 ±1.7	64.1 ±1.5	0.104
形成时间（min）	2.95 ±0.47	2.77 ±0.34	2.75 ±0.71	-0.693
稳定时间（min）	2.40 ±0.55	1.83 ±0.12	0.98 ±0.38	-0.841**
面团抗性（min）	5.35 ±0.15	4.60 ±0.42	3.73 ±1.08	-0.822**
弱化度（BU）	197 ±22	232 ±13	267 ±10	0.812**
面团弹性（VU）	98 ±6	94 ±7	87 ±5	-0.717*
面包体积（cm^3 100 g^{-1} flour）	260 ±2	274 ±8	277 ±4	0.64
面包高度（mm）	20.4 ±0.6	20.1 ±0.6	19.2 ±0.7	-0.998*
面包宽度（mm）	31.3 ±0.7	30.4 ±1.2	33.1 ±0.9	0.889
面包长度（mm）	65.5 ±2.2	67.2 ±2.2	68.0 ±1.2	0.823

注：9 个样品显示其平均值 ± 标准误；*r*，相关系数；*，$p<0.05$；**，$p<0.01$。

Dexter *et al.*（1996）研究表明，FD 显著影响烘焙特性，在这些条件下，吸水率与 FD 呈负相关（表 9－32）。不同的 FD 水平，面包屑的色泽、结构不受影响（结果未显示），FD 对面包体积的影响是品种特异性的，其中 Glenlea（强筋）面包体积略有增加，约合 6% FD（AD2），随后降低；Grandin 和 Taber 显示随着 FD 增加，面包体积减小，面团变黏，很难操作；Roblin 也显示随着 FD 增加，面包体积减小，但是与其他品种相比，CL 的面包体积比正常的要小很多，揉混时间也比正常的短 2～2.5min，虽然 Roblin 烘焙品质变差，但是在粉质曲线上变化却不明显。Wang *et al.*（2005）对镰刀菌侵染条件下的小麦面粉进行了烘焙测试研究，发现面包体积增加（表 9－30），与轻度侵染样品相比，中度和重度侵染样品的面包体积分别增加 5.4% 和 6.5%；但是后两者制作的面包严重变形，面包高度与籽粒侵染程度呈显著负相关（$r = 0.998$，$p < 0.01$），而长度和宽度增加；并且发现重度侵染样品制作的面包很快褐化。早期研究有赤霉病粒面包体积减小的报道（Nightingale *et al.*，1999）。丁卫新（2013）选取 2012 年江苏产硬质白小麦，制备 5 个不同赤霉病含量的小麦样品，实验结果表明（表 9－33），随着赤霉病含量的增高，面团形成时间和稳定时间降低，弱化度增加，耐搅拌指数——公差指数明显升高，说明面团的耐揉性下降；粉质指数（FQN）降低，由强力粉逐渐转变成了弱力粉，小麦粉筋力强度和烘焙强度下降明显。

表 9－31　*Fusarium* 损坏小麦粉质和揉混特性（Dexter *et al.*，1996）

样品	吸水率（%）	粉质			揉混	
		面团形成时间（min）	揉混耐性指数（BU）	稳定性（BU）	面团形成时间（min）	最大峰值高度（cm）
Glenlea[a]						
CL	59.8	7.00	20	7.0	18.0	6.5
AD1	59.6	7.50	20	7.5	20.0	6.2
AD2	60.2	7.75	20	7.75	16.7	6.6
AS	59.8	7.50	30	7.5	16.7	6.3
20% DK	59.8	5.75	45	9.0	nd[d]	nd
DK	58.3	1.25	75	1.25	11.0	5.0
Grandin[b]						
CL	62.4	4.50	40	8.0	9.5	5.8
AD1	62.4	4.75	40	8.0	10.7	5.4
AD2	62.3	4.25	35	7.5	9.9	5.9
AS	62.0	4.00	50	7.0	10.1	5.6
20% DK	62.0	3.75	40	7.0	nd	nd
DK	59.2	1.00	80	2.0	15.5	4.5
Roblin[c]						

续表

样品	吸水率（%）	粉质			揉混	
		面团形成时间（min）	揉混耐性指数（BU）	稳定性（BU）	面团形成时间（min）	最大峰值高度（cm）
CL	62.5	6.5	40	9.5	7.9	7.7
AD1	62.0	6.5	30	10.0	8.4	7.3
AD2	62.4	6.25	40	9.5	8.8	7.0
AS	62.0	5.75	40	9.0	8.8	6.8
20% DK	61.5	5.0	60	6.5	nd	nd
DK	59.6	2.75	90	4.5	8.8	5.8
Taber[d]						
CL	56.4	3.25	45	6.5	8.5	5.0
AD1	56.2	3.5	60	6.0	8.3	5.0
AD2	56.0	3.0	55	5.5	8.4	4.8
AS	55.9	2.75	65	5.5	8.8	4.7
20% DK	56.0	3.25	60	5.0	nd	nd
DK	53.8	1.0	130	2.0	16.0	2.5
P 值[e]						
Wheat（W）					0.0001	0.0001
FD					0.052	0.056
W × FD					0.014	0.39
LSD（$\alpha=0.05$）[i]					0.73	0.31

注：CL，手工检出低 *Fusarium* 损毁麦粒；AD1，CL∶AS＝2∶1；AD2，CL∶AS＝1∶2；AS，取自病发地点的原始病粒样品；20% DK，DK∶CL ＝ 20∶80；DK，从 AS 样品中除去的 FD 损毁样品。由于样品量的限制，结果是 2 次重复的平均值。

a、b、c、d 表示不同小麦品种；e 表示 CL、AD1 和 AD2 的 3 个重复的平均值，DK 结果是所有重复平均值的进一步分析。

表 9－32　*Fusarium* 损坏小麦再次揉混至峰值烘焙特性（Dexter *et al.*，1996）

样品	吸水率（%）	再次揉混时间（min）	面包体积（cm^3）	烘焙强度指数（%）
Glenlea[a]				
CL	61	3.1	905	111
AD1	60	3.3	925	113
AD2	60	3.5	935	114

续表

样品	吸水率（%）	再次揉混时间（min）	面包体积（cm^3）	烘焙强度指数（%）
AS	59	3.2	885	108
20% DK	57	1.9	800	98
Grandin[b]				
CL	60	2.0	920	106
AD1	60	2.3	905	105
AD2	59	2.3	885	101
AS	58	2.3	855	99
20% DK	56	1.7	700	81
Roblin[c]				
CL	61	1.2	690	72
AD1	61	1.1	575	61
AD2	61	1.2	550	58
AS	61	1.1	520	55
20% DK	59	1.1	470	50
Taber[d]				
CL	54	1.7	695	102
AD1	53	1.8	680	98
AD2	53	1.9	650	95
AS	51	1.5	610	89
20% DK	49	1.1	425	63

注：CL，手工检出低 *Fusarium* 损毁麦粒；AD1，CL∶AS＝2∶1；AD2，CL∶AS＝1∶2；AS，取自病发地点的原始病粒样品；20% DK，DK∶CL＝20∶80；DK，从 AS 样品中除去的 FD 损毁样品。

a、b、c、d 表示不同小麦品种。由于样品量的限制，结果是 2 次重复的平均值。

前人研究表明，在镰刀菌损坏的麦粒中，面团稠度、拉伸阻力降低（Nightingale *et al.*，1999）。丁卫新（2013）研究不同赤霉病含量的小麦样品拉伸参数的变化（表 9－33），发现延伸度随着赤霉病含量的增高而不断减小，表明面团的黏性，横向延展性能逐渐减弱；50 mm 处面团拉伸阻力及最大拉伸阻力同时明显下降，表明面团纵向弹性即面团横向延伸时阻抗性不断减弱；面团拉伸曲线以内的面积—拉伸能量下降，表明拉伸测试面块所需做的功明显减少，拉伸面积不断减少，说明其面筋“筋力”变得越来越弱，小麦粉的烘焙品质也就越来越差；拉伸比（R 50 /E、R m /E）数值明显减小，表明面团抗拉伸强度明显下降，面团的阻抗性能明显减弱，这样的面团在发酵时会迅速变软和流散，加工性能明显变差。

表 9－33 小麦粉品质试验结果（丁卫新，2013）

		LHW1#	LHW2#	LHW3#	LHW4#	LHW5#
粉质指标	吸水量（%）mL/100 g	64.5	64.0	63.2	62.6	62.2
	形成时间(min)	5.1	2.8	2.7	1.8	1.8
	稳定时间(min)	9.8	7.1	7.0	5.4	3.2
	弱化度(FU)	48	59	73	102	144
	粉质指数	120	92	87	68	40
	公差指数(FU)	20	24	32	34	60
拉伸指标	拉伸曲线面积(cm^2)	80/101/90	72/80/74	58/50/40	34/26/16	22/10/3
		170/176/165	168/173/172	166/171/167	146/151/136	132/108/67
	拉伸阻力(R_{50}) EU	246/301/281	226/242/228	194/170/150	148/121/86	118/68/32
	最大拉伸阻力(R_m) EU	335/415/396	304/334/306	246/210/179	164/130/88	121/74/44
	拉伸比 50mm(R_{50}/E) EU/mm	1.5/1.7/1.7	1.3/1.4/1.3	1.2/1.0/0.9	1.0/0.8/0.7	0.9/0.7/0.5
	最大拉伸比 (R_m/E) EU/mm	2.0/2.4/2.4	1.8/1.9/1.8	1.5/1.2/1.1	1.1/0.8/0.7	0.9/0.7/0.7

六、讨论

Gourdain and Rosengarten（2011）试验表明，镰刀菌侵染不同品种对侵染时间的反应不同，因此不同品种、发病早晚和发病程度的不同，引发小麦籽粒品质的变化也存在差异，整体上随病粒严重度增加，小麦品质下降，毒素含量增加（Prange *et al.*，2005；Wang *et al.*，2005；Beyer and Aumann，2008；Gourdain and Rosengarten，2011）。赤霉病与白粉病、锈病等叶部病害的差别在于可造成穗部直接被菌丝侵染，积累毒素，引发籽粒品质变劣。

多数研究认为镰刀菌侵染样品氨基酸含量升高（amilton and Trenholm，1984；Beyer and Aumann，2008）。表明病原菌诱导籽粒中糖酵解原料输入改变，增加的氨基酸用于病粒中氨基酸的生物合成（Beyer and Aumann，2008）；而重度侵染籽粒样品中游离氨基酸含量升高可能是面包褐化快速发生的原因（Wang *et al.*，2005）。Boyacioğlu and Hettiarachchy（1995）研究发现，中度侵染小麦直链淀粉含量降低，表明淀粉被镰刀菌降解，淀粉等的降解可能有助于糖含量的提高。在曲霉菌、镰刀霉和交链孢属真菌侵染的小麦中也存在还原糖含量的提高（Farag *et al.*，1985）。

Prange（2005）研究发现，赤霉病害引发不同品种蛋白质含量变化的趋势不同。Dexter

et al.（1996）研究表明，镰刀菌侵染条件下，粗蛋白含量的变化也依赖于品种，蛋白质含量变化与镰刀菌的损害相关性不大；Wang *et al.*（2005）研究发现，赤霉病侵染程度和粗蛋白含量之间相关性较低，表明粗蛋白含量受镰刀菌侵染影响较小，镰刀菌侵染引起的反应的不同或蛋白含量的增加推测源于千粒重的降低，是碳水化合物被真菌消耗的结果。Wang *et al.*（2005）研究表明，麦谷蛋白（尤其是 HMW－GS）降低，可能是沉降值降低的一个原因。Dexter *et al.*（1996）研究表明，病粒磨的粉面团特性（揉混和粉质）没有变化，但是烘焙时，面团醒发时间长时，面团发黏，很难操作。Dexter *et al.*（1996）研究表明，虽然 Roblin 烘焙品质变差，但是在粉质曲线上变化却不明显，推测 FD 引起的面筋蛋白被水解破坏发生在发酵过程中。

总之，赤霉病引发小麦品质下降、毒素增加，对人类造成严重威胁，而小麦籽粒品质的变化极为复杂，涉及病原菌与不同小麦品种之间的互作，与病害种类、发病程度、发病时间及小麦品种的筋型等息息相关。

第四节　纹枯病对小麦品质的影响

小麦纹枯病是一种在世界各地发生、分布广泛的土传真菌病害（Chen *et al.*，2010；Lemańczyk，2010；Etheridge *et al.*，2001；Tunali *et al.*，2008）。其主要病原为一种双核的土生真菌 *Rhizoctonia cerealis* van der Hoeven（*R. cerealis* CAG 1）（Burpee *et al.*，1980；Lipps and Herr，1982），另一种病原是多核的真菌 *R. solani* Kuhn，含有若干接合群（AGs）（Lemańczyk，2010）。近年来，中国的纹枯病病原分离物主要是 *R. cerealis* CAG 1（>90%），偶有发现 *R. solani* 分离物 AG－1－IB、AG－2、AG－4 和 AG－5（<10%）。就侵染毒性而言，*R. cerealis* CAG 1 分离物的毒性大于 *R. solani*。纹枯病在我国江苏、浙江、安徽、山东、河南、河北、陕西、贵州、湖北及四川等省麦区为害严重，轻者产量损失 5%～10%，重者减产 20%～40%，甚至造成枯孕（白）穗，颗粒无收，影响小麦的产量和品质（Lemańczyk and Kwaśna，2013）。

一、纹枯病的分布及为害

小麦纹枯病是一种在世界各地发生、分布广泛的土传真菌病害，近年来，在中国、波兰、英国、乌克兰、土耳其等国家，纹枯病发生日益严重（Chen *et al.*，2010；Lemańczyk，2010；Etheridge *et al.*，2001；Tunali *et al.*，2008）。在我国，近 20 个省（市）都不同程度地遭受纹枯病为害，尤其以江苏、浙江、安徽、山东、河南、河北、陕西、贵州、湖北及四川等麦区发生严重。2005～2008 年，我国每年有多于 600 万公顷的小麦受到纹枯病威胁（Chen *et al.* 2008），造成严重的经济损失（王玉正等，1997；孙斌，2009；Lemańczyk & Kwaśna，2013），重度纹枯病可显著降低植株和穗干重、每穗粒重、每穗粒数及千粒重（Lemańczyk & Kwaśna，2013）。有报道指出，纹枯病可影响籽粒品质（Lemańczyk & Kwaśna，2013），在波兰有关于不同地点纹枯病对籽粒品质影响的研究，发现严重纹枯病病害倾向于提高某些品质指标，例如引发籽粒蛋白含量、湿面筋含量、降落值和沉降值增加（Lemańczyk & Kwaśna，2013）。Lemańczyk & Kwaśna（2013）研究还表明，纹枯病可增加其他并发病害的发生，并在籽粒中大量生成并积累毒素（Kulik & Jestoi，2009；Stenglein，2009），对人畜健康有害，但至今未发现纹枯病等土传病害对籽粒中毒素含量生成的相关报道，有关毒素的研究集中于穗腐病、赤霉病（Kulik & Jestoi，2009；Stenglein，2009）（表9－34）。

表9－34　2006～2009年度不同严重度级别纹枯病对小麦籽粒产量和籽粒萌发及蛋白质含量的影响（平均值）（Lemańczyk and Kwaśna，2013）

	Chrzastowo				Minikowo			
	严重度级别				严重度级别			
	0	1	2	3	0	1	2	3
每穗粒数	51.1	48.4	44.9*	50.1	48.6	42.7*	42.0*	47.3
每穗粒重（g）	2.00	1.82	1.66	1.89	1.89	1.60	1.50*	1.41*
千粒重（g）	39.3	38.9	37.2	37.9	39.7	37.9	36.6	29.4**
萌发率（%）	97.3	97.8	97.3	97.9	97.6	97.1	97.0	97.8
全蛋白（%）	13.8	14.0	13.9	14.0	11.6	12.0	12.5	13.8
湿面筋（%）	30.8	30.8	30.7	29.8	25.5	26.6	28.7	30.0
	Mocheek				Sobiejuchy			
	严重度级别				严重度级别			
	0	1	2	3	0	1	2	3
每穗粒数	35.6	33.7	30.9	29.2*	40.3	38.5	35.2	30.1**
每穗粒重（g）	1.45	1.34	1.14*	0.96*	1.79	1.70	1.48	1.16**
千粒重（g）	40.9	40.4	37.6	34.2*	44.8	44.2	42.4	40.6
萌发率（%）	98.2	98.6	97.0	96.5	97.8	95.9	97.1	96.1
全蛋白（%）	13.3	13.4	13.8	13.6	14.2	14.4	14.3	14.7
湿面筋（%）	28.0	28.2	30.3	29.7	30.4	30.7	31.5	32.3

注：*，**表示单因素方差分析健康植株和病株之间的差异显著性分别是 $P \leq 0.05$ 和 $P \leq 0.01$。

二、纹枯病的侵染特点

小麦纹枯病菌生长温幅为5～30℃，最适温度为20～25℃。小麦纹枯病菌在穿透寄主之前产生团状或垫状的侵染垫、菌丝圈或形态简单的附着胞等侵染结构协助入侵（Marshall and Rush，1980；吴仕梅，2002），侵染垫基部菌丝或附着胞产生的侵染菌丝直接或通过气孔侵入寄主，菌丝也可直接侵入寄主。病菌侵入寄主表皮后，迅速在受侵细胞内呈网状扩展，并直接穿透毗邻细胞壁，向其他细胞纵横扩展，引发组织病变。在遭受侵染过程中，寄主组织和细胞发生了一系列病理变化，包括质壁分离、质膜断裂、细胞器解体及细胞坏死。病菌在胚芽鞘和叶鞘上的侵染过程基本相同，但在叶鞘上扩展较慢。

种子发芽至冬前分蘖期，麦田出现零星病株，病斑很小；麦苗进入越冬阶段，病情停止发展；随着气温回升，病菌开始侵染并在麦株间扩展，病株率明显增加；拔节以后，病株上病菌不断进行再次侵染，进入发病高峰期；抽穗后，茎秆变硬，阻止病菌继续扩展，病情保持稳定。发病高峰期以后，病株上产生先呈白色后呈褐色的不规则菌核，而后落入土壤越夏。重病株因输导组织受损而迅速失水枯死，田间出现枯孕穗和枯白穗（檀尊社等，2003）。

三、纹枯病对籽粒营养品质的影响

纹枯病侵染可使籽粒变小、皱缩，也可引发寄生穗早熟（白穗）。*R. cerealis* 可破坏被侵染小麦的输导组织及茎部和叶鞘的其他组织，抑制底物运输，引发营养不足。感染该病的植株茎会变弱，出现死穗。

Lemańczyk & Kwaśna（2013）研究还表明，严重纹枯病病害显著降低每穗粒数、穗粒重，但却倾向于提高某些品质指标，引发籽粒蛋白含量、湿面筋含量增加。

四、纹枯病对籽粒加工品质的影响

Lemańczyk & Kwaśna（2013）研究还表明，严重纹枯病病害倾向于提高某些品质指标，引发小麦面粉降落值和沉降值增加（表9－35）。

表9－35　2006～2009年度不同严重度级别纹枯病对小麦面粉降落值和沉降值的影响（平均值）（Lemańczyk and Kwaśna，2013）

	Chrzastowo				Minikowo			
	严重度级别				严重度级别			
	0	1	2	3	0	1	2	3
降落值（s）	346.5	383.0	373.9	332.5	323.7	332.8	339.7	380.0*
沉降值（mL）	40.9	38.4	36.5	39.6	38.1	39.9	43.2	46.1*
	Mocheek				Sobiejuchy			
	严重度级别				严重度级别			
	0	1	2	3	0	1	2	3
降落值（s）	333.1	326.9	362.9	376.8	331.3	379.5	359.9	370.0
沉降值（mL）	37.1	38.4	42.3	39.0	41.2	44.1	44.5	49.0*

五、讨论

与健康植株相比，纹枯病株的籽粒磨粉后，蛋白含量和湿面筋含量较高，蛋白含量和湿面筋含量升高推测是籽粒变小的结果，因为胚乳的碳水化合物的比例降低了。长期以来，蛋白质含量和湿面筋含量被认为是小麦最重要的品质指标，对面粉的许多功能特性产生深远的影响。纹枯病株籽粒磨粉后，沉降值低，暗示面筋含量提高，而且面筋质量也提高。降落值相对较高，表示 α－淀粉酶活性低，该酶可促进由淀粉向糖的转化，抑制面团的正常特性，因此 α－淀粉酶活性低有利于面粉的烘焙特性（Lemańczyk & Kwaśna，2013）。

籽粒的产量及组成要素受纹枯病严重度、地点和年份的影响达显著水平，而且这些因子之间的相互作用，即严重度×地点、严重度×年份对产量的影响也达显著水平。随着病情严重度类别升高，较小籽粒所占比例增加而较大籽粒所占比例降低。纹枯病通常不影响籽粒的萌发。随着纹枯病严重度增加，蛋白质含量、湿面筋含量、降落值和沉降值也增加，但是未达显著差异水平。籽粒蛋白质含量受地点的影响达显著水平，而籽粒的湿面筋含量、降落值和沉降值受纹枯病严重度、地点和年份的影响达显著水平（Lemańczyk & Kwaśna，2013）。

Lemańczyk & Kwaśna（2013）研究还表明，纹枯病可增加其他病害（*Fusarium poae*、*Khuskia oryzae*、*Microdochium bolleyi* 和 *Trichoderma viride*）的发生。从病株取样发现，籽粒中含有 *Alternaria alternata*（交链孢属真菌）和 *Epicoccum nigrum* 等常见的真菌分离物，在籽粒表面常见的微生物有 *Arthrinium phaeospermum*、黑曲霉、葡萄孢属真菌、*Epicoccum nigrum*、镰刀霉、赤霉菌、*Khuskia oryzae*、*Microdochium bolleyi*、毛霉菌、青霉菌和 *Trichoderma viride*，在籽粒内部较多的是交链包属真菌和 *Cochliobolus sativus*。在病株籽粒表面通常发现镰刀霉、*F. oryzae*、*Microdochium bolleyi* 和 *Trichoderma viride*，看起来是利用病弱组织生成的次生克隆。这些并发病害可在籽粒中大量生成并积累毒素（Kulik & Jestoi，2009；Stenglein，2009），对人畜健康有害，但该文献没有对毒素水平进行进一步分析。

第五节　麦蚜对小麦品质的影响

麦蚜（半翅类 Hemiptera：Aphididae）是麦类作物中为害最严重的世界性害虫之一，不但直接取食作物，而且传播黄矮病等病毒。由于其繁殖力高，世代周期短，为害高峰处于小麦的抽穗、灌浆期，所以严重威胁着小麦生产，对小麦产量和品质影响很大，而且难以防治。

一、麦蚜的分布及为害

小麦蚜虫是我国麦田的常发性害虫，可造成小麦植株矮化，分蘖减少，籽粒数、穗重、千粒重降低，使小麦减产 10%～30%，并降低品质，严重威胁小麦生产（曹雅忠等，2006）。麦蚜也是传播植物病毒的重要昆虫媒介，以传播小麦黄矮病毒危害最大（王随保等，2003）。近年来，随着全球变暖，麦蚜的繁殖力和适应性显著增强，为害更加严重，蚜虫为害面积扩大，在我国常年发生面积达 1.5 亿～2.0 亿亩（李昌盛，

2007）。

我国各麦区的麦蚜主要包括麦长管蚜（*Sitobion avenae*）、麦二叉蚜（*Schizaphis graminum*）、麦无网长管蚜（*Metopolophium dirhodum*）和禾谷缢管蚜（*Rhopalosiphum padi*），其中麦长管蚜和禾谷缢管蚜为优势种（高书晶等，2006）。*S. avenae* 多在小麦抽穗后集中于穗部为害，可直接影响产量和品质；*M. dirhodum* 多在麦株中下部叶片和茎秆上取食，对产量影响较小（Winder *et al.* 2013），但是大发生时也会移至穗部和中上部叶片，对产量造成威胁（郭线茹等，2008）。

二、麦蚜的侵染特点

麦蚜一年发生20~30代，从小麦苗期到乳熟期都可为害。在小麦苗期，麦蚜多群集叶背面、叶鞘及心叶处；越冬期蚜虫多以成、若虫聚集在麦苗根部；小麦起身拔节后，随着气温升高，种群数量缓慢上升，主要在小麦穗部和中上部叶片上刺吸为害，如若不能及时采取有效措施，蚜虫迅速繁殖，大面积发生，不仅吸取大量汁液，引起植株营养恶化，造成小麦长势弱，而且排泄的蜜露常覆盖在小麦叶片表面，影响呼吸和光合作用，后期在作物被害部位形成枯斑，麦叶逐渐发黄，易造成麦粒不饱满，千粒重下降，严重时麦穗枯白，不能结实，甚至整株枯死，直接影响小麦产量（仵均祥，2002；乔旭，2011）。冬春麦成熟期，麦蚜飞离麦田到其他禾本科作物和杂草上。秋季再迁回麦田越冬，周年循环。

麦蚜的发生与虫源基数、寄主作物、天敌发生量及品种、耕作栽培模式、施肥和灌溉水平、田间管理措施等有关，特别是受气象因素的影响较大。麦蚜发生与温度、湿度关系密切。一般来说，温度在18~20℃，相对湿度73%以下最适成长，即中温低湿常为麦蚜大发生的主要条件，低于18℃繁殖能力降低，一旦超过20℃或大气相对湿度超过73%，有翅蚜迁飞，无翅蚜死亡（梅望玲等，2013）。麦蚜具有迁飞性和群集为害的习性，同时又具有转移扩散性，先点片为害，再扩散为害（张屿，2012）。

三、麦蚜对籽粒营养品质的影响

麦蚜不但使小麦产量损失，而且对小麦面粉品质的影响极大。麦蚜不仅可吸取植株汁液，还可降低小麦光能利用率，减少光合面积及缩短绿色面积持续影响，进而影响小麦蛋白质等营养物质的合成积累，影响小麦的营养品质和加工品质（李昌盛，2007）。Basky 和 Fónagy（2007）研究表明，麦蚜侵染没有改变硬粒小麦的蛋白结构，即硬粒小麦醇溶蛋白、全蛋白和醇/谷比没有显著变化。

1. 醇溶蛋白和麦谷蛋白　硬粒小麦醇溶蛋白含量受品种、蚜虫种类和品种×蚜虫密度影响达显著水平（表9-36），不考虑蚜虫种类条件下，蚜虫没有引起醇溶蛋白含量的显著降低（Basky & Fónagy，2007）。

表9－36　品种、蚜虫种类和蚜虫密度对硬粒面包小麦品质参数的影响
(Basky & Fónagy，2007)

	醇溶蛋白		麦谷蛋白		醇/谷比	
变量	*F*	*P*	*F*	*P*	*F*	*P*
品种	336.30	0.00	56.17	0.00	651.68	0.00
蚜虫种类	4.90	0.00	20.13	0.00	20.11	0.00
蚜虫密度	2.10	0.12	3.29	0.04	5.18	0.00
品种×蚜虫种类	1.58	0.20	2.62	0.07	1.69	0.18
品种×蚜虫密度	3.16	0.04	1.50	0.22	0.21	0.80
蚜虫种类×蚜虫密度	1.02	0.39	0.18	0.94	2.50	0.04
品种×蚜虫种类×蚜虫密度	1.27	0.28	5.93	0.00	3.85	0.00

麦谷蛋白含量受品种、蚜虫种类、蚜虫密度及品种×蚜虫种类×蚜虫密度互作的显著影响（表9－36）。Mv Magvas小麦粉麦谷蛋白含量在低蚜虫密度情况下显著降低（图9－12）(Basky & Fónagy，2007)。

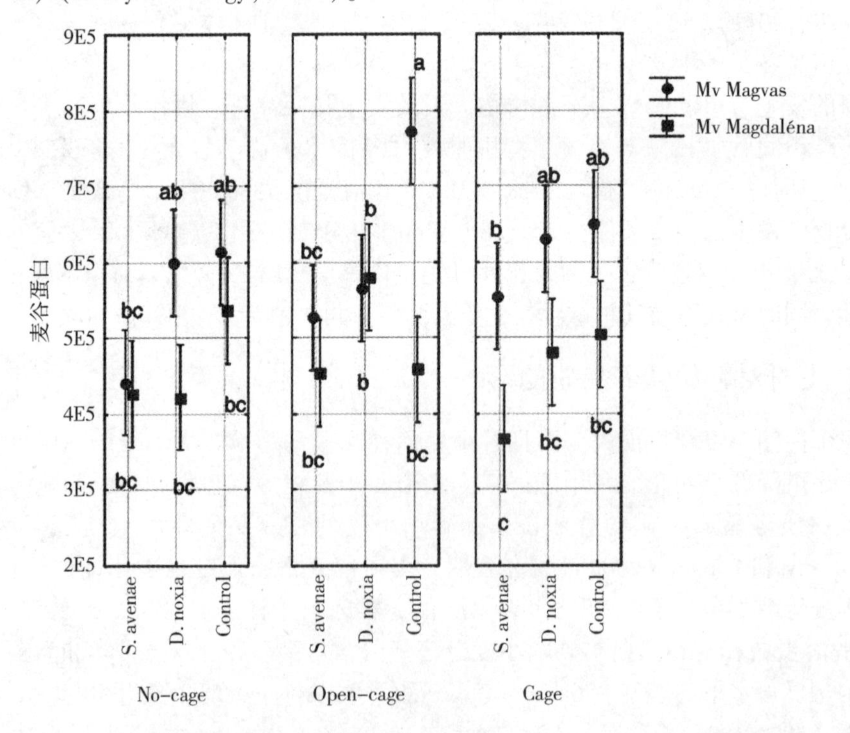

图9－12　两个小麦品种Mv Magvas和Mv Magdaléna在S. avenae、D. noxia和对照三个不同侵染水平面粉麦谷蛋白平均集成的峰值面积（Basky & Fónagy，2007）

注：用多元方差分析。不同字母的条棒显示差异显著（Tukey post hoc test；$F=7.98$，$P<0.001$）。

小麦粉醇/谷比受品种、蚜虫种类、蚜虫密度、蚜虫种类×蚜虫密度及品种×蚜虫种类×蚜虫密度的显著影响（表9－36）。蚜虫没有引起这两个品种醇/谷比显著降低。然而，Mv Magdaléna 受高密度 *S. avenae* 侵染和低密度侵染条件下与对照相比，醇/谷比显著升高（图9－13）。

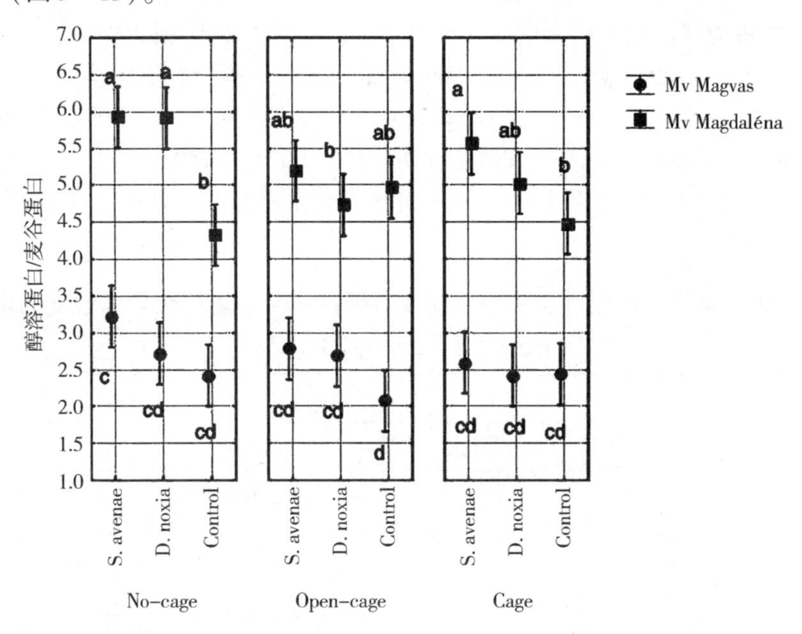

图9－13　两个小麦品种 Mv Magvas 和 Mv Magdaléna 在 S. avenae、D. noxia 和对照三个不同侵染水平面粉平均醇/谷比（Basky & Fónagy，2007）

注：用多元方差分析。不同字母的条棒显示差异显著（Tukey post hoc test；$F = 43.03$，$P < 0.001$）。

2. 清蛋白和球蛋白　品种、蚜虫种类和蚜虫密度显著影响小麦粉的清蛋白和球蛋白含量，而蚜虫种类×蚜虫密度和品种×蚜虫种类×蚜虫密度互作也显著（表9－37）。但是，清蛋白和球蛋白含量的变化不稳定（数据未显示）（Basky & Fónagy，2007）。

表9－37　品种、蚜虫种类和蚜虫密度对硬粒面包小麦粉清蛋白和球蛋白的影响（Basky & Fónagy，2007）

	清蛋白＋球蛋白	
变量	*F*	*P*
品种	40.50	0.00
蚜虫种类	17.85	0.00
蚜虫密度	6.75	0.00
品种×蚜虫种类	2.02	0.11
品种×蚜虫密度	0.62	0.53
蚜虫种类×蚜虫密度	3.63	0.00
品种×蚜虫种类×蚜虫密度	2.35	0.05

3. 全蛋白　全蛋白含量受小麦品种和蚜虫种类的显著影响，而品种 × 蚜虫密度及品种 × 蚜虫种类 × 蚜虫密度互作对全蛋白含量的影响也达显著水平，但是蚜虫没有引起硬粒小麦全蛋白含量的显著降低（数据未显示）（Basky & Fónagy，2007）；李巧丝等（2003）研究也指出，优质强筋小麦的营养品质粗蛋白含量受麦蚜影响较小。但是也有研究表明，蚜虫为害严重影响蛋白质含量等品质特性（Basky Z.，2006），可显著降低蛋白质含量（李昌盛，2007；师桂英等，2009）。这些研究也指出，不同感、抗蚜品种，不同硬度小麦变化存在差异，不同发病时期蚜虫为害程度也不同（表 9 – 38、表 9 – 39）（Basky & Fónagy，2007；李昌盛，2007；师桂英等，2009），抗蚜小麦 04 – 9284、C272 及感蚜硬质小麦甘春 20 部分品质指标不发生变化或变化程度低于其他 3 个感蚜软质小麦（师桂英等，2009）（图 9 – 14）。

表 9 – 38　品种、蚜虫种类和蚜虫密度对硬粒面包小麦粉全蛋白含量的影响（Basky & Fónagy，2007）

	全蛋白	
变量	*F*	*P*
品种	146.40	0.00
蚜虫种类	7.17	0.00
蚜虫密度	2.27	0.10
品种 × 蚜虫种类	1.70	0.18
品种 × 蚜虫密度	3.02	0.05
蚜虫种类 × 蚜虫密度	0.77	0.54
品种 × 蚜虫种类 × 蚜虫密度	2.77	0.02

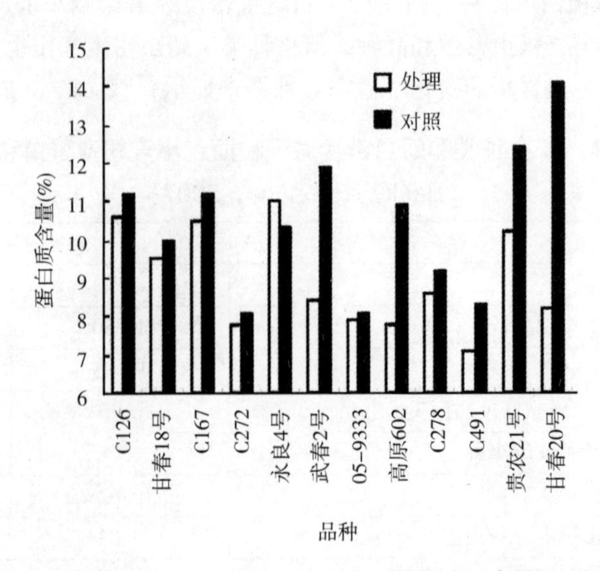

图 9 – 14　蚜虫为害对小麦面粉蛋白质含量的影响（李昌盛，2007）

表 9－39　麦长管蚜为害对不同抗蚜性春小麦品种蛋白质含量的影响
（师桂英等，2009）

品种	蛋白质含量（%）	
	处理	对照
04－9284	9.83 ±0.91	10.10 ±0.10
C272	10.82 ±0.73	10.73 ±0.64
甘春 20 Ganchun 20	12.07 ±0.08	12.27 ±0.15
甘春 18 Ganchun 18	9.07 ±0.15**	9.93 ±0.21
C162	9.13 ±0.31*	10.67 ±0.68
C167	10.93 ±0.61*	12.20 ±0.26

4. 灰分　研究认为，蚜虫为害可引起小麦面粉灰分含量显著增加（图 9－15、表 9－40）（李昌盛，2007；师桂英等，2009）

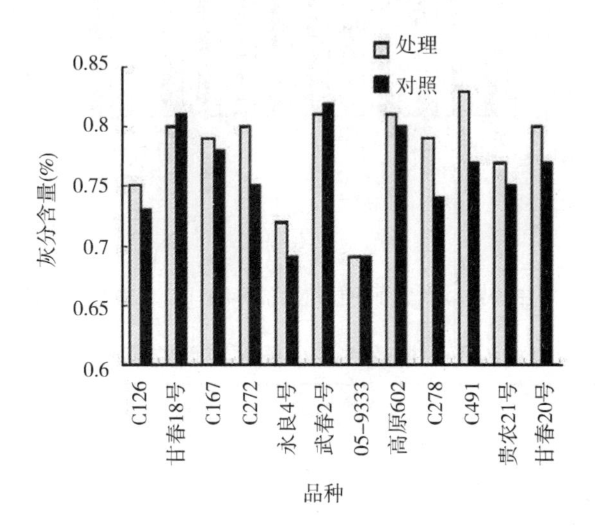

9－15　蚜虫为害对小麦面粉灰分含量的影响（李昌盛，2007）

表 9－40　麦长管蚜为害对不同抗蚜性春小麦品种灰分含量的影响（师桂英等，2009）

品种	灰分含量（%）	
	处理	对照
04－9284	0.92 ±0.04**	0.84 ±0.03
C272	0.77 ±0.01*	0.74 ±0.03
甘春 20	0.87 ±0.03**	0.75 ±0.04

续表

品种	灰分（%）	
	处理	对照
甘春 18	0.93 ±0.04**	0.74 ±0.03
C162	0.79 ±0.01*	0.76 ±0.01
C167	1.15 ±0.04**	0.85 ±0.05

5. 颗粒度 李昌盛（2007）研究春小麦在灌浆期受到蚜虫为害后，发现小麦面粉颗粒度变大（图 9－16），而师桂英等（2009）研究蚜虫为害对 6 个小麦品种面粉颗粒度没有显著影响（表 9－41）。

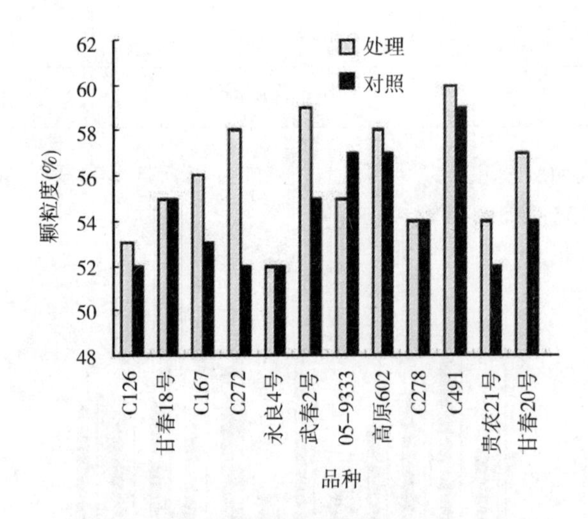

9－16 蚜虫为害对小麦面粉颗粒度的影响（摘自李昌盛，2007）

表 9－41 麦长管蚜为害对不同抗蚜性春小麦颗粒度的影响（师桂英等，2009）

品种	颗粒度（%）	
	处理	对照
04－9284	51.67 ±1.53	51.33 ±2.08
C272	56.46 ±3.79	54.33 ±2.52
甘春 20	61.00 ±1.00	63.00 ±1.00
甘春	52.67 ±1.16	55.00 ±1.70
C162	56.33 ±3.79	55.33 ±2.52
C167	51.67 ±1.15	52.67 ±2.08

但是 Basky（2006）研究却表明，蚜虫对麦谷蛋白、醇溶蛋白和全蛋白含量影响显著，麦蚜侵染使得麦谷蛋白和醇溶蛋白含量显著升高，醇/谷比显著降低。醇/谷比降低可能意味着小麦粉面包制作品质降低。

6. 湿面筋含量　李巧丝等（2003）研究指出，麦蚜为害使优质强筋小麦湿面筋率显著下降，湿面筋百分率从 29.21% 下降至 23.99%（表 9－42）。蚜虫为害可引起小麦面粉湿面筋含量降低，除永良 4 号外，其余品种（系）蚜虫取食后湿面筋含量低于对照（图 9－17）（李昌盛，2007）。杨益众等（2005）在孕穗、抽穗扬花、灌浆 3 个小麦生育期，分别用蜂蜜模拟麦蚜蜜露为害小麦，研究表明，随着蜜露为害程度的加重，小麦湿面筋含量均呈下降趋势。

表 9－42　麦蚜为害对优质面包小麦湿面筋含量的影响（李巧丝等，2003）

百穗蚜量（头）	0	898.75	1912.50	3220.00	5600.00	10300.00
湿面筋含量（%）	29.21	24.44	25.38	25.69	26.50	23.99

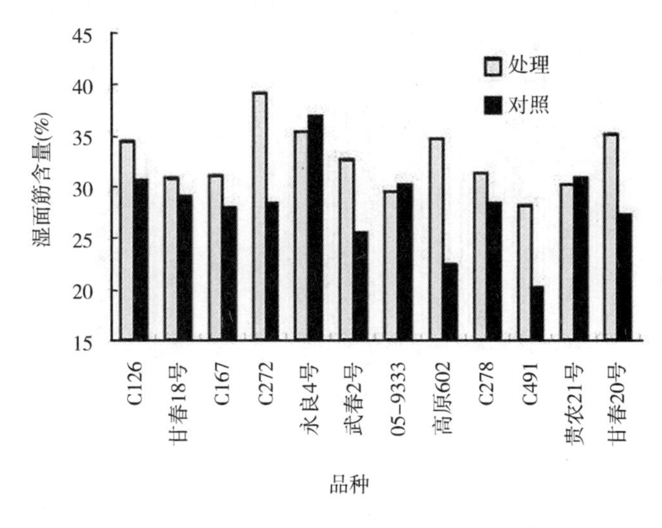

图 9－17　蚜虫为害对小麦面粉湿面筋含量的影响（李昌盛，2007）

四、麦蚜对籽粒加工品质的影响

1. 千粒重和容重　李巧丝等（2003）研究指出，麦蚜处理可使优质强筋小麦豫麦 47 号千粒重和容重降低，如表 9－43 所示，随着蚜量的成倍增加，千粒重和容重逐渐降低。

表 9－43　麦蚜为害对优质面包小麦千粒重和容重的影响（李巧丝等，2003）

百穗蚜量（头）	千粒重（g）	容重（g/L）
0	40.2952	790
898.75	36.9795	780
1912.50	36.4673	775
3220.00	34.8767	770
5600.00	34.7115	770
10300.00	32.1481	715

2. 沉降值　李昌盛（2007）研究认为，蚜虫为害可引起春小麦面粉沉降值降低（图 9－18）。师桂英等（2009）研究蚜虫为害可引起 SDS 沉降值显著降低（表 9－44），蚜量高峰值与小麦 SDS 沉降值降低幅度的相关系数为 0.9310*。但是也有报道指出，麦蚜为害对小麦沉降值的影响不规律（表 9－45）（李巧丝等，2003）。

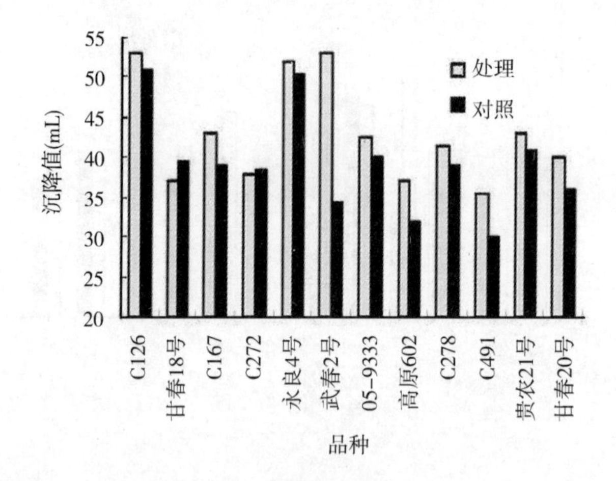

9－18　蚜虫为害对小麦面粉沉降值的影响（李昌盛，2007）

表 9－44　麦长管蚜为害对不同抗蚜性春小麦品种品质性状的影响（师桂英等，2009）

品种	SDS 沉降值（mL）	
	处理	对照
04－9284	28.32 ±0.37	30.73 ±2.00
C272	36.57 ±1.50	37.75 ±1.48
甘春 20	47.13 ±1.12*	50.57 ±1.59
甘春 18	36.30 ±1.30**	42.23 ±1.19
C162	32.57 ±2.50*	37.74 ±1.48
C167	31.47 ±2.20**	38.60 ±0.89

表 9－45　麦蚜为害对优质面包小麦豫麦 47 号品质的影响（李巧丝等，2003）

百穗蚜量（头）	0	898.75	1912.50	3220.00	5600.00	10300.00
沉降值（mL）	39.0	40.0	43.5	38.0	40.5	44.0

3. 面团流变学特性　研究指出，麦蚜为害可降低小麦面粉加工品质，面团流变学特性改变（李巧丝等，2003；李昌盛，2007；师桂英等，2009）。李巧丝等（2003）研究指出，麦蚜处理区优质强筋小麦豫麦 47 号稳定时间显著缩短，面粉的吸水率（%）则略有增加，随着蚜虫数量的增加、为害程度的加重，面团稳定时间（min）变化幅度最大（3.7～2.3min），亦最规律；面粉的吸水率（%）从 57.6% 增加到 60.4%，但蚜虫为害对面团形成时间（min）影响不大（表 9－46）。李昌盛（2007）研究认为（图 9－19～图 9－21），蚜虫为害可以引起春小麦面团变形功、面团延伸性降低，面团变形功和面团延伸性的变化值（处理/对照）均与蚜量比值相关性最强，其相关系数分别为 $r=-0.67$（$P=0.0168$），$r=-0.781$（$P=0.0131$），并且指出，蚜虫为害所引起的小麦面团变形功和面团延伸性下降与品种（系）的抗蚜水平相关，抗蚜性强，蚜量比值小，面团变形功和面团延伸性下降幅度小。师桂英等（2009）研究蚜虫为害可引起小麦面粉面团筋力、膨胀指数、面团延伸性、面团弹性等显著降低，抗蚜小麦 04－9284、C272 及感蚜硬质小麦甘春 20 部分品质指标不发生变化或变化程度低于其他 3 个感蚜软质小麦（表 9－47）。

表 9－46　麦蚜为害对优质面包小麦豫麦 47 号粉质参数的影响（李巧丝等，2003）

百穗蚜量（头）	面团稳定时间（min）	面团形成时间（min）	吸水率（%）
0	3.7	3.5	58.2
898.75	3.5	3.5	57.6
1912.50	3.5	3.5	60.0
3220.00	3.4	2.9	58.8
5600.00	3.0	3.5	59.4
10300.00	2.3	3.5	60.4

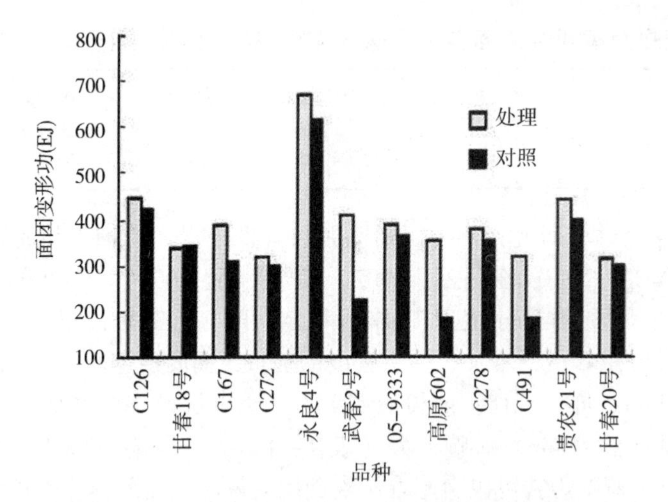

图 9-19　蚜虫为害对小麦面团变形功的影响（李昌盛，2007）

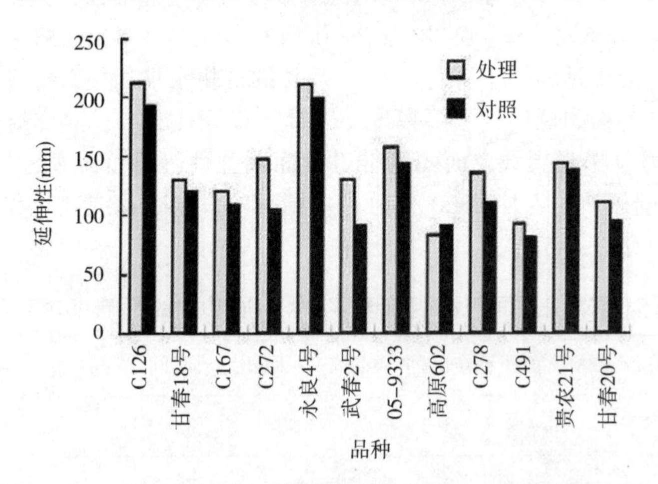

图 9-20　蚜虫为害对小麦面团延伸性的影响（李昌盛，2007）

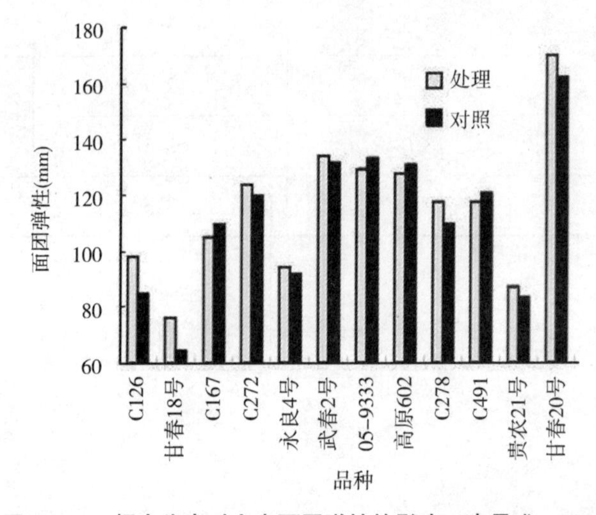

图 9-21　蚜虫为害对小麦面团弹性的影响（李昌盛，2007）

表 9-47　麦长管蚜为害对不同抗蚜性春小麦材料品质性状的影响（师桂英等，2009）

品种	面团筋力（MJ）		膨胀指数（mL）	
	处理	对照	处理	对照
04-9284	115.57±5.27*	129.33±5.51	19.80±0.85	21.30±0.61
C272	148.79±3.51*	169.79±7.62	18.90±0.90	20.20±1.85
甘春 20	324.33±8.62*	340.67±1.53	19.13±1.85	20.13±0.50
甘春 18	187.33±3.21**	232.33±8.32	14.47±1.00*	16.70±0.90
C162	157.33±2.09**	213.33±5.77	17.70±1.11*	20.34±0.78
C167	85.27±2.74**	110.67±5.03	15.13±0.61**	17.63±0.38
品种	面团延伸性（mm）		弹性指数	
	处理	对照	处理	对照
04-9284	84.57±2.23*	92.03±3.78	19.80±1.31	21.27±1.10
C272	73.67±1.05	78.73±3.84	18.10±1.59	21.70±1.76
甘春 20	78.73±2.84	81.43±1.36	52.30±1.57*	55.63±1.18
甘春 18	55.30±4.25*	63.33±1.53	21.93±1.77*	27.53±1.96
C162	75.67±4.04*	84.67±2.89	39.70±2.95*	45.30±0.61
C167	38.70±1.61*	61.53±5.50	10.00±2.59*	25.53±1.56

注：* 和 ** 表示处理与对照间达 0.05 和 0.01 水平显著差异。

五、讨论

麦蚜侵染对麦谷蛋白含量和湿面筋含量有降低趋势，灰分含量增加，醇/谷比变化不显著，但是也有麦谷蛋白和醇溶蛋白含量升高、醇/谷比降低的报道（Basky，2006；Basky & Fónagy，2007；李昌盛，2007；师桂英等，2009）。因此，麦蚜对小麦营养品质的影响效应受小麦品种、蚜虫种类、蚜虫密度及三者之间互作等多方面的影响，也受侵染时期的影响，很难一概而论。另有研究认为，蚜虫蜜露对小麦的影响变化较大，蚜虫蜜露和真菌结合在一起，能降低小麦光合作用及缩短叶片持绿面积（李昌盛，2007）。杨益众等（2005）在孕穗、抽穗扬花、灌浆 3 个小麦生育期，分别用蜂蜜模拟麦蚜蜜露为害小麦，研究表明，随着蜜露为害程度的加重，小麦千粒重、面粉淀粉含量、湿面筋含量、蛋白质含量在小麦 3 个生育阶段均呈下降趋势。其中小麦籽粒千粒重、蛋白质含量受影响程度最明显，湿面筋含量次之，淀粉含量变化不大。不同生育期蜜露为害对小麦营养品质的影响存在一定差异，面粉中蛋白质含量的下降率以孕穗期最快（杨益众等，2005）。

师桂英等（2009）研究指出，蚜虫为害对硬质小麦甘春 20 的品质影响小于其他 3 个软质感蚜材料，甘春 20 在蚜虫为害后蛋白质含量、膨胀指数、面团延伸性及面团筋力不变或变化幅度低于其余3个软质小麦。Basky *et al.*（2006）也有类似报道，软质小麦 Mv Magdaléna 在麦长管蚜为害后籽粒蛋白质组成发生变化，但硬质小麦 Mv Magvas 未受影响。蚜虫是刺吸式昆虫，取食时将口针插入植物内部，在韧皮部细胞中穿刺，吸食植物汁液。胡想顺等（2007）认为，细胞间的阻力在小麦抗蚜性中有重要作用，因此，籽粒硬度可以视为寄主植物对付外来攻击的防御屏障，籽粒硬度大，给蚜虫口针在细胞间穿刺造成机械障碍。这也许是硬质小麦品质下降低于软质小麦的原因之一。师桂英等（2009）研究还表明，蚜虫取食对面粉颗粒度没有影响，而小麦面粉颗粒度反映籽粒硬度，是蛋白质品质指标之一；其测定值越大籽粒硬度越大（Brett，1994），因此推测，蚜虫为害可能对籽粒硬度影响较小。也有报道指出，蚜虫为害引起颗粒度变大（李昌盛，2007）。可见，蚜虫对小麦为害的影响需要进一步深入研究。

李昌盛（2007）研究结果还表明，蚜虫为害后，部分面粉品质指标如蛋白质含量变化值与面团延伸性变化值呈负相关，与面团变形功及颗粒度变化值呈负相关，面团延伸性变化值与面团变形功变化值呈正相关，但是对这些品质变化之间的相关性还不能进行完全合理的解释。师桂英等（2009）研究发现，硬质小麦甘春20部分品质指标不发生变化或变化程度低于其他3个感蚜软质小麦。因此，麦蚜为害对小麦加工品质影响的评价，要对受害小麦面粉的粉质特性和流变学特性等进行综合分析，结合小麦面粉的加工品质和营养品质，并结合小麦的质地、感虫性等，对此方面的问题还需做进一步深入的研究。

综上所述，足见病虫害引发小麦籽粒品质的变化极为复杂，涉及病原菌（害虫）与不同小麦品种之间的互作，与病虫害种类、发病程度、发病时间及小麦品种的筋型等息息相关，至少目前很难寻找到共同的品质变化效应，只能根据不同病虫害种类、不同发病程度，具体情况具体分析。有关其他病虫害对小麦品质的影响报道更为少见，但随着品质生态的迅速发展及人们对食品安全的关注，相关研究必将越来越多，进而能够阐明病害对品质的影响。

本章参考文献

[1] AL - EiD S M. Effect of nitrogen and manure fertilizer on grain quality, baking and rheological properties of wheat grown in sandy soil [J]. Journal of the Science of Food and Agriculture, 2006, 86 (2): 205 - 211.

[2] ALTENBACH S B. New insights into the effects of high temperature, drought and post - anthesis fertilizer on wheat grain development [J]. Journal of Cereal Science, 2012, 56 (1): 39 - 50.

[3] ASTHIR B, RAI P K, BAINS N S, et al. Genotypic variation for high temperature tolerance in relation to carbon partitioning and grain sink activity in wheat [J]. American Journal of Plant Science, 2012, 3 (3): 381 - 390.

[4] BASKV Z, FÓNAGY A, KISS B. Effect of aphid feeding on the glutenin, gliadin and

total protein contents of wheat flour [J]. Acta Phytopathologica et Entomologica Hungarica, 2006, 41 (1-2): 153-164.

[5] BASKY Z, FóNAGY A. The effect of aphid infection and cultivar on the protein content governing baking quality of wheat flour [J]. Journal of the Science of Food and Agriculture, 2007, 87 (13): 2488-2494.

[6] BECHTEL D D, KALEIKAU LA, GAINES RL, et al. The effects of Fusarium graminearum on wheat kernels [J]. Cereal Chemistry, 1985, 62: 191-197.

[7] BELITZ H D, GROSCH W, SCHIEBERLE P. Food Chemistry [M], 3rd rev. ed.; Springer-Verlag: Berlin, Heideberg, 2004, 318-322, 702-703, 713-714.

[8] BEROVA S, Mladenov M. Effect of wheat ear and grain fusariosis on the chemical, technological and baking qualities of wheat [J]. Rastenive dni Nauki, 1974, 11: 125-133.

[9] BEYER M, AUMANN J. Effects of Fusarium infection on the amino acid composition of winter wheat grain [J]. Food Chemistry, 2008, 111: 750-754.

[10] BHUIYAN N H, LIU W P, LIU G S, et al. Transcriptional regulation of genes involved in the pathways of biosynthesis and supply of methyl units in response to powdery mildew attack and abiotic stresses in wheat [J]. Plant Molecular Biology, 2007, 64 (3): 305-318.

[11] BHULLAR S S, JENNER C F. Effects of a brief episode of elevated temperature on grain filling in wheat ears cultured on solutions of sucrose [J]. Journal of Plant Physiology, 1985, 13 (5): 617-626.

[12] BINGHAM I J, BLAKE J, FOULKES M J, et al. Is barley yield in the UK sink limited? II. Factors affecting potential grain size [J]. Field Crops Research, 2007, 101 (2): 212-220.

[13] BINGHAM I J, WALTERS D R, FOULKES M J, et al. Crop traits and the tolerance of wheat and barley to foliar disease [J]. Annals of Applied Biology, 2009, 154 (2): 159-173.

[14] BORRáS L, SLAFER G A, OTEGUI M E. Seed dry weight response to source-sink manipulations in wheat, maize and soybean: a quantitative reappraisal [J]. Field Crops Research, 2004, 86 (2-3): 131-146.

[15] BOWEN K L, EVERTS K L, LEATH S. Reduction in yield of winter wheat in North Carolina due to powdery mildew and leaf rust [J]. Phytopathology, 1991, 81 (5): 503-511.

[16] BOYACIOǦLU D, HETTIARACHCHY N S. Changes in some biochemical components of wheat grain that was infected with *Fusarium Graminearum* [J]. Journal of Cereal Science, 1995, 21 (1): 57-62.

[17] BRETT F C. Genetic implication soft kernel NIR hardness on milling and flour quality inbread wheat [J]. Journal of the Science of Food and Agriculture, 1994, 65 (1):

125 - 132.

[18] BRUGGMANN R, ABDERHALDEN O, REYMOND P, et al. Analysis of epidermis - and mesophyll - specific transcript accumulation in powdery mildew - inoculated wheat leaves [J]. Plant Molecular Biology, 2005, 58 (2): 247 - 267.

[19] BURHENNE K, GREGERSEN P L. Up - regulation of the ascorbate - dependent antioxidative system in barley leaves during powdery mildew infection [J]. Molecular Plant Pathology, 2000, 1 (5): 303 - 314.

[20] BURPEE L L, SANDERS P L, Cole H J, et al. Aastomosis groups among isolates of Ceratobasidium cornigerum and related fungi [J]. Mycologia, 1980, 72: 689 - 701.

[21] BUSHUK W, WRIGLEY C W. Effect of rust infection on Marquis wheat grain proteins [J]. 1971, 10: 2975 - 2978.

[22] CHAMPEILl A, DORE T, FOURBER J F. Fusarium head blight: epidemiological origin of the effects of cultural practices on head blight attacks and the production of mycotoxins by Fusarium in wheat grains [J]. Plant Science, 2004, 166 (6): 1389 - 1415.

[23] CHEN H G, CAO Q G, XIONG G L, et al. Composition of wheat rhizosphere antagonistic bacteria and wheat sharp eyespot as affected by rice straw mulching [J]. Pedosphere, 2010, 20 (4): 505 - 514.

[24] CHEVALIER P, LINGLE S E. Sugar metabolism in developing kernels of wheat and barley [J]. Crop Science, 1983, 23 (2): 272 - 277.

[25] CURIC D, KARLOVIC D, TUSAK D, et al. Gluten as a standard of wheat flour quality [J]. Food Technology and Biotechnology, 2001, 39 (2): 353 - 361.

[26] DAI Z M, YIN Y P, WANG Z L. Comparison of starch accumulation and enzyme activity in grains of wheat cultivars differing in kernel type [J]. Plant Growth Regulation, 2009, 57 (2): 153 - 162.

[27] DENG X Y, LI J W, ZHOU Z Q, et al. Cell death in wheat roots induced by the powdery mildew fungus *Blumeria graminis* f. sp. tritici [J]. Plant Soil, 2010, 328 (1 - 2): 45 - 55.

[28] DEXTER J E, CLEAR R M, PRESTON K R. *Fusarium Head Blight*: Effect on the Milling and Baking of Some Canadian Wheats [J]. Cereal Chemistry, 1996, 73 (6): 695 - 701.

[29] DEXTER J E, MARCHYLO B A, CLEAR R M, et al. Effect of *Fusarium Head Blight* on Semolina Milling and Pasta - Making Quality of Durum Wheat [J]. Cereal Chemistry, 1997, 74 (5): 519 - 525.

[30] DIMMOCKJPRE, GOODING M J. The effects of fungicides on rate and duration of grain filling in winter wheat in relation to maintenance of flag leaf green area [J]. Journal of Agricultural Science, Cambridge, 2002, 138 (1): 1 - 16.

[31] ETHERIDGE J V, DAVEY L, CHRISTIAN D G. First report of Rhizoctonia cerealis

causing sharp eyespot in Panicum virgatum in the UK [J]. Plant Pathology, 2001, 50 (6): 807.

[32] FARAG R S, MOHSEN S M, KHALIL E A, et al. Effect of fungal infection on the chemical composition of wheat, soybean, and sesame seeds [J]. Aceiles, 1985, 36: 357 -361.

[33] GALAT A. Peptidylproline cis - trans - isomerases: immunophilins [J]. European Journal of Biochemistry, 1993, 216 (3): 689 -707.

[34] GODOY A V, LAZZARO A S, CASALONGUE C A, et al. Expression of a Solanum tuberosum cyclophilin gene is regulated by fungal infection and abiotic stress conditions [J]. Plant Science, 2000, 152 (2): 123 -134.

[35] GOURDAIN E, Rosengarten P. Effects of infection time by *Fusarium graminearum* on ear blight, deoxynivalenol and zearalenone production in wheat. Plant breeding and seed science. 2011, 63: 67 -75.

[36] GUPTA R B, MACRITCHIE E. Relationship between protein composition and functional properties of wheat flour [J]. Cereal Chemistry, 1992, 69 (20): 125 -131.

[37] GUPTA R B, MASCI S, LAFIANDRA D, et al. Accumulation of protein subunits and their polymers in developing grains of hexaploid wheats [J]. Journal of Experimental Botany, 1996, 47 (9): 1377 -1385.

[38] HAMILTON R M G, TRENHOLM H L, THOMPSON BK. Chemical, nutritive, deoxynivalenol and zearalenone content of corn relative to the site of inoculation with different isolates of Fusarium gramhtearum [J]. Journal of the Science of Food and Agriculture, 1988, 43: 37 -47.

[39] HAMILTON R M G, TRENHOLM H L. Observations on the chemical and nutritive content of whith winter and spring wheats contaminated with deoxynivalenol (vomitoxin) [J]. Animal Feed Science and Technology, 1984, 11 (4): 293 -300.

[40] HENNEN - BIERWAGEN T A, LIN Q, GRIMAUD F, et al. Proteins from multiple metabolic pathways associate with starch biosynthetic enzymes in high molecular weight complexes: a model for regulation of carbon allocation in maize amyloplasts [J]. Plant Physiology, 2009, 149 (3): 1541 -1559.

[41] HEMANN H W, AUFHAMMER A C W, KUBLER Y E, et al. (ml_ chg_ old > Hamzehzarghani Hermann et al.) . Effects of ear infection with Fusarium graminearum on grain quality of winter wheat, winter triticale and winter rye [J]. Pflanzenbauwissenschaften, 1999, 3 (2): 82 -87.

[42] JAYASENA K W, BURGEL A V, TANAKA K, et al. Yield reduction in barley in relation to spot - type net blotch [J]. Australasian Plant Pathology, 2007, 36: 429 - 433.

[43] JENNER C F, RATHJEN A J. Factors regulating the accumulation of starch in ripening wheat grain [J]. Australian Journal of Plant Physiology, 1975, 2 (3): 311 -322.

[44] JENNER C F. The physiology of starch and protein deposition in the endosperm of wheat [J]. Australian Journal of Plant Physiology, 1991, 18 (3): 211 -226.

[45] JEON J S, RYOO N, HAHN T R, et al. Starch biosynthesis in cereal endosperm [J]. Plant Physiology and Biochemistry, 2010, 48 (6): 383 -392.

[46] JOHANSSON E, SVENSSON G, HENEEN K. Quality evaluation of the high - molecular - weight glutenin subunits in Swedish wheat material. In: Proceedings of 5th international workshop gluten proteins [M]. Association of Cereal Research, Detmold, Germany, 1994, 568 -575.

[47] JOHNSON J C, CLARKE B C, BHAVE M. Isolation and characterisation of cDNAs encoding protein disulphide isomerases and cyclophilins in wheat [J]. Journal of Cereal Science, 2001, 34 (2): 159 -171.

[48] JOHNSON J W, BAENZIGER P S, YAMAZAKI W T, et al. Effects of powdery mildew on yield and quality of isogenic lines of 'Chancellor' wheat [J]. Crop Science, 1979, 19 (3): 349 -352.

[49] KAVAKLI I H, SLATTERY C J, HIROYUKI I T O, et al. The conversion of carbon and nitrogen into starch and storage proteins in developing storage organs: an overview [J]. Australian Journal of Plant Physiology, 2000, 27 (6): 561 -570.

[50] KUCKENBERG J, TARTACHNYK I, NOGA G. Temporal and spatial changes of chlorophyll fluorescence as a basis for early and precise detection of leaf rust and powdery mildew infections in wheat leaves [J]. Precision Agriculture, 2009, 10 (1): 34 - 44.

[51] KULIK T, JESTOI M. Quantification of Fusarium *poae* DNA and associated mycotoxins in asymptomatically contaminated wheat [J]. International Journal of Food Microbiology, 2009, 130 (3): 233 -237.

[52] KUMAR R, SINGH R. The relationship of starch metabolism to grain size in wheat [J]. Phytochemistry, 1980, 19 (11): 2299 -2303.

[53] LEMANCZYK G, KWASNA H. Effects of sharp eyespot (Rhizoctonia cerealis) on yield and grain quality of winter wheat [J]. European Journal of Plant Pathology, 2013, 135 (1): 187 -200.

[54] LEMANCZYK G. Occurrence of sharp eyespot in spring cereals grown in some regions of Poland [J]. Journal of Plant Protection Research, 2010, 50 (4): 505 -512.

[55] LI Q, CHEN XM, LI D, et al. Differences in protein expression and ultrastructure between two wheat near - isogenic lines affected by powdery mildew [J]. Fiziologiya Rastenii, 2011, 58 (4): 686 -695.

[56] LIPPS P E, HERRr L J. Etiology of *Rhizoctonia cerealis* in sharp eyespot of wheat [J]. Phytopathology, 1982, 72 (11): 1574 -1577.

[57] MANINDER K., JORGENSEN B. Interrelations of starch and fungal alpha - amylase in breadmaking [J]. Starch, 1983, 35: 419 -426.

[58] MARSHALL D S, RUSH M C., Infection cushion formation on rice sheat by *Rhizoctonia solani* [J]. Phytopathology, 70 (10): 947 -950.

[59] MATTHAUS K., DANICKE S., VAHJEN W., et al. Progression of the mycotoxin and nutrient concentration in wheat after inoculation with Fusarium culmorum. Arch. Anim. Nutr., 2004, 58: 19 -35.

[60] MCINTYRE C L, CASU R E, RATTEY A, et al. Linked gene networks involved in nitrogen and carbon metabolism and levels of water - soluble carbohydrate accumulation in wheat stems [J]. Functional and Integrative Genomics, 2011, 11 (4): 585 -597.

[61] MENDGEN K, HAHN M. Plant infection and the establishment of fungal biotrophy [J]. Trends in Plant Science, 2002, 7 (8): 352 -356.

[62] MEYER D., WEIPERT D., MIELKE, H. Effects of Fusarium culmorum infection on wheat quality (in German) [J]. Getreide, Mehl Brot, 1986, 40: 35 -39.

[63] MIEDANER T, FLATH K. Effectiveness and environmental stability of quantitative powdery mildew (*Blumeria graminis*) resistance among winter wheat cultivars [J]. Plant Breeding, 2007, 126 (6): 553 -558.

[64] MORRIS C F, ROSE S P. Wheat. In: Henry RJ and Kettle PS (Eds.), Cereal Grain Quality [M]. Chapman and Hall, London, 1996, 160 -224.

[65] MORRIS C F, SHACKLEY B J, KING G E. Genotypic and environmental variation for flour swelling volume in wheat [J]. Cereal Chemistryistry, 1997, 74 (1): 16 -21.

[66] NIGHTINGALE M J, MARCHYLO B A, CLEAR RM, et al. *Fusarium Head Blight*: Effect of Fungal Proteases on Wheat Storage Proteins [J]. Cereal Chemistryistry, 1999, 76 (1): 150 -158.

[67] PALAZZINI J M, RAMIREZ M L, TORRES AM, et al. Potential biocontrol agents for *Fusarium head blight* and deoxynivalenol production in wheat [J]. Crop Protection, 2007, 26: 1702 -1710.

[68] PANOZZO J F, EAGLES H A, WOOTTON M. Changes in protein composition during grain development in wheat [J]. Australian Journal of Agricultural Research, 2001, 52 (4): 485 -493.

[69] PAWELZIK E, PERMADY H, WEINERT J., et al. Untersuchungen zum Einfluss einer Fusariens - Kontamination auf Ausgewählte Qualitätsmerkmale von Weizen. Getreide, Mehl Brot 1998, 52, 264 -266.

[70] PRANGE A, BIRZELE B, KRAMER J, et al. Fusarium - inoculated wheat: deoxynivalenol contents and baking quality in relation to infection time [J]. Food Control, 2005, 16: 739 -745.

[71] RAMAN S B, RATHINASABAPATHI B. Pantothenate synthesis in plants [J]. Plant Science, 2004, 167 (5): 961 -968.

[72] RANDALL P J, MOSS H J. Some effects of temperature regime during grain filling on

wheat quality [J]. Australian Journal of Agricultural Research, 1990, 41 (4): 603 -617.

[73] SAHARI M A, GAVLIGHI H A, TABRIZZAD MHA. Classification of protein content and technological properties of eighteen wheat varieties grown in Iran [J]. International Journal of Food Science and Technology, 2006, 41 (Supplement 2): 6 -11.

[74] SCHNEEWEISS R, KLOSE O. Technologie der Industriellen Back - warenproduktion, VEB Fachbuchverlag: Leipzig, 1981: 98, 142 -143, 147.

[75] SCHWARZ P B, SCHWARZ J G, ZHOU A., et al. Effect of Fusarium graminearum and Fusarium poae infection on barley and malt quality. Monatsschr. Brauwiss., 2001, 54: 55 -63.

[76] SERRAGO R A, CARRETERO R, Bancal M O, et al. Grain weight response to foliar diseases control in wheat (Triticum aestivum L.) [J]. Field Crops Research, 2011, 120 (3): 352 -359.

[77] SHEWRY P R, UNDERWOOD C, WAN Y F, et al. Storage product synthesis and accumulation in developing grains of wheat [J]. Journal of Cereal Science, 2009, 50 (1): 106 -112.

[78] SINGH L P, SIDDIQUI Z A. Effects of *Alternaria triticina* and foliar fly ash deposition on growth, yield, photosynthetic pigments, protein and lysine contents of three cultivars of wheat [J]. Bioresource Technology, 2003, 86 (2): 189 -192.

[79] SINGH R, ASHTIR B. Import of sucrose and its transformation to starch in the developing sorghum earyopsis [J]. Physiologia Plantarum, 1988, 74 (1): 58 -65.

[80] STENGLEIN S A. *Fusarium poae*: a pathogen that needs more attention [J]. Journal of Plant Pathology, 2009, 91 (1): 25 -36.

[81] SUTTON P N, GILBERT M J, WILLIAMS L E, et al. Powdery mildew infection of wheat leaves changes host solute transport and invertase activity [J]. Physiologia Plantarum, 2007, 129 (4): 787 -795.

[82] ŠVEC M, MIKLOVIČOVÁM. Structure of populations of wheat powdery mildew (Erysiphe graminis DC f. sp. tritici Marchal) in Central Europe in 1993 -1996: I. Dynamics of virulence [J]. European Journal of Plant Pathology, 1998, 104 (6): 537 -544.

[83] TETLOW I J, BEISEL K G, CAMERON S, et al. Analysis of Protein Complexes in Wheat Amyloplasts Reveals Functional Interactions among Starch Biosynthetic Enzymes [J]. Plant Physiology, 2008, 146 (4): 1878 -1891.

[84] TETLOW I J, MORELL M K, EMES M J. Recent developments in understanding the regulation of starch metabolism in higher plants [J]. The Journal of Experimental Botany, 2004, 55 (406): 2131 -2145.

[85] TETLOW I J. Understanding storage starch biosynthesis in plants: a means to quality improvement [J]. Canadian Journal of Botany, 2006, 84 (8): 1167 -1185.

[86] TICKLE P, BURRELL M M, COATES S A, et al. Characterization of plastidial starch

phosphorylase in *Triticum aestivum* L. endosperm [J]. Journal of Plant Physiology, 2009, 166 (14): 1465 - 1478.

[87] TRIBOÏ E, MARTRE P, Triboï - Blondel AM. Environmentally - induced changes in protein composition in developing grains of wheat are related to changes in total protein content [J]. Journal of Experimental Botany, 2003, 54 (388): 1731 - 1742.

[88] TUNALI B, NICOL J M, HODSON D, et al. Root and crown rot fungi associated with spring, facultative, and winter wheat in Turkey [J]. Plant Disease, 2008, 92 (9): 1299 - 1306.

[89] WAGACHA J M, MUTHOMI J W. *Fusarium culmorum*: Infection process, mechanisms of mycotoxin production and their role in pathogenesis in wheat [J]. Crop Protection, 2007 26: 877 - 885.

[90] WALTERS D R, MCROBERTS N, FITT BDL. Are green islands red herrings? Significance of green islands in plant interactions with pathogens and pests [J]. Biological Reviews, 2008, 83 (1): 79 - 102.

[91] WANG J H, PAWELZIK E, WEINERT J, et al. Impact of *Fusarium culmorum* on the Polysaccharides of Wheat Flour. J. Agric. Food Chem. 2005a, 53, 5818 - 5823.

[92] WANG JH, PAWELZIK E, WEINERT J, et al. Factors influencing falling number in winter wheat [J]. European Food Research and Technology, 2008, 226 (6): 1365 - 1371.

[93] WANG JH, WIESER H, PAWELZIK E, et al. Impact of the fungal protease produced by *Fusarium culmorum* on the protein quality and breadmaking properties of winter wheat [J]. Eur Food Res Technol, 2005b, 220: 552 - 559.

[94] WANG J M, LIU H Y, XU H M, et al. Analysis of differential transcriptional profiling in wheat infected by *Blumeria graminis* f. sp. *tritici using* GeneChip [J]. Molecular Biology Reports, 2012, 39 (1): 381 - 387.

[95] WATSON A M, HARE M C, KETTLEWELL PS, et al. Relationships between disease control, green leaf duration, grain quality and the production of alcohol from winter wheat [J]. Journal of the Science of Food and Agriculture, 2010, 90 (15): 2602 - 2607.

[96] WINDER L, ALEXANDER C J, WOOLLEY C, et al. The spatial distribution of canopy - resident and ground - resident cereal aphids (*Sitobion avenae and Metopolophium dirhodum*) in winter wheat [J]. Arthropod - Plant Interactions, 2013, 7 (1): 21 - 32.

[97] WONG J H, Cai N, Balmer Y, et al. Thioredoxin targets of developing wheat seeds identified by complementary proteomic approaches [J]. Phytochemistry, 2004, 65 (11): 1629 - 1640.

[98] WRIGHT D P, BALDWIN B C, SHEPHARD M C, et al. Source - sink relationships in wheat leaves infected with powdery mildew. I. Alterations in carbohydrate metabolism

[J]. Physiological and molecular plant pathology, 1995, 47 (3 -4): 237 -253.

[99] XU Z C, DUAN X, JIA Z Q. The study development of wheat sedimentation value [J]. Tritical Crops, 1998, 18 (2): 27 -30.

[100] YANG F, JENSEN J D, SPLIID N H, et al. Investigation of the effect of nitrogen on severity of *Fusarium Head Blight* in barley [J]. Journal of Proteomics, 2010, 73 (4): 743 -752.

[101] ZEEMAN S C, KOSSMANN J, SMITH A M. Starch: its metabolism, evolution, and biotechnological modification in plants [J]. Annual Review of Plant Biology, 2010, 61 (1): 209 -234.

[102] 曹卫星，郭文善，王龙俊，等．小麦品质生理生态及调优技术 [M]．北京：中国农业出版社，2004.

[103] 曹学仁，周益林，段霞瑜，等．利用高光谱遥感估计白粉病对小麦产量及蛋白质含量的影响 [J]．植物保护学报，2009，36 (1)：32—36.

[104] 曹雅忠，尹姣，李克斌，等．小麦蚜虫不断猖獗原因及控制对策的探讨 [J]．植物保护，2006 32 (5)：72—75.

[105] 丁卫新．赤霉病对小麦品质影响的研究 [J]．现代面粉工业，2013，(4)：28—31.

[106] 高书晶，庞保平，周晓榕，等．麦田昆虫群落结构及多样性的季节动态 [J]．昆虫知识，2006，43 (3)：295—299.

[107] 郭线茹，付晓伟，罗梅浩，等．小麦生长中后期麦蚜及其天敌生态位的研究 [J]．河南农业大学学报，2008，42 (4)：430—433，442.

[108] 胡想顺，赵惠燕，胡祖庆，等．禾谷缢管蚜在三个小麦品种上取食行为的 EPG 比较 [J]．昆虫学报，2007，50 (11)：1105—1110.

[109] 康立宁，魏益民，欧阳韶晖，等．基因型与环境对小麦品种粉质参数的影响 [J]．西北植物学报，2003，23 (1)：91—95.

[110] 李昌盛．春小麦抗蚜机制及麦蚜对小麦面粉品质影响的研究 [D]．兰州：甘肃农业大学，2007.

[111] 李巧丝，武予清，李素娟，等．麦蚜危害对优质面包小麦品质的影响 [J]．植物保护，2003，29 (1)：43—44.

[112] 刘晓冰，李文雄．春小麦籽粒淀粉和蛋白质积累规律的初步研究 [J]．作物学报，1996，22 (6)：736—740.

[113] 梅望玲，朱涵珍，梅四卫．豫西丘陵山地小麦蚜虫发生规律及防治 [J]．河南农业，2013，(5)：54—55.

[114] 牛吉山，王化岑，洪德峰，等．小麦抗白粉病分子基础研究进展 [J]．河南农业大学学报，2006，40 (6)：678—682.

[115] 牛吉山．小麦抗白粉病遗传育种研究 [M]．北京：中国农业科学技术出版社．2007.

[116] 乔旭，王金召，别海，等．小麦蚜虫的发生及防治 [J]．农业科技通讯，2011，

(10)：138，165.
[117] 师桂英，尚勋武，王化俊，等．麦长管蚜（Sitobion avenae F.）危害对春小麦面粉品质性状及面团流变学特性的影响［J］．作物学报，2009，35（12)：2273—2279.
[118] 孙斌．不同钾素水平下小麦纹枯病发生与小麦产量形成因素的关系［J］．江苏农业科学，2009，(4)：133—135.
[119] 孙辉，姜薇莉，林家永．小麦粉理化品质指标与食品加工品质的关系研究［J］．中国粮油学报，2009，24（1)：5—10.
[120] 檀尊社，游福欣，陈润玲，等．我国小麦纹枯病的研究进展［J］．河南科技大学学报，2003，23（1)：46—50.
[121] 王晨阳，郭天财，彭羽，等．花后灌水对小麦籽粒品质性状及产量的影响［J］．作物学报，2004，30（10)：1031—1035.
[122] 王晨阳，何英，方保停，等．小麦籽粒淀粉合成、淀粉特性及其调控研究进展［J］．麦类作物学报，2005，25（1)：109—114.
[123] 王随保，陈斌，王义，等．小麦蚜虫及黄矮病综合防治研究综述［J］．山西农业科学，2003，31（2)：69—71.
[124] 王玉正，原永兰，赵百灵，等．山东省小麦纹枯病为害损失及防治指标的研究［J］．植物保护学报，1997，24（1)：44—48.
[125] 邬应龙，伍光庆，叶华智．小麦种子受赤霉菌侵染后蛋白质成分的变化［J］．四川农业大学学报，1997，15（3)：329—334.
[126] 吴仕梅．小麦纹枯病菌与寄主互作及粉锈宁对病菌影响的超微结构与细胞化学研究［D］．济南：山东农业大学，2002.
[127] 仵均祥．农业昆虫学［M］．北京：中国农业出版社，2002.
[128] 伍光庆，彭卫红，叶华智．小麦种子受赤霉病菌侵染后醇溶蛋白质的变化［J］．四川农业大学学报，1996，14（4)：529—532.
[129] 杨金，张艳，何中虎，等．小麦品质性状与面包和面条品质关系分析［J］．作物学报，2004，30（8)：739—744.
[130] 杨益众，印毅，王红，等．蜂蜜模拟麦蚜蜜露危害对小麦产量和主要营养品质的影响［J］．中国农学通报，2005，21（1)：268—271，305.
[131] 姚大年，李保云，朱金宝，等．小麦品种主要淀粉性状及面条品质预测指标的研究［J］．中国农业科学，1999，32（6)：1—7.
[132] 张勇，何中虎．我国春播小麦淀粉糊化特性研究［J］．中国农业科学，2002，35（5)：471—475.
[133] 张屿．满阳县小麦蚜虫的发生与防治［J］．现代农业科技，2012，(2)：158—159.
[134] 赵俊晔，于振文．小麦籽粒蛋白质和淀粉代谢及其与品质形成关系的研究进展［J］．麦类作物学报，2005，25（3)：106—111.

第十章　小麦品质遥感监测与调优管理

遥感是20世纪60年代发展起来的一门新兴综合性科学技术，集中了空间、电子、光学、计算机和生物学、地学等学科的最新成就，是现代高新技术领域的一个重要组成部分，它开阔了人们的视野，扩大了人类的认识领域。遥感监测具有覆盖范围大、探测周期短、现势性强、费用成本低等突出优点，能够快速、准确、动态地获取地表及空间信息，目前已广泛应用于农业、林业、地质、地理、水文、海洋、气象、环境等领域，已经并将继续发挥重大作用。农业遥感一直是遥感领域中最活跃，也是迄今为止遥感应用最成功的领域之一，目前已经成为农作物面积估算、区域估产以及农作物长势分析和品质预报等重要技术手段，在农业生产中发挥越来越重要的作用。

第一节　农业遥感的定义及遥感分类

一、农业遥感的定义

遥感这一术语是1960年美国海军科学研究局首先提出，并在1962年美国召开的“环境科学遥感讨论会”上被正式引用，是用来综合以前所使用的摄影测量、相片判读、地质摄影的。简而言之，是指遥远的感知，它是从不同高度的遥感平台上，使用各种传感器，接收来自地球表层各类地物的各种电磁波信息，并对这些信息进行加工处理，从而对不同的地物及其特性进行远距离的探测和识别的综合技术。

农业遥感就是现代遥感技术与农业科学相结合，而应用于农业生产领域的一门新兴前沿技术。目前，它所渗透到的有关农业学科领域有土壤学中的土壤调查、土壤侵蚀调查和土壤水分监测，草原学中的草原调查、估产与监测，农学中的长势监测与作物估产，植物保护中某些病虫害调查与监测，农业气象中的农业气候研究与监测；农业生态学中的环境保护等，是遥感应用领域的最重要的分支之一。

二、遥感的特性

1. 间接性　视域范围大，具有宏观性。运用遥感技术从飞机或人造地球卫星上获取地面的航空相片、卫星图像，比在地面上观察的视域范围要大得多，为人们宏观地研究地面各种自然现象及其分布规律提供了条件。

2. 光谱特性　探测波段从可见光波段向两侧延伸，不仅能获得地物在可见光波段

的电磁波信息，而且还可以获得紫外、红外、微波等波段的信息。这样，肉眼观察不到或未被认识的地物的一些特性和现象，可能在不同波段的遥感影像上观察到。如微波具有穿透云层、冰层和植被的能力，热红外能探测地表温度变化等，这是人们用肉眼观测做不到的。

3. 时相特性　能够周期成像，有利于动态监测和研究。通过不同时间成像资料的对比，可以研究地面物体的动态变化，为环境监测以及研究地物发展变化的规律提供条件。此外，还可以及时地发现作物病虫害、洪水、污染、地震、火山等灾害的前兆，为预报提供科学依据与资料。

4. 信息数据齐全　单色成像、多波段成像，保证了数据的完整详细。随着传感器的改进，更多的波段可以记录更多的数据信息。

三、遥感的分类

遥感的分类有多种方法：

（1）根据所利用的电磁波的光谱波段，遥感可以分为可见光－反射红外遥感、热红外遥感和微波遥感三种类型。

可见光－反射红外遥感所观测的电磁波的辐射源是太阳，包括全部可见光波段、近红外和短波红外。热红外遥感所观测的电磁波的辐射源是目标物的热辐射。微波遥感又可分为主动微波遥感和被动微波遥感：主动微波遥感是观测目标对雷达发射的微波信号的散射强度即后向散射系数；被动微波遥感是观测目标物的微波辐射。

（2）按传感器的工作方式不同可分为被动遥感和主动遥感。被动遥感是指传感器自己不发射信号，而是接收目标物辐射的电磁波或反射的太阳辐射；主动遥感则是传感器向目标物发射电磁波，然后收集从目标物反射回来的电磁波的遥感方式。

（3）按传感器的扫描方式又可分为扫描式遥感和非扫描式遥感。扫描式是对与飞行平台的行进方向成直角的方向进行扫描，从而得出地表二维图像的遥感方式。非扫描方式是取得飞行平台下目标物的点或线的信息。

（4）按传感器图像获得方式可分为图像方式和非图像方式。图像方式是使用摄影机等拍摄图像的遥感方式，将目标物反射或发射的电磁波能量强度的分布，以图像色调的浓淡（密度）来表示；非图像方式遥感是传感器在遥感平台移动的同时，将其测量的目标物的辐射直接用数据表示出来。

（5）按照探测目标不同可分为海洋遥感、气象遥感、农业遥感等。

（6）按照遥感平台可分为地面遥感、航空遥感和航天遥感。

四、遥感技术系统

遥感技术系统主要有遥感平台、传感器及遥感信息的接收与处理三部分组成。

1. 遥感平台　搭载传感器的工具统称遥感平台，按高度可分为地面平台、航空平台、航天平台等，主要包括人造卫星、飞机、无线电遥控飞机、地面测量车等。

（1）地面平台：指在地面上装载传感器的固定或可移动的装置，其中包括汽车、轮船和高塔等。在近地面平台上进行的遥感称为地面遥感。地面遥感主要用来配合航空遥感和航天遥感使用，它起着校准和辅助作用。

（2）航空平台：主要包括飞机和气球。在航空平台上进行的遥感称为航空遥感。

（3）航天平台：主要包括探测火箭、人造地球卫星、宇宙飞船和航天飞机等。在航天平台上进行的遥感称为航天遥感。

2. 传感器 传感器是记录地物反射或发射电磁波能量的装置，是遥感技术系统的核心部分。主要的传感器有摄影机、推帚式扫描仪（固体扫描仪）、TV 摄像机、光机扫描仪、雷达、微波辐射计等。

（1）光机扫描仪是对地表的辐射分光后进行观测的机械扫描型辐射计。它是把搭载扫描的飞行平台的移动与利用旋转或摆动镜对平台移动的直角方向进行扫描结合起来，从而得到二维信息的遥感器，是由采光、分光、扫描、探测元件、参照信号等部分构成。这种机械扫描型辐射计所搭载的平台有极轨卫星及飞机、陆地卫星 Landsat 的 MSS（Multi－Spectral Scanner 多光谱扫描仪）、TM（Thematic Mapper 专题成像仪）及气象卫星 NOAA 的 AVHRR。

（2）推帚式扫描仪是将探测器搭载于飞行平台上，通过和探测器成正交方向的移动而得到目标物的二维信息。光机扫描仪是利用旋转镜扫描，是一个象元一个象元地进行采光，而推帚式扫描仪是通过光学系统一次获得一条线的图像，然后由多个固体光电转换元件进行电扫描。人造卫星搭载的推帚式扫描仪由于没有光机扫描仪那样的机械运动部分，所以结构上可靠性高，但是由于使用了多个感光元件把光同时转换成电信号，所以当感光元件之间存在灵敏度差时，往往产生带状噪声。

在摄影方式传感器中，摄影机是遥感技术中使用历史最久、较为完善的一种传感器，摄影所得到的相片具有信息量大、分辨率高等特点，这些特点是目前其他传感器所不及的。遥感技术中常用的摄影机有航空摄影机和多光谱摄影机。

扫描方式传感器是将由光学系统所探测到的地物辐射能量转换为电信号，这种电信号可用发射器传送、显示或存储，并经过处理转换成影像或磁带。扫描成像的方式可分为光学—机械扫描方式、电子束扫描方式和电子自扫描方式三种。

雷达是一种主动式传感器，即雷达本身向目标物发射微波束，微波遇到目标物后发生反射和散射，然后接收沿发射方向返回（即后向反射）的微波能量，经过接收器和电子放大设备处理，最后转换成图像。微波是指波长为 1mm 至 1m 的电磁波，在实际应用中，只考虑介于 0.8～30cm 的微波波段。目前雷达的种类较多，应用于农业资源遥感调查的主要是侧视雷达（SALR），它通常可分为真实孔径和合成孔径两大类。

图 10－1 列出了目前使用的传感器及其分类，随着科学技术的发展，传感器将不断增加。

3. 遥感信息的接收与处理 遥感信息主要是指由航空遥感和航天遥感所获取的感光胶卷或磁带。在胶卷和磁带上记录的信息数据，包括被测目标的信息数据和运载工具上设备环境的数据。将遥感信息适时地传输回地面，经过适当处理提供用户需要，是整个遥感技术系统中的一个重要组成部分，它直接影响遥感信息应用的效果。

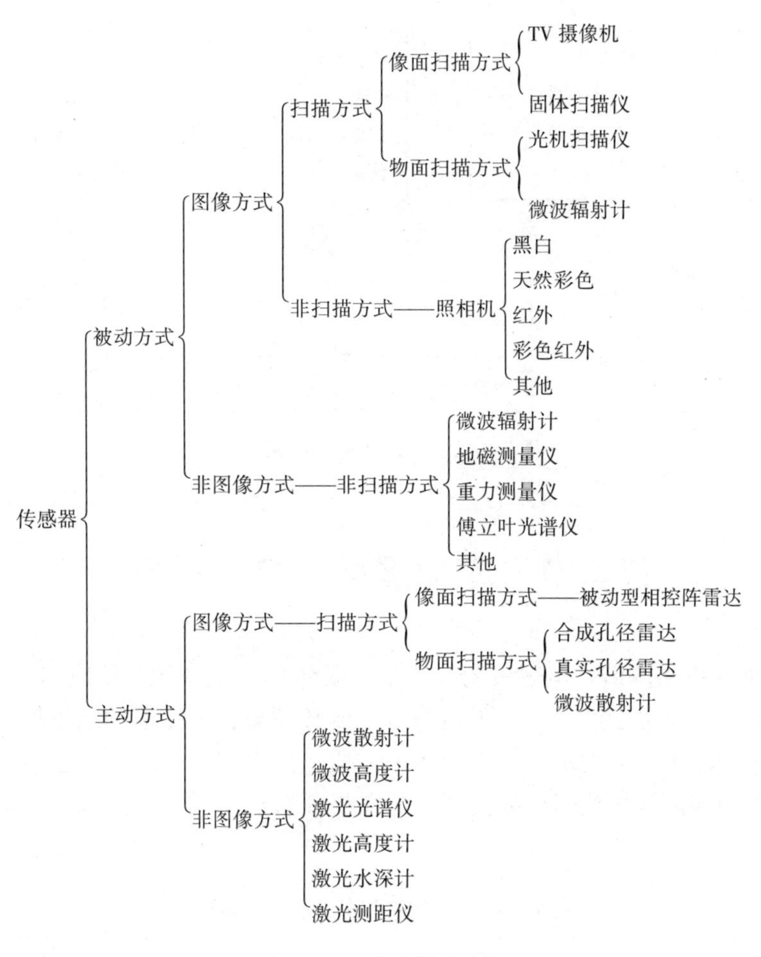

图 10－1　传感器的分类

（1）遥感信息的接收：遥感信息向地面传输有两种方式：一种为直接回收；另一种为视频传输。直接回收是指传感器将地物反射或发射的电磁波信息记录在胶卷或磁带上，待运载工具返回地面时回收，这是一种非实时传输方式，是航空遥感所常用的。视频传输是指传感器将接收到的地物反射或发射的电磁波信息，经过光、电转换，通过无线电将数据传送到地面接收站。按对所接收的数据是否立即传送回地面接收站，又可分为实时传输和非实时传输。

（2）遥感信息的处理：地面接收站收到的遥感信息，受到多种因素的影响，如传感器的性能、平台姿势的不稳定性、地球曲率、大气的不均匀性和局部变化以及地形的差别等，使地物的几何特性与光谱特征可能发生一些变化。因此，必须通过适当的处理，经过一系列校正后，才能提供使用。遥感数据处理具体包括如图 10－2 所示各个系统，例如数据收集、数据管理、辐射校正、几何校正、数据压缩、数据存储和提取、判读和应用等一系列过程。

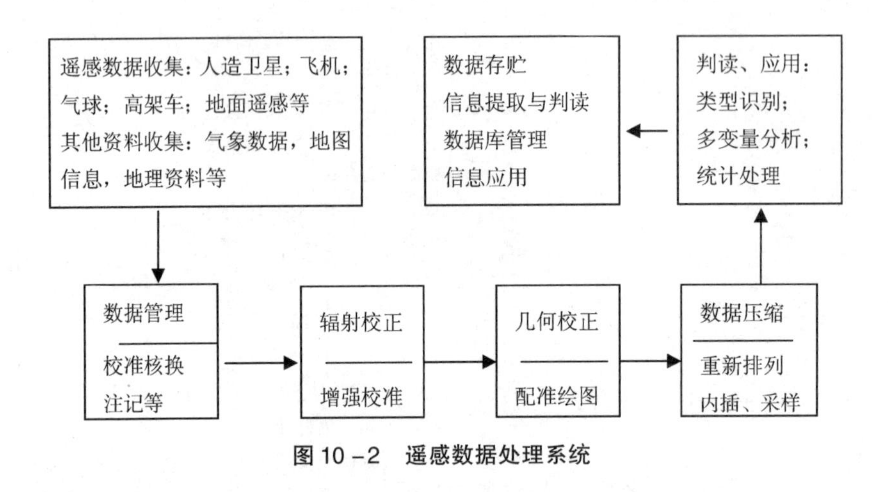

图 10-2　遥感数据处理系统

第二节　农业遥感的技术原理

1. 电磁波和电磁波谱　电磁波的波段从波长短的一侧开始，依次叫作 γ 射线、χ 射线、紫外线、可见光、红外线、无线电波。波长越短，电磁波的粒子性越强，直线性指向也越强。表 10-1 表示电磁波的各个波段，其中红外线的各个波段的名称及其波长范围以及微波的波长范围根据使用者的需要而有所不同，这里只是一般使用名称和波长而已。

表 10-1　电磁波的分类和名称

名称		波长范围	名称			波长范围
紫外线		10 ~ 400nm	电波	亚毫米波		0.1 ~ 1mm
可见光		400 ~ 700nm		微波	毫米波	1 ~ 10mm
红外线	近红外	700 ~ 1300nm			厘米波	10 ~ 100mm
	短波红外	1300 ~ 3000nm			分米波	0.1 ~ 1m
	中红外	3000 ~ 8000nm		超短波		1 ~ 10m
	热红外	8000 ~ 14000nm		短波		10 ~ 100m
	远红外	14000nm 至 1mm		中波		100m 至 1km
				长波		1 ~ 10km
				超长波		10 ~ 100km

遥感中测量的是从目标物反射或辐射的电磁波能量，根据其测定波长范围不同可分为辐射测量和光度测量两种方式。前者是以从 γ 射线到无线电波的整个波长范围为对象的物理辐射量的测定，而光度测量是对由人类具有视觉感应的波段－可见光所引起的知觉的量的测定。它们使用的术语和单位不同（表 10-2），其中辐射亮度与遥感

采集的数据具有对应关系。表中 J 为能量单位焦耳，表示用 1N 的力使物体移动 1m 所做的功；W 为功率单位瓦，表示 1s 完成 1J 功的功率；L 为立体角单位球面度，指在半径为 1m 的球面上，$1m^2$ 的面积相对于中心而成的立体角整个球体分为 4π 球面度。

表 10－2 辐射测量和光度测量术语对照表

辐射测量				光度测量	
名称	定义	符号	单位	名称	符号
辐射能	以电磁波形式传送的能量	Qe	J	光量	Q
辐射通量	单位时间内传送的辐射能量	Φ	W	光通量	F
辐射强度	点辐射源在单位立体角中、单位时间内所发出的辐射能量	Ie	Wsr^{-2}	光强度	I
辐射出射度	在单位时间内、从单位面积上辐射出的辐射能量	Me	Wm^{-2}	光出射率	M
辐射照度	在单位时间内、单位面积上接受的能量	Ee	Wm^{-2}	照度	E
辐射亮度（辐射率）	在单位立体角、单位时间内，扩展源表面法线方向上单位面积的辐射强度	Le	$Wm^{-2}sr^{-2}$	亮度	L

2. 太阳辐射与大气窗口

（1）太阳辐射：在当前的遥感探测中，应用最多的还是以太阳为光源的电磁波。太阳是太阳系的中心天体和距地球最近的恒星，半径约 696000km，约为地球半径的 109.3 倍，其可见的表面称为光球层；光球层之上是 5000km 厚的内层大气，称色球层；在色球层之上是极稀薄的高温辐射日冕层，其范围可延伸到地球及更远的地方。将与太阳大小相等并辐射出同等能量的黑体的温度定义为太阳有效温度，根据太阳总辐射能量可求出太阳有效辐射温度为 5740K。

太阳向外发射电磁波的形式及所发射的能量称为太阳辐射，太阳辐射能量随波长的分布称为太阳辐射光谱，太阳辐射光谱不是严格连续光谱，其中有 2500 条暗吸收线，即夫琅和费线。在地球大气的外界，太阳辐射的能量的 99% 集中在波长 150～4000nm的光谱区内，其中波长 400～760nm 的可见光谱区的能量占 45.5% 左右，所以太阳辐射一般称为短波辐射。波长 760～4000nm 的红外辐射约占 44.5%，波长 150～400nm 的紫外辐射约占 9%。太阳辐射光谱中以波长 475nm 为最强。

如图 10－3 表示太阳辐射光谱与黑体辐射光谱的比较，上面那条连续曲线给出了地球大气上界的粗略光谱辐照度，其最大值位于 470nm 处，虚线代表温度为 5900K 黑体辐照度，最下面的曲线表示海平面上阳光直射时的辐照度，两条连续曲线间的差值代表大气散射和吸收引起的衰减，而斜线部分则表示吸收造成的损失。

（2）大气窗口：由于大气对电磁波的选择性吸收，使大气在不同波段对电磁波的衰减程度各不相同。换句话说，大气对不同波段的电磁波有不同的透射率，因此有些波段电磁波能顺利透过去，而在另一些波段的电磁波则很少透过，甚至完全不能透过。大气对电磁波衰减较小，透射率较高的波段叫“大气窗口”。因此要从空中遥感地面目

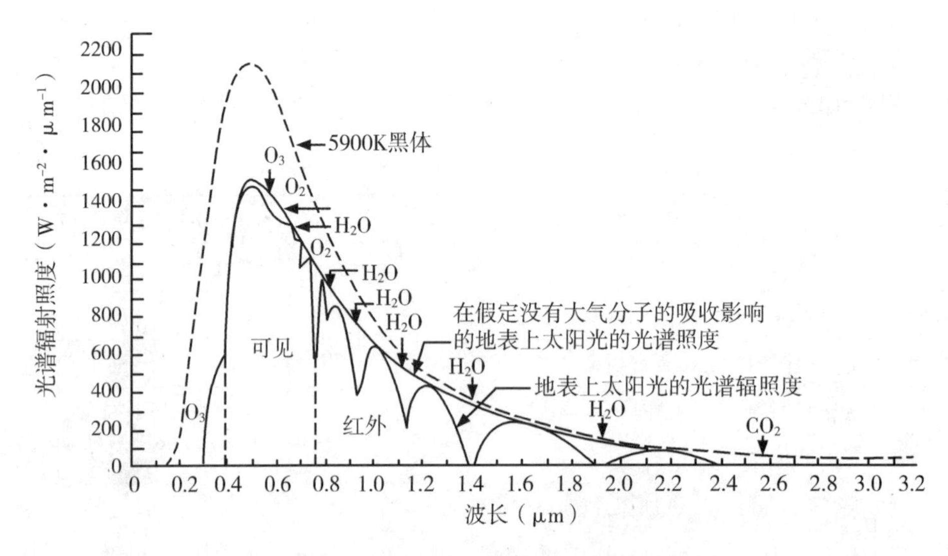

图 10－3　太阳辐射光谱与黑体辐射光谱的比较

标，传感器的工作波段应在大气窗口处，才能接收到地面目标的电磁波信息。目前已知的主要大气窗口分布范围（图 10－4）主要有：

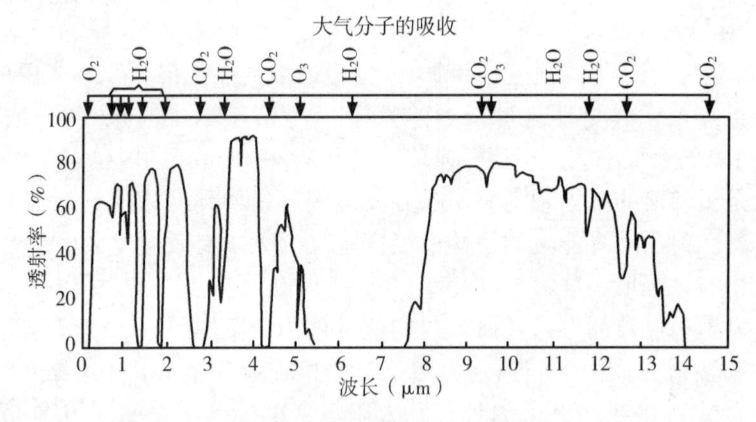

图 10－4　大气窗口示意图

1）可摄影窗口。波长范围为 0.3～1.3μm，通过这个窗口的电磁波信息皆属地面目标的反射光谱，可以用摄影的方法来获取和记录地物的电磁波信息。这个窗口包括全部可见光（0.38～0.76μm）、部分紫外线（0.3～0.38μm）以及部分近红外波段（0.76～1.3μm），其短波一端由于臭氧的强烈吸收而截止于 0.3μm，长波一端则终止于感光胶片最大感光波长 1.3μm 处。这个窗口对电磁波的透射率在 90% 以上，仅次于微波窗口，是目前遥感上应用最广的窗口，被气象卫星、陆地卫星及其他遥感探测所使用。除了摄影方法外，还可以用扫描仪、光谱仪、射线仪等来探测记录地物的电磁波信息。

2）短波红外窗口。波长范围为 1.5～2.4μm，通过这个窗口的电磁波信息仍然属于地面目标的反射光谱，但不能用胶片摄影，只可用扫描仪和光谱仪来测量和记录。

这个窗口的两端主要受大气中的水汽和二氧化碳的吸收作用所控制，而且由于水汽在1.8μm处有一个吸收带，所以本窗口又分为1.5～1.75μm和2.1～2.4μm两个小窗口，可探测农作物叶片温度状况，某些波段对区分蚀变岩石有较好的效果，是遥感地质应用上很有潜力的一个窗口。在TM传感器上已开始应用。

3）中红外窗口。波长范围2.4～6.0μm，这个窗口位于红外波段的前中段。通过这个窗口的电磁信息可以是地面目标的反射光谱，也可以是地面目标的发射光谱，其信息也只能用扫描仪和光谱仪进行探测与记录。由于二氧化碳在4.3μm处有一个强吸收带，将本窗口又分为3.4～4.2μm和4.6～5.0μm两个窗口，前者透射率90%，后者透射率为50%～60%。

4）热红外窗口。波长范围为8～14μm，属于热红外波段，是地物本身的热辐射。由于臭氧、水汽、二氧化碳3种气体的共同影响，致使本窗口的透射率较低，为60%～70%，但是这个窗口是位于地表常温下地面物体热辐射能量最集中的波段，所以是遥感地质很有用的一个窗口。目前这个窗口已得到广泛应用，主要是用扫描仪和热辐射计来获得地面目标的电磁波信息，能有效地探测地面常温物体，并可用于探测大地辐射。

5）微波窗口。波长范围为8mm至1m，位于微波波段，电磁波已不受大气干扰，透过率可达100%，是全天候的遥感波段。目前微波传感器常用的工作波段是3mm、5mm、8mm，今后根据需要还可能向更长的波段发展。

在这5个大气窗口中，陆地卫星工作范围绝大部分在可见光波段，小部分在近红外波段，已开始扩展到第二个窗口；而气象卫星已应用到第三个窗口。今后随着对地物波谱特性研究的深入和传感器的不断改进，为某种专门用途所需要的窄波段窗口的潜力还是很大的。

3. 地物波谱特征　地物的电磁波波谱是地物遥感信息的基本表现形式。物体在同一时间、空间条件下，其辐射、反射、吸收和透射电磁波的特性是波长的函数。将这种函数关系，即物体或现象的电磁波特性用曲线的形式表现出来时，就形成了地物电磁波波谱，简称为地物波谱。由于组成物体的内部结构不同，不同物体对电磁波的反射、吸收、透射和发射电磁波的程度不尽相同，发射电磁波的能力也有差异。物体之间的这种差异，可作为探测目标物的有用信息。但是由于技术上和其他一些原因，目前遥感技术中传感器所接收、探测的信息主要是地物反射和发射电磁波信息。

（1）地物反射波谱特征：地物反射光谱曲线则是以横坐标代表波长，纵坐标代表反射率所做的相关曲线，以表示各种波长处地物光谱反射率大小及其随波长的改变而发生变化的特点和规律，不同地物的反射强度和波谱曲线形态不同（图10－5）。水的反射率较低，反射光谱曲线近于直线，而且随波长增加反射率变小；黑土的反射光谱曲线形态也是近似直线，但反射率随波长增加而增加；植物在可见光区反射率低于近红外波段的反射率，700～750μm波段反射率急剧上升，曲线具有陡向接近于直线的形态；雪被和沙漠则在可见光波段反射率高于近红外波段的反射率。由于不同类型的地物反射强度及其随波长变化的特点与规律的差异，正是遥感技术利用电磁波信息来识别和区分目标的基础。

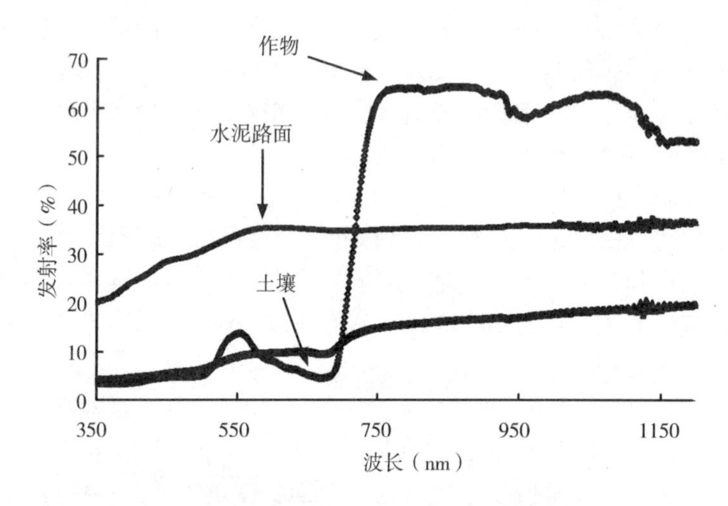

图 10－5　不同地物的反射光谱特征

同一种地物不同类型的反射光谱特征，总的形状变化是基本相似的，但是光谱响应曲线具有一定的变化范围且呈一定宽度的波谱带。以植物的反射光谱特征为例（图 10－6），在可见光区域，由于色素的强烈吸收，植物叶的反射和透射都很低。叶绿素大体上在以 440nm 为中心的蓝波段及以 670nm 为中心的红波段吸收大量的辐射能，而在这两个吸收带中间吸收相对减少，因此在 540nm 附近形成绿色反射峰而呈现绿色植物。在近红外区域叶的反射及透射能量约各占入射能量的一半，被叶子吸收的能量很小（≤5%），因而在 740～1300nm 形成高反射，这是细胞壁和细胞空隙的折射率不同导致多重反射引起的。因此不同植物种类的叶肉结构差异导致植物在近红外的反射差异比在可见光区域大得多。在短波红外区域，由于绿色叶子细胞膜之间和内部的水分含量高，故绿色植物的反射率受以 1450nm、1950mm、2700nm 为中心的水的吸收带的控制，入射能量中的大部分被叶子中的水分所吸收，仅小部分被叶子反射，这就是植物反射光谱的基本特征。

对于同一种类型地物，因其环境条件不同，其反射光谱特征也有差异，如同一种植物，叶子的新老、稀密、季节、土壤水分和无机质含量的差异或者受大气污染和病虫害等的影响，在各个波段的反射率也是不同的，有时在可见光波段反映不明显，而在近红外波段却能清楚地观测到这种变化。这种地物反射强度及其随波长变化的特点与差异，正是遥感技术利用电磁波信息来区别和区分目标的基础。

（2）地物发射光谱特征：自然界任何物体只要它的温度大于绝对零度，就存在着分子热运动，都有向周围空间辐射红外线和微波的能力。通常地物发射电磁波的能力是以发射率作为测量标准，而地物的发射率又是以黑体辐射作为基础。

1）地物的发射率。在遥感技术中以发射率作为测量物体的发射电磁波强度的标准，定义为：

$$发射率=\frac{观测物体的辐射能量}{与观测物体同温的黑体的辐射能量}$$

在自然界中黑体辐射是不存在的，一般地物的辐射要比黑体辐射小。发射率根据

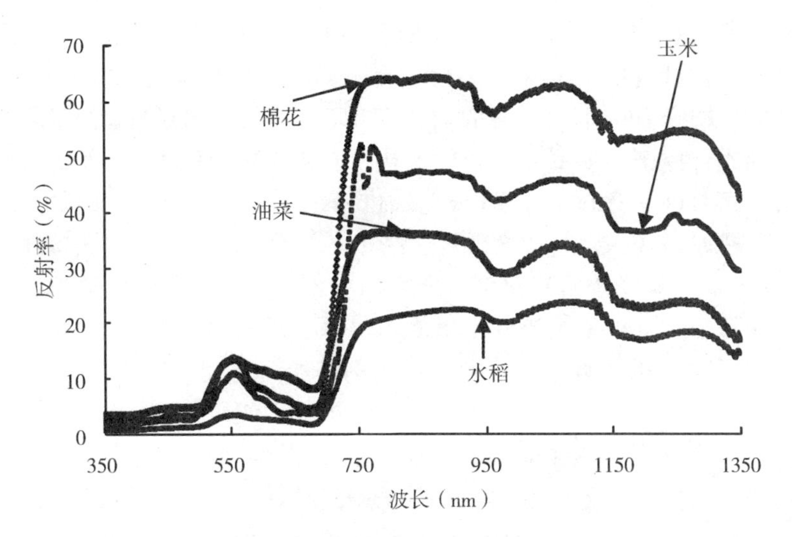

图 10－6　不同植被的光谱曲线

物质的介电常数、表面的粗糙度、温度、波长、观测方向等条件而变化，其取值范围在0～1，发射率与波长无关的物体叫灰体，依波长而变化的物体叫选择性辐射体。选择性辐射体单位波长宽度的发射率称光谱发射率。

2）地物发射光谱。地物的发射率随波长变化的规律，称作地物发射光谱。每种地物在一定温度时，都有一定的发射率，各种地物的发射率不同。这种地物发射率的差异是红外遥感技术的重要依据。某一物体电磁波的发射率随波长而变化的曲线，称为该物体的发射光谱曲线。不同物体，由于它们的物质结构不同，它们的发射光谱特征曲线也不相同，据此可识别地物的性质。

地物的发射率与地物表面的粗糙度、颜色和温度等有关。地物表面比较粗糙或颜色发暗，发射率较高；地物表面比较光滑或颜色发亮，其发射率较低。由于地物的辐射能量与温度四次方成正比，所以比热大、热惯性大的以及具有保温作用的地物，其发射率就大；反之，其发射率就小。要测定地物的发射光谱，首先必须测量地物的发射率，然后根据地物的发射率与波长的对应关系可以画出发射光谱曲线。测量地物发射率的最简单方法就是通过测量地物的反射率（指近红外）来推求地物的发射率（$\varepsilon = 1 - \rho$）。因为测量地物的反射率要比直接测量发射率容易，也便于实现。

（3）地物的透射光谱特性：有些地物（如水体和冰），具有透射一定波长的电磁波能力，通常把这些地物叫作透明地物。地物的透射能力一般用透射率表示。透射率就是入射光透射地物的能量与入射光总能量的百分比，用 τ 表示。地物的透射率随着电磁波的波长和地物的性质而不同。例如：水体对 4500～5600nm 的蓝绿光波段具有一定的透射能力，较浑浊水体的透射深度为 1～2m，一般水体的透射深度可达 10～20m。又如，波长大于 1mm 的微波对冰体具有透射能力。一般情况下，可见光对绝大多数地物都没有透射能力。红外线只对具有半导体特征的地物，才有一定的透射能力。微波对地物具有很明显的透射能力，这种透射能力主要由入射的波长而定。因此，在遥感技术中，可以根据它们的特性，选择适当的传感器来探测水下、冰下某些地物的信息。

4. 彩色合成原理 电磁波谱中可见光被人眼所感觉而产生视觉，不同波长的光显出不同的颜色。自然界中的物体对于入射光有不同的选择性吸收和反射能力，而显出不同的色彩。这样，不同波长和强度的光进入人眼，使人感觉到周围的景象五光十色。例如：对于人眼的视觉来说，单一波长的光对应于单一调，人眼对于620～760nm的光感觉为红色，对于500～560nm的光感觉为黄色等。然而人眼在判别颜色方面也有其局限性，即分不出哪一种色是"单色"，哪一种色是"混合色"。例如，把波长700nm的红光与波长540nm的绿光按一定比例混合叠加进入人眼时，同样感觉为黄色。因此，对于人眼来说，光对于色，虽然有单一的对应关系，而色对于光，就不是单一的对应关系了，因为色彩可以是不同色光按照一定比例叠加而合成。在彩色合成技术中正是利用眼睛这个视觉特性，以少数几种色光或染料合成出不同的色彩。

色觉是由于人眼分别感受红、绿、蓝三种颜色的感觉细胞，以及产生相应色觉的视觉神经系统构成的。因此，彩色合成通常是用三种基本色调（简称基色）按一定比例混合成各种色彩，称为三基色合成。这三种基色的任何一色都不能由三种基色中另外两种基色混合而成。三基色为红、绿、蓝。用三种基色合成为其他色彩有两种方法。即以红、绿、蓝三基色中的两种以上色光按一定比例混合，产生其他色彩的方法称为加色法；从白光中减去其中一种或两种基色光而产生的色彩的方法称为减色法。它们的合成和配制具有特有的规律和原理，一般来说色彩是由色别（表示颜色的种类）、亮度（表示色彩的明亮程度）和饱和度（表示色彩的深浅程度）等三个指标来衡量的。因此，要标准地合成重现天然的色彩，不但色别要保持一致，而且亮度和饱和度也应与天然色彩一致。

5. 物候学与遥感最佳时相选择

(1) 物候学："春雨惊春清谷天，夏满芒夏暑相连；秋处露秋寒霜降，冬雪雪冬小大寒。"这是童叟皆知的农事二十四节气歌诀。二十四节气是我国古代劳动人民的伟大创造，是农事实践的经验总结。它包含了自然界中气温变化、作物生育、物候始末、昼夜变化等多种现象，是祖先留给后人的一份宝贵的遗产。它迄今已有几千年的历史，大约从夏朝开始，我国劳动人民就遵循二十四节气从事农业活动，所以农历又称"夏历"。时至今日，我国广大农村在农业生产活动中仍遵循着二十四节气的规律。

物候就是生长在自然界中的生物受气候影响而呈阶段性变化的现象。如植物的发芽、开花、结果、落叶，候鸟的迁徙，昆虫的始见、始鸣、休眠等统称物候。在科学技术发达的今天，物候对农业生产仍有很大的作用。因为自然物候观测的对象是比仪器复杂得多的生物体，即活仪器，是任何仪器和计算机无法代替的。每个自然物候现象的出现，都是一定的温度、日照、水分等气象因子综合作用的结果。例如，暖冬使植物的发育期比常年提前较多。因此，自然物候能比较确切地反映出当地季节的迟早，不同地区和不同年份季节进度的差异。

节气只是反映当地多年平均的气候状况，气象仪器只能比较精确地测量当地的气象要素，而自然物候观测是反映当年季节进度的明显特征。自然物候观测起来简单易行，对充分利用农时、合理引种、适时采取技术措施，以及对气候的变迁、农业气象预报、天气预报都有很重要的价值。物候历可提供植物的背景资料，帮助识别植物和

它们所出的物候期；凭借区域的物候历，可帮助解译全年各时期的遥感图像，物候历可大大方便遥感图像的目视解译。

（2）最佳时相选择：各种作物都是复杂生态系统的组成部分，要从复杂的生态系统中提取相关的作物信息，首先要做的基础性工作是从自然生态系统的季节性变化规律即物候中确定最佳时相，包括植被分类遥感图像最佳时相选择，植物物候的遥感监测及其最佳时相等。物候资料积累得越多，研究的精度就越高。

由于物候历受到纬度、距海远近、地形（海拔高度、坡度和坡向）、气候变迁、品种培育、农业措施和种植制度等诸多因子影响，且各种植物的物候变化规律也不相同，即使同种植物的物候历也因地而异。遥感最佳时相的选择，对应用解译显得更加重要。遥感时相合适，才能获取较多的有用信息。农业遥感内容繁多，最佳时相要参照物候历选择，通过对比同一地点不同作物的物候历，即可确定该地识别各种作物的最佳时相。对于农作物调查要选择作物生长茂盛、卫星影像上有明显反映的时期。如小麦、水稻和玉米拔节期至乳熟期，植物营养体生长壮大，生物量增加，叶面积指数和单位地表的叶绿素含量增加最多，绿度大，是遥感调查农作物面积、长势和产量的最佳时期。若进一步识别田里的不同作物，还需选择区分不同作物的最佳时期。对于植物病虫害监测，要依据病虫害发生、发展和为害的规律，适时做出危害预报。对于农田土壤的调查，应选择作物生长量较小的前期或者休闲期，如在秋季收获期，大多数作物已收获，土地裸露，易于辨认其面积、形状及起伏等性状。在北方地区，冬春季土壤基本裸露，可根据地表组成直接解译，夏秋季可根据植被间接解译，但精度有所下降。

第三节　农业遥感的应用

1. 作物长势的监测研究　作物长势是指作物生长发育过程中的形态相，其强弱一般通过观测植株的叶面积、叶色、叶倾角、株高和茎粗等形态变化进行衡量。农作物长势监测是农业遥感的重要研究领域，适时动态监测可为农业生产的宏观管理提供决策依据。作物的长势可以用个体与群体特征来描述。发育健壮的个体所构成的合理的群体，才是长势良好的作物区。例如冬小麦的个体特征可以用茎、叶、根与穗的特征描述，如株高，分蘖数，叶的数量、形状、颜色，根的发育情况等。群体特征可用群体密度、叶面积指数（LAI）、布局与动态来描述，常用的参数有群体密度和叶面积指数。

长势遥感监测的基础是必须有可用遥感监测的生物学指标，其中，叶面积指数是一个与长势的个体特征与群体特征有关的综合指数。作物的叶面积指数是决定作物光合作用速率的重要因子，叶面积指数越大，单位面积的作物穗数越多或作物截获的光合有效辐射就越大。遥感影像的红波段和近红外波段遥感信息计算的植被指数与作物的叶面积指数、太阳光合有效辐射、生物量成正相关，其中归一化植被指数（NDVI）是最为常用的指标，与LAI具有很好的正相关，在农作物长势监测和估产中，可作为能够反映作物生长状况的指标。人们可以通过多年遥感资料累积，计算出常年同一时段的平均植被指数，然后由当年该时段的植被指数与常年值的差异程度作为衡量指标，来判断当年作物长势优劣。当然，叶面积指数不能反映全部的个体特征与群体特征，必须用地面监测补充。长势监测主要包括实时监测和过程监测。实时监测主要指利用实时 NDVI 图像的值，通过其与去年或多年平均，以及指定某一年的对比，反映实时的作物生长差异，可以对差异值进行分级，统计和显示区域的作物生长状况。过程监测主要是通过时序 NDVI 图像来构建作物生长过程，通过生长过程的年际间的对比来反映作物生长的状况，也有随时间变化监测。作物生长期内，通过卫星绿度值随时间的变化，可动态的监测作物的长势。且随着卫星资料的积累，时间变化曲线可与历年的进行比较，如与历史上的高产年、平年和低产年，以及农业部门习惯的上一年等。通过比较寻找出当年与典型年曲线间的相似和差异，从而做出对当年作物长势的评价。可以统计生长过程曲线的特征参数包括上升速率、下降速率、累计值等各种特征参数，借以反映作物生长趋势上的差异，从而也可得到作物单产的变化信息。

作物长势监测最早是美国农业部农业研究局遥感实验室从 1982 年开始使用滤光片式多波段摄像机拍摄目标区的影像，并合成为假彩色图像用于解译、判断农业生产中遇到诸如土壤盐碱度、土壤营养及作物生长状况等问题。我国 1998 年建成了“中国农情遥感速报系统”，此后不断完善，主要用于作物长势监测、单产预测、粮食总产估算、时空结构监测和粮食供需平衡预警等方面。随着各种遥感技术的普及和分辨率的不断提高，遥感技术在作物长势监测方面将发挥越来越重要的作用，精确获取了作物大小、形状及组成成分等农业基础信息。而专家系统的研究和开发将在作物长势监测和监测信息利用研究和应用中起重要推动作用。通过研究和开发相应的专家系统可以使人们有效地利用作物生长模拟系统、农业生产决策支持系统的研究成果，充分利用人工神经网络技术、模式识别技术等现代科学技术来帮助人们对作物长势进行判别，对形成目前长势的原因进行分析，来帮助人们针对监测到的结果进行农业生产活动决策。可以预见，遥感技术由于其独特的优势，随着其分辨率的不断提高将在作物长势监测方面发挥越来越重要的作用，而多种技术的融合和相关专家系统的研究和开发将对作物长势监测的研究和应用起很大的促进作用。

2. 作物营养的监测研究 作物生产中，准确、迅速、经济地判断作物氮营养状况，进而确定氮肥需要量，对提高作物的实时精确施肥具有重要意义。近年来，随着相关领域科技水平的不断提高，氮素营养诊断的测试技术正由传统的实验室常规测试向田间直接无损测试方向发展；同时测试水平正由定性或半定量的手工测试向精确定量的智能化方向发展。目前，针对作物氮素诊断的智能化无损测试技术已成为国内外研究的热点，其中较成熟的技术方法主要有便携式叶绿素仪法和遥感系统中应用的高分辨率多光谱近地测量技术。作物氮素营养光谱无损监测是基于作物叶片或其他器官组织体内的不同氮化合物形态对不同光谱波段的特征性吸收、反射或透射规律，利用遥感传感器，在接触而不损伤作物组织结构或远离作物体的同时，获取作物的特征光谱信息，并分析处理这些信息，进而判断氮素营养匮缺程度，达到定量反演作物氮素营养状况的技术。作物氮素营养的光谱监测原理是指作物组织中的各种蛋白氮、氨基酸、叶绿体及其他氮素形态组分分子结构中的化学键在一定辐射水平（不同频率或波长）

光能的照射下发生振动响应，从而引起对某些波长的光产生吸收和反射差异，形成了不同的反射、吸收和透射光谱。这些波段光谱反射率的变化对特定氮素组分量的多少异常敏感，称为氮素波段或敏感光谱。作物体内主要氮素形态所响应的波段范围集中在可见光和红外光区域，前者是电子跃迁光谱，后者是分子振动光谱，这些不同能量的光照射到不同氮素营养状况的作物上时，就产生了特征化的氮素反射和吸收光谱。作物氮素营养光谱监测的实现便是基于作物氮素组分敏感的反射光谱或吸收光谱与该组分含量或浓度的定量关系。

目前，无论是基于叶片水平的个体级氮素无损监测，还是基于作物冠层水平的田块级或区域尺度的大面积作物氮素无损监测，均是基于反射光谱对组织氮素响应的原理，并为各国科学家在研究和应用工作中广泛采用。应用较广泛的植被指数大多由红光波段和近红外波段经线性或非线性组合而成，往往指示植物的某种状况。因为绿色植物体中叶绿素强烈吸收红光，而近红外光被植物强烈反射，这 2 个不同区域光组成的植被指数能较好地反映植物的覆盖度、叶面积指数、光合作用强弱（如叶绿素含量、APAR、NPP 等）。总的看来，根据功能不同，光谱植被指数可分为 3 种类型。第一类是直接构造用于指示植物某种特定的生物变量的植被指数，以比值指数为主要特征。如比值植被指数（RVI）用于叶绿素、归一化植被指数（NDVI）用于覆盖度、绿色归一化植被指数（GNDVI）用于植物生物量，光合反射指数（PRI）、结构独立色素指数（SIPI）、植物衰老反射指数（PSRI）、微分比值指数等用于植物色素含量估测、光合效率评价和叶片衰老等。第二类是为了减少目标地物（如植被）受背景（土壤、岩石、落叶落枝等）的干扰而构建的一类植被指数，以直角或混合指数为主要特征。如垂直植被指数（PVI）、差值植被指数（DVI）、混合指数（SAVI）等。第三类为前面两类的综合表达，便于消除干扰背景影响，突出目标信息，从而更准确地反映植物生物变量。如以转换叶绿素吸收反射指数（TCARI）、修正叶绿素吸收反射指数（MCARI）和优化土壤调节植被指数（OSAVI）为基础构成的 TCARI/OSAVI、MCARI/OSAVI 等植被指数被认为可以缩小土壤背景和冠层叶面积的影响。目前，光谱植被指数以其特有的生物学机制和便捷的获取方法成为遥感监测作物生长状况的有效途径和定量指标。但在田间环境中，植物冠层光谱反射特征受到植株叶片含水量、土壤湿度、冠层几何结构、土壤覆盖度、大气对光谱的吸收等因素的影响，与植物本身的叶片结构、构成叶片的细胞数量和细胞壁排列方向等都有关系，影响因素众多、情况复杂，因此在实际应用中需要排除这些因素的制约。另外，高光谱遥感对设备和数据处理有较高的技术要求，并且价格昂贵，因此，使得其在农业上的应用还处于研究阶段，实际应用还需在工程技术和监测模型机理方面不断完善。

3. 作物产量的预报研究 冬小麦是我国主要粮食作物之一，播种面积占粮食作物总播种面积的五分之一。因此，及时了解冬小麦播种面积、长势及产量，对于加强小麦生产管理，进一步发挥其生产潜力，辅助政府有关部门制定科学合理的粮食政策有重要意义。由于冬小麦分布广阔，地域复杂，其面积、产量等数据的取得通常是采用统计方法，或常规的地面调查方法，受人为因素影响较大，且费时、费力，难以适应有关冬小麦管理、决策对其现势性信息的需求。遥感信息具有覆盖面积大、探测周期短、资料丰富、现势性强、费用低等特点，为快速准确为冬小麦估产提供了新的技术手段。农作物估产则是指根据生物学原理，在收集分析各种农作物不同生育期不同光谱特征的基础上，通过平台上传感器记录的地表信息，辨别作物类型，监测作物长势，并在作物收获前，预测作物产量的一系列方法。它包括作物识别和播种面积提取、长势监测和产量预报两项重要内容。利用遥感传感器获得的光谱信息可以反演作物的生长信息（如 LAI、生物量），通过建立生长信息与产量间的关联模型（可结合一些农学模型和气象模型）便可获得作物产量信息。

大面积作物遥感估产研究开展最早、效果最好的当属美国，美国自 20 世纪 70 年代中期开始进行“大面积作物清查试验”即 LACIE 计划和“利用空间遥感技术进行农业和资源调查”即 AGRISARS 计划，其主要目的是研制美国所需要的监测全球粮食生产的技术方法，满足美国进行资源管理和了解全球作物产量状况对有关信息的需要。其中以气象卫星资料为主建立作物单产估算模型，作物种植面积的估算则主要利用陆地卫星资料，通过抽样调查方法获得，估产精度达到 90% 以上。10 余年来，法国、德国、苏联、加拿大、日本、印度、阿根廷、巴西、澳大利亚、泰国等也相继开展了对小麦、水稻、玉米、大豆、棉花、甜菜等的遥感估产研究。我国的冬小麦估产研究从 20 世纪 80 年代开始。1983～1984 年国家经济委员会组织京、津、冀等省（市）开展应用陆地卫星资料的冬小麦遥感综合估产研究，随后扩展到 11 个省（市、区）。研究手段从常规方法与遥感技术结合，过渡到以资源卫星为主，进而由应用陆地卫星资料转为气象卫星 NOAA－AVHRR 资料，初步建立了遥感影像面积测算与估产方法，也是我国首次开展大规模遥感估产研究。建成的中国北方冬小麦气象卫星动态监测与估产系统，可根据气象卫星遥感为实时监测冬小麦生长状况及时提供情报服务，并提前 1～3 月做出产量趋势预测和预报，1986～1995 年连续 9 年预测精度达 95%。经过几十年的努力，我国农作物遥感估产研究取得了很大发展，主要归纳为以下三种估产类型：①基于“光谱信息—植被指数—长势信息—产量”的遥感估产模式，该估产模式研究最多，且简单直接，便于应用，但农学机理不明确，外推应用受到很大限制，通过融入积温和降雨等参数，建立光谱—气象复合模型，利用该模式估产精度已有较大程度提高。②融农学机制和物理学基础于一体的“光谱—水分与氮素—产量”遥感估产模式，该估产模式农学机制明确，外推应用精度高。如国家农业信息化工程技术研究中心和国家信息农业工程技术中心分别基于水分吸收特征波段和植株营养特征建立了小麦分时期遥感估产模型。③基于“光谱信息—植被指数—长势信息—生长模型—产量”的遥感估产模式，该估产模式将遥感信息与生长模型很好融合，实现遥感的空间性、实时性与作物生长模型的过程性、预测性优势互补，提高了估产精度和动态调控管理能力。

4. 农田土壤水分的监测研究　土壤水分是水文学、气象学以及农业科学研究领域中的一个重要指标参数，尤其在当今农业发展中起到了非常重要的作用。大范围土壤水分的监测与反演是农业研究和生态环境评价的重要组成部分。遥感获取土壤水分是通过测量土壤表面反射或发射的电磁能量，探讨遥感获取的信息与土壤水分之间的关系，从而反演出地表土壤水分。用遥感的方法监测土壤水分可以得到土壤水分在空间

上的分布状况和时间上的变化情况，监测范围广，速度快，成本低，具备进行长期动态监测的优势。

不同波段反演土壤水分的原理不同，土壤水分遥感反演方法及模型也不一样。在可见光和近红外波段，不同湿度的土壤具有不同的地表反照率，通常湿土的地表反照率比干土低，并且从理论上可以测量这种差异。但是由于土壤有机质、地表粗糙度、纹理、入射角以及植被覆盖等干扰因素的影响，这种方法并不实用。1965 年前，研究者就发现裸地土壤湿度的增加会引起土壤发射率的降低，这为后来利用遥感方法进行土壤水分的遥感监测研究提供了理论依据。后人根据水的吸收率曲线提出使用中红外波段来监测土壤湿度，采用 MODIS 数据并结合实地调查资料，建立了 MODIS 第 7 通道的反射率与地面湿度的线性光学模型。此外，土壤水分对植被生长起决定控制作用，利用植被指数法也可间接估算土壤水分。

在热红外波段遥感可以监测地表温度，而地表温度与土壤水分有关。另外，利用地表温度可以获得土壤热惯量，进而估测土壤水分。土壤热惯量与土壤水分关系密切，土壤水分高，土壤热惯量高；反之，土壤热惯量低，据此进行土壤水分的遥感监测。常用的热红外方法有热惯量法和温度植被指数法，热惯量法成为目前国内外研究较多的一种遥感监测土壤水分的方法。在植被覆盖不完全条件下，如果单独用遥感获取的陆面温度作为指标来监测反演土壤水分，较高的土壤背景温度会对反演过程及结果产生较大影响，甚至失真。植被指数可以提供植被的生长状况和覆盖度信息，所以综合光谱植被指数和地表温度信息实现土壤水分的反演，并且可以消除土壤背景的影响。条件温度植被指数综合地面植被和温度状况，研究特定年内某一时期整个区域相对干旱的程度及其变化规律，间接估算土壤水分含量。

微波遥感可获得土壤介电特性，其介电特性不同预示着土壤含水量存在差异，使得微波遥感监测土壤水分成为可能。微波遥感监测土壤水分分为被动微波法和主动微波法。被动微波通过测量土壤亮温来估测土壤水分，土壤亮温由土壤介电常数和土壤温度决定，而介电常数和温度与土壤水分有关，可以通过土壤亮温反演土壤水分。主动微波测量土壤的后向散射系数，土壤后向散射系数主要由介电常数和土壤粗糙度决定，而介电常数由土壤水分决定，因此可以利用雷达反演土壤水分。由于微波遥感有全天时、全天候、多极化、高分辨率、穿透性及对水分含量的敏感反应等优势，目前已成为监测土壤水分的一种很有效的手段。但是目前微波遥感数据源的获得尚不通畅，且在监测土壤水分过程中往往会受到表面粗糙度、表面坡度、植被等环境因素的干扰。

5. 作物品质的监测研究　随着社会饮食业、旅游业的发展和人民生活水平的提高，对优质专用农作物的需求和销售呈现不断增长的势头。目前，我国粮食生产表现结构性过剩，尤其是传统大宗粮食作物小麦、水稻的专用品种品质不佳已成为制约加工企业和农民增收的瓶颈。全国优质专用小麦面积仅占全国小麦收获面积的 38%，普通小麦过剩，而优质专用小麦缺乏，特别是优质强筋面包小麦和优质弱筋饼干糕点小麦供不应求，依赖进口的局面短期内难以扭转。因此，发展经济效益高的优质专用作物品种，实现优质高效的产业化生产，已经成为中国作物生产发展的亮点，也是提高种植效益，增加农民收入的有效途径。作物品质受氮素调控、水分管理、温度影响以及倒伏等灾害发生的影响，其中氮素调控尤为重要，生产中种植优良品种但产品不达标的现象十分普遍。如在华北地区影响面包专用小麦的主要因子除了氮肥影响粗蛋白含量之外，干热风带来的高温逼熟也是导致稳定时间指标降低的重要原因。

基于光谱学原理的无损测试手段和遥感监测技术，可以实时、大范围、无破坏性地探测地表状况，实现由“点状信息”向“面状信息”的转换，为农业生产管理决策及时提供信息支持。近年来，随着无损测试技术的提高及航空航天技术的发展，传感器的光谱分辨率和空间解析能力迅速提高，植物体内叶绿素、C/N、水分等组分的特征光谱亦日趋明晰，使得利用遥感信息反演作物体内的生化组分含量，监测品质形成过程的环境影响因子，进而监测籽粒品质成为可能，从而为作物生长及产品的无损监测提供了新的途径和方法。综合前人的研究结果，结合遥感技术特点和作物生长发育特征，从技术路线上，遥感监测预报农作物品质的途径一般采用三种模式。

(1) 直接模式：对于以叶片或茎秆作为经济产量的作物（如甜菜），叶片或茎秆内部的生化组分如氮素（可以换算成粗蛋白质）等是评价品质的重要指标，可以直接建立某个时相下遥感数据与叶片或茎秆生化组分间的相关关系，进而评估其品质状况。例如通过敏感波段的反射率可以反演植被冠层的氮素水平。

(2) 间接模式：对于以籽粒为收获对象的作物（如小麦），叶片或茎秆的生化组分虽不能直接作为评价品质的指标，但可以首先建立遥感数据与叶片或茎秆生化组分间的相关关系，以叶片或茎秆生化组分与籽粒品质指标间的非遥感模型为链接，间接预测预报品质状况。甜菜则更为典型，其地下肉质根含糖量是决定品质的关键因子，而根与地上部器官间养分运转相当密切，通过建立遥感数据与叶片生化组分间的相关关系，并链接叶片生化组分与肉质根生化组分间的非遥感模型，可间接预测预报其品质状况。目前，大多数报道的研究途径属于这种模式。

(3) 综合模式：大多数情况下，决定作物品质的因素是复杂的。一方面是影响作物品质的生化组分的多样性；另一方面是决定品质形成的遗传与环境作用的复杂性。仅就稻麦品质形成规律而言，大米的商品品质主要受稻谷籽粒中粗蛋白和直链淀粉等生化组分含量的影响；面粉的商品品质则与小麦籽粒粗蛋白和面筋等生化组分的数量、质量关系密切。除了品种遗传因素外，栽培过程中环境气象条件、氮素肥料和水分供给以及病害发生与否均影响到品质的形成。因此需要建立多因素、多时相的综合模型，以充分利用非遥感参数的支撑，提高监测精度。

作物品质预测预报技术主要采用以下几个途径：一是基于氮素运转的籽粒蛋白质含量遥感监测预报技术，即基于植株氮素运转规律，利用遥感监测开花期或灌浆期叶片全氮含量，通过模型链接可以预测预报收获期的籽粒蛋白质含量，适合于监测氮素含量为品质关键因子的作物；二是基于土壤、品种、气象多因素综合模型的品质遥感监测预报技术，将影响作物品质的主要因子排序，根据上述因子对籽粒品质形成的贡献率大小赋予不同的权重，并根据“星—地”或“机—地”同步观测结果对遥感参量建模和赋值，对于非遥感参量通常根据先验知识赋值，该途径适应范围广，但机制性不强；三是基于障碍因子阈值法的遥感品质预报，即通过监测品质形成过程中极端高温或低温、旱涝、病虫害、倒伏等品质障碍因子的发生情况，从而筛除“非优”区域，

以达到辅助监测品质的目的，是品质遥感监测初期阶段比较适合的途径。

农作物品质遥感监测预报技术在克服传统抽检实验室化验方法的代表性差、费时、成本高等缺点方面表现出极大的潜在优势，但从预报的范围、精度、预报时效性和实用化角度来看，还存在很多不足，需要进一步深入研究。

（1）机制研究亟待加强：田间试验建立的遥感监测预报模型在推广应用时就会受时间、空间、品种等变化的影响，预报误差较大。需在经验模型基础上加强作物品质形成与特征光谱的机制性研究，建立波段或光谱指数专一性强、专业解释性好的机制模型。

（2）遥感模型与农学模型链接：鉴于监测模型在“点”和“面”上转换性较差，需加强遥感与作物模型的同化研究，通过模型链接，利用遥感参数替代或部分替代作物模型中相关参数，以提高作物品质监测预报模型的精度，拓宽应用范围。

（3）预报模型的区域和时间扩展：小区内作物的土壤因子，降雨、日照、温度等气象因子基本一致，“点”上模型精度较为理想，而对于不同区域分布的作物，上述因子存在着空间变异，影响作物品质的均一性，尤其不同年份之间降雨、日照、温度等也有变化，影响作物的生育进程和品质指标。因此，作物品质遥感预报模型从小区域向大区域和时间扩展时需要综合考虑土壤、气象等因子，探索基于遥感与作物、土壤和气象模型链接的年际间遥感品质“监测模型转移”技术。

（4）多源数据互补：目前农业遥感中使用数据源多为可见光、近红外波段影像，如LANDSAT、SPOT、中巴资源卫星等，易受大气影响，雷达遥感可全天候、全天时进行监测，可相互补充。

6. 作物病虫害的监测研究　农作物病虫害是农业生产上的重要生物灾害，是制约高产、优质、高效益的农业持续发展的主导因素之一。小麦是我国主要粮食作物之一，近年来，由于生产上主栽的多数小麦品种对条锈病、白粉病、叶枯病、纹枯病、蚜虫、吸浆虫等主要病虫害的抗性较差，一旦环境条件适宜就容易暴发为害，以及受近几年来冬季气候变暖等诸多影响，造成小麦锈病、白粉病、蚜虫等主要病虫害不断发生，严重影响了小麦的高产和稳产。因此，利用现代信息技术，提高小麦病虫害的动态监测与预报水平，对于确保我国粮食生产稳定，减少生产投入，提高农民收入，以及小麦的可持续生产具有重要的意义。

遥感应用于农业病虫害监测，提供了对农作物病虫害宏观、综合、动态和快速的观测，为应对粮食生产的分散性、地域性、时空变异性等提供了强有力的手段，解决了农业生产上采用常规技术难以解决的问题。同时，遥感技术是一种无损测试技术，即在不破坏植物结构的基础上，对作物的生长状况进行实时监测，以便迅速采取治理措施或合理安排计划。因此，生产中可依据遥感监测确定的灾害等级与发生范围，及时实施应变栽培管理措施，以减轻灾害造成的减产损失。

（1）病虫害遥感监测原理：病害导致的生理变化主要是失绿、失水和生物量减少等，其共性光谱特点是近红外光谱反射率降低、可见光与短波红外反射率升高、红边蓝移等。应用遥感技术监测作物的病虫害途径有两条，即间接的和直接的。应用遥感手段监测病虫害的滋生地，即虫源或寄主基地的分布及环境要素如温湿度的变化，来推测病虫害暴发的可能性，属于间接方法；应用遥感手段研究病虫和寄主的行为活动如迁飞、扩散、蔓延等，监测寄主植物的变化，属于直接方法。利用遥感直接监测病虫害的手段主要有利用昆虫雷达微波来直接监测迁飞、扩散昆虫遥感和利用光谱来监测寄主植物受病虫为害后的反射光谱变化。昆虫雷达的基本原理是根据无线电波从目标反射回来的能量来推断目标的位置。雷达发展的起初是用于跟踪、监视像舰船、航空飞行器之类大的目标物，而不是昆虫这样小的运动物体。但是由于昆虫体内含水率较高，而水与金属都是雷达信号好的反射体，因而雷达可有效地用于昆虫个体的监测，并且可昼夜无干扰地监测自然迁飞的害虫，其监测范围超过 1km。

遥感监测寄主植物的变化主要是通过获取来自地物和农作物反射和发射的电磁波能量，来观测和分析其光谱变化。光谱特征是遥感方法探测各种物质和形状的重要依据。研究表明，物质在电磁波相互作用下，由于电子跃迁，原子、分子振动与转动等复杂作用，会在某些特定的波长位置形成反映物质成分和结构信息的光谱吸收和反射特征。绿色农作物的反射光谱一般在蓝光 450nm 附近和红光 675nm 附近反射率小，在绿光 550nm 附近反射率较大，在近红外 700nm 附近急剧增大，从 750nm 直到 1300nm 反射率都保持较大。只有当农作物受到病虫等为害时，叶片会出现颜色的改变、结构破坏或外观形态改变等病态，叶片的反射率有明显的改变。反映为近红外反射率明显降低，陡坡效应削弱甚至消失，叶绿素反射峰位置向红光区漂移。如果害虫吞噬叶片或引起叶片卷缩、脱落、生物量减少，同样会引起光谱曲线的变化。这样就可以通过监测寄主植物的光谱曲线变化并计算其植被指数来监测病虫害的发生情况。

利用遥感技术间接监测病虫害主要是对病虫害发生的自然条件进行遥感监测，通过对主要环境因子如寄主植物分布、降水和大气温度等的遥感监测，对影响病虫害发生生境的自然特征进行分析，在遥感图像上预判，从而判断病虫害发生的可能性。

病虫害对于寄主植物或农作物的为害一般都有一定的为害状或特征，如麦蚜以刺吸式口器吸食寄主叶片、茎秆与嫩穗的汁液，叶片受害后有的呈黄褐色斑点，有的出现全叶黄化现象；小麦白粉病菌主要为害叶片，严重时也可为害叶鞘、茎秆和穗部，发病时在叶片表面形成一层白色至灰色的霉层。这些为害状通过遥感探测可以显示为相应的波谱特征，通过对这些波谱特征的分析就能够了解病虫害的为害情况。

（2）病虫害遥感监测应用：遥感技术应用于病虫害监测要追溯到 20 世纪 20 年代末和 30 年代早期，彩色红外航空图像应用于马铃薯和烟草病毒病的监测。第二次世界大战期间军方曾使用传统的黑白图片和彩色红外图像识别军事伪装，因为用于军事伪装的植被缺水和萎蔫的特点用航空遥感易于识别，这种经历给以后植被胁迫和病虫害的遥感监测提供了宝贵的经验。遥感监测病虫害的研究，主要集中在地面遥感和卫星遥感两个层次。

1）近地光谱监测病虫害。近地光谱指利用手持或者便携式光谱仪在实验室及野外测量农作物冠层及叶片受病虫害为害后的光谱反射率，它不仅能够用于不同病虫害为害的光谱分析，筛选病虫害为害后的敏感波段，也可应用卫星遥感前对地面病虫害为害的目标物光谱进行定标，因此具有重要意义。

田间高光谱反射率测量时，选择晴朗无风天气于 11：00～14：00 进行冬小麦冠层

高光谱反射率测定，测定时探头垂直向下距冠层顶约 1.5m，每一小区重复测定 20 次，每次测量前后均用标准的参考板进行校正。测量过程中，操作人员应面向太阳站立于目标区的后方，记录员等其他成员均应站立在观测员的身后，避免在目标区两侧走动。在转向新的测量小区时，测量人员应面向太阳接近目标区，测试结束后应沿进场路线退出目标区。测量时探测头应保持垂直向下，尽量选择在机下点测量，避免测量目标的二向反射性（BRDF）影响。对同一小区的测量次数（记录的光谱曲线条数）应不小于 10 次，每组观测均应以测定参考板开始，最后以测定参考板结束。特殊情况下，当太阳周围 90°立体角范围内有微量漂移的淡积云，光照亮度不够稳定时，应适当增加参考板测定密度。

国外从 20 世纪 80 年代就已开始研究，利用手持式光谱仪研究油菜菌核病、蚜虫、大麦网斑病和大麦锈病对反射率的影响。通过测量感染病虫害的叶片可见光区段的反射光谱发现，利用反射光谱可探测到病虫害。国内也开展了小麦蚜虫、小麦白粉病、烟蚜和棉花枯萎病的光谱特征研究，分析不同病虫害的光谱特征，为后续的卫星遥感监测病虫害研究打下坚实基础。

2）卫星遥感。以卫星、航天飞机、探测火箭等航天飞行器为飞行平台的遥感称航天遥感。卫星遥感是航天遥感中最实用、最普遍的遥感技术。截至目前，卫星监测虫害最成功的例子当属沙漠蝗，由于沙漠蝗的发生与植被状况密切相关，而降水又是植被生长的关键制约因素，从 1975 年始，FAO 就开始利用卫星遥感技术来改善对沙漠蝗的预警和预报能力。通过几年利用 Landsat 和 NOAA 卫星的 AVHRR 数据对植被的估计以及气象卫星的冷云资料监测降水来检测和监测沙漠蝗栖息地的试验，20 世纪 80 年代初 FAO 建立了利用卫星遥感图像实时监测非洲大陆环境变化的 ARTEMIS 系统。通过直接接收气象卫星的逐时数字化信息，自动处理气象卫星和 NOAA - AVHRR 数据，对大区域降水和植被变化做出估计，从而做出蝗情预报。国内的研究工作始于20 世纪 90 年代，如南京大学的倪绍祥教授从 1996 年就开始与国内外相关单位合作，用 GIS 和遥感技术对青海湖地区的草地蝗虫进行研究；之后研究者利用 MODIS 图像对东亚飞蝗的生境进行了分析，监测东亚飞蝗为害后的植被指数等变化。

第四节　小麦遥感的监测模型

小麦生长状况包括小麦长势、产量及品质信息。目前，小麦生长信息的获取方法是人工采集样品到实验室化验，得到土壤养分、水分、叶面积指数等信息，该方法费时、费力而且信息获取比较滞后。为了快速、动态、实时、大面积获取小麦生长信息，科研工作者将遥感技术作为麦田信息获取手段。遥感技术是从远距离感知目标反射或自身辐射的电磁波、可见光、红外线对目标进行探测和识别的技术，其特点是非接触、无损测试、实时和快速，满足麦田信息采集的需求。

以品种类型和施氮水平的小麦田间试验为依托，利用高光谱遥感传感器，综合研究作物生长特征（叶面积指数、生物量）、生理指标（氮含量）及生产力水平（产量和品质）与冠层反射光谱特征的关系，明确小麦长势指标的敏感光谱特征波段与植被指数，并确立相应的定量遥感监测模型，从而为小麦生长的遥感监测提供理论基础和技术途径。

1. 小麦叶面积和生物量的监测模型 生物量和叶面积是生态系统中表征植被冠层结构最重要的参数，参与许多生物和物理过程。群体生物量和 LAI 可以表征作物长势状况，对光能利用、干物质生产及产量形成具有重要作用，因而生物量和 LAI 的实时动态监测始终是农学家关注的热点问题。

（1）小麦冠层光谱特征与叶干重和 LAI 的相关性：由图 10－7 可知，冠层光谱反射率在 350～710nm 和 1400～2500nm 波段随施氮水平的增加而降低，相反，在 740～1100nm 波段内提高，但在 1100～1400nm 波段内未表现出明显规律。叶干重和 LAI 与冠层光谱反射率的相关分析表明，叶干重相关性好于 LAI，存在明显差异的区域为可见光波段（520～700nm）和近红外波段（760～1130nm）。波长小于 726nm 和大于 1350nm，光谱反射率与叶干重和 LAI 呈负相关，其中在 590～710nm 相关系数存在一个较低的波谷（$r < -0.60$），而在 745～1130nm 相关系数存在一个较高的平台（$r > 0.69$）。690～760nm 区域，称之为红边，随波长增加，相关系数迅速变化，且有质的转化；其中 726nm 附近相关系数迅速接近于零，在此区域向长波方向移动，色素对光能的吸收逐渐减弱，而细胞结构对光的反射开始增强，在近红外反射平台区域对冠层及叶片结构表现最为敏感。

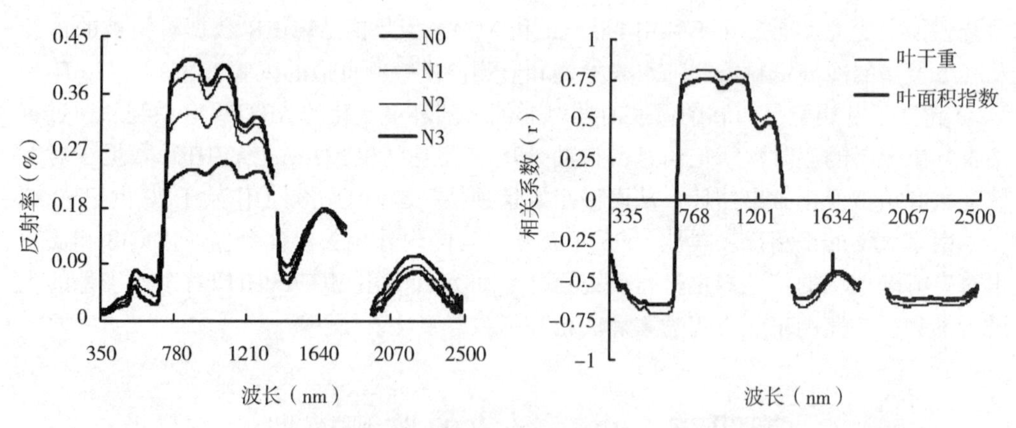

图 10－7 小麦冠层光谱反射率在不同氮素水平下的变化及与叶干重和 LAI 的关系

（2）小麦叶干重和 LAI 与冠层高光谱参数的定量关系：综合不同年份和不同时期的小麦叶干重和 LAI 与冠层光谱参数分别进行回归分析（表 10－3）。总体上，回归方程表现为线性关系，采用其他形式函数并不能有效改善方程的拟合效果，利用关键光谱参数对叶干重和 LAI 可分别进行高精度方程拟合，对叶干重估算的准确性要好于 LAI。

表 10－3　小麦叶干重和 LAI 与高光谱参数的定量关系

光谱参数	叶干重			叶面积指数 LAI		
	回归方程	R^2	*SE*	回归方程	R^2	*SE*
RVI(810,560)	$y=0.0249x+0.0077$	0.819	0.033	$y=0.5613x+0.1833$	0.767	0.846
FD755	$y=0.6092x+0.0546$	0.817	0.033	$y=13.957x+1.212$	0.788	0.820
GMI	$y=0.0314x-0.0064$	0.817	0.033	$y=0.7032x-0.1044$	0.751	0.872
SARVI(MSS)	$y=0.0126x+0.0406$	0.814	0.033	$y=0.2787x+0.9672$	0.736	0.896
TC3	$y=0.0473x-0.027$	0.806	0.034	$y=1.0655x-0.5902$	0.751	0.877
RVI(900,680)	$y=0.0087x+0.0505$	0.807	0.034	$y=0.1925x+1.2004$	0.719	0.923
MSR(800,670)	$y=0.0542x+0.0334$	0.814	0.034	$y=1.1921x+0.8265$	0.724	0.923
SDr/SDb	$y=0.0116x+0.0195$	0.805	0.034	$y=0.2597x+0.4647$	0.746	0.874
PSSRb	$y=0.0117x+0.0458$	0.806	0.034	$y=0.2593x+1.089$	0.724	0.913
$(R_{750-800}/R_{695-740})-1$	$y=0.1072x+0.0306$	0.793	0.035	$y=2.4222x+0.6981$	0.744	0.884
VOG2	$y=-0.5406x+0.0498$	0.788	0.035	$y=-12.231x+1.1279$	0.741	0.885
mSR705	$y=0.0568x+0.0142$	0.795	0.035	$y=1.2656x+0.3649$	0.727	0.910
Dr/Db	$y=0.0236x+0.012$	0.774	0.036	$y=0.5307x+0.2966$	0.717	0.913
R870	$y=0.0067x-0.082$	0.714	0.041	$y=0.1458x-1.6893$	0.629	1.022

冠层光谱通过微分计算，可以减小背景噪声的影响，同时有效分解混合光谱。755nm 处微分光谱可以很好地表达叶干重和 LAI 的动态变化，方程拟合精度（R^2）分别为 0.817 和 0.788，标准误差（*SE*）分别为 0.033 和 0.820。SDr/SDb 和 Dr/Db 是基于微分技术构造的包含多波段连续光谱信息，与叶干重和 LAI 关系密切。单波段包含的信息简单且易受背景噪声的影响，与群体长势关系不稳定，如表 10－3 中 870nm 反射率与叶干重和 LAI 虽然关系良好，但与其他植被指数相比表现为最差。而通过多波段组合构造不同植被指数对叶干重和 LAI 方程拟合效果明显改善。所选用的植被指数主要为比值植被指数，入选的波段为窄波段与宽波段并用。光谱参数 RVI（810，560）、GMI、RVI（900，680）、MSR（800，670）、PSSRb、VOG2 和 mSR705 均为多个窄波段组合，其中利用 RVI（810，560）所建立的叶干重和 LAI 回归估算方程均具有较好的拟合效果，决定系数分别为 0.819 和 0.767，标准误差分别为 0.033 和 0.846。通过高光谱数据计算宽光谱波段组合参数 SARVI（MSS）、TC3 和（$R_{750-800}/R_{695-740}$）－1，对叶干重和 LAI 的方程拟合均表现较好，可以为高空大面积遥感监测小麦冠层结构和长势状况的应用提供有效的技术途径。

图 10－8 展现了连续 2 年种植条件下 3 种不同类型小麦品种的叶干重和 LAI 与冠层反射光谱特征参数 RVI（810，560）和 FD755 的定量关系。两年度中的叶干重和 LAI 数值大小及变化范围有所差异，但回归方程的显著性测验显示，监测模型在不同年度间表现一致，因而可以利用统一的回归方程来定量表达不同试验中小麦叶干重和 LAI

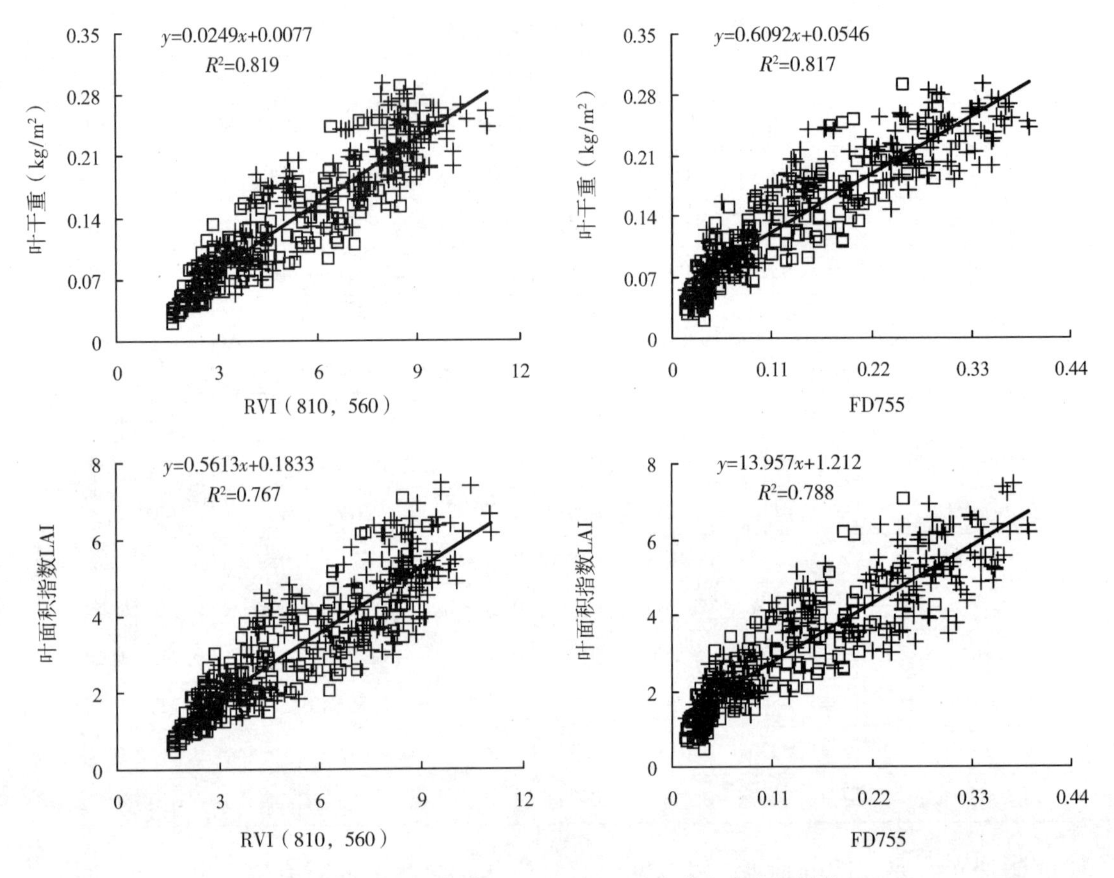

图 10-8　小麦叶片重量（LW）和 LAI 与高光谱参数的关系

的动态变化规律。因此，通过不同品种、氮素水平和不同生育时期条件下的连续两年大田试验研究，确立了小麦叶干重和 LAI 与冠层高光谱特征参数的定量关系，发现 RVI（810，560）、GMI、SARVI（MSS）、PSSRb、$(R_{750-800}/R_{695-740})-1$、VOG2 和 mSR705 等光谱参数均可以较好地监测小麦叶干重和 LAI 状况，其中 RVI（810，560）、GMI 和 SARVI（MSS）监测模型更为准确可靠。以上监测模型的确立对于小麦植株生长特征及群体长势的实时监测和精确诊断具有重要意义，为遥感技术在精确农业中的直接应用奠定了基础。

2. 小麦叶片氮含量的监测模型　氮素营养对作物生长发育和产量品质形成影响显著，是植物需求量最大的矿质营养元素。适时掌握作物长势和氮素状况，进行及时合理施肥，是精确农作管理的必然要求。叶片氮含量可以有效指示作物氮素营养状况，在农业生产中迫切需要一种准确、快速、经济诊断作物氮素营养水平的方法。因此，作物氮素的遥感监测一直是作物遥感监测研究的重点领域。

（1）小麦叶片氮含量与原始光谱及一阶导数间的相关性：将两个年度的试验所有生育时期的叶片氮含量与对应的冠层光谱反射率及其一阶微分光谱数据进行总体相关分析（图 10-9）。波长小于 724nm 和大于 1350nm，光谱反射率与叶片氮含量呈负相关，其中在 620～700nm 相关系数存在一个较低的波谷（$r<-0.79$），此区域为红谷，

是由于叶绿素 a/b 强烈吸收引起的，与氮含量关系密切。在 760～1100nm 相关系数存在一个较高的平台（$r > 0.78$），该区域光谱对叶面积和生物量反应敏感，由于植株氮含量驱动叶面积和生物量等参数，此近红外区域对氮含量亦表现敏感。而在 724nm 附近，相关系数迅速下降，且发生质的变化。叶片氮含量与一阶微分光谱之间的相关系数图（图 10－9）表明，在 550～600nm 为负相关且达较高水平，最高为－0.85，此区域位于黄边范围内。在 715～750nm 表现正相关，最大相关系数波长位于 726nm 附近（$r=0.89$），达极显著水平，该位置的光谱急剧变化，处于红边范围，与氮含量关系密切。由以上分析可知，700～755nm 为一特殊区域，位于红边内，其中 725～730nm 为红边变形点。红边区域蕴含丰富的光谱信息，已经报道的许多光谱指数均与该区域有关，通过此区域光谱信息的挖掘，对于估计与色素有关的生化组分具有重要意义。

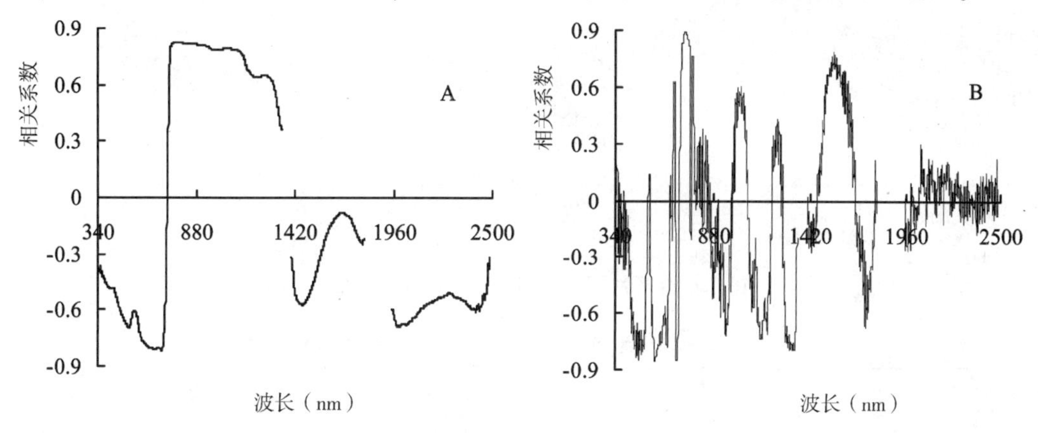

图 10－9 小麦叶片氮含量与冠层光谱反射率（A）及其一阶微分光谱数据（B）的相关性

（2）小麦叶片氮含量与高光谱参数的关系：以特征光谱及波段和已见报道的植被指数为基础，综合不同年份和不同时期的小麦叶片氮含量与冠层光谱参数进行相关回归分析，将表现较好的光谱参数、回归方程、拟合决定系数及标准误差（表 10－4），入选的波段为窄波段与宽波段并用，回归方程多表现为线性或近似线性关系，对表现较好且有代表性的回归方程散点图直观展示方程拟合效果（图 10－10）。通过多波段组合构造植被指数，可减少背景等噪声的影响，且包括不同波段的信息，可以提高对生化参数的预测效果。光谱参数 mND705、RI_{1dB}、OSAVI 和 MCARIa 等为不同形式植被指数，且均与氮含量关系密切，其中，以 mND705 和 ND705 为变量与叶片氮含量建立的回归方程表现最优，拟合决定系数（R^2）分别为 0.836 和 0.828，估计标准误差（SE）分别为 0.275 和 0.279。通过模拟宽光谱波段组合构造光谱参数，与叶片氮含量进行回归分析（表 10－4），方程拟合精度相对较低，其中，光谱参数 AVHRR－GVI 较好地表达与叶片氮含量间的关系，R^2 和 SE 分别为 0.786 和 0.315。红边包含丰富的光谱信息，通过对该区域特征光谱分析，优选出 7 个与叶片氮含量关系密切的光谱参数。红边面积和红边位置可以较好表达与叶片氮含量的关系，其中，光谱参数 FD729、REP_{LE} 和 SDr－SDb 与叶片氮含量间建立的回归方程较为有效，R^2 分别为 0.856、0.829 和 0.806，SE 分别为 0.271、0.278 和 0.295。

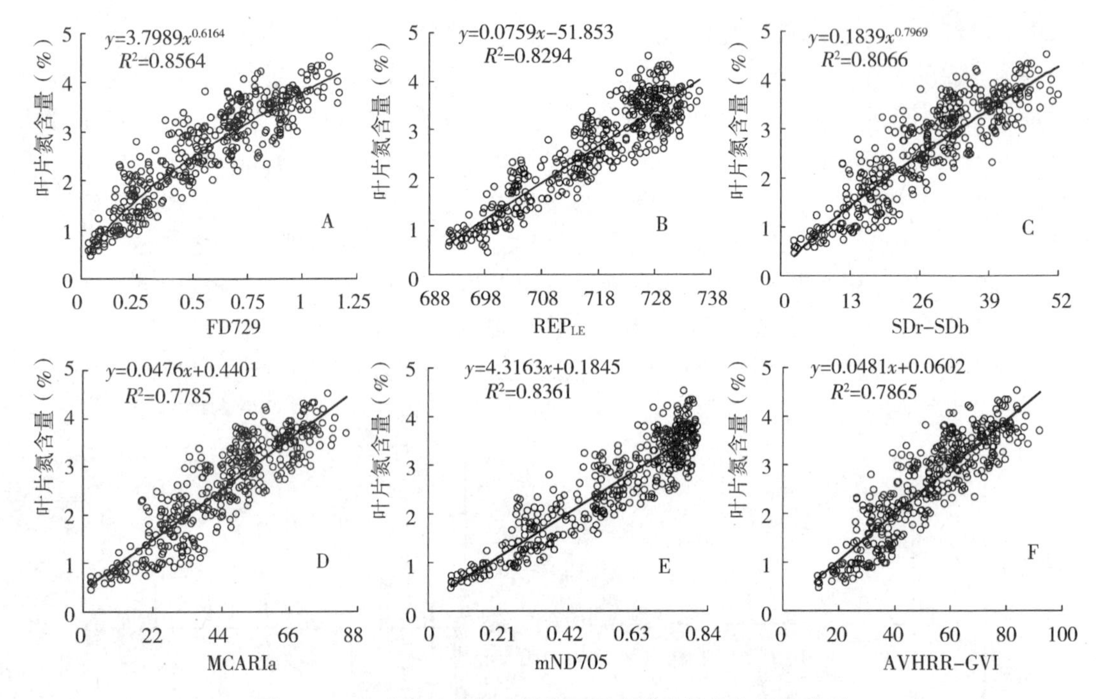

图 10－10　小麦叶片氮含量与不同光谱参数值之间的关系

表 10－4　小麦叶片氮含量与不同光谱参数的定量关系

参数类型	光谱参数	回归方程	R^2	SE
多波段组合	NDCI	$y=6.3579x-1.6934$	0.7863	0.312
	mND705	$y=4.3163x+0.1845$	0.8361	0.275
	ND705	$y=4.5595x+0.4003$	0.8285	0.279
	RI_{1dB}	$y=3.1719x-2.2302$	0.8057	0.296
	RDVI（800，670）	$y=0.5946x-0.1275$	0.7933	0.310
	MCARIa	$y=0.0476x+0.4401$	0.7785	0.345
	OSAVI	$y=0.4738e^{1.9422x}$	0.81036	0.287
	PRI	$y=-21.354x+3.2834$	0.8061	0.298
	DVI（810，680）	$y=0.1102x^{0.9317}$	0.7857	0.322
	TVI_{BL}	$y=0.0014x+0.3975$	0.7842	0.375
	GREEN－NDVI	$y=5.3958x^{1.5624}$	0.7962	0.289
模拟宽光谱波段组合	$VARI_{green}$	$y=3.7565x+1.7156$	0.7541	0.317
	MSS－DVI	$y=0.0837x+0.1689$	0.7642	0.333
	$MSS-PVI_L$	$y=0.1166x+0.1759$	0.7642	0.334
	AVHRR－GVI	$y=0.0481x+0.0602$	0.7865	0.315

续表

参数类型	光谱参数	回归方程	R^2	*SE*
红边及面积类参数	V_ Area672	$y=0.0253x+0.2734$	0.8091	0.295
	SDr	$y=0.134x^{0.8988}$	0.8039	0.330
	SDr - SDb	$y=0.1839x^{0.7969}$	0.8066	0.295
	SDr - SDy	$y=0.2602x^{0.7235}$	0.8067	0.309
	REP_{IG}	$y=0.1556x-108.53$	0.7808	0.320
	REP_{LE}	$y=0.0759x-51.853$	0.8294	0.278
	FD729	$y=3.7989x^{0.6164}$	0.8564	0.271

3. 小麦植株氮素积累动态的监测模型 农业生产中田间地力水平及管理措施的差异常导致作物个体与群体的异质性，从而影响谷物籽粒产量和品质形成。小麦氮素在开花前呈现高积累，灌浆开始植株氮素稳定输出再分配，可以同时影响小麦籽粒产量和蛋白质含量。因此，了解植株氮积累量的水平及动态变化，对评价作物氮素营养和生产能力、预测产量和品质均有重要意义。

（1）小麦植株及地上部氮积累量与光谱反射率的相关性：将两年度试验的所有生育时期的植株氮积累量和地上部氮积累量与对应的冠层光谱反射率进行总体相关分析（图 10 - 11）。在波长小于 727nm 和大于 1400nm 时，光谱反射率与氮积累量呈负相关，其中植株氮积累量在 530 ~ 710nm 相关系数存在一个较低的波谷（$r<-0.70$），此区域包括红谷，是由叶绿素 a/b 强烈吸收引起的，而地上部氮积累量的波谷表现则不明显，且相关性较差（$r>-0.35$）。在 760 ~ 1140nm 相关系数存在一个较高的平台，该区域光谱对叶面积和生物量反应敏感，由于植株氮素驱动叶面积等生物物理参数，因此植株氮积累量相关系数较高（$r>0.72$），而地上部氮积累量相关系数降低（$r>0.28$）。710 ~ 760nm 为一特殊区域，位于红边内，在 729nm 附近，相关系数迅速接近于零，且发生质的变化，该区域向长波方向移动，色素对光能的吸收逐渐减弱，而细胞结构对光的反射开始增强，至近红外波段区域冠层及叶片结构对光谱反射率反应最敏感。图

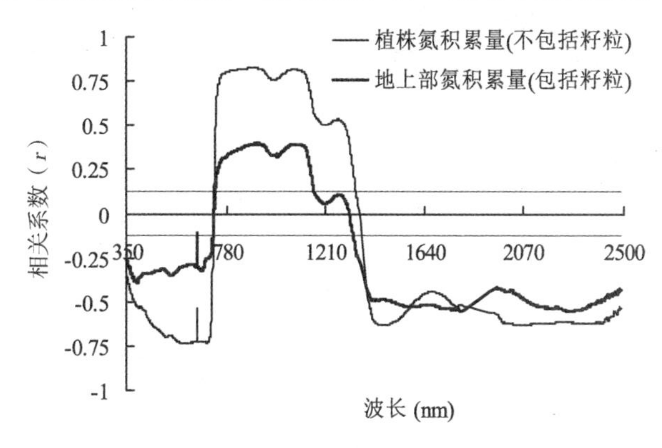

图 10 - 11 小麦植株和地上部氮积累量与冠层光谱反射率的相关性

10－11 显示，植株氮积累量与光谱的关系较地上部氮积累量显著提高。究其原因，冠层叶片对光谱影响最大，其次为穗壳和茎鞘，在灌浆期小麦籽粒体积小且被包裹在颖壳内部，其对冠层光谱变化的影响很小，但籽粒氮积累量却占整个地上部氮积累量的较大比重，且随灌浆进程比重迅速增加。因此，在灌浆期地上部氮积累量与冠层光谱的关系较差，相应地综合全生育期考察，地上部氮积累量与冠层光谱的相关性较植株氮积累量显著降低。

（2）小麦植株氮积累量与籽粒氮积累量的定量关系：植株氮积累量能很好地指示植株氮素营养状况，且开花后植株氮素再转运对籽粒灌浆的氮素供应具有较大作用，因此植株氮积累量高低与籽粒灌浆和产量形成关系密切。植株氮积累量（PNA）在开花期至特定日期的累加值（记作Σ）可通过积分获得，即为植株氮积累量随开花后天数的动态变化曲线与日期进程（天数）所围面积。积分累加值计算公式为（时间步长为 1d）：

$$\mathrm{CPNAI(A-S)} = \sum PNAs = \int_a^s PNA dt = \sum_a^s PNA_i \qquad (1)$$

公式中 CPNAI（A－S）为小麦开花期至某一特定日期的植株氮积累量积分累加值（记作ΣPNAs），a 和 s 分别为开花期和某一特定日期对应的开花后天数。综合 2 个田间试验的资料，对植株氮积累量和植株氮积累量积分累加值与对应日期籽粒氮积累量进行相关分析（表 10－5）。结果表明，不同时期植株氮积累量与籽粒氮积累量间相关系数均达显著水平，其中在灌浆前期最高，但将 4 个时期综合分析相关系数表现不显著（$r=-0.005$）。植株氮积累量积分累加值与籽粒氮积累量间相关系数在测定的所有时期均达显著水平，以灌浆中期表现最高，通过回归分析，发现不同时期斜率和截距存在较小差异，可以将 4 个时期试验资料综合分析，且相关系数显著提高，达 0.939，从而建立植株氮积累量积分累加值与籽粒氮积累量间的总体定量关系（图 10－12），方程拟合决定系数（R^2）为 0.883，估计标准误（SE）为 1.736。这表明，在籽粒灌浆期间保持植株氮素营养的高积累和稳定输出对提高籽粒氮积累量具有重要作用，通过对植株氮积累量随时间进程求积分累加值可以较好地指示籽粒氮素积累的动态变化。

表 10－5　小麦植株氮积累状况与籽粒氮积累量的相关系数

	灌浆前期	灌浆中期	灌浆后期	成熟期	所有时期
植株氮积累量 PNA	0.861	0.776	0.797	0.739	－0.005
植株氮积累量累加值ΣPNAs	0.794	0.868	0.858	0.851	0.939

注：$t_{0.01,200}=0.181$。

（3）小麦植株氮积累量与高光谱参数的关系：尽管植株氮积累量与冠层光谱反射率的关系表现较好，利用多种光谱分析技术构造不同形式的植被指数，能够进一步改善植株氮积累量的定量反演精度（表 10－6）。冠层光谱反映植被群体信息，包括茎、叶、穗及土壤背景光谱，又受大气吸收散射的影响，通过对冠层光谱数据求微分，可以减小背景噪声的影响，同时有效分解混合光谱。利用微分光谱技术衍生了许多与之

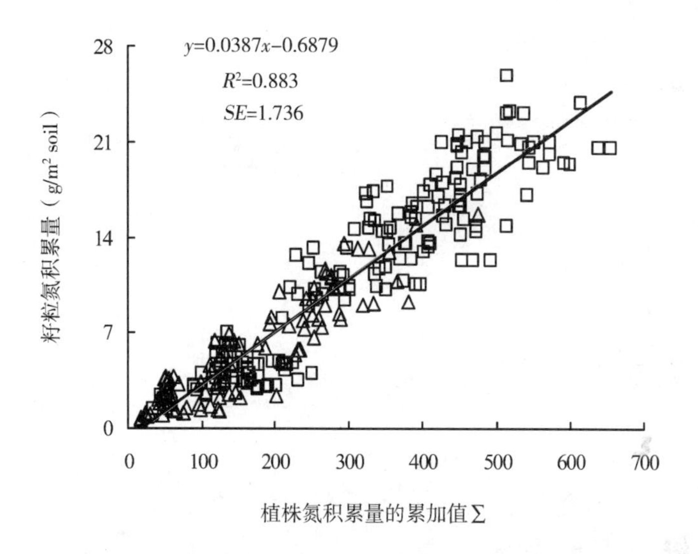

图10－12 小麦植株氮积累量积分累加值与籽粒氮积累量的关系

相关的光谱参数，通过植株氮积累量与光谱参数间相关分析，发现红蓝边面积比（SDr/SDb）和红蓝边振幅比（Dr/Db）作因变量，方程拟合效果较好，决定系数分别为0.824和0.810。尽管单个特征波段与植株氮积累量关系密切，但单波段包含的光谱信息简单且易受背景噪声的影响，与群体长势关系表现不稳定，而通过构造多种植被指数可以显著提高方程拟合效果。近红外平台和绿波段对对植株氮积累量反应敏感，通过两波段组合比值植被指数能够显著提高方程拟合效果，其中RVI（810，560）和GMI－1可以较好指示植株氮积累量。700～750nm为红边区域，光谱信息丰富，可以构造许多与植株氮积累量关系密切的植被指数，除SDr/SDb、Dr/Db、RVI（810，560）、GMI－1和SARVI（MSS）外，如表10－6所示的其他光谱参数。光谱参数间比较而言，以SDr/SDb、VOG2、VOG3、RVI（810，560）、（$R_{750-800}/R_{695-740}$）－1和Dr/Db表现最好，R^2大于0.810，SE小于2.52。选择2个表现较好的植被指数SDr/SDb和VOG2作散点图直观展示拟合方程对植株氮积累量的定量模拟效果（图10－13）。

表10－6 小麦植株氮积累量与不同光谱参数的定量关系

光谱参数	回归方程	R^2	SE
SDr/SDb	$y=0.9572x-1.0937$	0.824	2.43
VOG2	$y=-42.904x+1.4696$	0.820	2.46
VOG3	$y=-35.977x+1.806$	0.816	2.48
RVI（810，560）	$y=2.1048x-2.1067$	0.816	2.49
（$R_{750-800}/R_{695-740}$）－1	$y=8.5742x-0.0637$	0.814	2.50
Dr/Db	$y=2.028x-1.9423$	0.810	2.52
GMI－1	$y=2.6339x-3.1648$	0.793	2.63

续表

光谱参数	回归方程	R^2	SE
ZM	$y=4.5936x-3.3226$	0.782	2.70
VOG1	$y=13.229x-12.841$	0.773	2.76
mSR705	$y=4.5455x-1.2084$	0.771	2.77
RI-3dB	$y=9.7112x-9.1439$	0.774	2.76
RI-2dB	$y=14.774x-14.5$	0.767	2.79
SARVI (MSS)	$y=1.0107x+1.0167$	0.762	2.83

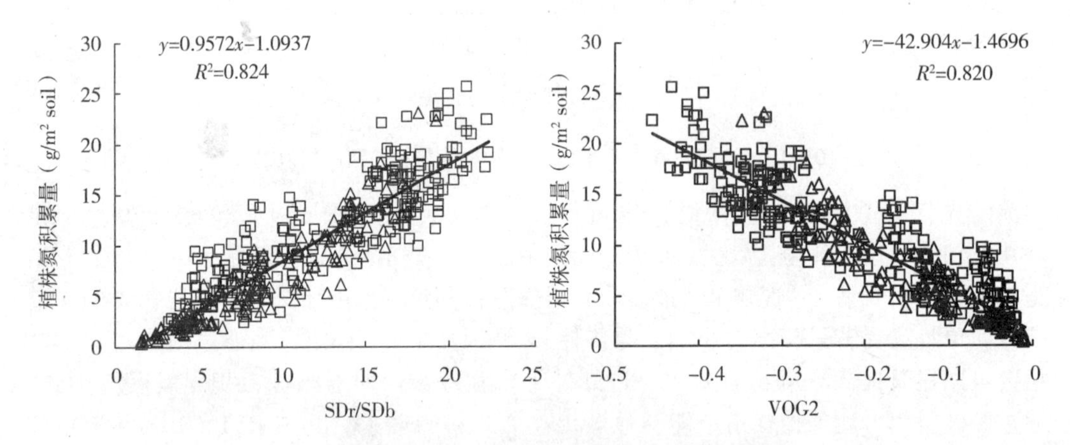

图 10-13 小麦植株氮积累量与光谱参数 SDr/SDb 和 VOG2 的关系

（4）小麦地上部氮积累量预测模型的构建与检验：由于植株氮积累量与籽粒氮积累量间存在显著的定量关系，同时植株氮积累量的光谱监测模型估算精度较高，因此以植株氮积累量为交接点，根据特征光谱参数—植株氮积累量—籽粒氮积累量这一技术路径，建立高光谱参数与小麦籽粒氮积累量间定量模型。其过程为：

籽粒氮积累量（*GNA*）与植株氮积累量（*PNA*）间定量关系：

$$GNA = a \times \sum_{a}^{s} PNA_i + b \tag{2}$$

植株氮积累量（*PNA*）与光谱植被指数（VI）间定量关系：

$$PNA = c \times VI + d \tag{3}$$

将式（3）代入式（2）中，建立光谱植被指数与小麦籽粒氮积累量间定量关系如下：

$$GNA = a \times \sum_{a}^{s} (c \times VI_i + d) + b \tag{4}$$

在小麦开花期及其以前时期，植株氮素积累即为地上部总氮积累量，因此在开花期以前地上部氮素积累状况可以通过式（3）求得。而在籽粒灌浆期间，地上部氮积累量则包括植株和籽粒两部分，通过对式（3）与式（4）求和，可得到小麦灌浆期地上部氮积累量（*ANA*）定量估算方程：

$$\text{ANA} = \text{PNA} + \text{GNA} = c \times VI + d + a \times \sum_{a}^{s} (c \times VI_i + d) + b \qquad (5)$$

利用对植株氮积累量反应敏感的光谱参数 SDr/SDb、VOG2、VOG3、RVI（810，560）、$(R_{750-800}/R_{695-740})-1$ 和 Dr/Db，建立植被指数与小麦地上部氮积累量间定量关系如表 10－7。利用独立试验数据对上述建立的方程分别进行验证，拔节后期至开花期检验样本数目为 120，灌浆期检验样本数目为 142，采用 R^2、*RMSE*、*RE* 和 *SLOPE* 指标进行检验，模型的预测能力如表 10－7 所示。结果表明，所选用的 6 个光谱参数模型检验结果给出的相对误差均小于 20%，表明模型可以较好监测地上部氮素积累量状况。比较而言，VOG2、VOG3 和$(R_{750-800}/R_{695-740})-1$ 建立的模型检验结果最好，预测误差（*RE*）为 15% 左右，而 RVI（810，560）和 Dr/Db 表现相对稍差。通过对拔节后期至开花期和籽粒灌浆期两个显著不同的生育阶段进行比较，在籽粒灌浆期模型检验给出的 R^2 相对较高，表明在籽粒灌浆生长阶段模型预测精度更高，而在拔节后期至开花期模型检验给出的 *SLOPE*（准确度）十分接近于理论值（1.0），显示在拔节后期至开花期生长阶段监测模型易于外推，适用于不同生产条件。

表 10－7　小麦地上部氮积累量回归模型及测试结果

时期	光谱参数(x)	回归模型	预测 R^2	预测 *RMSE*	预测 *RE*	预测 *SLOPE*
拔节期至开花期（$n=120$）	SDr/SDb	$y=0.957x-1.094$	0.774	2.578	0.167	1.013
	VOG2	$y=-42.90x+1.470$	0.791	2.449	0.155	0.920
	VOG3	$y=-35.977x+1.806$	0.803	2.453	0.156	1.029
	RVI(810,560)	$y=2.105x-2.107$	0.803	2.755	0.185	1.023
	$(R_{750-800}/R_{695-740})-1$	$y=8.574x-0.064$	0.802	2.427	0.155	1.003
	Dr/Db	$y=2.028x-1.942$	0.778	2.627	0.173	1.001
籽粒灌浆期（$n=142$）	SDr/SDb	$y=0.957x+0.0387\sum(0.957x-1.094)-1.782$	0.843	3.148	0.169	0.883
	VOG2	$y=-42.904x+0.0387\sum(-42.904x+1.470)+0.782$	0.868	2.881	0.150	0.892
	VOG3	$y=-35.977x+0.0387\sum(-35.977x+1.806)+1.118$	0.869	2.896	0.148	0.890
	RVI(810,560)	$y=2.105x+0.0387\sum(2.105x-2.107)-2.795$	0.824	3.101	0.170	0.899
	$(R_{750-800}/R_{695-740})-1$	$y=8.574x+0.0387\sum(8.574x-0.064)-0.752$	0.852	2.791	0.152	0.915
	Dr/Db	$y=2.028x+0.0387\sum(2.028x-1.942)-2.630$	0.814	3.369	0.191	0.887

以上结果表明，利用冠层光谱参数可以实时了解植株氮素积累状况，通过与特定时期确定的临界氮积累量比较，可以判断是否需要进行施肥调控。同时，根据遥感监测模型可以求得特定时期地上部氮积累量，参照目标产量小麦生长需求的最低需氮量，进而能够为氮肥施用量的确定提供依据。因此，在作物生产管理中，基于适时掌握作物长势和氮素状况，可以进行及时合理的氮素诊断与施肥调控。

4. 小麦籽粒蛋白质含量的监测模型 籽粒蛋白质含量是反映小麦籽粒品质的重要指标。近年来，遥感技术以其快速、无损及大面积等优势，在谷类作物品质的监测预报方面表现出良好的应用前景。小麦籽粒中蛋白质合成所需的氮素大部分来自开花前植株积累氮的再动员。因此，成熟期蛋白质含量与生长期植株氮素营养密切相关，基于开花期小麦氮素营养的遥感监测可为成熟期小麦籽粒蛋白质含量的定量预测提供技术途径。

（1）基于叶片氮素营养的籽粒蛋白质含量预测模型：综合两年度试验的观测资料，对成熟期籽粒蛋白质含量与各生育期反映植株氮素营养状况的主要指标叶片氮含量和氮积累量进行相关分析（表 10－8）。结果表明，不同时期叶片氮含量与籽粒蛋白质含量间相关性均达显著水平，其中开花期最高，灌浆后期最低，不同年份表现一致，在开花期和灌浆后期的相关系数分别为 0.821 和 0.512。比较而言，开花期至灌浆中期相关性最密切，其次为生长中前期，即拔节期至孕穗期，而在灌浆后期植株衰老，生理活性降低，此时籽粒接近蜡熟，叶片氮含量对籽粒蛋白质含量的促进效应相对较差。叶片氮积累量为叶片氮含量与绿色叶片干重的乘积，能够很好地反映植株营养状况和群体生长状态。表 10－8 表明，叶片氮积累量与籽粒蛋白质含量之间的关系在不同时期均表现密切，其中以灌浆前期和灌浆中期表现最好，其次为开花期，不同年份的趋势表现一致。进一步对不同年份叶片氮积累量和籽粒蛋白质含量进行回归分析，发现不同年份间斜率和截距存在一定差异，在灌浆前期和灌浆中期差异稍大，而在开花期差异较小。将 3 个独立试验的资料进行综合分析，发现相关系数以开花期最高（$r=0.842$），其次为孕穗期和灌浆前期。这表明在生长旺盛时期，即孕穗期至灌浆前期保持叶片氮素营养的高积累对提高籽粒蛋白质含量具有重要作用。

表 10－8　小麦叶片氮含量和积累量与成熟期籽粒蛋白质含量的相关系数

叶片氮指标	试验区	拔节期	孕穗期	开花期	灌浆前期	灌浆中期	灌浆后期
叶片氮含量 LNC	试验 1（$n=24$）	0.679	0.692	0.754	0.705	0.669	0.599
	试验 2（$n=36$）	0.641	0.689	0.800	0.674	0.765	0.637
	试验 3（$n=30$）	0.728	0.773	0.819	0.789	0.811	0.511
	试验 1～3（$n=90$）	0.724	0.703	0.821	0.747	0.794	0.512
叶片氮积累量 LNA	试验 1（$n=24$）	0.712	0.656	0.711	0.762	0.722	0.713
	试验 2（$n=36$）	0.496	0.714	0.749	0.763	0.718	0.705
	试验 3（$n=30$）	0.703	0.749	0.858	0.878	0.891	0.766
	试验 1～3（$n=90$）	0.764	0.812	0.843	0.807	0.754	0.791

注：$t_{0.05,24}=0.388$，$t_{0.05,30}=0.349$，$t_{0.05,36}=0.325$，$t_{0.05,90}=0.205$。

由于开花期叶片氮素营养与籽粒蛋白质含量关系密切，因而对开花期叶片氮素营养指标与籽粒蛋白质含量进行回归分析（图 10－14）。结果表明，叶片氮含量与籽粒蛋白质含量的线性回归关系在不同年份和试验间存在一定差异，试验 1 为低基础地力试验田，回归斜率较小，N_1 较 N_0 处理蛋白质含量并没有明显提高，甚至降低；将试验 1 所有施氮处理综合分析，回归斜率与试验 2 和试验 3 表现相近。叶片氮积累量与籽粒蛋白质含量间相关系数高于叶片氮含量，对叶片氮积累量与籽粒蛋白质含量进行回归分析，试验 2 和试验 3 回归斜率间差异较小，试验 1 回归斜率稍低，但差异不明显。因此，可以将 3 个试验资料综合进行回归分析，从而有效建立叶片氮素营养指标与籽粒蛋白质含量间的总体定量关系。

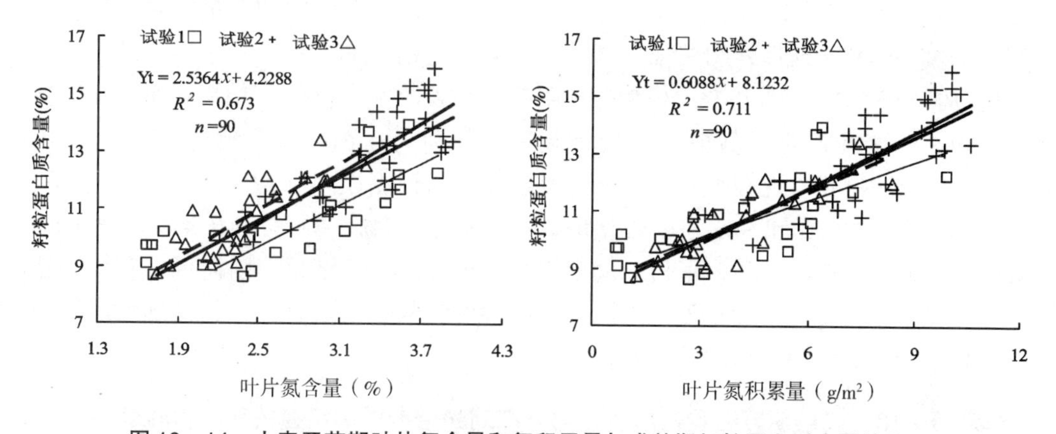

图 10－14　小麦开花期叶片氮含量和氮积累量与成熟期籽粒蛋白质含量的关系

（2）小麦叶片氮素营养状况的高光谱监测模型：以特征光谱及波段和已见报道的植被指数为基础，综合 2 个不同年份和不同时期（除成熟期外所有测定时期）的小麦叶片氮含量和积累量与冠层光谱参数进行相关回归分析，对表现较好的光谱指数、拟合回归方程、决定系数及标准误差进行综合评定（表 10－9）。与叶片氮含量关系最密切的光谱参数为 mND705、REPle 和 λo，其中以 λo 参数为变量建立的回归方程在叶片氮含量达到较高水平时存在一定程度的饱和；而以 mND705 和 REPle 为变量与叶片氮含量建立的回归方程均表现较好，拟合决定系数（R^2）分别为 0.831 和 0.828，估计标准误差（*SE*）分别为 0.405 和 0.409。叶片氮积累量包括叶片氮含量和叶片重量双重信息，更有效地反映小麦群体状态。利用微分技术衍生获得许多与之相关的光谱参数，其中利用红蓝边面积比和 742nm 处一阶微分作变量，与叶片氮积累量间方程拟合效果较好，R^2 分别为 0.850 和 0.873，*SE* 分别为 1.11 和 1.06。

（3）籽粒蛋白质产量光谱法预测模型及检验：由于叶片氮含量和氮积累量与籽粒蛋白质含量间存在显著的定量关系，而叶片氮含量和氮积累量的光谱法监测模型具有较高的估算精度，因此可以利用特征光谱参数来间接预测成熟期小麦籽粒蛋白质含量。为了实现小麦籽粒蛋白质含量的遥感预测，根据特征光谱参数—叶片氮素营养—籽粒蛋白质含量这一技术路径，以叶片氮素营养为交接点将基于植株氮素营养的籽粒蛋白质含量预测模型和基于高光谱遥感的植株氮素素营养监测模型进行链接，建立了基于开花期高光谱参数的小麦籽粒蛋白质含量预测模型，表10－10为开花期高光谱参数

表 10-9 小麦叶片氮含量和积累量与最佳光谱参数的定量关系及检验效果

氮素指标 (y)	光谱参数 (x)	回归方程	拟合精度 R^2	标准误 *SE*	预测精度 R^2	均方根差 *RMSE*	相对误差 *RE*
LNC	mND705	$y=4.3004x+0.2034$	0.831	0.405	0.695	0.453	0.165
	REPle	$y=0.0759x-51.807$	0.828	0.409	0.752	0.430	0.144
LNA	FD742	$y=10.262x+0.0411$	0.873	1.06	0.872	0.868	0.141
	SDr/SDb	$y=0.4987x-1.1543$	0.850	1.11	0.828	0.973	0.152

mND705、REPle、FD742 和 SDr/SDb 与成熟期籽粒蛋白质含量间的定量关系。为了考察模型的可靠性和普适性，利用独立试验资料对上述建立的方程分别进行验证，采用 *RMSE*、*RE* 和 R^2 指标进行检验，模型的预测能力如表10-10 所示。结果显示，光谱参数 mND705 和 REPle 的预测精度（R^2）较高，分别为 0.616 和 0.585；而 *RMSE* 以 mND705 和 SDr/SDb 表现较低；4 个光谱参数模型的预测误差（*RE*）均达较高水平，其中 mND705、FD742 和 SDr/SDb 模型的 *RE* 分别为 8.2%、8.4% 和 7.4%。总体上，mND705、REPle、FD742 和 SDr/SDb 模型均给出很好的检验结果，因而可以利用开花期关键光谱参数对不同氮素水平下不同类型品种的籽粒蛋白质含量进行准确可靠的预测，尤以 mND705 模型的预测效果最好。

表 10-10 成熟期籽粒蛋白质含量与开花期光谱参数的定量关系及检验效果

光谱参数 (x)	回归方程	实测值与预测值的符合度		
		R^2	*RMSE*	*RE*
mND705	$y=10.9075x+4.7447$	0.616	1.019	0.082
REPle	$y=0.1925x-125.348$	0.585	1.617	0.122
FD742	$y=6.2475x+8.1482$	0.504	1.266	0.084
SDr/SDb	$y=0.3036x+7.4205$	0.521	1.035	0.074

5. 小麦籽粒蛋白质积累动态的监测模型 籽粒蛋白质积累量为籽粒蛋白质含量和籽粒重量的乘积，是表征籽粒蛋白质性状的又一个重要指标。前人相关研究多侧重于对成熟期籽粒蛋白质状况的评价，但仅利用单一生育期光谱信息。其中包含的作物信息量不够丰富，不能反映籽粒生长动态变化。从籽粒充实和蛋白质积累的生理角度分析，灌浆期间任一时段植株生长好坏均显著影响籽粒蛋白质积累，因此理想的预测模型应包括籽粒灌浆期任何时段作物长势信息，反映籽粒生长和蛋白质形成的变化趋势。通过对小麦籽粒蛋白质形成进程的动态监测，为小麦生产管理和品质分级提供可靠的关键技术，对于指导生育后期区域施肥，以稳定提高小麦品质也具有指导意义。

（1）小麦氮素营养与籽粒蛋白质积累动态的关系：综合 2 个田间试验的观测资料，对叶片氮素含量、LNA 和 LANI 与灌浆期间籽粒蛋白质积累量进行相关分析（表 10-

11)，不同时期不同形式叶片氮素营养指标与籽粒蛋白质积累量间相关性在测定的所有时期均达显著水平，但通过回归分析，发现不同时期斜率和截距存在较大差异，将灌浆期3次试验资料综合分析，相关系数则表现不显著。LNA能很好地指示氮素营养状况，且开花后植株氮素再转运对籽粒蛋白质形成具有较大作用，因此植株氮积累量高低与籽粒蛋白质状况关系密切。与叶片氮素营养指标相似，植株氮积累量与籽粒蛋白质积累量间相关性在测定的所有时期均达显著水平，但将3次灌浆期的数据综合分析相关系数表现不显著。这表明直接利用冠层氮素营养指标很难预测籽粒蛋白质积累动态。

表10-11 小麦冠层氮素营养状况与籽粒蛋白质积累量的相关系数

指标	灌浆前期 ($n=68$)	灌浆中期 ($n=68$)	灌浆后期 ($n=68$)	整个灌浆期 ($n=204$)	开花至成熟期 ($n=272$)
LNC	0.638**	0.742**	0.488**	-0.240**	—
LNA	0.860**	0.842**	0.801**	-0.039	—
LANI	0.838**	0.838**	0.778**	-0.034	—
PNA	0.861**	0.887**	0.886**	0.075	—
ΣLNC	0.623**	0.844**	0.837**	0.885**	0.914**
ΣLNA	0.769**	0.913**	0.922**	0.911**	0.928**
ΣLANI	0.752**	0.891**	0.907**	0.895**	0.914**
ΣPNA	0.775**	0.909**	0.927**	0.919**	0.930**

注：**，在0.001水平上显著；LNC，叶片氮含量；LNA，叶片氮积累量；LANI，叶面积氮指数；PNA，植株氮积累量；ΣLNC，叶片氮含量的累加值；ΣLNA，叶片氮积累量的累加值；ΣLANI，叶面积氮指数的累加值；ΣPNA，植株氮积累量的累加值。

进一步对冠层氮素营养指标的积分累加值与对应日期籽粒蛋白质积累量进行相关分析（表10-11），结果表明，灌浆期间不同测定日期冠层氮素营养指标的积分累加值与籽粒蛋白质积累量间相关系数在测定的所有时期均达显著水平，以灌浆后期表现最高，灌浆前期稍差。通过回归分析，发现不同时期间斜率和截距存在较小差异；将灌浆期的3次测试资料综合分析，相关系数依然极显著；把灌浆期和成熟期4次测试资料综合分析，相关系数进一步提高，从而可以建立冠层氮素营养指标的积分累加值与籽粒蛋白质积累量间的总体定量关系。进一步回归分析还发现，利用叶片氮含量的积分累加值作为预测指标，籽粒蛋白质积累量在20~60g/m^2时明显偏离拟合曲线，而利用其他冠层氮素指标的积分累加值预测籽粒蛋白质积累动态效果很好（图10-15）。

（2）小麦冠层氮素营养指标与高光谱参数的关系：以特征光谱及已见报道的多种植被指数为基础，综合不同年份和生育时期的小麦氮素营养指标与冠层光谱参数分别进行相关回归分析，其中SDr/SDb表现较好，对叶面积氮指数、叶片氮积累量及植株氮积累量方程拟合均表现很好，决定系数（R^2）分别为0.918、0.850和0.824，方程估计标准误差（SE）分别为2.97、1.11和2.43。这表明小麦拔节至灌浆后期冠层氮素营养状况动态化可以使用统一的光谱指数SDr/SDb来表达（图10-16）。

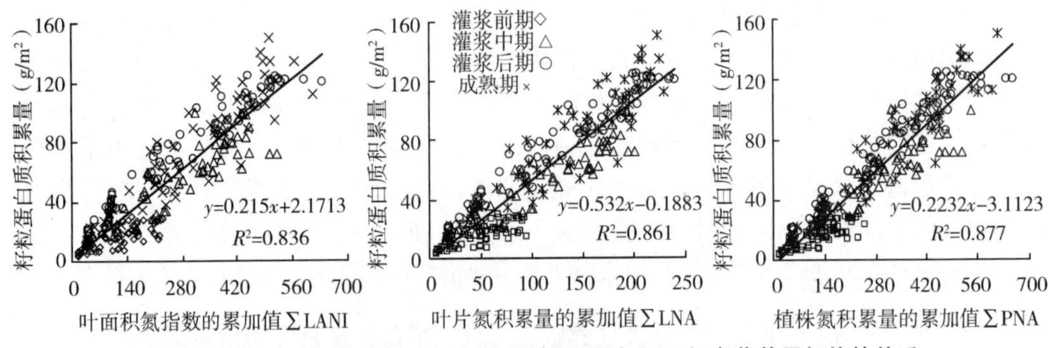

图 10－15　小麦籽粒生长过程中蛋白质积累量与冠层氮素营养累加值的关系

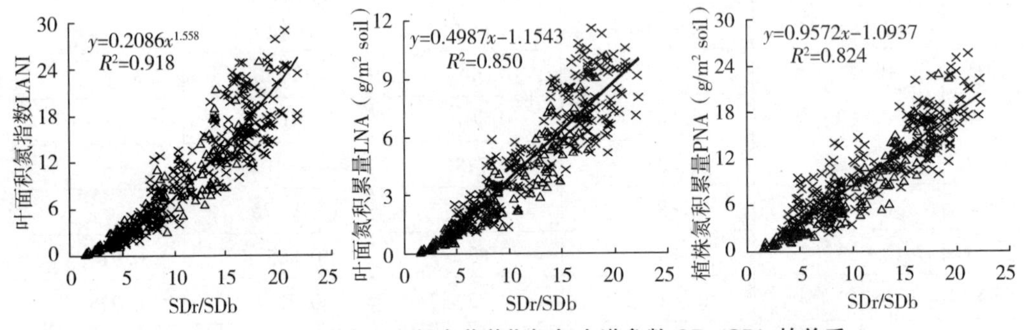

图 10－16　小麦冠层氮素营养指标与光谱参数 SDr/SDb 的关系

（3）小麦灌浆期籽粒蛋白质积累动态监测模型的建立及检验：由于冠层氮素营养的累加值与籽粒蛋白质积累量间存在显著的定量关系，同时冠层氮素营养的光谱监测模型估算精度较高。因此以冠层氮素营养为交接点，根据特征光谱参数—冠层氮素营养—籽粒蛋白质积累量这一技术路径，将以上两套模型有机链接，建立高光谱参数与小麦籽粒蛋白质积累动态间定量模型。其过程为：

籽粒蛋白质积累量（GPA）与冠层氮素营养指标（CNNI）间定量关系：

$$GPA = a \times \sum_{A}^{S} CNNI_i + b \tag{1}$$

冠层氮素营养指标（CNNI）与光谱植被指数（VI）间定量关系：

$$CNNI = c \times VI + d \text{ 或 } CNNI = c \times VI^d \tag{2}$$

将式（2）代入式（1）中，建立光谱植被指数与小麦籽粒蛋白质积累量间定量关系：

$$GPA = a \times \sum_{A}^{S} (c \times VI_i + d) + b \text{ 或 } GPA = a \times \sum_{A}^{S} (c \times VI_i d) + b \tag{3}$$

利用对冠层氮素营养指标反应敏感的光谱参数 SDr/SDb，建立植被指数与小麦籽粒蛋白质积累量间的定量关系。为了考察模型的可靠性和普适性，利用独立试验数据对基于不同路径模型建立的监测方程分别进行验证，模型的预测能力如表 10－12 所示。结果表明，SDr/SDb－LANI－GPA 路径模型在花后 7d 和 14d 预测误差大于 20%，尽管在花后 21d 平均预测效果较好（$RE < 20\%$），但误差大于 20% 的检验样本比例为 33%，而花后 28d 及成熟期预测误差较小且大于 20% 的检验样本比例也很少。这表明 SDr/SDb－LANI－GPA路径模型只能有效预测灌浆后期的籽粒蛋白质积累量状况。SDr/

SDb – LNA – GPA 模型在花后 7d、14d 以及 21d 预测结果较差，仅在花后 28d 和成熟期误差小于 20%，但误差大于 20% 的样本比例较高。SDr/SDb – PNA – GPA 模型在灌浆进程中的不同测定日期及成熟期均给出理想的测试结果，且随籽粒灌浆进程的推进预测误差减小，成熟期预测误差为 9%，籽粒灌浆的不同阶段预测误差大于 20% 的样本比例均较低，花后 7d 至成熟期平均预测误差为 13.1%，预测精度达 0.957。这表明该路径模型能很好预测小麦灌浆期籽粒蛋白质积累动态（图 10 – 17）。

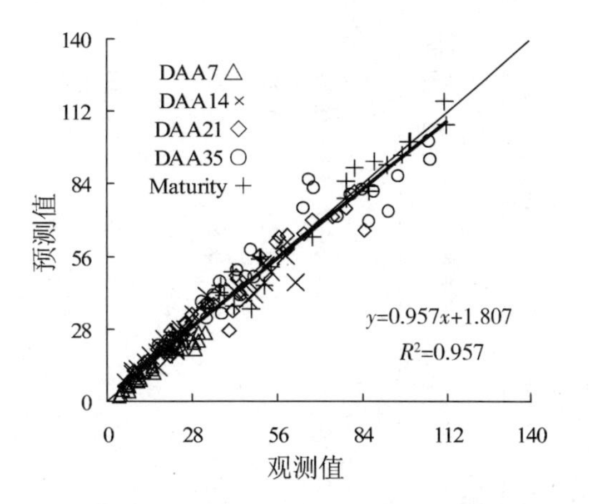

图 10 – 17　基于 SDr/SDb – PNA – GPA 模型的小麦籽粒蛋白质积累量预测值与实测值间比较

由表 10 – 12 还可看出，生育时期、氮素水平和品种类型对蛋白质积累动态模型预测和检验具有重要影响。随籽粒灌浆进程的推进预测误差呈减小趋势，同时误差大于 20% 的样本比例也降低。在低氮水平下预测误差偏大，误差大于 20% 的样本比例较高，而在高氮条件下预测误差较好，误差大于 20% 的样本比例减少。比较而言，高蛋白类型品种预测误差较小，误差大于 20% 的样本比例也较低，而低蛋白类型品种则相反。这表明蛋白质积累动态模型对高施氮条件下高蛋白类型品种在灌浆中后期预测效果较好，其中以 SDr/SDb – PNA – GPA 路径模型表现最突出。

6. 小麦产量的监测模型　小麦产量高低直接关系到国家粮食安全，无损准确早期预报小麦产量对于指导农业生产、粮食供需平衡及农业政策制定等具有重要意义。目前农作物估产主要有抽样调查、气象预报模型、农学模型、模拟模型和遥感估产模型，其中遥感模型能够低成本大面积宏观全面评价作物产量变异状况，以客观、定量、准确预报产量等优点受到各国农业科学家的广泛重视。

（1）叶片氮素营养指标与籽粒产量定量关系：叶片是光合作用的主要器官，叶片氮含量与光合生理活性密切相关，叶片重量与叶片氮含量的乘积定义为叶片氮积累量（LNA），同时将叶面积指数（LAI）与叶片氮含量的乘积定义为叶面积氮指数（LANI）。因此，叶片氮含量、叶片氮积累量及叶面积氮指数可作为不同表达形式的叶片氮素营养指标。综合 2 年田间试验的资料，对叶片氮素营养指标与成熟期籽粒产量进行相关分析，不同时期不同形式叶片氮素指标与籽粒产量间相关性均达显著水平，经回归分析，对数函数拟合效果最好，现以叶片氮含量和叶片氮积累量及叶面积氮指数与产量间对数决定系数（R^2）来表示叶片氮素营养指标与成熟期籽粒产量间的关系（表 10 – 13）。不同表达形式的叶片氮素营养指标在拔节期至成熟期的累加值（Cumulative value，记作 Σ）可通过积分获得，即为叶片氮素营养指标随出苗后天数的动态变化曲线与生育进程（天数）所围面积。计算公式为（时间步长为 1d）：

$$\mathrm{CLNI}(b-m) = \int_j^n LNIdt = \sum_j^n LNI_i$$

表 10-12　基于不同模型的小麦籽粒蛋白质积累量预测值与实测值间相对误差

指标	SDr/SDb-LANI-GPA			SDr/SDb-LNA-GPA			SDr/SDb-PNA-GPA		
	相对误差（*RE*）	变幅	误差大于0.2的比例	相对误差（*RE*）	变幅	误差大于0.2的比例	相对误差（*RE*）	变幅	误差大于0.2的比例
生育时期									
花后7d	0.297	0.02～0.47	0.57	0.262	0.01～0.54	0.43	0.169	0.01～0.30	0.27
花后14d	0.243	0.01～0.45	0.57	0.296	0.01～0.63	0.60	0.144	0.01～0.26	0.23
花后21d	0.183	0.01～0.34	0.33	0.249	0.01～0.49	0.53	0.131	0.01～0.26	0.17
花后28d	0.129	0.01～0.32	0.13	0.188	0.01～0.35	0.33	0.122	0.01～0.24	0.13
成熟期	0.112	0.01～0.23	0.13	0.166	0.01～0.28	0.37	0.09	0.01～0.25	0.10
整个灌浆期	0.193	0.01～0.47	0.34	0.232	0.01～0.63	0.45	0.131	0.01～0.30	0.18
氮素水平									
N1（0kg/hm^2）	0.233	0.14～0.30	0.67	0.223	0.14～0.31	0.50	0.186	0.13～0.23	0.33
N2（75kg/hm^2）	0.208	0.15～0.30	0.50	0.285	0.12～0.38	0.67	0.153	0.07～0.22	0.17
N3（150kg/hm^2）	0.159	0.13～0.23	0.33	0.256	0.16～0.32	0.67	0.126	0.06～0.19	0.00
N4（225kg/hm^2）	0.192	0.10～0.24	0.33	0.229	0.12～0.26	0.50	0.092	0.07～0.14	0.00
N5（300kg/hm^2）	0.172	0.08～0.22	0.33	0.168	0.10～0.24	0.17	0.100	0.06～0.17	0.00
品种类型									
低蛋白含量品种	0.196	0.13～0.26	0.50	0.240	0.17～0.26	0.67	0.156	0.10～0.21	0.17
中蛋白含量品种	0.200	0.14～0.25	0.33	0.257	0.19～0.32	0.67	0.122	0.08～0.17	0.00
高蛋白含量品种	0.166	0.12～0.23	0.17	0.212	0.15～0.28	0.50	0.113	0.06～0.16	0.00

表 10－13 叶片氮含量和积累量及叶面积氮指数与产量间的对数决定系数

叶片氮指标	试验区	拔节期	孕穗期	抽穗期	开花期	灌浆前期	灌浆中期	灌浆后期	累加值Σ
叶片氮含量 LNC	试验 1 ($n=24$)	0.829	0.919	0.855	0.925	0.878	0.814	0.778	0.952
	试验 2 ($n=36$)	0.778	0.755	–	0.787	0.775	0.781	0.671	0.855
	试验 1～2 ($n=60$)	0.825	0.592	–	0.752	0.764	0.804	0.546	0.915
叶片氮积累量 LNA	试验 1 ($n=24$)	0.823	0.956	0.943	0.957	0.966	0.911	0.925	0.986
	试验 2 ($n=36$)	0.868	0.883	–	0.895	0.881	0.870	0.654	0.905
	试验 1～2 ($n=60$)	0.894	0.891	–	0.897	0.930	0.905	0.889	0.957
叶面积氮指数 LANI	试验 1 ($n=24$)	0.801	0.944	0.933	0.954	0.965	0.912	0.928	0.982
	试验 2 ($n=36$)	0.784	0.918	–	0.924	0.883	0.883	0.676	0.918
	试验 1～2 ($n=60$)	0.865	0.898	–	0.916	0.935	0.912	0.899	0.961

注：$r_{0.05,24}=0.388$，$r_{0.05,36}=0.325$，$r_{0.05,60}=0.250$。

公式中 CLNI（$b-m$）为小麦拔节期至成熟期的叶片氮素指标（LNI）累积值，j 和 n 分别为拔节期和成熟期对应的出苗后天数。

由表 10－13 可知，叶片氮含量与产量间对数决定系数（R^2）在灌浆后期最低，而以拔节期至成熟期的累积值表现最高，在 2 年试验中对数决定系数分别为 0.546 和 0.915，而在灌浆前期决定系数仅为 0.764，因此叶片氮含量在拔节期至成熟期的累加值对籽粒产量反应敏感。叶片氮积累量包含叶片氮含量与绿叶片重量双重信息，能够很好地反映植株营养状况和群体生长状态。表 10－13 表明，叶片氮积累量与不同年份籽粒产量的关系均表现密切，综合 2 年资料综合分析，以灌浆前期和拔节期至成熟期的累加值表现最好，对数决定系数分别为 0.930 和 0.957。绿叶面积的大小和叶片氮含量与光合作用密切，因此叶面积氮指数在籽粒产量形成过程中具有重要作用。表 10－13 显示，叶面积氮指数与籽粒产量相关性很好，在 2 年试验中以灌浆前期和拔节期至成熟期的累加值表现最好，对数决定系数分别为 0.935 和 0.961。这表明，植株氮素营养指标在拔节期至成熟期的累加值包含多个生育时期的作物生长信息，更能有效反映植株生长状况和产量形成生物学效应，因此与成熟期籽粒产量的关系最密切。比较而言，叶面积氮指数表现最好，其次为叶片氮积累量，而叶片氮含量表现稍差。定量方程为：

$$\mathrm{Yield}(\mathrm{kg/ha^2}) = 2979.2\mathrm{Ln}(\mathrm{LANI_{IF}}) - 118.38 \qquad R^2 = 0.935$$

$$\mathrm{Yield}(\mathrm{kg/ha^2}) = 3069.5\mathrm{Ln}(\mathrm{LNA_{IF}}) + 2252 \qquad R^2 = 0.930$$

$$\mathrm{Yield}(\mathrm{kg/ha^2}) = 6647\mathrm{Ln}(\sum \mathrm{LNC}) - 30394 \qquad R^2 = 0.915$$

$$\mathrm{Yield}(\mathrm{kg/ha^2}) = 2808\mathrm{Ln}(\sum \mathrm{LANI}) - 12108 \qquad R^2 = 0.961$$

$$\mathrm{Yield}(\mathrm{kg/ha^2}) = 3043.7\mathrm{Ln}(\sum \mathrm{LNA}) - 11041 \qquad R^2 = 0.957$$

其中，$\mathrm{LANI_{IF}}$和 $\mathrm{LNA_{IF}}$分别表示叶面积氮指数和叶片氮积累量在灌浆前期的数值，

$\sum$LNC、$\sum$LANI 和 $\sum$LNA 分别表示叶片氮含量、叶面积氮指数和叶片氮积累量在拔节期至成熟期的累积值。

（2）小麦叶片氮素营养状况的高光谱监测模型：综合不同年份 2 个试验和不同时期的小麦叶片氮含量、氮积累量和叶面积氮指数与冠层光谱参数进行相关回归分析，对表现较好的光谱指数、拟合方程、决定系数（R^2）及估计标准误差（*SE*）进行综合评定（表 10 – 14）。与氮含量关系最密切的光谱参数为 mND705 和 REPle，拟合精度 R^2 分别为 0.831 和 0.828，*SE* 分别为 0.405 和 0.409。利用微分技术构造的光谱参数红蓝边面积比（SDr/SDb）和 742nm 处一阶微分（FD742）作变量，与叶片氮积累量间方程拟合效果较好，R^2 分别为 0.850 和 0.873，*SE* 分别为 1.113 和 1.059。叶面积氮指数包含群体叶片面积和叶片氮含量等多重信息，SDr/SDb 和 FD755 对叶面积氮指数反应敏感，方程拟合 R^2 分别为 0.918 和 0.847，*SE* 分别为 2.974 和 2.882，而以与叶绿素相关的光谱参数 VOG2 和（$R_{750-800}/R_{695-740}$）–1 为变量与叶面积氮指数建立回归方程也表现较好，拟合 R^2 分别为 0.828 和 0.914，*SE* 分别为 3.013 和 3.015。现将 LNC、LNA 及 LANI 与部分冠层光谱特征参数的定量关系做散点图直观展示方程拟合效果（图 10 – 18）。

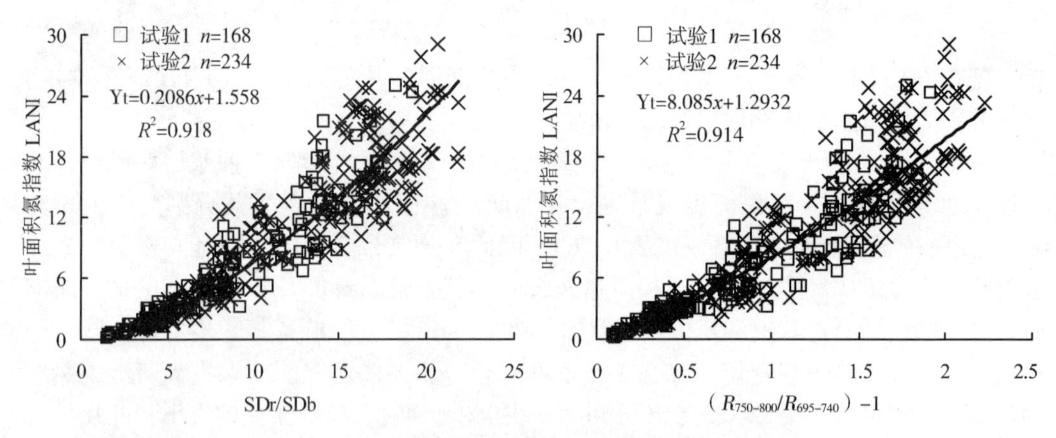

图 10 – 18　小麦叶面积氮指数与关键光谱参数的关系

利用独立田间试验数据对上述的优选方程分别进行验证（表 10 – 14），采用预测精度（R^2）、均方根差（*RMSE*）和相对误差（*RE*）进行检验。结果表明，以 REPle 和 mND705 为变量建立叶片氮含量监测模型，模拟值与观测值间拟合决定系数 R^2 分别为 0.752 和 0.695，*RMSE* 分别为 0.430 和 0.453，*RE* 分别为 14.4% 和 16.4%，比较而言，以 REPle 参数预测效果更好。考察模型对叶片氮积累的预测效果，以 FD742 和 SDr/SDb 为变量建立监测模型，预测 R^2 分别为 0.872 和 0.828，*RMSE* 分别为 0.868 和 0.973，*RE* 分别为 14.1% 和 15.2%，两参数比较，FD742 效果较好。光谱参数 SDr/SDb 和 FD755 为变量建立叶面积氮指数监测模型，预测 R^2 分别为 0.833 和 0.871，*RMSE* 分别为 2.449 和 2.083，*RE* 分别为 18.8% 和 18.3%；以 VOG2 和（$R_{750-800}/R_{695-740}$）–1 为变量建立叶面积氮指数监测模型，模拟值与观测值间拟合 R^2 分别为 0.880 和 0.871，*RMSE* 分别为 2.089 和 2.085，*RE* 分别为 17.5% 和 18.0%。这些结果显示，利用关键的高光谱参数，可以对小麦群体叶片的氮素营养状况进行有效的定量

动态监测。

表 10－14　叶片氮含量和积累量及叶面积氮指数与最佳光谱参数的定量关系及模型测试结果

氮素指标（y）	光谱参数（x）	回归方程	拟合精度 R^2	标准误 SE	预测精度 R^2	均方根差 $RMSE$	相对误差 RE
LNC	mND705	$y=4.3004x+0.2034$	0.831	0.405	0.695	0.453	0.165
	REPle	$y=0.0759x-51.807$	0.828	0.409	0.752	0.430	0.144
LNA	FD742	$y=10.262x+0.0411$	0.873	1.059	0.872	0.868	0.141
	SDr/SDb	$y=0.4987x-1.1543$	0.850	1.113	0.828	0.973	0.152
LANI	VOG2	$y=-55.226x-0.0512$	0.828	3.013	0.880	2.089	0.175
	$(R_{750-800}/R_{695-740})-1$	$y=8.085x^{1.2932}$	0.914	3.015	0.871	2.085	0.180
	SDr/SDb	$y=0.2086x^{1.558}$	0.918	2.974	0.833	2.449	0.188
	FD755	$y=61.827x+0.5032$	0.847	2.882	0.871	2.083	0.183

（3）籽粒产量光谱法预测模型的组建及检验：由于叶片氮素营养指标与成熟期籽粒产量间存在显著的定量关系，而叶片氮含量和氮积累量及叶面积氮指数的光谱法监测模型估算精度较高。其定量方程表达式为：

$$Yield = a \times \ln(LNI) + b \text{ 和 } Yield = a \times \ln(\sum_{j}^{n} LNI_i) + b$$

$$LNI = c \times VI + d \text{ 或 } LNI = c \times VI^d$$

根据特征光谱参数—叶片氮素营养—籽粒产量这一技术路径，以叶片氮素营养为交接点，将模型有机链接，组建两套单产回归模型如下：

①基于灌浆前期光谱指数的产量预测模型：

$$Yield = a \times \ln(c \times VI + d) + b \text{ 或 } Yield = a \times \ln(c \times VI^d) + b$$

②基于拔节期至成熟期光谱指数累积值的产量预测模型：

$$Yield = a \times \ln[\sum_{j}^{n}(c \times VI + d)_i] + b \text{ 或 } Yield = a \times \ln[\sum_{j}^{n}(c \times VI^d)_i] + b$$

为了考察模型的可靠性和普适性，利用独立试验数据对上述建立的方程进行验证，模型预测能力如表 10－15。结果表明，VOG 2－LANI－Yield 和（$R_{750-800}/R_{695-740}$）－1－LANI－Yield 路径模型给出的相对误差大于 20%，表明灌浆前期光谱指数 VOG2 和（$R_{750-800}/R_{695-740}$）－1 不能较好预测成熟期籽粒产量状况。以叶片氮含量为交接点的 ∑REPle－∑LNC－Yield 和 ∑mND705－∑LNC－Yield 路径模型预测值与观察值间存在较大误差，RE 远大于 20%，这显示以叶片氮含量为交接点的光谱法产量预测模型检验效果较差。究其原因，是生产中存在个体生长与群体质量不协调现象，两生长季间试验的产量存在显著差异。利用灌浆前期关键光谱指数对产量预测，除 VOG2 和（$R_{750-800}/R_{695-740}$）－1 外，基于其他关键光谱参数以叶片氮积累量和叶面积氮指数为交接点的路径模型均能够给出满意的检验结果。比较而言，以叶面积氮指数为交接点的路径模型效果更好，其中 FD755 –LANI –Yield 路径模型表现最好。考察基于拔节期至成熟期特征光谱指数累积值的产量预测模型检验效果，除∑FD755 –∑LANI –Yield 路径模型检验结果稍差外（*RE* =18.2%），其他以叶片氮积累量和叶面积氮指数为交接点的路径模型均给出较好检验结果，相对误差（*RE*）为13%～15%。因此可以利用灌浆前期关键光谱指数或拔节期至成熟期特征光谱参数的累积值对不同年度、类型品种和氮素水平条件下籽粒产量进行准确可靠预测。比较而言，基于拔节期至成熟期特征光谱指数累积值的产量预测模型可供选择的光谱参数及路径模型更多，结果较稳定。

表 10 –15　成熟期籽粒产量回归模型测试结果

	技术路径	R^2	*RMSE*	*RE*
灌浆前期（*n* =110）	FD742 –LNA –Yield	0.840	28.24	0.173
	SDr/SDb –LNA –Yield	0.849	30.18	0.193
	VOG2 –LANI –Yield	0.844	33.13	0.228
	$(R_{750-800}/R_{695-740})-1$ –LANI –Yield	0.844	31.03	0.203
	SDr/SDb –LANI –Yield	0.852	26.46	0.138
	FD755 –LANI –Yield	0.847	24.75	0.116
拔节期至成熟期累积值（*n* =84）	∑mND705 –∑LNC –Yield	0.754	42.52	0.326
	∑REPle –∑LNC –Yield	0.758	44.83	0.374
	∑FD742 –∑LNA –Yield	0.803	26.78	0.135
	∑SDr/SDb –∑LNA –Yield	0.815	25.45	0.136
	∑VOG2 –∑LANI –Yield	0.810	25.34	0.130
	$\sum(R_{750-800}/R_{695-740})-1$ –∑LANI –Yield	0.796	26.07	0.136
	∑SDr/SDb –∑LANI –Yield	0.807	27.93	0.151
	∑FD755 –∑LANI –Yield	0.736	31.02	0.182

7. 小麦籽粒蛋白质产量的监测模型　籽粒蛋白质产量为籽粒蛋白质含量和籽粒产量的乘积，是表征籽粒蛋白质性状的一个重要指标。由于籽粒蛋白质含量与籽粒产量间常常存在异质性，且不同品质类型品种间这种差异表现会更明显。因此，利用遥感技术进行籽粒蛋白质产量的预测时期、指标及预报模型等方面与蛋白质含量和籽粒产量预测存在较大差异，加强籽粒蛋白质产量预报研究为小麦优质生产、加工及管理调控提供理论基础与技术途径。

（1）小麦叶片氮素营养与籽粒蛋白质产量间关系：在小麦生长关键生育时期进行植株采样和化验分析，综合3个田间试验的资料，比较分析发现能够很好指示植株氮素营养状况的指标为叶片氮含量和氮积累量，对叶片氮素营养指标与成熟期籽粒蛋白质产量进行相关分析（表10 –16）。结果表明，不同时期叶片氮含量与籽粒蛋白质产量间相关性均达显著水平，除一个试验的灌浆前期相关系数稍低外，均表现开花期至灌

浆中期最高，将3个试验资料综合分析，相关系数表现出相同趋势，其中开花期相关系数最高（$r=0.922$），其次为拔节期。叶片氮积累量为叶片氮含量与绿色叶片干重的乘积，能够很好地反映植株营养状况和群体生长状态。表10－16表明，叶片氮积累量与不同年份籽粒蛋白质产量均表现密切，其中以开花期至灌浆中期表现最好，不同年份表现相同。对不同年份叶片氮积累量和籽粒蛋白质产量进行回归分析，发现不同年份间斜率和截距存在一定差异，在灌浆中期差异稍大，其次为灌浆前期，而在开花期差异较小。因此，将3个试验资料综合分析相关系数以开花期最高（$r=0.940$）。此外，小麦叶片氮积累量在开花期与成熟期的差值来表示小麦花后营养器官的氮素转运状况（表10－16），花后叶片氮转运量（LNT）与成熟期籽粒蛋白质积累量关系密切（$r=0.932$）。这表明花后营养器官氮素的有效转移对提高籽粒蛋白质产量具有重要作用。

表10－16　不同时期叶片氮含量和积累量与成熟期籽粒蛋白质产量的相关性

叶片氮指标	试验区	拔节期	孕穗期	开花期	灌浆前期	灌浆中期	灌浆后期	开花期与成熟期的差值
叶片氮含量	试验1($n=24$)	0.924	0.909	0.960	0.930	0.926	0.865	0.923
	试验2($n=36$)	0.777	0.785	0.908	0.776	0.859	0.822	0.544
	试验3($n=30$)	0.694	0.791	0.871	0.855	0.889	0.539	0.699
	试验1～3($n=90$)	0.905	0.799	0.922	0.832	0.839	0.534	0.788
叶片氮积累量	试验1($n=24$)	0.890	0.910	0.959	0.963	0.931	0.905	0.956
	试验2($n=36$)	0.580	0.831	0.883	0.847	0.845	0.866	0.847
	试验3($n=30$)	0.746	0.776	0.938	0.922	0.894	0.757	0.872
	试验1～3($n=90$)	0.872	0.911	0.940	0.837	0.757	0.834	0.932

注：$t_{0.05,24}=0.388$，$t_{0.05,30}=0.349$，$t_{0.05,36}=0.325$，$t_{0.05,90}=0.205$。

开花期叶片氮素营养与籽粒蛋白质含量关系密切，对叶片氮素营养指标与籽粒蛋白质产量进行回归分析（图10－19）。结果表明，叶片氮素营养与籽粒蛋白质产量的线

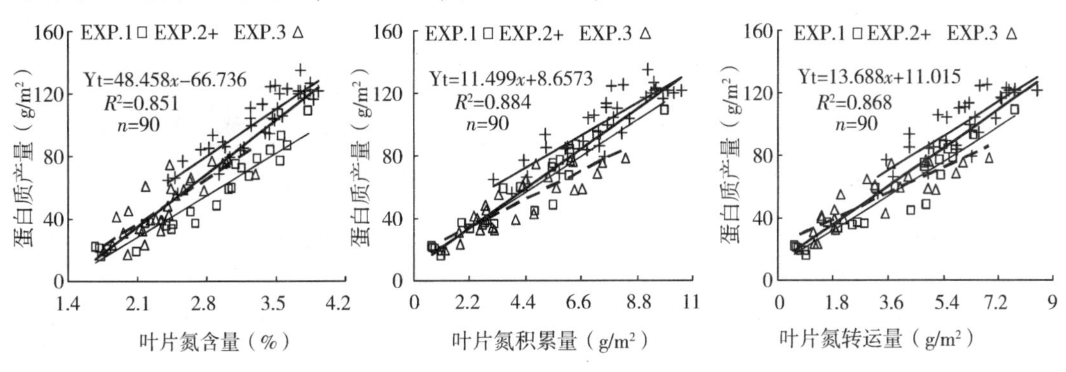

图10－19　开花期叶片氮含量（LNC）和氮积累量（LNA）以及花后氮转运量（LNT）与成熟期籽粒蛋白质产量的关系

性回归关系在不同年份间存在一定差异，低基础地力田块在相同氮素营养条件下，籽粒蛋白质产量较低；相反，高基础地力的地块，群体较大，籽粒产量高，在同样氮素营养水平下，籽粒蛋白质产量稍高。叶片氮素转运与籽粒蛋白质产量的关系在不同年份也表现相同趋势。经协方差分析，不同试验间回归方程间差异不明显。因此，可以将3个试验资料综合进行回归分析建立叶片氮素营养指标与籽粒蛋白质产量间定量关系。

（2）小麦叶片氮素营养与高光谱参数的关系：以特征光谱及波段和已见报道的植被指数为基础，综合2个试验和不同时期的小麦叶片氮含量和积累量与冠层光谱参数进行相关回归分析，筛选出表现较好的光谱指数、拟合回归方程、决定系数（R^2）及标准误差（SE）进行综合评定（表10－17）。与氮含量关系最密切的光谱参数为mND705、REPle和λo，其中以λo参数为变量建立的回归方程在叶片氮含量达到较高水平时存在一定程度的饱和，而以mND705和REPle为变量与叶片氮含量建立的回归方程均表现较好，拟合R^2分别为0.831和0.828，估计SE分别为0.405和0.409。叶片氮积累量包括叶片氮含量和叶片重量双重信息，更有效地反映小麦群体状态。利用微分技术衍生了许多与之相关的光谱参数，其中，利用红蓝边面积比（SDr/SDb）和742nm处一阶微分（FD742）作变量，与叶片氮积累量间方程拟合效果较好，R^2分别为0.850和0.873，SE分别为1.11和1.06。现以光谱参数REPle和SDr/SDb为代表，将回归方程作散点图直观展示方程拟合效果（图10－20）。

表10－17　叶片氮含量和积累量与最佳光谱参数的定量关系及模型测试结果

氮素指标（y）	光谱参数（x）	回归方程	拟合精度 R^2	标准误 SE	实测值与预测值的符合度		
					R^2	$RMSE$	RE
叶片氮含量	mND705	$y=4.3004x+0.2034$	0.831	0.405	0.695	0.453	0.165
	REPle	$y=0.0759x-51.807$	0.828	0.409	0.752	0.430	0.144
叶片氮积累量	FD742	$y=10.262x+0.0411$	0.873	1.06	0.872	0.868	0.141
	SDr/SDb	$y=0.4987x-1.1543$	0.850	1.11	0.828	0.973	0.152

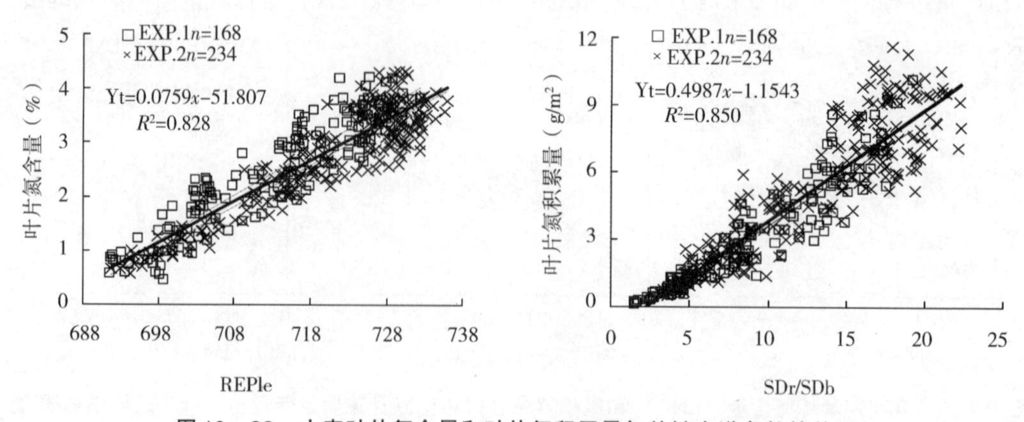

图10－20　小麦叶片氮含量和叶片氮积累量与关键光谱参数的关系

（3）籽粒蛋白质产量光谱法预测模型及检验：由于叶片氮素营养指标与籽粒蛋白质产量间存在显著的定量关系，而叶片氮含量和氮积累量的光谱法监测模型估算精度较高，因此根据特征光谱参数—叶片氮素营养—籽粒蛋白质产量这一技术路线，以叶片氮素营养为连接点将以上两部分模型进行链接，建立基于开花期高光谱特征参数的小麦籽粒蛋白质产量预测模型。表 10－18 为开花期高光谱参数 mND705、REPle、FD742 和 SDr/SDb 与籽粒蛋白质产量间的定量关系。利用独立氮肥试验数据对上述建立的方程分别进行验证，采用 *RMSE*、*RE* 和 R^2 指标进行检验，模型的预测能力如表所示。结果表明，光谱参数 mND705 检验结果较差，预测 *RE* 超过 20%，表明预测值与观察值间存在较大误差；相反，REPle、SDr/SDb 和 FD742 模型均给出满意的检验结果，预测精度 R^2 分别为 0.854、0.803 和 0.795，预测 *RMSE* 分别为 10.268、12.912 和 11.804，而模型给出 *RE* 分别为 16.4%、18.2% 和 14.9%。因此，可以利用开花期关键特征光谱参数对不同氮素水平下不同类型品种蛋白质产量进行准确可靠预测。

表 10－18　成熟期籽粒蛋白质产量与开花期光谱参数的定量关系及模型测试结果

光谱参数（x）	回归方程	实测值与预测值的符合度		
		R^2	*RMSE*	*RE*
mND705	$y=208.389x-56.88$	0.857	22.902	0.475
REPle	$y=3.678x-2577.2$	0.854	10.268	0.164
FD742	$y=118.003x+9.13$	0.795	11.864	0.149
SDr/SDb	$y=5.735x-4.616$	0.803	12.912	0.182

第五节　小麦调优栽培的遥感应用

小麦实现高产优质的目标除品种因素外，与生产管理模式、栽培措施和生态环境的影响有直接关系。目前我国小麦生产规模化种植及模式化管理水平较低，农户小块独立种植，田间区域管理参差不齐，难以充分发挥优良小麦品种的高产与优质遗传潜力。由于遥感技术可以较好地监测小麦生育动态及营养状况，预测产量和品质状况，实现了“点状信息”到“面状信息”的转换，可及时为农户提供小麦调优栽培技术指导，为粮食企业、期货交易及政府宏观决策提供信息服务。应用遥感技术实现了小麦快速大范围田间长势和品质遥感监测，生成了小麦长势图、管理处方图、品质预测图，使调优管理更加直观、简化和快捷，通过专题图调用与系统自动决策过程，将专家栽培技术转化为生产者可操作的管理措施，大大提高了专家知识和技术应用范围，增强了田间应变调控能力与水平，实现了品质和产量的同步提高，有效解决了小麦调优管理中籽粒品质看不见、摸不着，管理靠主观臆断的现状，使田间管理更加及时、准确和定量化，实现了调控技术的科学、精准与高效。实践证明，结合遥感监测确立的调优技术措施，具有超前预测、应变调控和准确性好、针对性强、节本增效的显著效果。

1. 小麦生长灾害预警与应变调控 河南省地处北亚热带和暖温带气候过渡地区，南北跨度大，气候资源区域差异性明显，加之小麦生长历时长（每年 10 月到次年 6 月上旬），小麦生长期间的自然灾害发生频率高、强度大、危害重，是全国自然灾害发生较为严重的省份之一。根据我们对河南小麦生产发展的历史分析，小麦生育期间发生的逆境灾害主要有干旱灾害、冻害（包括晚霜冻害）、后期高温及干热风和穗发芽等。据统计，各种自然灾害（包括病虫草害和非生物灾害）每年造成的小麦损失为 10 % ~ 30 %，且常造成品质下降，甚至失去食用价值，对小麦持续稳定增产威胁很大。而且，随着全球气候变化，气象灾害种类不断增多、极端天气发生频率逐渐增高，对小麦生产的危害程度呈持续加大的趋势，气象灾害已成为制约河南省小麦持续稳产增产的重要限制因素之一。

遥感技术由于能够在不直接接触目标物的情况下，通过获取目标物的电磁波能量与信息实现对观测目标的监测、分析和评价，近年来在作物干旱、冻害及病虫害监测方面体现出越来越重要的价值。目前，对旱灾建立的监测模型主要有宽波段反射率、植被指数、亮度温度、热惯量法与土壤和植被水分之间的关系模型。相比较而言，植被水分遥感机制明确，监测精度较高，而土壤水分遥感则由于地形地貌、土壤质地、植被覆盖、气候差异等因子的影响，大面积土壤水分的遥感监测仍需进一步深入。小麦发生冻害后引起 NDVI 突变，植被指数下降幅度与冻害发生季节及冬小麦生育期有关，灾后导致植被指数显著降低，作物活性减弱，生物量减少。农作物病虫害发生后的共性光谱特点是近红外光谱反射率降低，可见光与短波红外反射率升高，红边蓝移，红边振幅和 NDVI 值减小。目前，对小麦条锈病、白粉病、稻瘟病和棉花黄萎病等监测研究已取得了一定进展。因此，利用遥感技术快速大面积监测小麦受灾程度和区域，及时确立防治技术途径与措施，以有效减轻灾害造成的减产损失，对实现小麦高产稳产具有重大的理论与实践意义。

（1）农田旱情的遥感监测与应变管理：2008 ~ 2009 年度河南省发生了 60 年不遇的特大旱情，对小麦发育和安全越冬造成了很大影响。自 2008 年 11 月至 2009 年 2 月底，河南省基本无有效降水，由于降水少、温度高、空气干燥、气温变幅大，土壤失墒快，麦田干旱不断加剧。另外在入冬以后，强寒潮频繁袭击，出现多次大范围、大幅度降温过程。由于低温持续时间长、“旱冻交加”，河南省部分麦田出现黄苗、死苗现象，全省干旱面积迅速扩大、干旱程度日益加重，严重威胁小麦生产。为抗旱保苗、准确掌握旱情，及时为各级政府与主管部门提供决策依据，河南农业大学小麦栽培团队开展河南省冬春旱情调查，分别于 1 月 5 ~ 8 日和 2 月 10 ~ 12 日多次奔赴武陟、温县、孟州、许昌、郾城和西平等地调研，选择不同品种和不同类型田块，调查土壤含水量、群体大小、叶面积系数、田间死苗率等，记录 GPS 位置并拍摄田间照片，采集了植株样品并进行了叶绿素含量等生长指标分析。在此基础上，完成了 2009 年 1 月上旬和下旬河南省麦田旱情遥感监测专题图（图 10 – 21）。

依据遥感监测结果与调查数据，小麦栽培团队迅速组织有关专家制定了因地因苗分类管理的抗旱保苗技术方案。该技术方案打破了以往“冬季麦田不管理”的传统，明确了科学灌水的指标与方法，提出了先管、重管三类苗，再管二类苗，对于受旱严

图 10－21　2009 年 1 月河南小麦旱情及遥感监测专题图

重的弱苗、黄苗要及时追肥灌水、科学春管的技术路线。同时，将干旱遥感监测结果及时提交河南省农业农村厅和河南省政府小麦生产专家指导组，把麦田管理技术方案下放各基层农业部门，并积极组织参与了“抗灾夺丰收600行动计划”和“万名科技人员包万村”行动。自1月25日至2月20日，小麦栽培团队负责人及骨干成员一直在示范区指导农民抗旱保苗工作，组织专业技术人员开展技术培训和现场技术指导，为大灾之年实现小麦丰产丰收奠定了基础。由于抗旱夺丰收中成绩突出，2009年9月30日《河南日报》以“抗旱夺丰收的科技功臣”为题对小麦栽培团队进行了报道，河南省农业技术推广总站行文建议大力推广该项技术成果（豫农技【总】【2009】17号）。

（2）小麦低温生长的遥感监测与应变管理：由于2009～2010年度小麦生长季节寒潮发生早，雨雪天气次数较多，低温持续时间长，严重影响了小麦的正常生长，河南农业大学小麦栽培团队依据遥感监测专题图（图10－22），实施麦田分类决策指导，科学应变管理，狠抓后期“一喷三防”。冬前和拔节期遥感专题图显示，各示范县和示范区针对冬前二、三类麦田比例较常年偏大，小麦的生育期较常年明显偏晚的实际情况，明确提出了春季示范县和示范区麦田管理的指导思想：立足于抗灾夺丰收，以促为主，措施前移，狠抓一个“早”字，突出一个“好”字，实行分类指导，防病治虫，科学管理，巩固冬前分蘖，促进分蘖成穗，构建合理群体结构，保穗数，增粒数，搭好丰产架子。强调开春后，受低温影响严重的区域各类麦田都普遍进行浅中耕，以达到增温保墒、破除板结、消灭杂草、促苗早发快长的目的。同时，重点抓好因苗分类管理，科学施肥浇水，促弱稳壮，有效促进了小麦苗情的转化升级。据4月调查和遥感专题图显示，各示范县和示范区一、二类苗较全省平均分别高5.3%和3.8%，苗情较前期改观显著，为今年小麦再夺丰收争取了时间，赢得了主动，奠定了基础。针对春季寒潮发生频繁，部分麦田苗小、苗弱的特点，各示范县和示范区都认真做好预防“倒春寒”和晚霜冻预案，并通过电视讲座、技术人员下乡入户等方式宣传普及防冻知识，在冻害发生后，及时组织群众对受冻害麦田迅速配合浇水，补施少量尿素，把冻害造成的损失减低到最低限度。针对该年度小麦生育期普遍推迟7～10d的实际，各示范区域在小麦孕穗灌浆期，普遍开展了以防病虫、防干热风、防早衰为主要内容的“一喷三防”，加之该年度小麦生育后期天气条件适宜，墒情普遍较好，小麦籽粒灌浆充分，

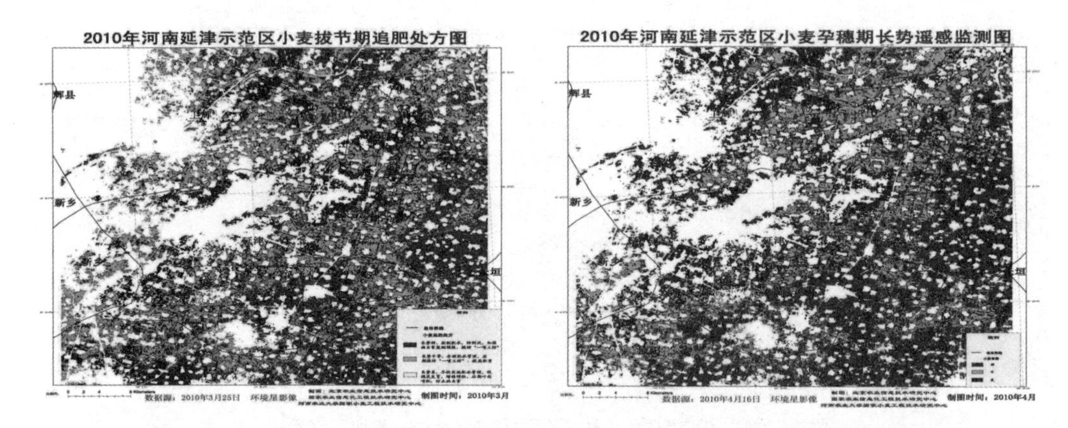

图 10－22　2010 年河南示范区小麦拔节期管理处方图及孕穗期长势专题图

粒重较常年普遍偏高。

（3）小麦早播旺长的遥感监测与冻害防控：近年来河南豫中、豫南地区小麦生产中常因播种偏早导致冬前旺长、越冬期发生冻害，小麦生育中期群体过大、后期倒伏和病虫害严重等突出问题，在很大程度上制约该区域小麦产量进一步提高和优质小麦的发展。由于从全国范围看小麦播期从北到南依次推迟，河南南部地区小麦早播问题曾引起有关院士和领导的高度重视。针对豫南小麦早播实际，河南农业大学小麦栽培团队进行地面调查后，于 2009 年 3 月生成了河南示范区小麦播期遥感监测图（图 10－23），显示位于河南中南部的许昌地区早播现象十分突出，而北部地区播期较为适宜，这与传统的小麦自北向南播种期依次推迟的观点相悖。为查明实际情况，掌握存在问题，采用遥感技术与地面调查相结合，分别生成了小麦播后约 35d（11 月 19 日）、播后约 45d（11 月 30 日）遥感影像和播期监测图，同时调查了南部和北部各 40 个点（农户）的实际播种时间，从多方面证明了南部地区确实存在早播现象。

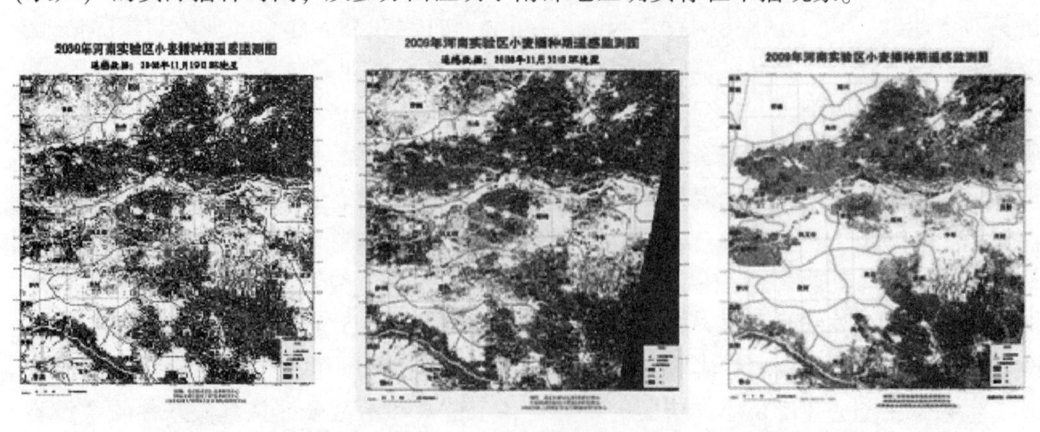

图 10－23　2008 ~2009 年度河南示范区小麦播期遥感监测专题图

小麦栽培团队进一步分析了豫中、豫南地区小麦早播现象存在的客观原因：一是河南南部、中南部地区长期秋作物腾茬早（玉米多在 9 月初或中旬收获，而北部地区如浚县玉米在 9 月底或 10 月初收获），加上南部灌溉条件差，外出打工人员多，普遍

存在抢墒播种、播后外出打工现象。二是南部地区土壤条件多较差，适耕期短。如南部周口、驻马店、南阳等地土壤多黏重，农民往往要根据墒情抢时整地播种。三是在品种利用上，随着提倡半冬性品种（如矮抗58）的推广利用，弱春性品种种植面积迅速下降（如郑州9023、偃展4110），在一定程度上淡化了早播旺长、发生冻害的意识。

针对遥感监测与实际调查及分析结果，小麦栽培团队结合当年小麦生产实际，及时提出了不同地区、不同苗情春管意见，即北部地区以促为主、早浇水早管理，而南部地区则因地因苗分类管理。具体管理意见如下：

1）亩总茎数小于45万的晚播弱苗，返青期及早追肥灌水，以促为主、强化管理。

2）亩总茎数达70万左右的一类麦田，实施春管（施肥、灌水）后移，于拔节期进行肥水管理，以提高分蘖成穗率、促穗大粒多。

3）亩总茎数60万左右的二类麦田，春季管理原则是巩固冬前分蘖、适当促进春季分蘖，重点是强化起身期肥水管理。

4）对于亩茎数达80万以上的旺苗麦田，注意以控为主，实时监测，注意防止早春冻害。小麦栽培团队及时将遥感监测结果与管理意见提交河南省小麦生产专家指导组和有关领导，得到了领导和专家们的高度认可。河南省政府及河南省农业农村厅领导要求及时将最新生长监测结果和应对措施用于全省小麦指导中，为大灾之年小麦夺丰产做出了突出贡献。

2. 小麦产量品质监测预报与水肥应变管理 传统的精确变量水肥管理方法，主要基于田间土壤取样和室内分析，方法复杂、费时费事，大面积高密度土壤化验成本太高。中国农业大学运用土壤硝态氮测试技术实施小麦氮肥实时管理。山东农业大学确立了测墒补灌的田间水分管理技术，由于受土壤水肥空间变异度高、信息采集量大、成本昂贵及时效性差等限制。以上基于土壤测试的精准水肥管理技术在各国都面临很大困境，近年来已开始把精准水肥管理重点转移到基于遥感技术的作物水分和养分监测与管理上来。

卫星遥感技术就是利用卫星过境的遥感影像，将地面小麦长势、长相及其他形态生理指标进行参数转换，从而对小麦产量、品质及病虫害等进行预测预报，为小麦优质高产高效决策管理提供科学依据。随着遥感探测器分辨率的提高和作物生长调控技术的不断完善，目前遥感监测预报的准确率可以达到90%以上。例如，在小麦分蘖期，分蘖数量和质量决定着小麦成穗数和产量，如果苗情较差，则分蘖数较少；如果分蘖过多，则在分蘖后期易造成倒伏，都会影响小麦的品质和产量。应用卫星遥感技术，可及时准确地发现问题，不需要农民或者技术人员到田间逐地块进行调查。从遥感预报专题图上就可以了解一个乡、一个村、具体哪家农户甚至哪一块麦田的生长状况，以及是否缺水、缺肥及病虫害发生程度，将结果进一步与传统的调优栽培技术进行融合，建立强筋小麦调优栽培信息化关键技术及应用体系，实现了小麦“产前优良品种区划→产中肥水优化调控、产量品质监测预报→产后分类收购加工”的全程优质调控目标，形成了“傻瓜”式的简化调控技术，及时传递给种植者，指导农户麦田管理，确保高产优质。

（1）卫星遥感与调优管理步骤：

1）生产卫星专题图。通过获取卫星图像，利用长势和氮素营养监测模型实时判知小麦长势状况。同时，小麦植株不同性状如LAI、干物质、叶绿素含量等参数卫星图像值与去年同一参数卫星图像对比，通过对某一参数差异值进行分级、统计和区域显示，反映实时的小麦生长差异，并通过时序某一参数卫星图像来构建小麦生长过程。通过矢量数据和栽培技术融合，制作小麦拔节期和开花期长势监测图及管理处方图，及时指导示范基地麦田管理（图10－24、图10－25）。

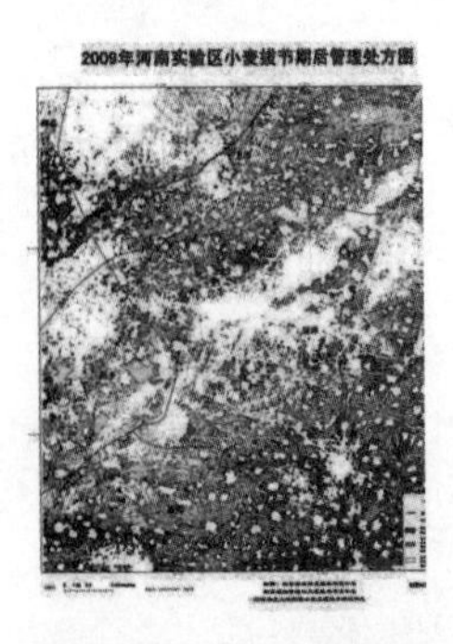

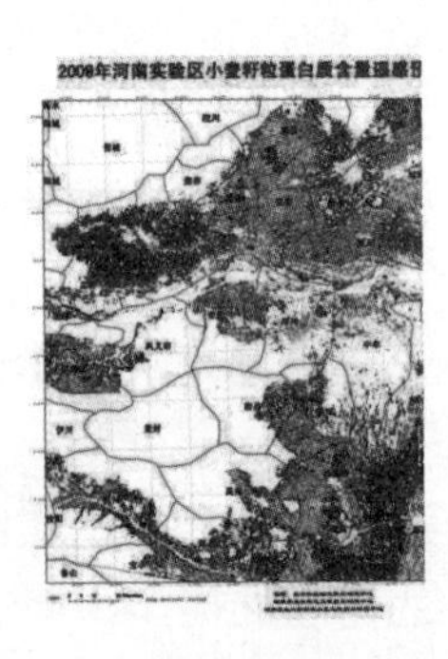

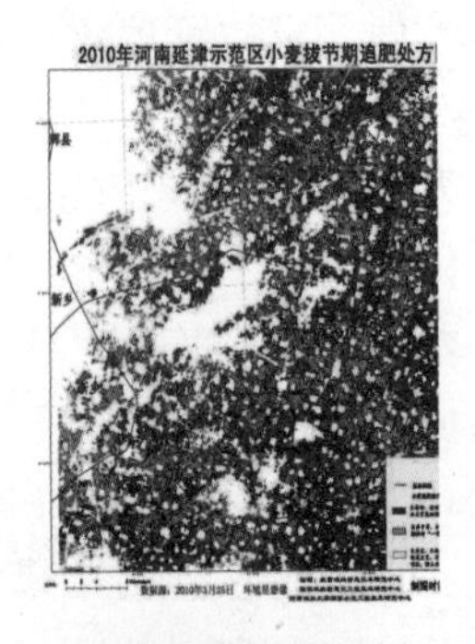

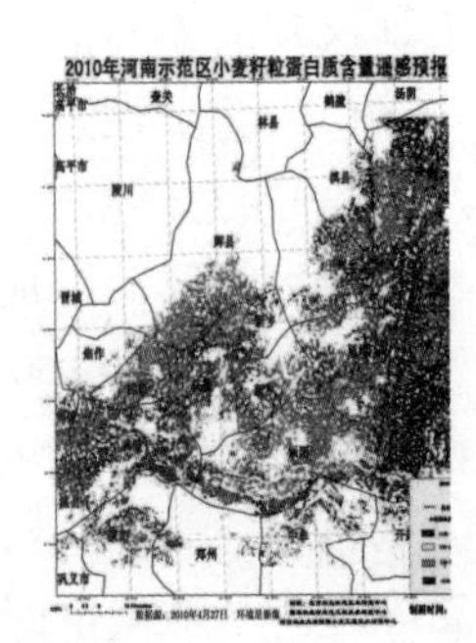

图10－24　小麦遥感监测预报专题图

图10－25　结合遥感监测专题图制订小麦管理方案

2）确立调控技术措施。重点推广优质强筋小麦信息化调优栽培技术和优质中筋小麦产量品质协同提高信息化栽培技术，把遥感信息和田间测定结果及时应用到麦田的应变管理中，确定管理方案。如：前期长势好的区域或麦田控制追氮量与时期，实施“氮肥后移”、花后控水等措施；长势差或预测品质达不到指标的麦田或区域及早肥水管理、增施氮肥，后期补氮或喷施尿素、磷酸二氢钾等叶面肥。具体做法为，通过获取开花期遥感影像，结合遥感估产模型和品质监测预报模型，制作小麦产量预报和品质预报分级专题图。

3）分发调控技术意见。由技术权威部门制定的小麦应变调控技术意见上报（市）农业管理部门，交由主管领导参考决策，进行区域统筹安排，合理布局。同时抄送示范区（县）农业技术部门和粮食加工企业，可加快技术意见在其分管区域田块及下属生产基地应用，大大提高调控技术的针对性和时效性。此外，还可通过相关媒体如有关农业的网络平台进行技术意见发布。

4）调优技术实施。基层农业技术部门根据长势、产量和品质预报分级图，掌握不

同区域小麦总体生长状况，对前期制订或已经实施的优化栽培方案进行优化完善。通过精确栽培技术措施调控，实现了控旺和促弱，优化小麦长势，使得小麦产量与品质协同提高。一系列调优栽培方案通过各种媒体渠道及时向基层农技部门和农民发布。

5）产量与品质预报信息的发布。利用电子（纸质）信息的上报、抄送和网络平台发布等多种途径及时发布。上级主管部门和各县市农业部门根据权威技术部门提供的产量和品质监测预报专题图，掌握不同区域产量和品质布局信息。通过网络媒体发布当年小麦产量和品质预报信息，吸引粮食收购企业和食品加工企业了解材料源信息。粮食收购企业和食品加工企业根据所发布的小麦产量和品质监测预报信息，制定有针对性的小麦收购计划。

（2）遥感监测在强筋冬麦区调优栽培中的应用：2008～2010年，河南省延津县农技推广总站与河南农业大学、国家小麦工程技术研究中心、北京农业信息技术研究中心合作，开展了卫星遥感技术在小麦调优栽培中的应用研究工作，取得了明显成效。

1）强筋小麦群体质量及生理指标研究。根据国家质量技术监督局制定的强筋小麦标准及延津县强筋小麦实现高产（450～550kg/亩）的产量三要素构成：穗数38万～45万穗/亩。穗粒数为28～38粒，千粒重38～48g。每年固定20个样点田块，在小麦越冬前、返青期、拔节期、抽穗期、开花期、成熟期6个不同生育时期，对其叶面积指数、生物量、总茎数、叶绿素含量、叶片氮含量、相对土壤含水量、长势情况进行取样、监测，对其产量进行实收实打，小麦品质进行化验、分析，总结出强筋冬小麦不同时期的群体质量与生理指标之间的关系。同时，将20个样点田块经过GPS定位系统定位。将小麦不同时期群体质量及生理指标与卫星遥感所反映出的影像资料进行比对，即可了解到全县不同时期的小麦生长状况。

2）遥感监测技术在小麦管理上的应用。将反映小麦生育状况的有关形态与生理指标，如小麦叶绿素、氮素丰缺及营养状况等，通过卫星遥感影像显示出来，生成不同色彩的图片，对照强筋小麦群体质量及生理指标，依此提出不同的管理方案。如2010年春季小麦拔节期，依据卫星遥感监测图，发现延津县司寨乡尹柳洼村北地、东地长势较差，经过实地调查分析，主要是由于土壤偏沙，保水保肥力差，加之年前冻害、倒春寒等影响造成。针对此类苗情，及时提出了管理措施：追施氮肥，采取少食多餐的形式，即结合浇水追施尿素20～25kg/亩，从3月下旬开始分3次施入。遥感预测图同时显示，东屯镇的刘庄、东吴安屯、西张等村的苗情亦较差，实地调查发现，该区域为秸秆还田且旋耕耕翻较浅造成。加之年后干旱浇水偏晚形成弱苗。对此，提出了3月下旬及时浇水，追施尿素20kg/亩，并结合病虫害防治，搞好叶面施肥，双管齐下，促苗早发、快发等管理措施。司寨乡平陵村西地、南地和高寨村等麦田，图像显示小麦苗情长势好，据此，我们制定的管理措施是采用氮肥后移施肥技术，拔节肥水推迟到4月中下旬，追施尿素量减少到5～8kg/亩，防止无效蘖过多滋生，拉长分蘖两级分化过程。通过以上管理技术措施的落实，该区域小麦产量平均增加24.6kg/亩，蛋白质含量增加1.04%，确保了产量和品质同步提高。

3）强筋小麦调优栽培信息化技术规程。经过不断研究和实践探索，总结出“三分种，七分管，优质高产把六关”的强筋小麦栽培技术规程。

A. 把好品种选用关。通过试验示范，筛选出一批适合延津县种植的高产优质强筋小麦品种。早茬选用强筋半冬性品种郑麦366、新麦19、济麦20和藁麦9415等，晚茬选用强筋弱春性品种郑麦9023、豫麦34和郑农16等。

B. 把好测土配方施肥关。根据2年测土配方施肥监测结果，结合延津县实际，提出施肥建议（表10－19）。

表10－19　不同产量水平麦田施肥标准（kg/亩）

产量水平	有机肥	氮肥（纯氮）	磷肥（P_2O_5）	钾肥（K_2O）	锌肥（$ZnSO_4$）
600以上	4~5	16~18	8~10	8~10	2
500~600	4~5	14~16	6~8	5~8	1.5
400左右	3~4	12~14	4~6	0~5	1.5

C. 把好整地质量关。机械深耕深翻，耕翻25cm以上。秸秆还田必须深耕，旋耕麦田必须耙实；连续2~3年旋耕地块必须深耕一次。

D. 把好播种质量关。足墒下种，适期适量匀播，播深3~5cm，半冬性品种播量7~8kg，弱春性品种9~10kg。

E. 把好调优技术关。强筋小麦的调优栽培技术，关键是优质高效的肥水运筹。在优化投肥结构、化肥用量与比例、施肥时期及施肥方法的基础上，采用“三改施肥法”。即用单施氮肥改为氮、硫、钾、磷平衡施肥，重施底氮改为底追并重，早春追氮改为氮肥后移。其核心技术包括：一是控制磷肥用量，稳定氮肥用量。在中高肥力（有效磷20mg/kg以上，速效氮70mg/kg以上）和秸秆还田、增施有机肥条件下，适当控制磷肥用量（亩施五氧化二磷5 kg左右），亩施纯氮12~16kg，氮磷施用比例以（2~3）:1为宜。由于延津县多数麦田的土壤有效磷含量比较丰富，为保证强筋小麦品质、降低生产成本，多数麦田应采取“控磷”措施。二是减少底氮用量，加大追氮比例。在肥力水平较高条件下，亩施纯氮14~18kg，两次施肥可采用基追6:4或5:5的比例，追肥时期以拔节后期较为适宜。实践证明，上“氮肥后移”施肥技术对小麦分蘖成穗率、延缓后期植株衰老、促进氮素吸收运转、提高蛋白质含量与加工品质性状具有显著的效果，并使氮肥利用率提高9.2%。三是增施硫肥。强筋小麦要适当使用硫肥，以提高加工品质。一般亩施硫肥3~4.5kg比较适宜。四是适当减少浇水。在底墒充足条件下，不浇越冬水，起身、拔节期结合追氮进行浇水，孕穗期浇水与补氮相结合（如孕穗期遇雨可趁墒追肥，不再浇水）。小麦生育后期一般不浇水，如遇严重干旱，浇水必须与补氮结合。全生育期视土壤墒情一般浇1~3次水。

F. 把好病虫防治关。全面推广药剂拌种（种子包衣）和土壤处理，防治地下害虫和苗期病害；选准药剂，搞好化学除草；预防“三虫四病”。早春防治纹枯病、红蜘蛛，抽穗灌浆期防治白粉病、锈病、赤霉病和蚜虫、吸浆虫等。

3. 优质强筋小麦订单生产模式与应用

（1）优质强筋小麦订单生产的创新模式：优质小麦生产中，尽管企业与农户签订合同，但由于调优技术不到位，产品达标率低，价格不高，年际间不稳定。在优质小

麦市场紧缺、价格较高时，农户往往违约，择高价而卖；当市场不好、价格低时，企业压价或拒绝收购。这样的恶性循环往往使优质小麦订单生产名存实亡。因此，通过与遥感信息技术结合，探索出一套创新订单生产机制，提高订单小麦履约率是优质小麦生产发展的关键。其具体做法是：

1）建立优质小麦订单生产联合体。建立优质小麦生产合作社，采用“科研单位+公司+合作社+农户”的组织形式开展订单生产（图10-26）。订单的实施由小麦合作社牵头，一头联系企业，一头组织农户进行规模化生产，订单合同文本由河南省工商行政管理局统一监制。为确保各方利益，订单生产采取规模化种植、标准化生产和品牌化经营的形式：由公司确定小麦品种（以郑麦366为主，搭配藁麦9415、高优503等强筋品种），生产采取统一供种、统一机播、统一管理、统一机收、统一收购的“五统一”标准化生产管理模式。订单基地所有化肥、农药等农资享受低价配送的优惠。

图10-26　示范企业进行订单生产

2）构建品质速测网络平台。由于品质检测分析时间长、成本高，结果滞后及代表性不强等问题，致使多数粮食收购与加工企业在小麦收购时主要根据外观性状，难以真正实现优质优价和分级收贮，不仅影响加工企业的生产效益，而且难以保证农民利益，导致优质小麦生产中订单履约率、农民积极性不高等现象突出。收购和加工企业购置FOSS公司生产的Infratec 1241型近红外谷物品质快速分析仪，并与国内快速检测仪器进行组网，实现了统一仪器网络系统标准和数据库共享，测试结果稳定可靠，且通过互联网向社会及时发布，降低了示范企业品质测试成本，为以质论价和订单分级收购提供依据和标准。

3）遥感监测信息的获取与分发。小麦生育期间，由科研单位（国家小麦工程技术研究中心）提供调优栽培信息化技术支持，对农业技术推广人员和农民进行调优信息技术培训，大力推广“强筋小麦调优栽培信息化技术”，即把卫星遥感技术所形成的小麦长势图、品质监测图和处方图等，与传统调优栽培技术有机结合，确立小麦不同生育时期、不同类型麦田调优栽培技术方案，指导农户进行分级管理，科学肥水运筹。

4）订单收购任务的决策与实施。小麦收购前，依据小麦蛋白质含量遥感预报图提前对不同区域小麦品质状况进行合理分析，做好收购区域、数量和品质分级决策，并将分析结果及时传达到公司下属的收购网点。收购期间充分发挥近红外谷物分析仪快速检测作用，及时采用并对送检样品进行检测，确定小麦品质等级。这种方式有效地保证了订单按质、按量、按时履约。

5）创新订单生产与结算模式。收购期间，利用近红外谷物分析仪实行按质收购，把订单小麦按蛋白质含量分为四个等级，蛋白质含量在12%～14%的收购价格与当时市场价格持平，含量在14%～15%的收购价格高于当时市场价格0.10元/kg收购，含量高于15%的按高于市场价格0.20元/kg收购。订单履约率达到了100%，种植户普遍反映按质定价直观明了，增加了农民收入，农户对公司的认可程度有很大提高。采用“订单+现货+期货”的创新结算方式，凡质量合格的订单小麦均按高出市场价格履约（现款支付），按订单约定及时售粮的还可得到履约奖励；进入期货市场的小麦可得到二次返利，即让农民得到流通环节的利润。

（2）优质强筋小麦订单生产模式在粮食企业中应用：农作物调优栽培信息技术是利用卫星遥感技术与谷物品质分析近红外网络技术相结合构建作物长势、品质监测预警系统，利用该系统形成不同专用农作物品质调优栽培化模式的技术。河南金粒麦业集团以小麦为调优栽培对象，将该技术运用在优质强筋小麦生产中，取得了企业增效、农民增收的双赢效果，在市场竞争中赢得了先机。

1）技术为发展护航。农作物调优栽培信息技术的推广应用为促进谷物品质提高和谷物公平交易产生了积极影响。2008～2009年度河南金粒麦业集团有限公司在延津、原阳、封丘、滑县、卫辉、辉县等地发展优质强筋小麦订单面积75万亩，2009～2010年度订单面积迅速扩大至100万亩，2010～2011年度订单面积超过120万亩。通过调优栽培信息化技术的推广应用，示范区小麦产量和蛋白质含量协同提高。经过实践，该技术为实现农业丰产、企业增效、农民增收提供了有力的技术保障。

2）节约了种植成本。2008～2009年度河南金粒麦业集团与国家小麦工程技术中心联合，推广应用其研究成果“强筋小麦信息化调优栽培技术”，以郑麦366为主开展小麦订单生产。在关键生育时期，利用卫星遥感监测预报技术对示范区小麦进行监测预报，及时制订调优栽培技术措施，深入基地对种植户进行调优技术培训等服务。

调优栽培信息技术的应用收到了极大的经济效益。农户由之前的早播种改为适时播种，大播量用种改为适量用种，对麦田的管理由粗放变为精细，科学运用肥水，直接节省了种子、农药、肥料、劳动力等生产资料，降低了生产成本，间接促进了农民增收。

3）提高了产量品质。2008～2009年度河南小麦冬春季遭遇特大旱灾，对小麦生产造成严重影响，金粒麦业集团借助农作物调优栽培信息技术，依据“河南省麦田旱情遥感监测专题图”及时组织基地农户抗旱保苗，年后利用遥感对小麦长势进行分析，指导基地种植户及时对小麦进行科学的肥水管理和化学防控。在大部分地区2008～2009年度小麦减产的全局下，通过调优栽培的小麦产量基本与往年持平。

调优栽培小麦与普通栽培模式下的小麦产量通常每亩相差30kg，小麦品质也有很大提高。往年的小麦蛋白质含量一般在12%～14.5%，调优栽培小麦蛋白质含量比往年增加1.5%左右，与普通栽培模式生产的小麦相比蛋白质含量增加了1%左右。

4）企业名利双收。收购期间，河南金粒麦业集团利用近红外谷物分析仪还开展了小麦品质控制和免费检测服务，检测结果真实可靠，说服力强，得到了收购企业及售粮群众的认可。河南金粒麦业集团有限公司所采用的订单生产模式及与调优栽培信息化技术有机结合，大大提高了农业产前区划、产中调优生产、产后优质优价收购的产

业化管理水平，经济效益显著，社会反映良好，引起政府部门高度关注并获得大力支持，新闻媒体纷纷报道新型“金粒”模式，多家企业前来观摩、学习经验，洽谈业务。

本章参考文献

[1] FENG W, YAO X, TIANY C, et al. Monitoring leaf pigment status with hyperspectral remote sensing in wheat [J]. Australian Journal of Agricultural Research, 2008, 59: 948 - 960.

[2] FENG W, YAO X, ZHU Y, et al. Monitoring leaf nitrogen status with hyperspectral reflectance in wheat [J]. European Journal of Agronomy, 2008, 28: 394 - 404.

[3] 曹卫星，朱艳，田永超，等．数字农作技术研究的若干进展与发展方向 [J]．中国农业科学，2006，39 (2)：281—288.

[4] 曹卫星．农业信息学 [M]．北京：中国农业出版社，2005.

[5] 曹卫星．数字农作技术 [M]．北京：科学出版社，2008.

[6] 陈鹏飞，孙九林，王纪华，等．基于遥感的作物氮素营养诊断技术：现状与趋势 [J]．中国科学：信息科学，2010，40 (增刊)：21—37.

[7] 冯伟，郭天财，谢迎新，等．作物光谱分析技术及其在生长监测中的应用 [J]．中国农学通报，2009，25 (23)：182、188.

[8] 冯伟，王永华，谢迎新，等．作物氮素诊断技术的研究综述 [J]．中国农学通报，2008，24 (11)：179—185.

[9] 冯伟，姚霞，田永超，等．小麦籽粒蛋白质含量高光谱预测模型研究 [J]．作物学报，2007，33 (12)：1935—1942.

[10] 冯伟，朱艳，曹卫星，等．利用冠层光谱监测小麦籽粒蛋白质积累动态 [J]．作物学报，2009，35 (7)：1320、1327.

[11] 冯伟，朱艳，田永超，等．利用高光谱遥感预测小麦籽粒蛋白质产量 [J]．生态学杂志，2008，27 (6)：903—910.

[12] 冯伟，朱艳，田永超，等．小麦氮素积累动态的高光谱监测 [J]．中国农业科学，2008，41 (7)：1937—1946.

[13] 冯伟，朱艳，田永超，等．基于高光谱遥感的小麦籽粒产量预测模型研究 [J]．麦类作物学报，2007，27 (6)：1076—1084.

[14] 李少昆，谭海珍，王克如，等．小麦籽粒蛋白质含量遥感监测研究进展 [J]．农业工程学报，2009，25 (2)：302—307.

[15] 王纪华，李存军，刘良云，等．作物品质遥感监测预报研究进展 [J]．中国农业科学，2008，41 (9)：2633—2640.

[16] 王纪华，赵春江，黄文江．农业定量遥感基础与应用 [M]．北京：科学出版社，2008.

[17] 王绍中，田云峰，郭天财，等．河南小麦栽培学 (新编) [M]．北京：中国农业科学技术出版社，2010.

[18] 吴代晖，范闻捷，崔要奎，等．高光谱遥感监测土壤含水量研究进展［J］．光谱学与光谱分析，2010，30（11）：3067—3071.

[19] 赵春江．精准农业研究与实践［M］．北京：科学出版社，2009.

[20] 黄彦，朱艳，王航，等．基于遥感与模型耦合的冬小麦生长预测［J］．生态学报，2011，31（4）：1073—1084.

[21] 杜鑫，蒙继华，吴炳方．作物生物量遥感估算研究进展［J］．光谱学与光谱分析，2010，30（11）：3098—3102.

附录　不同专用小麦生产技术规程

附录一　强筋小麦生产技术规程

（DB41/T1082—2015）

1. 范围

本标准规定了强筋小麦生产的术语和定义、产地环境、播前准备、播种、田间管理、收获与贮藏。

本标准适用于强筋小麦的生产。

2. 规范性引用文件

下列文件对于本文件的应用是必不可少的。凡是注日期的引用文件，仅注日期的版本适用于本文件。凡是不注日期的引用文件，其最新版本（包括所有的修改单）适用于本文件。

GB 4285　农药安全使用标准

GB 4404.1—2008　粮食作物种子　第1部分：禾谷类

GB 5084—2005　农田灌溉水质标准

GB/T 17320—2013　小麦品种品质分类

NY/T 496　肥料合理使用准则　通则

NY/T 1276—2007　农药安全使用规范　总则

3. 术语和定义

下列术语和定义适用于本文件。

强筋小麦：籽粒硬质，籽粒粗蛋白质含量（干基）≥14%，面粉湿面筋含量（14%水分基）≥30%，面团稳定时间≥8min，加工成的小麦粉筋力强、延伸性好、适于制作面包类专用面粉的小麦。

4. 产地环境

4.1 生态环境

中壤土或黏质土壤，远离污染源的地块。小麦生育期间光照充分、后期降水量偏少。宜在豫北、豫西北麦区及豫中、豫东部的部分中高肥力麦田种植。

4.2 土壤养分

0～20cm土壤耕层有机质含量≥15g/kg，全氮（N）含量≥1.2g/kg，有效磷（P）含量≥15mg/kg，速效钾（K）含量≥110mg/kg。

5. 播前准备

5.1 种子

5.1.1 品种选用

选用通过国家或河南省农作物品种审定委员会审定，适应种植地区生态条件的抗逆、抗病、抗倒伏稳产高产品种。品质性状应符合 GB/T 17320 — 2013 强筋小麦的规定。种子质量应符合 GB 4404.1 — 2008 的规定。

5.1.2 种子处理

宜选用包衣种子；未包衣种子应在播种前选用安全高效的杀虫剂、杀菌剂进行拌种。杀虫剂和杀菌剂的使用应符合 GB 4285 和 NY/T 1276 — 2007 的规定。

5.2 造墒保墒

前茬作物收获后及早粉碎秸秆，均匀覆盖地表，秸秆长度小于5cm。播种时耕层土壤相对含水量应达到70% ~80%，土壤墒情不足时应适时适量浇灌底墒水。

5.3 整地

秸秆还田的地块，应进行机械深耕（耕作深度25cm 左右）；旋耕地块（15cm 以上2 遍）则应隔2 ~3 年深耕一次，耕后机耙2 遍，达到坷垃细碎、地表平整。地下害虫严重的地块应用杀虫剂进行土壤处理，杀虫剂的使用应符合 GB 4285 和 NY/T 1276 — 2007 的规定。

5.4 施肥

在测土配方施肥的基础上，适量增施氮肥、补施硫肥。施氮总量在测土配方施肥的基础上每667m^2增加纯氮（N）2 ~4kg，每667m^2施硫肥（S）3 ~4 kg。

磷肥和钾肥一次性底施，氮肥分基肥与追肥两次施用，基肥与追肥比例为5∶5。有条件的地方应增施有机肥，适当减少化学肥料用量。肥料使用应符合 NY/T 496 的规定。

6. 播种

6.1 播期

根据品种特性，确定适宜播期。豫北、豫西北地区半冬性品种宜在10 月5 日至10 月12 日播种，弱春性品种在10 月12 日至10 月18 日播种；豫中、豫东地区半冬性品种在10 月8 日至10 月15 日播种，弱春性品种在10 月15 日至10 月20 日。

6.2 播量

在适宜播期范围内，每667m^2播量9 ~10kg。整地质量较差或晚播麦田，应适当增加播量。超出适播期后，播期每推迟3d 每667m^2应增加播量0.5kg，但播量最多每667m^2不超过15kg。

6.3 播种方法

采用精量播种机播种，播深3 ~5cm。采用等行距（18 ~20cm）或宽窄行（24cm ×16cm）播种，或采用宽幅播种方式（带宽8cm，行距12cm）播种，播后镇压。

7. 田间管理

7.1 前期管理（出苗至越冬）

7.1.1 查苗补种

出苗后应及时查苗补种，对缺苗断垄（10cm 以上17cm 以下无苗为缺苗，17cm 以

上无苗为断垄）的地块，用同一品种的种子浸种催芽（露白）后及早补种。

7.1.2 中耕松土

11月中旬至12月中旬应普遍中耕一遍，以松土保墒、破除板结、灭除杂草。

7.1.3 合理灌溉

土壤墒情严重不足（耕层土壤相对含水量低于50%）时，可进行冬灌。提倡节水灌溉，每667m^{2}灌溉量以30～40m^{3}为宜，灌水后应及时中耕保墒。灌溉水应符合GB 5084—2005规定。

7.1.4 促弱控旺

越冬期壮苗指标：叶龄达到六叶一心至七叶，每667m^{2}总茎数65万～80万，叶面积系数1～1.5，幼穗分化达到二棱初期或二棱中期。如果麦苗生长过旺或冬前出现基部节间伸长，应采取镇压、深中耕或化控技术控制生长。弱苗以促为主，土壤墒情适宜时每亩追施尿素2～3kg；土壤干旱应结合灌溉追肥。

7.1.5 防除杂草

于11月上中旬（小麦3～4叶期），日平均温度在10℃以上时及时防除麦田杂草。农药使用应符合GB 4285和NY/T 1276—2007的规定。

7.2 中期管理（返青至抽穗）

7.2.1 中耕除草

早春浅中耕松土，提温保墒，灭除麦田杂草。冬前未进行化学除草的麦田，在早春返青期（日平均气温10℃以上时）应及时进行化学除草，用药方法按7.1.5的规定。

7.2.2 镇压控旺

对长势过旺的麦田宜采用镇压、深耘断根或化控剂控制旺长。

7.2.3 肥水调控

在小麦拔节期，结合灌水追施氮肥，每亩灌溉量以40～50m^{3}为宜。追氮量为总施氮量的50%左右。但对于早春土壤偏旱且苗情长势偏弱的麦田，灌水施肥可提前至起身期。

7.2.4 防治病虫害

在返青至抽穗期，重点防治小麦纹枯病、锈病、白粉病及吸浆虫、蚜虫和红蜘蛛。当病虫达到防治指标时及时进行药剂防治。

7.2.5 预防晚霜冻害

小麦拔节后，若预报出现日最低气温降至0～2℃的寒流天气，且日降温幅度较大时，应及时灌水预防冻害发生。寒流过后，及时检查幼穗受冻情况，发现幼穗受冻的麦田应及时追肥浇水，每亩宜追施尿素5～10kg。

7.3 后期管理（抽穗至成熟）

7.3.1 灌溉

当土壤相对含水量低于60%、植株呈现旱象时进行灌水，每亩灌溉量以30～40m^{3}为宜。灌溉应在花后15d以前完成，灌溉时应避开大风天气。

7.3.2 叶面喷肥

在灌浆前、中期，每亩用尿素1kg和200g磷酸二氢钾兑水50kg进行叶面喷肥，促进籽粒氮素积累。叶面喷肥可与病虫害防治结合进行。

7.3.3 防治病虫害

抽穗至扬花期应重点防治小麦赤霉病。以预防为主，若遇花期阴雨，应在用药后5～7d再补喷一次。

灌浆期应注意防治白粉病、锈病、叶枯病、黑胚病及蚜虫等。成熟期前20d内停止使用农药。

8. 收获与贮藏

8.1 收获

在完熟初期，当籽粒呈现品种固有色泽、籽粒含水量达到18%以下时及时收获。

8.2 贮藏

收获后籽粒水分含量降至12.5%时，入库贮藏。

附录二　中筋小麦生产技术规程

（DB41/T1083—2015）

1. 范围

本标准规定了中筋小麦生产的术语和定义、产地环境、播前准备、播种、田间管理、收获与贮藏。

本标准适用于中筋小麦的生产。

2. 规范性引用文件

下列文件对于本文件的应用是必不可少的。凡是注日期的引用文件，仅注日期的版本适用于本文件。凡是不注日期的引用文件，其最新版本（包括所有的修改单）适用于本文件。

GB 4285　农药安全使用标准

GB 4404.1—2008 粮食作物种子　第1部分：禾谷类

GB 5084—2005　农田灌溉水质标准

GB/T 17320—2013　小麦品种品质分类

NY/T 496　肥料合理使用准则　通则

NY/T 1276—2007　农药安全使用规范　总则

3. 术语和定义

下列术语和定义适用于本文件。

3.1 中筋小麦

籽粒硬度指数超过50，籽粒粗蛋白含量（干基）在12.5%以上，面粉湿面筋含量（14%水分基）25%以上，面团稳定时间3.0min以上，适用制作面条、饺子或馒头等面食的小麦。

4. 产地环境

4.1 生态环境

北纬32°～36°线为优质中筋小麦生产适宜区域。应选择生态环境友好远离污染源的地块。

4.2 土壤养分

0～20cm土壤耕层有机质含量≥13g/kg，全氮（N）含量≥0.8g/kg，有效磷（P）含量≥15mg/kg，速效钾（K）含量≥80mg/kg。

5. 播前准备

5.1 种子

5.1.1 品种选用

选用通过国家或河南省农作物品种审定委员会审定，适应种植地区生态条件的抗逆、抗病、抗倒伏稳产高产品种。品质性状应符合GB/T 17320—2013中筋小麦的规定。种子质量应符合GB 4404.1—2008的规定。

5.1.2 种子处理

宜选用包衣种子；未包衣种子应在播种前选用安全高效的杀虫剂、杀菌剂进行拌种。杀虫剂和杀菌剂的使用应符合GB 4285和NY/T 1276—2007的规定。

5.2 造墒保墒

前茬作物收获后及早粉碎秸秆（秸秆长度小于5cm），均匀覆盖地表。播种时耕层土壤相对含水量应达到70%～80%，土壤墒情不足时应适时适量浇灌底墒水。

5.3 整地

秸秆还田的地块，宜采用机械深耕（耕作深度25cm左右）；旋耕的地块（15cm以上2遍）则应隔2～3年深耕一次，耕后机耙2遍，达到坷垃细碎、地面平整。地下害虫严重的地块应用杀虫剂进行土壤处理，杀虫剂的使用应符合GB 4285和NY/T 1276—2007的规定。

5.4 施肥

可选用适合当地土壤养分状况的小麦配方肥、专用肥、复混肥料，或单质肥料按测土配方结果进行配施。氮肥用量按当地测土配方施肥的推荐量，并按底肥∶拔节肥为6∶4比例进行分期施用。肥料施用应符合NY/T 496—2010的规定。

6. 播种

6.1 播期

根据小麦品种特性和种植生态区域确定适宜播期。豫北、豫西北地区适宜播期半冬性品种为10月5日至10月12日，弱春性品种为10月12日至10月18日；豫中、豫东半冬性品种为10月8日至10月15日，弱春性品种为10月15日至10月20日；豫南半冬性品种为10月15日至10月25日，弱春性品种为10月20日至10月底。

6.2 播量

分蘖力强、成穗率高的品种，每667m^{2}播量9～10kg；分蘖力弱、成穗率低的品种，每667m^{2}播量10～12kg。若整地质量较差或延误播期时，可适当增加播种量。超出适播期后，播期每推迟3d应每667m^{2}播量增加0.5 kg，但每667m^{2}播量最多不超过15kg。

6.3 播种方式

采用精量播种机播种，播深 3～5cm，播后镇压。高产田块采用等行距（18～20cm）或宽窄行（24cm×16cm）播种，或采用宽幅播种方式（带宽 8cm，行距 12cm）；中低产田采用 20～23cm 等行距种植。

7. 田间管理

7.1 前期管理（出苗至越冬）

7.1.1 查苗补种

出苗后应查苗补种，对缺苗断垄（10cm 以上 17cm 以下无苗为缺苗，17cm 以上无苗为断垄）的地块，用同一品种的种子浸种催芽（露白）后及早补种。

7.1.2 适时中耕

11 月中旬至 12 月中旬普遍进行中耕，松土保墒，破除板结。

7.1.3 合理灌溉

在土壤墒情严重不足时（耕层土壤相对含水量低于 50%）应进行灌溉，每 667m^2 灌溉量 30～40m^3。灌后注意及时中耕保墒。灌溉水应符合 GB 5084—2005 规定。

7.1.4 促弱控旺

越冬期壮苗指标：叶龄达到六叶一心至七叶，每 667m^2 总茎数 65 万～80 万，叶面积系数 1～1.5，幼穗分化达到二棱初期或二棱中期。若麦苗生长过旺或冬前出现基部节间伸长，应采取镇压、深中耕或化控技术控制生长。弱苗以促为主，在土壤墒情适宜时每 667m^2 追施尿素 2～3kg；若土壤干旱可结合灌溉进行追肥。

7.1.5 防除杂草

于 11 月上中旬，小麦 3～4 叶期，日均温度在 10℃以上时及时防除麦田杂草。

7.2 中期管理（返青至抽穗）

7.2.1 促弱控旺

7.2.1.1 旺苗管理

对于返青期每 667m^2 总茎数在 90 万以上，叶色浓绿，有旺长趋势的麦田，应推迟至小麦拔节中后期进行水肥管理，结合灌溉追施总氮量的 40%；对于播量大、个体弱且有脱肥症状的假旺苗，应在起身期管理。

7.2.1.2 壮苗管理

对于返青期每 667m^2 总茎数为 80 万左右，麦苗青绿，叶色正常，根系和分蘖生长良好的壮苗麦田，推迟至拔节中期进行水肥管理，即在小麦基部第一节间固定，第二节间伸长 1cm 以上时进行管理，结合灌溉追施总氮量的 40%。

7.2.1.3 弱苗管理

对于返青期每 667m^2 总茎数在 60 万以下，个体偏弱的麦田，要在早春划锄的基础上，及早进行肥水管理，结合灌溉追施总氮量的 40%。

7.2.2 防治病虫草害

7.2.2.1 防除杂草

冬前没有防除杂草或春季杂草较多的田块，应于小麦返青期日平均温度在 10℃以上时，防除麦田杂草。

7.2.2.2 防治病虫害

重点防治小麦纹枯病、锈病、白粉病、吸浆虫、蚜虫和麦蜘蛛，防治方法见附录A。

7.2.3 预防晚霜冻害

小麦拔节后若预报出现日最低气温降至0～2℃的寒流天气，且温度降幅较大时，应及时浇水，预防冻害发生。寒流过后，及时检查幼穗受冻情况，发现幼穗受冻的麦田应及时追肥浇水，一般每667m^2追施尿素5～10kg。

7.2.4 防止倒伏

对于播期早、播量大，有旺长趋势的麦田，可在起身期采取化控措施或进行深中耕断根，控制旺长。

7.3 后期管理（抽穗至成熟）

7.3.1 水肥管理

7.3.1.1 水分管理

当耕层土壤相对含水量低于60%、植株呈现旱象时进行灌水，每667m^2灌溉量30～40m^3。灌溉应在花后15d以前完成，且应避开大风天气。

7.3.1.2 叶面喷肥

小麦抽穗到灌浆初期叶色转淡的麦田，每667m^2用0.2%磷酸二氢钾和1%尿素混合液40～50kg喷施1～2次，间隔期7～10d。叶面喷肥也可随病虫害防治一并进行。

7.3.2 防治病虫害

小麦抽穗至扬花期重点防治赤霉病，在灌浆期重点防治锈病、叶枯病、麦蚜。成熟期前20d内停止使用农药。

8. 收获与贮藏

8.1 收获

在完熟初期，当籽粒呈现品种固有色泽、籽粒含水量降到18%以下时应及时收获。

8.2 贮藏

收获后籽粒水分含量低于12.5%时，入库贮藏。

附录三　弱筋小麦生产技术规程

（DB41/T 1084—2015）

1. 范围

本标准规定了弱筋小麦生产的术语和定义、产地环境、播前准备、播种、田间管理、收获与贮藏。

本标准适用于弱筋小麦的生产。

2. 规范性引用文件

下列文件对于本文件的应用是必不可少的。凡是注日期的引用文件，仅注日期的版本适用于本文件。凡是不注日期的引用文件，其最新版本（包括所有的修改单）适用于本文件。

GB 4285　农药安全使用标准

GB 4404.1—2008　粮食作物种子　禾谷类

GB 5084—2005　农田灌溉水质标准

GB/T 17320—2013　小麦品种品质分类

NY/T 496　肥料合理使用准则　通则

NY/T 1276—2007　农药安全使用规范　总则

3. 术语和定义

下列术语和定义适用于本文件。

3.1 弱筋小麦

籽粒胚乳为粉质，籽粒粗蛋白质含量（干基）低于12.5%，面粉湿面筋含量（14%水分基）低于26%，加工成的小麦粉筋力弱，适合于制作蛋糕和酥性饼干等食品的小麦。

4. 产地环境

4.1 生态环境

宜选择在排灌条件良好的豫南麦区或沿黄稻茬麦田，且远离污染源的地块种植。

4.2 土壤养分

0～20cm土壤耕层有机质含量≥13g/kg，全氮（N）含量≥0.8g/kg，有效磷（P）含量≥12mg/kg，速效钾（K）含量≥100mg/kg。

5. 播前准备

5.1 种子

5.1.1 品种选用

选用通过国家或河南省农作物品种审定委员会审定，适应种植地区生态条件的抗病、耐湿、耐穗发芽稳产高产品种。品质性状应符合GB/T 17320—2013弱筋小麦的规定。种子质量符合GB 4404.1—2008的规定。

5.1.2 种子处理

宜选用包衣种子；未包衣种子应在播种前选用安全高效的杀虫剂、杀菌剂进行拌种。杀虫剂和杀菌剂的使用应符合GB 4285和NY/T 1276—2007的规定。

5.2 整地起沟

宜采用机械深耕（耕作深度25cm左右），旋耕地块（15cm以上2遍）应隔2～3年深耕一次。耕后机耙，达到坷垃细碎、地表平整。整地时起好腰沟、厢沟和边沟，做到内外沟配套、沟沟相通，排灌通畅。地下害虫严重的地块应用杀虫剂处理，杀虫剂的使用应符合GB 4285和NY/T 1276—2007的规定。

5.3 底肥

坚持“减氮、增磷、补钾微”的施肥原则，磷钾肥用量按当地测土配方推荐施肥量的要求施用，氮肥在推荐施肥量基础上每667m^{2}减少10%～15%。

磷钾肥一次性底施，氮肥分基肥与追肥两次施用。其中60%～70%氮肥作基肥，30%～40%作为春季追肥。在施用有机肥的情况下，可适当减少化学氮肥的用量。肥料使用应符合NY/ T 496—2010的规定。

6. 播种

6.1 播期

根据品种特性确定适宜播期。豫南半冬性品种在10月15日至10月25日播种，弱春性品种在10月20日至10月底播种；沿黄稻茬麦半冬性品种在10月6日至10月13日，弱春性品种为10月13日至10月19日。

6.2 播量

在适宜播期范围内，每667m²播量9~10kg。整地质量较差或晚播麦田，应适当增加播量。超出适播期后，播期每推迟3d每667m²应增加播量0.5kg，但每667m²播量最多不超过15kg。

6.3 播种方法

采用精量播种机播种，播深3~4cm。采用等行距（20~22cm）或宽窄行（24cm×16cm）播种，播后镇压。

7. 田间管理

7.1 前期管理（出苗至越冬）

7.1.1 查苗补种

出苗后应查苗补种，对缺苗断垄（10cm以上无苗为缺苗，17cm以上无苗为断垄），用同一品种的种子浸种催芽（露白）后及早补种。

7.1.2 中耕松土

11月中旬至12月中旬普遍进行中耕，松土保墒，破除板结，灭除杂草。

7.1.3 合理灌溉

土壤墒情严重不足（耕层土壤相对含水量低于50%）时，可进行冬灌。提倡节水灌溉，每667m²灌溉量以30~40m³为宜，灌水后应及时中耕保墒。灌溉水应符合GB 5084—2005规定。

7.1.4 促弱控旺

越冬期壮苗指标：叶龄达到六叶一心至七叶，每667m²总茎数65万~80万，叶面积系数1~1.5，幼穗分化达到二棱初期或二棱中期。如果麦苗生长过旺或冬前出现基部节间伸长，应采取镇压、深中耕或化控技术控制生长。弱苗以促为主，可以在土壤墒情适宜时，每667m²追施尿素为2~3kg。

7.1.5 防除杂草

于11月上中旬，小麦3~4叶期，日平均温度在10℃以上时及时防除麦田杂草。农药使用应符合GB 4285和NY/T 1276—2007的规定。

7.2 中期管理（返青至抽穗）

7.2.1 中耕除草

早春浅中耕松土，提温保墒，灭除麦田杂草。冬前未进行化学除草，可在早春返青期（日平均气温10℃以上时）及时进行化除，用药方法按7.1.5的规定。

7.2.2 镇压控旺

对长势过旺的麦田采用镇压、中耕断根或用化控剂控旺。

7.2.3 肥水调控

在小麦起身至拔节期进行灌溉追肥，一般采用畦灌或喷灌，每667m^{2}灌溉量为40～50m^3，追施总施氮量的30%～40%。

7.2.4 预防晚霜冻害

小麦拔节后若预报出现日最低气温降至0～2℃的寒流天气，且日降温幅度较大时，应及时浇水，预防冻害发生。寒流过后，及时检查幼穗受冻情况，发现幼穗受冻的麦田，每667m^{2}可追施尿素5～7kg。

7.2.5 防治病虫害

在返青至抽穗期，重点防治小麦纹枯病、锈病、白粉病及吸浆虫、蚜虫和红蜘蛛，在病虫达到防治指标时及时进行药剂防治。

7.2.6 清沟排渍

应经常进行清沟排渍，排除田间积水，防止渍害发生。

7.3 后期管理（抽穗至成熟）

7.3.1 灌溉

在小麦开花期至籽粒形成期（在开花后7～10d灌水），每667m^{2}灌溉量为30～40m^3，灌溉时避开大风天气。在灌浆中期可根据田间情况，进行少量灌溉，注意防倒。

7.3.2 叶面喷肥

在灌浆期每667m^{2}用200g磷酸二氢钾兑水50kg叶面喷施。叶面喷肥可与病虫害防治结合进行。

7.3.3 排涝防渍

雨后及时进行沟厢清理，疏通沟渠，排渍降湿，增加土壤透气性。

7.3.4 防治病虫害

抽穗至扬花期要注意防治小麦赤霉病。若遇花期阴雨，应在用药后5～7d补喷一次。灌浆期应注意防治白粉病、锈病、叶枯病、黑胚病及蚜虫等。成熟期前20d内停止使用农药。

8. 收获与贮藏

8.1 收获

在完熟初期，当籽粒呈现品种固有色泽、籽粒含水量达到18%以下时应及时收获，防止穗发芽。

8.2 贮藏

收获后籽粒水分含量降至12.5%时，入库贮藏。